岁月无痕
学者无疆

上海社会科学院老专家口述史

上海社会科学院老干部办公室
上海社会科学院历史研究所"老专家口述历史"课题组 ◎ 编

上海社会科学院出版社

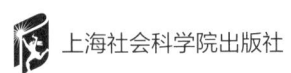

院老专家口述史编委会

主　　任：张道根　王　战　于信汇

副 主 任：王玉梅　谢京辉

委　　员：王　振　何建华　张兆安　周　伟　左学金
　　　　　熊月之　黄仁伟　顾肖荣　周建明　金志堃
　　　　　邵　建　包蕾萍　于　涛　葛　涛　高　俊
　　　　　徐　涛　张　生　赵　婧

主　　编：王玉梅　谢京辉

执行主编：邵　建　于　涛

序言 | Preface

上海社会科学院党委书记 于信汇

上海社会科学院(简称上海社科院)成立于1958年,由1956年组建的中国科学院上海经济研究所和中国科学院上海历史研究所(复旦大学历史系),以及上海财经学院、华东政法学院、复旦大学法律系合并而成,至今已经60周年。

60年来,上海社会科学院作为成立最早、规模最大的地方社科院,作为党和政府的思想库、智囊团,无论是在基础学科领域还是在应用研究领域都作出了积极贡献。上海社科院从建院之初就汇聚了一大批理论扎实、学养深厚的学者,其中:有投身革命文武兼备的高级将领,有在学术领域钻研多年的专家教授,也有从海外学成归来的知名学者,如李培南、雷经天、沈志远、李亚农、黄逸峰、姚耐、冯契、孙怀仁、雍文远、邹依仁、王惟中、周伯棣、汤志钧、褚葆一、张仲礼等。在他们的努力下,一批具有重要影响的学术成果陆续推出,《政治经济学教材(社会主义部分)》《上海小刀会起义史资料汇编》《鸦片战争末期英军在长江下游的侵略罪行》《恒丰纱厂的发生发展与改造》《南洋烟草公司史料汇编》《解放前后上海物价资料汇编》《五四运动在上海史料选辑》《辛亥革命在上海史料选辑》《上海棚户区的变迁》《大隆机器厂的发生发展与改造》等学术成果成为经典。

  1978年,党中央、国务院召开全国科学大会,哲学社会科学迎来大发展,上海社科院正式复院。复院之后,上海社科院在努力召集原有学术力量的基础上,积极扩充和发展科研人才队伍,一批著名的专家学者如许本怡、周煦良、方诗铭、陈敏之、唐振常、夏禹龙、姚锡棠、齐乃宽、陈伯海、瞿世镜、伍贻康等成为学术中坚。《旧中国的民族资产阶级》《上海经济发展战略》《柏拉图哲学评述》《戊戌变法史》《沙逊集团在旧中国》《蔡元培传》《中国近代民主思想史》等一批功底扎实的著作陆续推出,其中《住房还是商品》获得首届孙冶方经济科学论文奖、《社会必要产品论》获得第二届孙冶方经济科学著作奖。特别是在张仲礼老院长支持下,在上海社科院历史研究所、经济研究所诸多同仁的共同努力下,上海史研究异军突起,一大批优秀成果问世,成为国内外学术领域的旗帜性代表。《荣家企业史料》《上海大辞典》、"上海城市社会生活史"丛书、《上海通史》(1999年版)等成果都产生了广泛的社会影响。

  在贡献学术经典的同时,上海社科院密切关注国家战略,聚焦上海发展,在一些事关国家与上海发展的重要问题和决策中发出了自己的声音,如《大力发展商品经济与改革经济管理体制》《对上海长远规划的建议》《关于上海发展对外贸易的九条建议》等为上海市委、市政府提供了很好的决策建议;1982年建议设立长三角经济区、1984年提出举办世博会选址浦东、1985年提出浦东大开发建议，都是涉及国家发展的重大问题，并已成为现实。

2015年，上海社科院成为首批国家高端智库建设试点单位。全院以习近平新时代中国特色社会主义思想为指导，积极响应中央加强中国特色新型智库建设的号召，加快构建国内一流、国际知名的社会主义新智库。2018年是上海社会科学院建院60周年，一个甲子的峥嵘岁月，上海社科院始终立足使命，屹立在时代前沿。理论探索，孜孜以求，实践真知，不曾停歇。

展望未来，发展是第一要务，人才是第一资源。值此建院60周年之际，我们把建院以来著名老一辈专家学者的治学经历与学术思想，以口述史的形式展现出来。通过口述历史总结老一辈专家学者的优秀精神品质和学术风骨，对于帮助青年一代学者更加深刻地学习、传承上海社科院的优良学术传统将有十分积极的作用。

典数过往，得温前史，益知创业之艰；传承精神，常怀感恩，弥烈兴邦之志。

是以为序，与读者共飨。

2018年7月

目录 | Contents

在编纂《辞海》中进行经济学研究：曹麟章副所长访谈录 / 1

在"学"与"思"的旅途中：陈伯海所长访谈录 / 8

社会学研究之路的回顾：丁水木所长访谈录 / 22

一位老地下党员的学术人生：段镇所长访谈录 / 32

我的学术之梦：范明生副所长访谈录 / 42

中国传统文化中法学智慧的发现之旅：华友根研究员访谈录 / 48

资料堆里找宝藏：黄汉民研究员访谈录 / 54

跨学科研究的践行者：金哲副所长访谈录 / 65

深情回忆社科院的复院工作：蓝瑛副院长访谈录 / 70

紧跟学术前沿，致力于新学科研究：李良美研究员访谈录 / 76

胸怀天下一隐士：刘修明研究员访谈录 / 83

生命存在与文化意识：罗义俊研究员访谈录 / 90

文学与美学：邱明正副所长访谈录 / 99

终身反对派的书写者：任建树研究员访谈录 / 112
探究科学哲学与生命伦理：沈铭贤研究员访谈录 / 121
坚守传统经学研究的耄耋老人：汤志钧副所长访谈录 / 128
从工人"写手"到经济学家：陶友之研究员访谈录 / 139
智库研究先行者：童源轼研究员访谈录 / 146
在世界经济研究所的岁月：王惠珍副所长访谈录 / 153
学术生涯回眸：王淼洋所长访谈录 / 157
从外交官到国际问题专家：王日庠副所长访谈录 / 163
"是真才子自风流"：伍贻康所长访谈录 / 170
工科出身的决策咨询专家：夏禹龙副院长访谈录 / 179
"社会科学，学问第一"：徐培均研究员访谈录 / 192
与改革开放的上海共成长：姚锡棠副院长访谈录 / 201
在咨询中心工作的20多年：姚祖荫研究员访谈录 / 216
"天生我材必有用"：尤俊意研究员访谈录 / 223
研究、统战两不误：俞文华研究员访谈录 / 235
从青春无悔到白发苍苍：袁恩桢所长访谈录 / 241
学问贵在持之以恒：张开敏所长访谈录 / 250
咬定青山不放松的工运史专家：张铨研究员访谈录 / 256
从《文摘》到情报信息：郑开琪所长访谈录 / 264
探寻科学的哲学基础：周昌忠研究员访谈录 / 269
学术研究的长远意义：费成康研究员访谈录 / 274
迎接社会学研究的春天：卢汉龙所长访谈录 / 286
"大船必能远航"：潘大渭副所长访谈录 / 295

陷在了摩尼教研究的"汪洋大海"里：芮传明副所长访谈录 / 304

我的知青生涯与文学岁月：叶辛所长访谈录 / 311

要弄明白我不懂的东西：俞宣孟研究员访谈录 / 322

从舰船设计到信息安全研究：张新华研究员访谈录 / 330

从经济理论到世界经济研究：陈招顺研究员访谈录 / 342

决策咨询工作中的经济学研究：周振华研究员访谈录 / 348

奋战在西藏与上海的社科战线上：卢秀璋副书记访谈录 / 362

"杂"而后"通"：林其锬研究员访谈录 / 373

做一个开放与变革的马克思主义理论家：许明研究员访谈录 / 398

实事求是是科学的灵魂：王志平所长访谈录 / 410

潜心学海，奉献国家：俞新天副院长访谈录 / 418

踏入上海史、女性史探索之门：罗苏文副所长访谈录 / 427

"大人不华，君子务实"：沈国明副院长访谈录 / 437

仰望星空，脚踏实地：陈圣来所长访谈录 / 449

疾风知劲草：王荣华院长访谈录 / 461

风轻云淡话当年：尹继佐院长访谈录 / 475

平淡是真：张泓铭研究员访谈录 / 485

社科院那些人那些事：左学金副院长访谈录 / 495

在经济与历史间徜徉：张忠民研究员访谈录 / 514

区域与城市经济发展路径的探寻者：陈家海研究员访谈录 / 522

北大才女的词学研究：钱鸿瑛研究员访谈录 / 534

后记 / 540

采访对象：曹麟章　上海社会科学院经济研究所原副所长、研究员
采访地点：曹麟章副所长寓所
采访时间：2014年10月29日
采访整理：张生　上海社会科学院历史研究所副研究员

在编纂《辞海》中进行经济学研究：
曹麟章副所长访谈录

被采访者简介：

曹麟章　1925年生，江苏泰州人，《辞海》编委。1958年，随上海财经学院并入经济研究所政治经济学组。1978年，回到上海社会科学院经济研究所政治经济学研究室。1984—1988年任经济研究所副所长。1991年12月退休。

一、师友之缘

我是1951年复旦大学会计系毕业的,毕业后分配到沪江大学。沪江是教会学校,1952年院系调整合并到了上海财经学院。1958年上海社科院成立时,上海财经学院并入上海社科院,就进社科院来了。从1956年中国科学院上海经济研究所(上海社会科学院经济研究所前身)建立之日起,到2006年,时光已经过去半个世纪了。从1958年上海社会科学院建立之时算起,到1991年底我从上海社会科学院经济研究所退休,也已经30多年了。我在大学是学会计出身的,对经济学理论几乎是个门外汉,只是在解放后作为大学政治课,开始接触到马克思主义政治经济学的基本知识,引起我极大的兴趣。1954年,我在上海财经学院由会计系调到政治经济学教研室担任政治课教学工作。1958年秋,上海财经学院整体并入上海社会科学院,稍后与中国科学院上海经济研究所共同组成上海社会科学院经济研究所,建立政治经济学研究组。我也由一个初步接触马克思主义政治经济学的青年教师变成为一个理论研究工作者,从此与经济研究所结下了不解之缘,同命运、共呼吸,历经20年的坎坷曲折。[①]

20世纪50年代我都在编书,编中国化的教材,编政治经济学,也编哲学。那时原来在会计系,到1954年时就调到政治经济学教研室,后来到1958年就进了上海社科院政治经济学研究室,那时

[①] 曹麟章:《在实践中学习——我与经济所》,《天命年回首:上海社会科学院经济研究所建所50周年征文选》,上海社会科学院出版社2006年版,第11页。

就和雍文远同志一起,编政治经济学教材。姚耐副院长是老院长,原来也是财经学院的院长,老雍和我关系比较深,当时在山阴路住在一起,楼上楼下,财经学院分配房屋就分配在一起。上海社科院是由好几个单位合并的,先到陕西路,两块牌子,一块是中国科学院上海经济研究所,另一块是上海社会科学院经济研究所,两块牌子一套人马。姚耐同志是副院长时,孙冶方是院长。姚耐同志是比较容易接近的,看上去很严肃,但实际上很随和。孙怀仁教授是副院长兼经济所所长,后来只是分管,姚耐后来回到财经学院去了,我们长期共事。

在这些同事朋友中,首先让我深切怀念的是孙怀仁教授。他是我学习马克思主义政治经济学的启蒙人。早在1954年9月,我由财经学院会计系调到政治经济学教研组之后,就被指派给孙老师担任学生辅导工作。当时,我连政治经济学都没有系统学习过,只是通过预习、听课比学生"先走一步",真是临阵磨枪。辅导中遇到难题就老老实实地带回来向孙老请教。由于我对政治经济学很感兴趣,又有孙老做强大的后盾,这种"现买现卖"的形势又迫使我努力钻研,从而在理论学习上有所进步。辅导工作还没有做好,孙老又放手让我试讲"帝国主义"部分。在孙老的指导和鼓励下,面对着200多名学生,基本上完成任务,经受了进一步的锻炼。经过教学实践,我较为系统地掌握了政治经济学(资本主义部分)理论。以后,在60年代初期,在编写《辞海》的过程中,我所作为主要编写单位之一,我曾伴随孙老参加了《辞海》北上访问团,征求专家意见,经北京、沈阳、长春,直至哈尔滨,历时一月有余。沿途访问各地著名的经济学家,有幸一睹老一辈经济学家孙冶方等的风采,聆听他们的真知灼见,获益匪浅。在此期间,我与孙老工作在一起,生活在一起,我深深感受到孙老待人接物和蔼可亲的长者之风、谦虚谨慎的学者风范。

"半部论语"可以"治天下",但半部政治经济学可不能当教师。紧接孙老之后,我担任了我的另一位启蒙人——王惟中教授讲授政治经济学(社会主义部分)的辅导教师。当时,苏联政治经济学教科书和斯大林的《苏联社会主义经济问题》是唯一的教材和参考书。

但不管怎么说,在当时条件下,我总算对政治经济学(社会主义部分)有了初步了解。令我永志不忘的是王老治学的严谨态度和诲人不倦的精神。王老是研究《资本论》的专家,据闻熟读《资本论》达数十遍之多。我们学习《资本论》遇到"拦路虎"向他请教,他总是不厌其烦,详细讲解;遇有不同意见,他可以同你争得面红耳赤,非把问题弄清楚不可。我写的讲稿、文章请他审阅,他总是认真批阅,仔细提出意见,有一次甚至亲自跑到我家来与我详谈,真可谓古道热肠、诲人不倦!

二、"四清"运动及体会

从1963年下半年起,我和全所同志一道,参加了农村"四清"运动,先是在松江参加了面上的"四清"运动;到1964年夏天,全所除老弱病残者外几乎"倾巢而出",先后在金山、松江参加了两期"四清"运动,直到"文化大革命"发生回城为止,前后两年多时间。在参加"四清"的日子里,我们作为"工作组"成员,都毫无例外地执行了"以阶级斗争为纲"的"左"倾路线,伤害了农村干部的感情,损害了农民利益。但是对我个人来说,作为一个在城市长大的青年知识分子,从未如此近距离地贴近农民,如此深入地了解农村,在思想感情和业务上经受了锻炼和提高。当时"工作组"的纪律很严,工作队员必须深入农户,与农民同吃、同住、同劳动。初期,甚至规定了连房东家吃肉我们也不能吃,每月只有定期集中到大队部打一次"牙祭"。

我参加了两期"四清"工作,好比参加了两次农村调查。第一期在生产队,第二期在农村集镇,从而比较全面地了解了当时的上海农村情况。第一,初步掌握了农村经济结构尤其是社队企业情况;第二,近距离地观察和体验了农民的生活;第三,学到一些农业生产知识,参加了农业生产劳动。两年多的农村工作和生活对我以后的科研工作影响很大,这是我在以后工作中,研究农村重于研究城市、偏好研究集体所有制合作经济的原因之一。[①]

三、"文化大革命"期间编《辞海》

1957—1958年,我开始参与编写《辞海》。这是党中央、毛主席交代的任务。《辞海》工作我做了好多年,从开始选条目的时候,就有我们财经学院参加。那时编《辞海》,集中在上海浦江饭店。因为正处于困难时期,为了更好地工作,当时《辞海》编辑部都搬到浦江饭店去了,连资料也搬过去了。我们年轻一点的都住那里,我在

---

① 曹麟章:《在实践中学习——我与经济所》,《天命年回首:上海社会科学院经济研究所建所50周年征文选》,上海社会科学院出版社2006年版,第11页。

那里住了很长时间。我主要负责政治经济学这一块,写初稿的时候,我们经济所差不多都参加了。孙怀仁教授是部门经济部分,那时集中的人很多,正好是三年自然灾害期间。组织关系没有离开过社科院。

可以说,编写修订《辞海》曾经是我所科研工作的重点之一,由所长姚耐亲自挂帅,组织全所各学科有关专家和科研人员参与。我有幸自始至终参加这部大型工具书政治经济学部分的修订工作。从1959年选定条目开始,到60年代初期随孙老参加北上访问团,直到"文化大革命"前夕《辞海》(未定稿)内部出版,我几乎成了经济所常驻《辞海》的人员之一。

"文化大革命"期间,经济所分成三派,政治经济学研究室单独成立了造反派,叫"孺子牛"。老的领导都靠边了,那时我们集中到院部闹革命,本来我们是在下面搞"四清"的,忽然一个电话叫回去。

四、复院以后

上海社科院复院以后,又开始编撰《经济大辞典》,只是一些编辑工作,条目在《辞海》里面有了,没有什么重要工作,是在《辞海》的基础上分部门编。后来跟雍文远到北京去了一次,当时是许涤新要求去的,到上海借调人,要编一个《经济学辞典》,后来还有《中国大百科全书》"经济学"条目。

所以"文化大革命"后,我又先后参加了《辞海》1979年版和1989年版的修订工作。修订《辞海》要求极其严格:一是释文定义必须准确,要符合马克思主义经典原著和中央有关方针政策的精神;二是文字要力求精练,容不得有半点水分。哪怕是一虚字、一个标点符号,都要经过再三斟酌。这就要求我更为深入地学习马克思主义经典著作和中央的方针政策,努力提高写作能力,而这两项都是科研工作的基本功。在我漫长的科研生涯中,始终离不开与《辞海》打交道,在实践中不断提高自己。[①]

《上海生产资料所有制结构研究》这本书,是我研究所有制理论,带了年轻同志搞了些调查合写而成的。这本书的主要结论就是所有制经济还是社会主义的,以公有制为主导,多种所有制并存的结构。"社会必要产品论""产品运行机制"这些课题我都参加了。

1984—1988年,我是经济所副所长。当时负责什么工作呢?那时经济所所长不是解决科研问题,而是解决房子问题的,一天到晚在家访,了解大家的住房情况,主要要关心科研人员的生活,不关心也会有人来找的。那时上海社科院房子很紧张的,宁要浦西一张床,不要浦东一间房。当时的上海社科院不能和现在比,组织一些讨论会,当时也是一个风气。

青年科研人员顾光青,当时和我们一起做调查一起写文章。我是1991年退休的,对现在的上海社科院不太了解。所里原来的沈开艳还很熟悉,是我带的研究生,挺用功的,笔头不错的。

[①] 曹麟章:《在实践中学习——我与经济所》,《天命年回首:上海社会科学院经济研究所建所50周年征文选》,上海社会科学院出版社2006年版,第11页。

采访对象： 陈伯海　上海社会科学院文学研究所原所长、研究员
采访地点： 陈伯海所长寓所
采访时间： 2014 年 10 月 16 日
采访整理： 高俊　上海社会科学院历史研究所研究员

在"学"与"思"的旅途中：
陈伯海所长访谈录

被采访者简介：

陈伯海　1935 年生，湖南长沙人，曾任上海社会科学院文学研究所所长，国家和上海市社科规划文学学科组成员、上海市古籍整理规划小组成员、上海作家协会理事、上海师范大学特聘教授及博士生导师，还担任过上海社科院东西方文化研究中心、东亚文化研究中心和文化发展研究中心主任。1987 年聘为研究员，1992 年起享受国务院特殊津贴。在上海社科院工作期间，曾主持并完成"七五""八五""九五""十五"期间国家哲学社会科学基金项目 4 项、上海市哲学社会科学基金项目 4 项。个人撰著有《唐诗学引论》《中国文学史之

宏观》《中国文化之路》《中国诗学之现代观》《生命体验与审美超越》《回归生命本原》等 11 种,另主编《近四百年中国文学思潮史》《中国诗学史》(七卷本)、《中国文学史学史》(三卷本)、《上海文化通史》等 14 种,发表论文百余篇。其中,《唐诗学引论》《中国诗学史》于 1994 年、2004 年分别获上海市哲学社会科学优秀学术著作二等奖,《中国文学史之宏观》《上海近代文学史》《近四百年中国文学思潮史》《上海文化通史》于 1994 年、1996 年、1998 年、2002 年分别获上海市哲学社会科学优秀著作三等奖,主编《唐诗汇评》于 1999 年获新闻出版总署"全国古籍整理图书二等奖",《中国文学史学史》获 2004 年"中国图书奖";《唐诗学引论》有韩文译本,曾获韩国学术院奖;论文《民族文化与古代文论》1986 年获上海市哲学社会科学优秀论文奖,《自传统至现代——近四百年中国文学思潮变迁论》于 1998 年获首届"鲁迅文学奖"(优秀理论评论奖)。1987 年作为上海市科技战线先进人物受表彰,1988 年获上海社科院首届精英奖,2008 年获上海社科院建院 50 周年学术杰出贡献奖。2002 年退休。

一

我1935年出生在上海,祖籍湖南长沙。父亲陈科美[①]早年从湖南老家赴美留学,师从著名哲学家、教育家约翰·杜威先生,1926年在哥伦比亚大学攻博后不久回国,定居上海,在复旦、大夏等好几所大学教授教育学。解放初期,他在华东师范大学教育系任教,1956年调至新成立的上海师范学院,负责组建教育心理学教研室。

我出生不久,抗战全面爆发,日本人占领了上海,当时年岁尚幼,但还记得遭遇过路上戒严、搜身等令人害怕的情景。稍大进入中西女中附小(男女统招)就读,就是现在的江苏路第五小学。二年级时校舍被日军征用,把我们赶到现在的乌鲁木齐路一带租房上课,直到抗战胜利才迁回原校。小学毕业后考进圣芳济中学。这是一所教会学校,比较注重英语,不过我读到初二时上海解放,后来也就不用双语教学了。1953年中学毕业,进入华东师范大学中文系。校长是老教育家孟宪承;中文系主任是老作家许杰,一位忠厚长者;系副主任徐中玉先生,他们给我们讲文学概论,那时老教授讲课的比较多。钱谷融先生当时还是青年讲师,给我们开过现代文学课。1957年大学毕业前夕,有过一次难忘的经历。当时正值"大鸣大放"、号召解放思想之际,钱谷融先生写了一篇题为

[①] 陈科美(1898—1998),湖南长沙人,近代著名教育学家。1920年赴美国留学,师从美国著名教育家杜威,获博士学位。1926年后历任国立北京大学教育系教授,国立暨南大学教育学院代院长,复旦大学教育系主任,解放后任华东师范大学、上海第一师范学院、上海师范学院教授。致力于教育社会学的研究。主要著作有《新教育学纲要》(上海开明书店1932年版)、《新教育学》(上海龙门联合书店1946年版)、《教育社会学》(上海世界书局1945年版)。

《论"文学是人学"》的论文,引发了轩然大波。文中提到"人学"是引高尔基的话,含有"人类学"的意思,钱先生借以表示文学作品要描写活生生的人,起到感染人、教育人的作用,不能仅用作现实生活的图解或政治宣传的工具。那年春夏之交,正好华东师范大学中文系举行学术研讨会,有不少外校老师参加,这篇文章提交会议讨论时,果不其然,引起与会者群起反对,当然还属于学术争鸣的性质。主持这场讨论的是施蛰存先生,在大家发言说得差不多的时候,他问:"还有谁要发言?"我当时年轻气盛,看到多数人都拘于成规,不理解钱先生的用意,有点按捺不住,就站起身来说:"我讲几句,可以吗?"因为前面发言的都是老师,而我只是个大四学生,施先生想了想说:"给你5分钟时间吧。"我说:"好!就5分钟。"结果讲了10来分钟,就我对这个问题的理解,用最简明的话语表述了一番,讲完也就散会了。后来听与会同学说,讲话时有好几位老先生一直在点头。可没料到,钱先生的文章刚一正式发表,就被许多人指为"离经叛道",群起声讨。这场围剿持续了很长时间,"上纲上线"相当厉害,后来周扬出来讲话,说是文艺思想问题,不属于政治问题,才稍稍缓和下来。但也因这个缘由,钱先生长期受到不公正待遇,做了38年讲师不得升迁。可如今这篇文章已成为现代文论中的经典之作,凡讲文学史的都会提到这场公案。

二

由于这次支持钱先生观点的发言,毕业时组织上给我的鉴定是:文艺思想上否认党性原则。这样,我就难以留在母校了,被分配到新成立的上海师范学院,进外国文学教研室任助教。3个月后,正值国务院号召干部下放劳动,我又作为第一批"下放干部"来到江湾五角场附近的农业合作社进行劳动锻炼,在农村待了近两年时间,正赶上"大跃进"、人民公社等轰轰烈烈的运动,虽辛苦,也长了见识。1959年暑期下放劳动结束,返回上海师范学院继续担任欧美文学助教,导师是著名的翻译家朱雯先生。这次我原想安下心来好好从事教学与研究工作,一回工作岗位,就跑到图书馆借了大量与专业相关的书籍,无日无夜地啃读起来,还在从事辅导与实习之余,写下一篇论述巴尔扎克的世界观与创作方法的长文,以为"试笔",后发表在《文学评论》上。本以为这样可以安然起步前行了,谁知不到一年时间重起风波。很有意思的是,这次惹祸同样出自发言的不谨慎。

1960年春,就在我回校的第二学期,上海作协召开扩大会议,主题是"重新评价18、19世纪欧美资产阶级文学",参加者不限于作协成员,高校相关专业人士亦欢迎列席。会议前后开了七七四十九天,是当时上海文化界的一件大事。我因为从事的正是欧美文学教学和研究工作,就抱着认真学习的态度来旁听。来的时候会议已经开了两天,说是"重新评价",基调则是"彻底批判",且一开始就抓了三个活靶子,分别是复旦大学的蒋孔阳、华东师大的钱谷融和上海师院的任钧,以他们为不赞成"彻底批判"的典型。我老老实实地听了几天发言,当时的感觉还是有收获的,原本较推崇18、19世纪欧美文学的进步性,现在懂得它们仍属于资产阶级文学,和我们的无产阶级革命事业有不相容的地方,所以需要批判。但有一个问题始终没弄通,即西方古典文学在当今就完全没有积极意义吗？我是当教师的，总不能将每堂课都上成大批判，把莎士比亚、歌德、席勒等统统扣上一顶"资产阶级"帽子算完事，还须有所分析。毛主席也说过要批判继承，那么欧美资产阶级文学在今天就一概不能肯定吗？就这个问题我思考了好几天，且在跟我一起参加会议的年轻同事间聊到。他们表示赞赏，竭力怂恿我上大会发言。怂恿我的人后来多成为我的积极批判者，当时风气就是这个样子。那时我才20多岁，算是"初生犊儿不怕虎"吧，就报名大会发言。现在回想起来，发言的基调还是很平和的，首先肯定了"彻底批判"的口号，把它界定为从根本立场和世界观体系上与资产阶级划清界限，但在这个前提下仍要讲"批判继承"；接着按我当时的理解，将18、19世纪欧美文学及其作者划分为四个类型：有民主革命思想的，如海涅，人道主义者；如雨果，个人反抗型的；如拜伦，还有就是保守、反动一路的，各就其该批判或可肯定之处加以提示。讲完后，主持大会的叶以群说："刚才这位同志发言，不管观点如何，是做了认真思考的。"听到这话，我知道他对我的观念有保留，不过口气并不严厉，加上当时有更大的活靶子在，我这个名不见经传的"小人物"便没有引起太多的关注。

会议结束回到学校，系领导来找我谈，要我将作协会上的发言在全系教工会上再讲一遍，便于大家都来关心讨论。我妻子极力劝阻，说讲了肯定会惹火烧身。但我觉得不讲也不行，作协发言已经记录在案了，况且我认为自己的看法没什么不妥，批判继承是毛主席的话，教学工作中也必须这样做。于是，我就在系里重讲一次。结果果然是全系展开批判，"一边倒"式的连续批了两个多月（也有一些老教师私下表示同情我的意见，却不敢公开支持）。但我仍不服气,且据理力争地反问道:"如果认为我所谓在批判前提下有所肯定,就是不要彻底批判,那就请你们谈谈,你们如何理解'批判继承'方针的。"整整两个月时间,没有一个人接我的话茬,突然有一天大家都开口了,而且众口一词:"要讲继承吗?彻底批判就是继承!"我不知道这是当时上海市文化局某领导作出的结论,由上面传达给"积极分子"内部掌握。一听他们都这样说,我立即反驳道:"这话讲不通,我们现在彻底批判帝修反,难道就是要继承帝修反吗?"这样又来回争执了一番。辩论尚未结束,系领导找我谈话,说我不适合在高校任教,组织上决定调我去长宁区当中学教师。他上午跟我谈,下午我就急匆匆去人事处办手续离校了,当时也是负了一口气的。

三

来长宁区报到时,原听说要分配去市三女中,刚好区教工红专学院(现改称教育学院)要人。"红专学院"是"大跃进"的产物,实际负责中小学各科教学研究和教师进修,每区都设有一个。长宁区教工红专学院院长兼支部书记林静是位老干部,她看了我的档案,对我的业务能力表示认可,点名挑了我。从 1960 年 9 月到 1978 年底,我一直在这个学校工作。刚进来时分在小学组,第二年转中学组。中学组负责语文学科的一共才两人,另一位老教师着重抓教改,经常跑学校,组织观摩教学和教材教法研究等。我也搭手这方面的工作,主要精力则用在为教师进修开课上,1960—1964年,轮流开讲了文章选读、文学理论、中国现当代文学、中国古代文学等多门课程,等于将大学所学的专业知识重过了一遍。这对我很有好处,以往读书时不免有忽略过去的地方,现在自己要教,必须将每个环节都搞清楚。我的古文阅读能力就是在这段实践工作中锻炼出来的,一些现当代作品也在这个时候才有较深入的接触。另外,学校领导不像高校那样一味追求意识形态"纯正",而更看重工作实绩,也有助于我重新振作精神,妥善安排自己的学习与生活。

1964年秋,社教运动在全国开展,红专学院暂停业务,大部分教师下乡搞"四清"。我先去奉贤,后到南汇,跟随工作队在农村待了两年,自然也是一种历练。但我分在大队部管材料、文书、查账等,接触实际仍比较少。也正缘于此,我的作息比较有规律,晚上常能挤出一点空余时间来。按工作队的不成文规定,搞运动是不准带业务书看的,但我是个不读书不得过的人,就利用这点时间学经典著作,先读毛选四卷,再读马恩选集、列宁选集等,一篇篇做勾画批注,读得相当认真。可以说,我对马克思主义理论的掌握,恰恰是在这两年打下基础的,也算是参加社教运动的一大收获吧。

"四清"尚未收尾,"文化大革命"即已发动,当我于1966年夏天回校时,大字报已经铺天盖地了。我虽然也"吃"到几张大字报,却没来得及去贴别人的大字报,这使我在运动中多少保持了一点"好名声",不致陷入十分尴尬的境地。就"文化大革命"本身而言,我有许多不理解的地方,但由于多年来接受反修防修的教育,总相信伟大领袖指示的道路不会错,自己应该努力去学习和适应它。"林彪事件"的爆发给了我很大震动,让我意识到事情发展中有严重差错,而面对长时期动荡不安的形势,又深感内心彷徨无主,不知道未来的趋向如何。于是整个这段期间,我除了按规定参加各项工作与活动外,剩余时间便一头扎进故纸堆里去寻求慰藉,正好家藏父亲留下的整套《四部备要》,翻检其中我素来爱好的唐人文集,边诵习边做札记,客观上为日后从事研究开了先路。

1976年"文化大革命"结束,1977年暑假过后接到教育部通知,借调我去北京编中小学语文教材,滞留京城约一年半时间。当时的北京正处在百废俱兴阶段,不仅人情欢跃,各种新的设施如地铁、高速公路、立交桥、三环线等都在上马,使我得以目睹现代化城市格局如何从历史故城中脱胎生成。我便利用工作之余的每个周末假日,跑访北京的大街小巷、名胜古迹,大大开阔了眼界。更常去各大图书馆借阅资料,那时正是"读书热"的时候,图书相当开放,服务态度也好,只要开出书单,管理员就会捧出大叠线装书来任你翻看,不让经手的孤本、善本亦可通过录影胶卷随意检索。我经常早上6点多从住所香山饭店出发,8点钟赶到图书馆,一直看到下午7点闭馆,整天泡在里面,有时饭也顾不上吃。靠这种方式,我差不多通检了北图所藏历代唐诗选本及相关典籍,用手抄笔录记下所需要的材料。这也是对后来研究工作所做的初步积累。

就在我身处北京期间,原来合并成立的上海师范大学实行分家,华东师范大学(华师大)、上海师范学院(上师院)及上海教育学院等个个自立门户,①忙于招兵买马。几所大学都曾和我联系,邀我加盟。我个人比较倾向于华师大,因为是母校,人地熟悉,加以

---

① 1972年5月,受"文化大革命"时期办学方针的影响,上海的华东师范大学与上海师范学院、上海半工半读师范学院、上海教育学院、上海体育学院等校合并,统名"上海师范大学"。1978年"文化大革命"结束后,各校再行分开,相继恢复原有建制。上海师范学院后又于1984年更名为上海师范大学。

跟上师院有过一段疙瘩。但上师院直属市教育局,容易取得局里支持,且以"落实政策"为由调我回去,显得道理充足,所以华师大希望我自己出面表态,便于他们争取。为这事我找个机会专门回沪一次,但红专学院领导(还是林静同志)告诉我,局里已做出决定让我去上师院,不必再多找麻烦了,还说学校舍不得放我走,但考虑到我的意向和发展前景,同意支持我返回高校。我很受感动。这个时候,上师院中文系党总支副书记也亲自上门来看我,明确表示那次批判是错误的,诚恳邀请我回校。就这样,当北京的任务告一段落后,我在1979年初重新回到上师院。

四

回上师院时,系里本打算安排我继续搞外国文学。我说,离开18年,很少碰外国文学,外语也丢生了,难能再拿起来。相对而言,这些年接触中国古典文学稍多,还是转古代室吧。由此始确定古典文学为专业方向,时年已44岁。回首先前的岁月,长期处在漂浮无定的状态,现在总算找到了安身立命的场所。

应该说,回上师院这段期间,我一直是比较安心的。刚开始两三年时间,边开课,边协助唐诗专家马茂元教授带研究生,自己也做点研究。起手时比较谨慎,选择晚唐诗人李商隐和宋严羽《沧浪诗话》两个个案作解剖对象,连续写了十来篇论文和两本小册子,取得了一定经验。正当我开始考虑如何继续深入并有所拓展时,《中国大百科全书》出版社在上海的分社来联系借调我去参加"中国文学卷"的编辑工作,负责人便是王元化先生。我当时其实并不很想接这件事,因为在手的工作正顺,上师院的环境也足以安身,不过系里认为是王元化先生出面的,便极力动员我去。于是从1981年暑期开始,就转到中国大百科全书出版社分社,在元化先生直接领导下搞文学卷的编辑工作。工作相当繁忙,要联系专家学者,组织各种会议,更要亲自动笔按体例修整稿子,花费了大量精力。但也有好处,便于广泛接触学界著名人士,了解他们的治学方法和相关领域的发展概况,以打开自己的视野并加深思考。其间,交往最多的自然是元化先生,作为他的直接属下,遇有疑难杂事必须及时向他请示。他常能举重若轻地化解各类纠结,那种既讲求原则又能平和待人的作风,是我深所钦服的。

在大百科分社工作两年,我感觉脱离学校过久,一再请求回去,遂于1983年暑期重返师院。当时文学卷尚未全然竣工,需要两头跑跑,而重心已转到校内。我干的仍是老本行,教学之余,继续从事唐诗研究,但已不满足于个别事象的考察,思量着如何突破陈规,进行综合性研究,将唐诗作为一个整体来把握。这样一种思考并非无根据的遐想。就我所接触的历史资料来看,唐以后历代诗家与论者,从不把唐诗仅视为唐人所写的诗,而是当作一种特定的传统乃至诗歌典范,奉为追随和效学的楷模,所谓"宗唐得古"正指明其典范意义之所在。现代学者虽不主张今人写诗也要依仿唐诗,却仍然认为唐诗体现了民族精神,是民族审美心理的最好结晶。因此,如何超越就事论事的眼界,在具体把握历史内在联系的基础之上,将唐诗的质性、根由、流变、影响等关键性论题概括、提炼出来,无疑对当今文艺创作的借鉴传统和推陈出新具有重要价值。我把这一构想称之为唐诗学的建设工程,从目录学、史料学和理论总结三方面作了设计,并开始邀集同道付诸实施。虽然不久之后我又奉调离开师院,此项工程仍然延续下来,经30年之顿宕波折,陆陆续续编撰出8种专书,合成900万字的"唐诗学书系",将由上海古籍出版社出版发行。

五

我调来上海社科院工作是在1984年国庆前夕,先担任文学所副所长,1989年改任所长,1995年底卸脱行政职务,2002年退休。

来文学所工作之初,所内还有两位老所长,科研人员大多是近几年调入的,背景和阅历不尽相同,治学理念及人事关系上也存在诸多差异与矛盾。我和同时调入的党委副书记瞿浪同志看法一致,共同致力于促进稳定、团结。瞿浪同志长年在市委组织部门工作,处事有经验,既抓思想教育,又妥善处理一些历史遗留问题,使人心得到安定。我则将工作重心放在"七五"规划上,鼓励各研究室分别订出"七五"期间的奋斗目标,争取学科建设能上一个新的台阶。我们相信,只要大家把心思集中到科研上,其他问题就会迎刃而解。后来证明这个做法确实有效,"七五"课题申报,文学所第一年即夺得两个国家项目、3个市项目(后历年续有斩获),大大鼓舞了士气,人人有事可做,诸种矛盾也就自然而然地淡化了。从此,抓规划与落实课题成果,便成为全所工作的一个重心。

与此同时,我也比较关注学科建设。在我看来,上海社科院和高校同样需要搞学科建设,但应有所区别。高校的大块任务是教学,教学要打基础,所以学科建设也常要围绕基础研究展开。社科院则以科研为主,尽管也须有基础为依托,但不必花太多气力在基础研究上,可以直接进入前沿,占领学科发展的制高点。社科院又是个接触社会各种思潮的好平台,充分发挥这一优势,更有利于把握科学前沿。我们文学所原设有古代、现代、当代、外国和文学理论各研究室,在鼓励各室立意创新的同时,更策划成立了文艺新学科研究室(当时设立此项研究的在全国仅中国社科院和我们两家),便于跟外界各种新思潮呼应交流。还在古代室下面增设了近代文学研究小组,组织《上海近代文学史》的编写,成为全国最早开展地域文学史研究的单位,且与现代室的"孤岛文学""左翼文学"以及当代室的上海当代文学研究相配合,构建起上海文学(后扩大到上海文化)研究系列,形成我所的重要特色。20世纪90年代市场经济大潮涌起,我们又不失时机地将文艺新学科等合并、转化为文化研究室,提出文学研究与文化研究并举、理论研究与实践应用研究并举的建所方针,对全所科研工作的转型起到了推动作用。以上是我在文学所担任行政职务时所抓的几件"大事",总体来说,纰漏不多,成绩也不明显,自是跟我本人魄力不足、能力有限分不开。

行政公务之余,我在科研工作上也没有放松。记得来所不久,一次出差北京,顺道看望中国社科院文学所老所长许觉民先生(也曾负责大百科文学卷)。他郑重地告诫我:"担任行政职务后,决不能丢掉自己的专业;不搞专业,在领导科研上就没有发言权。"这话给我印象极其深刻,所以后来无论碰到怎样繁杂的处境,我总是抓住科研不放松。当然,在文学所搞研究毕竟与高校有所不同,我不能像原先那样一味沉浸于古典诗文之中,需要关注当前的文学动向和各种学术思想潮流,适当作出回应并及时加以吸纳。于是在继续从事唐诗学建设的同时,我倡扬中国文学的宏观研究,尝试打通古、近、现、当代的历史分界,致力于传统诗学的现代转换,偶或涉足思想文化领地以及当前理论界的一些探讨。这使我经常在不同专业与领域之间穿梭游走,而究其实,仍自有一贯的思路在,那便是立足现实以反思传统。换句话说,作为我专业对象的古代文学本属传统,但我不想把它搞得更"死",却要努力将其"激活",要从历史的遗存中发掘并提炼出其尚有生命力的成分来,使之面向现代人及其实践活动开放,进以参与现代社会与文化生活的建构。我坚定地相信:这一"传统的现代化"与"外来的本土化"相结合,正是建设民族新文化的必由之路;而若丢失传统的本根,终不免陷于外来思潮策动下亦步亦趋的困境。21世纪以来的10年间,我充分利用退休后的余力,在诗学、哲学、美学三个领域分别开展中西古今互释互动的实验,取得一定成效,期待着有人能接续这个实验,真正走出一条创建中国新文化、新思想、新学术的康庄大道来。

　　回顾一生经历,虽有曲折,终得伸展。是改革开放的大环境,为我打开了前进的道路;又是上海社科院这个平台,给我提供了跃迁的踏板。自我庆幸之余,也期待上海社科院整体实现新的飞跃。着眼于科学前沿阵地,紧紧抓住理论发展中具重要现实意义的问题和实践应用中含巨大理论价值的题目,两个轮子一起滚动。我想,更上层楼是完全可指望的。

采访对象：丁水木　上海社会科学院社会学研究所原所长、研究员
采访地点：丁水木所长寓所
采访时间：2014年10月13日
采访整理：高俊　上海社会科学院历史研究所研究员

社会学研究之路的回顾：
丁水木所长访谈录

被采访者简介：

丁水木　1933年9月生，浙江上虞人，曾任上海社科院社会学所首任所长，主要从事社会学理论与社会问题研究。曾主持完成"七五""八五"期间的两项国家社科研究课题。主笔的中共上海市委宣传部特批课题《转型时期上海市民社会心态调查与对策研究》获中国职工思想政治工作研究会全国优秀论文奖、上海市社联论文三等奖。主要专著及合著有：《文字秘书的修养》（三联书店上海分店1988年版）、《社会角色论》（合著，上海社会科学院出版社1992年版）、《社会稳定的理论与实践——当代中国社会稳定机制研究》（合著，浙江

人民出版社1997年版)、《转型中的社会稳定器——社会保障面面观》(上海社会科学院出版社2004年版),以及高校教材《社会保障理论与实践》。在全国和上海报刊上发表社会学、妇女学、秘书学论文百余篇,主要论文有:《论妇女的心理解放》发表于《上海社会科学院学术季刊》1988年第4期,《转型时期的上海市民社会心态调查与对策研究》发表于《社会学研究》1994年第3期,《论建立适应社会主义市场经济的价值观》发表于《毛泽东邓小平理论研究》1995年第12期。另有杂文、散文百余篇。1993—1994年担任上海市政府决策咨询专家。1986—2002年担任上海市社会学学会副会长兼秘书长。1986—2006年担任上海市妇女学会副会长。2000年获上海市妇联挚友称号。

一

我于1933年9月出生于上海,祖籍是浙江上虞。父亲是来上海务工的外地人,所以我经常说自己是外来民工第二代。我小的时候家里经济状况很不好,父亲常年失业,母亲在有钱人家里做保姆,所以我从小就希望自己能早点有份工作,好通过劳动来补贴家用,让父母不要为供养我和妹妹受那么多累。

解放前我在上海很普通的小学和中学读书。工作以前的最后一学期是在浦东中学读的高中一年级下。这个中学虽然以浦东为名,但校址却是在浦西,即今天的东湖路,这条马路以前的名字叫杜美路。①

1949年5月上海解放,当时我特别兴奋,我想新社会一定会带给我们幸福的生活。上海解放以后不久,通过一位新四军南下干部的亲戚的介绍,我就到上海印钞厂做工。在当时,进入印钞厂这样一个带有保密性质的单位做工,是需要政治上可靠的。新四军老干部的推荐起了政治保证作用。

1952年9月,我加入了中国共产党。后来就在厂里做推广速成识字法和工厂业余学校的教学工作。1954年底,厂党委推荐我到市委党校参加3个月的短期培训班。学习结束后我被留在党校工作。1956年夏,组织上把我调到市委办公厅的秘书部门工作。当时上海的主要领导人是柯庆施和陈丕显。我的具体工作是处理文件和会务工作。1958年全国人民公社化以后,以农业为主的江苏松江地区划归上海,市委第一书记柯庆施决定抽调一批干部到郊县,深入基层具体了解农村基层的第一手情况,在市委办公厅下成立了一个农村组,组长是市委办公厅主任方扬兼任。我就跟着方扬转到农村组,一直工作到1966年"文化大革命"开始。

"文化大革命"开始,市委机关瘫痪,我于1968年被安排到位于奉贤的上海市直属机关五七干校参加斗批改和农业劳动,在奉贤干校度过了三年时间。1971年秋,被分配到中国国际旅行社上

---

① 东湖路是中国上海市徐汇区的一条街道,东南—西北走向,西北起长乐路,东南至淮海中路,长474米,宽15—20米。是上海一类风景保护街道,64条永不拓宽的街道之一。东湖路原名杜美路(Route Doumer),由上海法租界于1902年修筑,得名于法国驻越南总督。东湖路传统上是上海著名的住宅区,17号曾是比利时领馆,而70号曾是杜月笙公馆(今东湖宾馆)。

海分社做办事员。

"文化大革命"结束,1977年9月,组织上重新把我调回上海市委办公厅,担任当时上海市委书记处书记王一平的秘书。1979年底、1980年初,中央派陈国栋、胡立教同志来上海接替彭冲、严佑民同志工作。王一平和陈国栋、胡立教都是老党员,但对上海在彭冲同志领导下的这一段工作如何估价,存在着明显的分歧;加上"文化大革命"结束后的几年工作十分疲劳,王的身体不好,他就去医院治病和到外地休养去了。

王一平离开上海后,我名义上仍是他的秘书,实际上已经不再担任他的秘书工作了。1980年底,我被市委办公厅主任方扬调去处理支援新疆的上海知识青年要求返回上海的工作,在一个临时机构里工作了两三年。

上海去外地上山下乡的知识青年有两部分:一大部分是"文化大革命"中的初高中学生,简称"知青",总数达100多万;一小部分是"文化大革命"前和"文化大革命"中新疆建设兵团来上海招募的初高中学生,是支援新疆建设的知识青年,简称"支青",总数约10万。两部分人,除了少数提干、参军、上大学、调回上海,其余部分的生活条件都远不如原来在上海时那样称心,对上海的思念十分强烈,希望回来。

1979年底,党中央召开全国知青工作会议,我随王一平同志也参加了。会议还没有结束,因上海市委一二把手要参加中央工作会议,王被通知回沪主持工作。后来知道,大概就在这时,发生了云南知青对前去了解情况的国家农垦局领导人在一个大礼堂中集体下跪、希望同意他们返回原地的事件。从此,全国知青工作会议上还在坚持的"上山下乡的大方向是正确的"的说法开始逐步淡化。大批知青从自发地返城逐步变成有组织、有领导地经过批准的回城。

　　知青回城潮必然影响新疆支青。1980年年中开始，上海就感受到了自发回沪的支青的压力。我手头还保留的笔记本显示，10万人中，1981年还在新疆基层工作和劳动的是5万人。5万人中，当时未经新疆、上海两地双方同意而倒流回沪的是2万人。他们涌到上海，上海又不可能接受。他们就天天聚集到市政府、市劳动局门口集会请愿，对上海的正常社会秩序影响很大，成了上海领导人天天需要讨论的大问题。为此，市委办公厅成立了一个处理新疆支青问题的临时机构，办公地点就设在康平路原办公大楼的308会议室。

　　出现大批新疆建设兵团支青回沪要求安置而上海无法满足他们的要求的问题，客观上看，当时粉碎"四人帮"后不久，全国经济状况相当困难，新疆、上海两地也的确都有各自的困难。但是，两地的领导没有及时协商与沟通，也有责任。新疆、上海两地的矛盾是，双方从自己的地方利益考虑，新疆希望上海多接受一些支青回沪，越多越好；上海希望少一些，越少越好。新疆方面的基层干部被支青闹得吃不消，干脆在转移户口与粮油关系的证件上盖好图章，发给原须经批准才能回沪的支青。这样一来，支青就成规模地涌到上海来了。上海不承认这些证件，国务院也同意不能承认。这就苦了支青。他们认为是政府失信于民。

　　支青返沪不是简单的回来就可以了，牵涉到工作安排、住房、子女入学等一系列问题。国务院了解了上海、新疆两地在接受安置返沪人数上的矛盾,就让国务院副秘书长郑思远到上海、新疆两地了解情况,然后通知两地各派一班人马,在1981年3月间到北京开会,先是两地之间协商,看分歧意见能否协调一致。讲来讲去,新疆希望上海收2万人,上海认为根据当时的经济状况,可以适当收一点,但只能收4 000—5 000人。分歧统一不起来,就只好等当时的国务院领导拍板了。1981年3月15日上午,在国务院第五会议室召开会议,国务院领导说,新疆地处边境,更需要照顾,双方都让一下;上海分3年接受安置返沪支青15 000人。

  会后,两地人员又留在北京好几天。讨论的是15 000支青回沪是哪些人?需要定出具体的条条杠杠,即政策条件。符合条件的可以回沪,不符合的上海动员他们返回新疆。条条杠杠很不容易定,因为既要照顾支青的实际困难,又不能突破这一数字指标。也就是说,符合这些条条杠杠的支青,正好是在15 000人上下。我参加了这项工作才知道,计划经济时代的劳动力调配工作,是一项很难做的事情。有思想的人不是没有思想的物,可以放到哪里就在哪里生根开花的。后来我到上海社科院工作,申请的第一个国家课题就是关于户籍制度的研究。现行户籍制度,限制了人与劳动力的自由流动。申请这个课题,与这两三年的处理新疆返沪支青的工作经历所留下的深刻感受有一定的关系。

二

  1984年夏,中共上海市委研究室正式被批准为局级机构,我被任命为市委研究室秘书处处长。1985年秋,经过组织同意,我被调到恢复建制的上海社会科学院工作。当时社科院的党委书记是严瑾,征询我对工作岗位的意见。她说根据惯例,从市委调来的同志,社科院一般会安排一个较高行政级别的职务。当时上海社科院经济所、文学所等8个研究单位属于正局级建制,这些所的副所长、副书记都是副局级。我考虑到自己的学养与社会经历等条件,认为还是到改革开放后才恢复学科研究的社会学所工作较为合适。严瑾表示尊重我的意愿。这样,我就来到社会学与人口学研究所担任支部书记兼副所长。所长是张开敏同志,是个很有造诣的人口学家,他说他负责管人口学这一块,要我全力负责社会学这一块。1987年,我申报的研究课题"经济体制改革与现行户籍管理制度"获得国家社科基金的立项。我感到特别高兴,这也证明我自己选择社会学研究的想法是对的。

1988年,经过市政府批准,上海社科院新建了两个副局级的研究所,即社会学所和新闻学所。原来的社会学和人口学研究所一分为二,我被任命为新组建的社会学所所长。我经常在思考,社会学这个学科命运多舛,和许多在"文化大革命"期间遭受破坏的学科不同,社会学早在"文化大革命"前就被打入另册了,许多人被错误地戴上右派帽子。即便是"文化大革命"结束后,社会上对这个学科还是有很多成见,学科建设的任务十分繁重。

我在社会学所工作期间,经常强调的就是要重视学科建设,打破旧的条条框框,给有作为的年轻人提供更多机会。我在社会学所投票推荐室主任人选,这就打破了论资排辈的陈规陋习,通过民主推荐,让能埋头苦干的、年轻的研究人员有一个压担子的机会,成长为学科带头人。院党委对我们所的做法是支持的,在院报上有所报道。

我是学术界的后进者,基础差,必须加倍努力,因此就尽可能抓紧时间,学习社会学基础理论、社会学方法论和社会学史,争取把自己从外行变为略知一二的内行。我写的第一篇学习心得式的社会学论文《社会学的角色地位和角色差距》,在1986的《社会科学》上发表,后来被中国人民大学的《人大复印资料》全文刊登。我认为,这是学术界对我努力的肯定,于是更增进了我的自信。1987—1988年,我在领衔开展户籍制度调查研究的同时,写了一系列关于社会角色理论、社会学与社会思想的文章,逐步受到了学术界的重视。其间,我被中国社科院社会学所领导人推荐成为"七五"国家社科规划社会学学科组成员;1988年底,我被上海社科院高评委通过评定为副研究员,1993年晋升为研究员。我的学历很低,每次职称评定都要求我在成果发表的数量上比标准提高一倍。我的勤奋写作使得我能艰苦地闯过这道难关。

三

我比较关心紧贴社会热点问题的研究。1989年5月,我撰写了一篇数千字的《腐败现象与惩治对策》,后在7月《解放日报》理论版上发表。这篇文章,可能是当年政治风波以后在全国重要报刊上发表的同类文章中最早的文章之一。

政治风波以后,全国上下都关注社会稳定。我也无例外地投入了关于社会稳定的思考与研究。除了在报刊上发表一些关于社会稳定的重要性的文章外,我还在"八五"国家课题中申请获批了一项关于社会稳定机制的研究。这个课题在1991年立项,最终成果《社会稳定的理论与实践——当代中国社会稳定机制研究》,因种种原因直到我退休以后的1997年才出版。

90年代初又一轮对社会学持否定态度的思潮涌动,有人认为社会学是危险学科,也有人认为在大学里还是不设社会学系为好。总之,社会学的学科地位岌岌可危。争论了一阵,社会学总算保住了,但似乎不甚风光了。为让社会学挣得一席名分,我在1990年第2期《学术季刊》上发表了《社会学学科性质之管见》。文章从社会学的创始人关心的主题、现代西方社会学研究实际围绕的中心、社会学的阶级性规定、社会学的实用性启示等角度展开论述,认为社会学是一门通过对具体的社会现象进行整体的综合性的研究,寻找和发现在社会稳定的基础上实现社会发展规律的科学。我在文章中没有明说的是:我们是社会主义国家,但我们长期以来不重视社会,对"社会"一词也很少有褒义的使用,社会渣滓、社会闲散人员等的贬义词却不少见。国家在相当长的时期里对"社会"这一块是不重视的,社区、社会发展等字眼,是20世纪80年代才被我们社会所接受的。

党的十七届五中全会提出了政治建设、经济建设、文化建设、社会建设四位一体的治国理念,明确提出了加快社会建设与建设和谐社会的目标。社会学研究的春天来临了。

1994年我退休了,但我依然关心上海社科院社会学所的情况,近年来,越来越多的青年学者加入社会学所,我相信社会学所会越来越好。就当今的社会需要而言,社会学和其他社会科学一样,正在迎来一个历史上的黄金发展时期。但也不应忽视,在一些守旧的及思想僵化的领导中间,一些人还依然残留一种成见,认为社会学总是给社会添乱,是超阶级的,等等。我认为这种说法是很成问题的,历史的经验教训已经太多了。掌管意识形态领域的负责人应当努力创造条件,为社会科学研究营造一个良好的研究氛围。

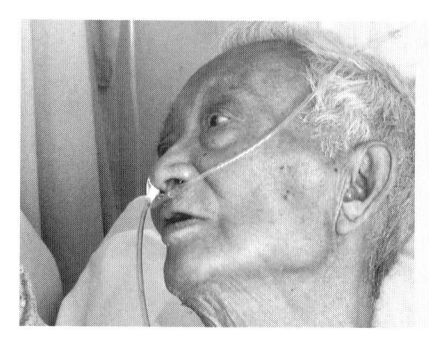

采访对象:	段镇　上海社会科学院青少年研究所原所长、研究员
采访地点:	上海市华山医院老年科
采访时间:	2014年9月25日
采访整理:	高俊　上海社会科学院历史研究所研究员

一位老地下党员的学术人生：
段镇所长访谈录

被采访者简介：

段镇　1928年生，江苏金坛人，曾任上海社会科学院青少年研究所所长。作为1949年2月成立于上海的中共地下少先队的组建者之一，是新中国少先队事业的先行者和少先队工作的理论家，所撰写的《少先队学》一书，为少先队工作从实践向学科建设发展进行了有益的理论探索和总结，长期以来成为全国各地少先队工作者的经典读本。离休后，段镇先生依然积极从事着和青少年研究相关的学术活动，参加的学术团体有：全国少先队工作学会副会长、上海市教育学会副会长、上海创造教育学会副会长，上海人才学会理事，上海家庭教育研究促进会副主任。1988年,他被上海市儿童少年工作协调会评为优秀儿童少年工作者,授予"白玉兰"奖。1991年获国务院妇女儿童协调委员会"有突出贡献的儿童工作者"奖,并获1991年度上海市劳动模范称号。1999年10月被团中央授予"少先队工作突出贡献者奖",受到胡锦涛等中央领导的亲切接见。2005年被上海市老干部局评为离休干部先进个人。2008年被市关心下一代工作委员会授予"上海市关心下一代工作先进工作者",同年获联合国儿童基金会授予"支持儿童杰出贡献奖"。2008年上海社会科学院成立50周年庆祝大会上荣获"上海社会科学院学术杰出贡献奖"以及精神文明建设指导委员会的"全国未成年人道德建设先进工作者奖"。2011年上海社会科学院纪念建党90周年大会上被表彰为"优秀共产党员"。[①]

一、走上革命道路

我于1928年出生在上海闸北,祖籍在江苏金坛。我出生的时候,祖辈已经来上海多年,我父亲是上海国民党法院里的一名普通职员,家境算不上殷实。解放前,闸北在上海算是比较落后的地

---

① 此次访谈之后不久,段镇因病于2014年10月15日在华山医院逝世,享年86岁。

方,我从小目睹了许多贫困群众在饥寒交迫中为生计奔波的艰辛,接触了许多因家贫而上不起学的同龄小伙伴,他们有的早早去工厂里做童工,有的上街头当报童,风里来雨里去过着食不果腹的流浪生活。当时有首很有名的《卖报歌》,讲的就是旧上海这些流落街头的穷孩子,这首歌的歌词我现在还记得很清楚:"啦啦啦,啦啦啦,我是卖报的小行家,大风大雨里满街跑,走不好滑一跤,满身的泥水惹人笑。"尽管歌曲的旋律朗朗上口,但唱起来总让人觉得有些心酸,可以说这首歌曲所反映的正是解放前上海穷苦儿童的真实生活。早年的这些经历,让我在很小时就时时幻想,有朝一日能建成一个平等和正义的社会秩序,让这些普通劳动者也能够丰衣足食。

在我七八岁的时候,进入了上海的力生小学就读。此后不久,抗日战争爆发,1937年夏天,日本侵略者狂轰滥炸上海,当时闸北受到的毁坏特别严重。这些年来,每当我看到有关纪录战时闸北的影片和历史图片时,当年的记忆就会重新涌现。我们经常说日本侵略者的野蛮侵略是对人类文明的粗暴践踏,这句话真是一点都不夸张。

全面抗战之初,上海就已经沦陷。当时,中共在上海的地下组织非常活跃。通过阅读地下党组织散发的一些读物后,我对共产主义开始有了懵懵懂懂的理解和憧憬,而真正将我指引走上革命道路的是当时在上海一家夜校任教的祝敏同志,她是中共地下党党员。在她的启发和教导下,我逐步坚定了自己的共产主义信仰。1945年2月,经由祝敏同志介绍,我正式加入了中国共产党,当时主持我入党仪式的是中共上海青年区委书记陈向明同志。[①]

出于革命工作的需要,1945年夏天,我到日商泰隆皮革洋行做学徒工,同时利用工余时间到上海市立日语夜校高级班修读日语,我认为要打败野蛮的日本侵略者就应该了解它,这也是我决定选修日本语的初衷。让我特别高兴的是,就在我到这家日商洋行做学徒不久,日本帝国主义就宣布无条件投降。经过多年的浴血奋战,中国人民终于赢得了抗日战争的伟大胜利,曾经在上海滩不可一世、趾高气扬的日本侵略者,沦为人类正义事业的阶下囚。

日本投降后,国民党势力重新回到上海。当时负责接收日伪政权的国民党大员弃民生于不顾,一心只想着抢夺日伪汉奸留下的资产,上海民众讥讽这种中饱私囊的行径为"劫收"。这场接收闹剧进一步暴露了国民党当局贪腐无能的真面目,也让越来越多的进步青年逐渐向中国共产党靠拢。

二、创建地下少先队

1945年12月,国民党特务在昆明制造了骇人听闻的昆明

[①] 陈向明(1921—1989) 女,原名陈寿萱,又名陈子英、陈黎洲,福建闽侯人。1934年在上海启秀女中读书时接受了进步思想,一·二九运动爆发,年仅14岁的陈向明在上海参加示威游行,并在班级年刊上发表文章,宣传抗日救国。1939年5月,加入共产党。启秀女中毕业后,先后任上海光华大学、大同大学、大夏大学的中共地下党支部书记、中共杭州工委书记等职。1945年10月,担任中共上海大学区委委员。1947年10月29日,浙江大学学生自治会主席于子三在狱中被害后,杭州爆发学生运动。1948年1月,中共中央上海局调陈向明接替洪德铭担任中共杭州工委书记,担起领导学生运动的重任。1949年3月,陈向明任中共杭州市委(地下)委员兼青年工作委员会书记,主要负责学校工作。1949年7月,南下福建,创办《福建青年》。1951年冬调回上海,任共青团华东委员会常委兼学校工作部部长,并当选为共青团中央委员。1959年被错划为右派,党的十一届三中全会后改正,出任上海少年儿童出版社社长兼总编辑、党组书记。

惨案。① 为揭露国民党当局迫害进步师生的嘴脸,上海的中共地下组织决定向市民进行宣传教育,推动国统区人民自发行动起来和独裁政权作斗争。经过悉心的准备,我在祝敏同志的直接领导下,参加了"反内战反饥饿"运动,并与其他同志沿着淮海路、复兴路、大马路②一带散发传单,把我党声援"昆明惨案"的信件秘密发给广大民众。1946年9月—1947年2月,我们组织了一系列的反内战、反美大游行,运动期间,我将夜校中的三名积极分子发展为中共正式党员。

1946年初,经组织安排,我参与了上海地下党组织的《新少年报》的发行工作,主要联系儿童群众工作,发展地下少先队组织。当时为《新少年报》充当地下通讯员和发行员的多是年龄在15岁左右的少年儿童,他们后来在解放战争时期成为最早的一批地下少先队队员,在党组织的直接领导下,为迎接上海解放做了大量工作。《新少年报》创刊后在短短两年里快速增长,引起国民党反动派的恐慌,1948年12月《新少年报》被迫停办。但是在党组织的关怀下,原《新少年报》的小通讯员和小发行员们重新集结,成立秘密的"青鸟读书会",在《新少年报》停刊仅1个月后,又创建了另一份

---

① 1945年11月,抗战期间成立于云南昆明的西南联合大学的师生召开了反内战的集会。25日晚,钱端升、费孝通等西南联大教授向千余名师生公开演讲,反对内战,闻讯赶到的国民党昆明防守司令部派第五军邱清泉部包围了会场,夹杂在听众中间的百余名特务里应外合捣乱会场。第二天,昆明3万多名学生举行罢课,抗议军警破坏晚会的暴行,要求取消禁止自由集会的禁令,反对内战,呼吁美军撤离中国。12月1日,国民党军政部所属第二军官总队和特务暴徒数百人,围攻西南联大、云南大学等校,毒打学生,并投掷手榴弹,炸死联大学生李鲁连、潘琰(女)和昆华工校学生荀继中、南青中学教师于再4人,60余名学生被打伤。"一二·一"昆明惨案的真相迅速传遍全国。重庆、成都、延安、遵义、上海等地集会游行,声援昆明学生。自此,一个以学生运动为主的反内战运动,一时席卷国民党统治区。
② 即今天的南京路。

地下进步读物《青鸟丛刊》。《青鸟丛刊》为建立地下少先队作了思想准备,"青鸟读书会"则为建立地下少先队作了组织准备。

1949年2月,中共上海地下党组织传达了党中央关于建立少先队与儿童团的决议,决定由我与吴芸红、祝小琬等同志负责筹建地下少先队。商定以"青鸟读书会"为基础建立"铁木儿团"的秘密组织,引导孩子们以铁木儿为榜样,为配合人民解放军解放上海作贡献。不久,中共地下组织又在铁木儿团中建立以少先队命名的组织。上海解放前夕,少先队接受党的委托,秘密侦察国民党军队兵力情况,向反动分子投递"警告信",散发传单、贴标语,保护学校。解放军进城时,地下少先队又组织孩子慰问解放军,参加全市人民庆祝上海解放的大游行,许多地下少先队员参加了革命队伍。

在创建地下少先队组织的过程中,我始终坚守在工作的第一线,坚决贯彻执行上级组织下发的最新指示,和广大人民群众一道迎接上海的解放。1948年,由于《新少年报》在上海市民中间特别是青少年中间产生了很大影响,上级组织给我以"艰苦奋斗"的传令嘉奖。1949年3月,组织上对《青鸟丛刊》的出版和发行工作予以表彰,并给予我第二次传令嘉奖。

1949年5月,上海正式解放,党的地下工作随之也开始公开化。就在上海解放当月,组织任命我担任上海市委青年运动委员会少年儿童部组织科科长职务,我在这个岗位工作了大概3个月,当年9月,我开始担任上海邑庙区万竹小学少年队的辅导员,并任政治、史地教员,同时兼任上海沪南区少年儿童委员会主任。1950年3月,组织上又安排我出任上海市蓬莱区团委委员兼少年部部长;1951年9月,我又调至市团委少年部工作,担任教育科科长、青年教师科科长,并从1955年开始担任少年部副部长及党支部书记职务。在团市委工作期间,我还曾经在1959—1960年赴上海市梅陇县陇西二队参加过近一年的劳动锻炼。

三、实践总结与理论创新

1966年"文化大革命"爆发,我在团市委少年部的工作也受到了极大影响,被遣往位于奉贤的上海市直属机关的五七干校。在此,我一直待到1978年7月,也就是党的十一届三中全会召开前夕。

在五七干校的那些年,我白天要从事掏粪、喂猪、锄田、收割之类的体力劳动,晚上利用空闲时间,在猪棚里面点上蜡烛或油灯,在地上铺上厚厚的稻草,然后借着微弱的灯光学习《资本论》《反杜林论》《列宁文选》等经典著作。以前在领导岗位上事务繁多,一直没有充足的时间来集中学习理论知识,现在虽然条件很差,但相对有了闲暇时间。在干校的那些年,我经常在阅读理论读物之余,夜深人静的时候经常联想以往工作中遇到的一些实际问题,然后把自己的心得记在笔记本上。

1978年,我到市教育局主办的《上海教育》杂志社工作,担任编辑和记者工作,不久我又回到了团市委少年部,组织上安排我担任部长职务,肩上的担子一下子重了许多。党的十一届三中全会前后,百废待兴,社会科学阵线也是一派欣欣向荣的景象。这一时期,"文化大革命"后被解散的上海社会科学院也在积极筹备复院工作,组织上经过考虑,决定派我到上海社会科学院青少年研究所工作,岗位虽然变动了,工作性质却没有改变,我还是继续从事自己热爱的青少年工作。

从1981年11月到1988年9月,我在社科院青少所担任领导期间,经常和研究所的科研人员讲,搞科研一定要重视学科建设,强调理论探索的重要性,一再强调不搞学科建设,不进行理论创新是没有前途的。

主持青少所工作的数年间,我负责主编了《少先队教育学》《少先队队章示范教材》等,合编了《少先队员手册》《从新少年报到地下少先队》等书籍,自己也发表了《论创造精神的培养》《浅论创造性活动及辅导》《充分发挥少先队的组织作用》《毛泽东同志对于马克思主义德育理论发展的贡献》《引导少年儿童在组织中自我教育》《少先队工作改革的探讨》等论文,以及《什么是创造》等译作,这些大多发表在与青少年工作有直接关系的《辅导员》《上海教育》《上海青少年研究》《少年儿童研究》《当代青年研究》《社会科学》等刊物上,引起国内从事青少年工作的人士的关注和好评,其中《浅论创造性活动及辅导》一文在全国少先队1985年学会年会上评为优秀论文一等奖。上海社会科学院的领导对青少所的工作非常重视,对我们的科研给予了很高的评价,授予我"上海社会科学院先进工作者"的光荣称号。我认为这不只是对我个人科研能力的肯定,也是对整个青少所科研工作的肯定。

四、殷殷寄语

我已经离休多年,但是我一直心系青少所,始终履行着自己多年以来树立的信念:"甘为红领巾孺子牛,誓当少先队敢死队",愿意在身体条件许可的情况下继续为青少年工作服务。这些年来,我多次应邀在上海及外省市讲学,培训辅导员,在少先队工作的研讨会上作报告,继续理论探索和学科建设,近年来已先后出版了《少先队集体建设》《少先队教育文集》《少先队发展新思考》三本著作。

2002年4月,我参加联合国儿童基金会的"少年儿童权利——你快乐吗?"的大型社会调查,这个调查对当前学生学习负担过重,不尊重少年儿童生存发展的基本权利的严重状况,以及社会、家长、老师对孩子包办太多、要求过高等作了客观科学的概括剖析和严肃批评,对全社会尊重和维护少年儿童权利起到了积极作用。同时参加并主持了中国儿童新闻出版总社等组织发起的"支持儿童"的大型签名承诺活动,内容包括尊重儿童权利、倾听儿童心声、创造有利于儿童健康成长的环境等10项要求,发动家长、老师签名,作庄严承诺。全国有1600万人签名,而在上海就有162万人签名,网上点击的有118万人次,13万儿童参加了儿童论坛,倾诉了自己的心声。这个活动呼吁全社会给儿童快乐的童年,尊重儿童的自主发展、自主的学习、自主的活动、自主的创造,在促使他们成长为富有人性、个性和创造才能的新主人方面起到了积极作用。[①]

2008年5月,作为我从事青少年工作和科研工作60余年回顾和总结的《少先队学》一书,由上海人民出版社出版,全书60万字,

---

① 段镇因为主持这项工作而获得了联合国儿童基金会的高度肯定,被该组织授予"杰出成就奖",并在北京举行颁奖大会,邀请其与会发言。

是我用了整整25年时间的思考和探索写就的。①

　　让我倍感欣慰的是,多年以来,组织上对我的工作和科研始终给予热情的支持。1991年,上海社会科学院和团市委召开了"段镇少先队教育思想研讨会";2008年9月,上海社会科学院又召开了"段镇少先队学术思想研讨会",老领导夏禹龙同志出席会议,上海社科院青少所的同志以及其他单位从事这一领域研究的同志济济一堂,就新时期青少年研究中的问题坦诚交流思想,提出了许多建设性的意见和建议。我非常高兴在这些研讨会上总是能看到许多年轻的面孔,越来越多的新生力量加入到青少年研究的队伍中来,他们肩负着学科建设的未来和希望。我相信在不久的将来,上海社科院青少所一定会在青少年研究方面更上一层楼,捷报频传。

---

① 通过长期对从少年儿童的特性、社会需要与儿童需要、儿童的能力、儿童组织建立等实践的考察,段镇总结出少先队具有六大社会功能:一是教育功能。这是少先队适应社会发展需要和儿童身心发展需要,在培养社会主义的未来建设人才方面的社会作用;二是自治功能。自治就是自我管理、自我教育,这种由儿童群众组织自主派生的自治功能是少先队组织特有的;三是参与功能。少年儿童虽未成年,但同成年人一样,也是国家的公民,少先队是我国的小公民、小主人的群众团体,在社会生活中,他们同成人一样占有主体地位,既享有一定的权利,又肩负一定的义务;四是娱乐功能。儿童们在满足了生存和安全需要后,玩儿就是他们生活的第一需要,甚至可以说玩儿是儿童的第二生命,让少年儿童通过多样性、生动有趣的活动得到快乐,这是儿童组织体现其儿童性、发挥其教育性的独特社会功能;五是交往功能。儿童喜爱结伴成群,过集体生活,喜爱与他人同乐、同学和共同工作,不断地扩大同外界社会人士的接触,都是儿童社会交往需要的表现;六是保护功能。儿童之所以有归属组织、集体的需要,是因为要依靠集体来满足自己、增强自己和保护自己。集体不仅要满足社会和集体成员的需要,还有保护集体成员的职责。

采访对象：范明生　上海社会科学院哲学研究所原副所长、研究员
采访地点：范明生副所长寓所
采访时间：2014 年 12 月 4 日
采访整理：赵婧　上海社会科学院历史研究所助理研究员

我的学术之梦：
范明生副所长访谈录

被采访者简介：

范明生　上海社会科学院哲学研究所研究员，硕士研究生导师。主要从事古希腊哲学研究，兼及相关的西方哲学研究。1930 年生于上海。1955 年毕业于北京大学哲学系，曾任职于中国科学院原子能研究所、衡阳矿冶工程学院马列教研室、武汉大学哲学系。1979 年调入上海社会科学院哲学研究所。1986 年被聘为研究员。1986 年 7 月—1994 年 8 月担任哲学研究所副所长。曾担任上海市哲学社会科学联合会理事、中华全国外国哲学史学会常务理事、浙江大学哲学系兼职教授及外国哲学博士点成员。1995 年退休。主要著

述有:《柏拉图哲学述评》《西方美学史·古希腊罗马美学》《西方美学史·十七十八世纪美学》,以上三本均获上海市哲学社会科学优秀成果著作奖;《晚期希腊哲学和基督教神学:东西方文化的汇合》(国家社科基金资助)、《苏格拉底及其先期哲学家》《亚历山大的克雷芒》(译著)、《希腊哲学史》(参与编写)、《东西方哲学比较研究》(主编)、《东西方文化比较研究》(主编)、《外国哲学大辞典》(副主编)、《哲学大辞典》(编委及主要撰稿人);另撰有论文多篇。

一

我一生的道路比较曲折,我对上海社科院很感恩,因为它推动我圆了三个学术梦。

我从青少年时代就对希腊文化情有独钟。由于受陈康先生《巴曼尼德篇》等的影响,我大学就选择了清华大学,因为那里的任华先生就是从哈佛回来专门研究希腊哲学的。后来经过院系调整,就到了北京大学哲学系。① 我是1955年从北大毕业的。毕业后,我被分配到中国科学院原子能研究所。当时钱三强所长向我介绍说,于光远认为物理学中有很多哲学问题,所以要招哲学系的

---

① 1952年,全国院系调整,北京大学成为全国唯一一个保留哲学系的高校。解放前散存在全国各大学如清华、燕京、辅仁、中法、中央、中山、武汉等校的著名哲学教师,都被调集到北大哲学系。

进来。① 虽然我心里不愿意去,但那个时候要服从组织分配,也别无他法。当时业余时间很多,所里给我一个房间,我就读书。中科院哲学所就在原子能所旁边,我很多同学在哲学所里,我们就经常在一起聊国家大事,对国家政策发表看法。

"反右"运动告一段落,我被下放劳动一年,后来又到了大学里教书。② "文化大革命"开始后,我到了"五七干校",后来被分配到武汉大学。能搞哲学,我还是很高兴的。我本来是想研究希腊哲学史的,但是他们希望我搞美国当代哲学,我就摸索了好几年。但当时我家庭在上海,所以1979年8月左右,我就被调到上海社科院,这是我一生道路的大转折。上海社科院对我非常好。社科院在古希腊哲学史方面没有基础,虽然接收了圣约翰大学的一批图书,但文史哲方面的书都在华东师大那儿了。所以,我向图书馆提出要买大量境外书籍,图书馆的外汇很紧张,但是也都帮我买来了,比如《剑桥古代史》和勒布古典丛书等,都是很权威的著作。不论我研究什么,院里都支持,没有干涉我。

进所后,我参加了国家社科基金支持的一个大项目,就是《希腊哲学史》,有四卷,这是我的老师汪子嵩领导的,还有我的两个同学参加;前后写了20多年,陆续出版,最近又以最高规格重版了一次。③ 在这个过程中,我自己也写了一些书。一本是《柏拉图哲学

---

① 钱三强(1913—1992),中国原子能科学事业的创始人,中国"两弹一星"元勋,中国科学院院士,曾任中国科学院原子能研究所所长。于光远(1915—2013),中国社会科学院研究员,1955年时任中国科学院哲学社会科学学部委员。
② 衡阳矿冶工程学院马列教研室。
③ 汪子嵩、范明生、陈村富、姚介厚合著,修订本由人民出版社2014年出版。

述评》,①得了上海市哲学社会科学优秀著作奖;另外两本是《晚期希腊哲学和基督教神学》和《苏格拉底及其先期哲学家》。②

二

"五四"以来有关东西文化的争论,很早就吸引了我的注意力。当时,领导班子要调整,因为一些老干部要退休了,所里都传说我要做领导了,我就跟领导讲,我既没有能力,又不想做行政工作。第二次调整的时候,又让我做。我也不好再推脱,于是我就一边做领导一边做学问。③ 但我想,我也不能只埋头于自己的领域,于是就搞了一个"东西方哲学比较研究"的国家项目。我跟所长负责这件事,写了一本书《东西方哲学比较研究》,约70万字。④ 我大概写了其中的一半,其他章节组织全所相关研究人员来写。这本书也获得上海市哲学社会科学优秀著作一等奖。当年院里也在评奖,这本书获得了大奖。

此外,我还跟一些同志写了一本《东西方文化比较研究》。⑤ 这本书出版得比较晚。实际上早就写好了,但由于经费问题,迟迟没有出版。后来,童世骏同志到我院做领导,他和俞宣孟、何锡蓉等帮我解决了这个问题。因为这是个集体项目,大家一起写的,不出

---

① 上海人民出版社1984年版。
② 上海人民出版社1993年版;台北东大图书公司2003年版。
③ 范明生于1986年7月—1994年8月担任哲学研究所副所长。参见《上海社会科学院院史(1958—2008)》,上海社会科学院出版社2008年版,第242页。
④ 当时哲学研究所所长为王淼洋。该书由王淼洋、范明生主编,上海教育出版社1994年版。
⑤ 范明生主编,上海教育出版社2006年版。

版不太好。这本书我写了一半,前言和后语是我写的,下了很大功夫,参考了很多书。当时是夏天,写的时候汗流浃背。此外,我还发表了几十篇论文。因为我写的文章有大量史料,所以一般的杂志很少发表。

三

从少年时代开始,在小学阶段,我就接受了比较好的审美方面的教育;后来又看了大量西方的文学、艺术方面的著作,还有朱光潜先生的美学方面的著作,所以对西方美学有所涉猎。

本来我应该1990年退休,但是因为我很早就评上了研究员,所以可以延长5年,是1995年退休的。这期间,复旦大学蒋孔阳教授有一个大项目——"西方美学史"。他当时是上海市暨社科院高级职称评审委员会副主任,我们彼此比较了解。他就找我来写第一卷《古希腊罗马美学》。古希腊美学与哲学关系比较密切,所以也算顺理成章,我就恭敬不如从命。这本书我大概写了80万字。[①] 后来,因为十七八世纪的西方美学没人来写,蒋孔阳教授就又让我来写,因为中国没人搞这方面研究。我就"冒天下之大不韪"接受了,从头研究。对于十七八世纪的西方美学,朱光潜先生在他的美学史著作中提到一点点,但如果要写一本书是很不容易的。好在蒋孔阳教授对我很宽松,我愿意怎么写就怎么写,想写多少就多少;出版社也很宽容。于是我就写了《十七十八世纪美学》,

---

① 蒋孔阳、朱立元主编:《西方美学史》第1卷,上海文艺出版社1999年版。

大概有30几个美学家。① 我对这本书还是比较满意的，因为没人写过，我就自己立了新的一套体系。最满意的部分就是弥尔顿。他很不好写，他的文章很深奥，又是古典英语。另外，我对英国和法国的启蒙思想有不同看法。我认为，英国的启蒙思想家比法国的要先进。但是一般历史认为法国的启蒙思想家比如狄德罗等人很了不起，但我认为英国的更厉害。因为法国的启蒙思想家如伏尔泰，都是以接受法国路易国王的恩宠为荣誉，而英国的启蒙思想家是反对英国王室的，很激进。这本书大概也写了80万字。学术界如何评价，我也不太清楚，但我自己还是很满意的，因为我自己立了一套体系。整个七卷本中我写了两卷，都获得了上海市哲学社会科学优秀著作一等奖。

有些人说，我到了哲学所以后，哲学所的学术氛围似乎更浓了。原来哲学所里学哲学和真正搞学术研究的比较少，我去了以后多少起了一些推动作用。行政工作主要是所长在做，我负责接待外国学者等。上海社科院给予我很多东西，物质上和精神上都有，相比之下，我为社科院贡献的很少，很惭愧。我特别感激张仲礼院长和姚锡棠副院长，所里有困难的时候我去找他们，他们都会答应解决，而且很快就落实。

---

① 蒋孔阳、朱立元主编：《西方美学史》第3卷，上海文艺出版社1999年版。

采访对象：华友根　上海社会科学院法学研究所研究员
采访地点：上海社会科学院老干部活动室
采访时间：2014年11月26日
采访整理：赵婧　上海社会科学院历史研究所助理研究员

中国传统文化中法学智慧的发现之旅：华友根研究员访谈录

被采访者简介：

华友根　上海社会科学院法学研究所研究员，主要从事中国近代法律思想史和中国经学史研究。1939年出生于上海川沙，1964年毕业于复旦大学历史学系。曾任上海市金沙中学教师。1980年进入上海社科院工作，1995年被聘为研究员。1999年退休。主要著述有：《董仲舒思想研究》《中国近代法律思想史》（上、下册，其中上册为合著）《西汉礼学新论》《薛允升的古律研究与改革》《20世纪中国十大法学名家》《中国近代立法大家：董康的法制活动与思想》等；在国内各学术刊物上发表学术论文100余篇，其中7篇被中国人民大学复印报刊中心全文复印转载。

一

我是1980年9月份被调到上海社科院工作的。1964年大学毕业后,我做了16年的中学教师。我在复旦读书时,读的是中国古代史,曾经跟经学大师周予同先生学中国经学史。我进入上海社科院后,主要从事中国法制史的研究。中国古代经学中的"礼",实际上就是与"法"有关。我先是搞中国近代法律思想史研究。当时,法学研究所副所长潘念之兼任社科院的顾问。[①] 因为"文化大革命"过后,中国法制思想史研究不成熟,因此他主张要写一本《中国近代法律思想史》。

于是我们开始搜集材料。我院图书馆有很多材料,但是还不够。因此,后来又到中国社科院历史研究所、北京图书馆乃至中国科学院图书馆找资料,去了一个多月。我们当时有三个人在做这项研究,写了提纲,并做了分工。我主要是研究清末至南京国民政府时期,以及革命根据地与解放区这一段,这本书写了很久。到潘念之去世时,仅可出版上册,院里给予了1万元经费的支持。原定下册写到1919年,以前认为这是近代与现代的分界点,但是我认为应该写到1949年,因为这30年间中国社会的性质没有发生根本改变,仍然是半殖民地半封建社会。但由于缺乏经费,于是我向

---

① 1979年,潘念之任法学所副所长。参见《上海社会科学院院史(1958—2008)》,上海社会科学院出版社2008年版,第257页。

市委宣传部申请补贴,下册也出版了。① 上册是1992年出版的,下册是1993年出版的。这本书获得了上海市哲学社会科学优秀成果三等奖。两册书共60万字,由于人员调动,实际上其中50万字是我写的。这书不仅得奖,也得到社会上的好评。其中下册,有一个河南读者——郑州市一个中学教师姓崔的,给我来信说,此书是国内最早提到共产党讲人权的。

由于我在复旦学习,有爱好研究儒家学说即重视中国经学史的经历,我在中学乃至进入上海社科院后,一直在研究董仲舒。进入社科院时,我已经写了《董仲舒思想研究》,共16万字,全面探讨董仲舒的哲学、政治、法律、经济、历史、少数民族、今文经学等方面的思想。很长时间我一直在申请出版此书。先是拿到复旦去审稿,后来又到我院历史所审稿,由当时的所长方诗铭、副所长汤志钧审阅,得到他们的肯定。这本书后来得到了院里黄逸峰出版基金的资助。②

我一直对两汉经学很爱好,常年读《史记》《汉书》《后汉书》等,也发表了一些成果。印象比较深刻的是1985年,我在《中华文史论丛》上发表了一篇《〈礼记·王制〉的著作年代及其思想影响》。③这篇论文是周予同先生指导的毕业论文。我读书时,他列出了60本线装书要我们读,我就日读夜读。后来,他对我的这篇论文评价很高。关于两汉经学史、法学史研究,我前后在《法学研究》《学术

---

① 《中国近代法律思想史》(下册)获上海市马克思主义学术著作出版基金资助。
② 即上海社会科学院黄逸峰科研出版基金。该书由上海社会科学院出版社1992年出版。
③ 载于《中华文史论丛》1985年第4辑。

月刊》《复旦学报》等杂志上发表20多篇论文。

后来我还写了一本《西汉礼学新论》,30多万字,也获得了黄逸峰出版基金的资助。① 这本书是我对西汉经学史研究的总结,当时很畅销。这本书出版后过了两年,江苏常州市有一个大学中文系毕业的汪一方先生,看了我这本书,评价说:"别人的书是生猛海鲜,吃了要坏肚皮;你这本书是五谷杂粮,吃了对身体有好处。"于是把书寄回来让我签名。这本书定价是21元。后来,别人说现在网上要卖105元。② 此外,汤志钧先生等编了一本《西汉经学与政治》,我写了董仲舒这一部分。③

一般谈到近代法律史,都会提到清末律学大家沈家本。而我认为清末最有名的法学家是薛允升。我研究薛允升时,全国还没有人研究他,而研究沈家本的人却很多。1986年时,我在中国人民大学清史研究所刊物上发表了一篇关于薛允升的文章。④ 但是他的整体思想还没有人研究。上海图书馆有一本薛允升写的《服制备考》,是顾廷龙收集来的善本,但不能用钢笔或圆珠笔抄,我就经常去看。我根据这本书和薛允升的多卷本《读例存疑》与《唐明律合编》来研究他,包括他研究的礼仪、丧服制度、立法以及执法等。我这本《薛允升的古律研究与改革——中国近代修订新律的先导》是1998年写好的,⑤那时我快要退休了。历史所的汤志钧先生写了序,熊月之所长审阅了这本书,认为我这本书下了很多功夫。这

---

① 上海社会科学院出版社1998年版。
② 孔夫子旧书网价格。
③ 汤志钧、华友根、承载、钱杭合著,上海古籍出版社1994年版。
④ 《薛允升法律思想管窥》,载《清史研究通讯》1986年第3期。1991年,《清史研究通讯》更名为《清史研究》。
⑤ 上海社会科学院出版社1999年版。

本书又获得了黄逸峰出版基金资助。过了几年,中国政法大学的一个研究生也要写薛允升,打电话给我,向我请教薛允升的丧服制度的书是从哪里借的,我就介绍他去上海图书馆看《服制备考》。

这里还得申述一下,解放后我是国内第一个研究薛允升的,他是清代陕派律学的鼻祖。1986年我先在《清史研究通讯》发表文章,1987年才有人在《法学研究》上发表文章。

二

我退休后又返聘了5年,其间写了一本《20世纪中国十大法学名家》。因为我听人说有一本书是《20世纪中国十大外交家》,我想我写20世纪中国十大法学名家也可以呀。于是我写了沈家本、伍廷芳、王宠惠、顾维钧、王世杰、沈钧儒、谢觉哉、史良、杨兆龙、彭真等。我2005年向市委宣传部申请出版这本书,2006年就正式出版了。①

接下来我就专门研究董康。1986年,我在《上海社会科学院学术季刊》第4期上发表了《董康法律思想述略》,这是国内最早研究董康法学思想的文章。2005年,中国政法大学出版社出版了何勤华等编的《董康法学文集》。但是我手里掌握的资料,这本书中没有。于是,我想把这两方面结合起来就可以写有关董康的专著了。我研究他的刑法、民法、法制史以及他介绍翻译的外国法律,写成了一本书。学界有些人对董康有看法,然而我认为他替日本人做

---

① 获上海市学术出版基金资助,由上海社会科学院出版社出版。

过事情,但是他还是爱国的。所以,我不但写了专著《中国近代立法大家:董康的法制活动与思想》,①还得到华东政法大学出版资助,现正在北京法律出版社出版,名为《董康法学文选》。

最近几年,我把30多年来整理积累的材料,比如清末的《东华录》(同治、光绪),张之洞、袁世凯等人的奏章,以及有关台湾的资料(如蒋介石、蒋经国、孙科、戴季陶、李登辉等人),想写一本《20世纪中国政治名人论法律》,包括慈禧太后、张之洞、康有为、孙中山、宋教仁、袁世凯、蔡锷、段祺瑞、李大钊、梁启超、胡汉民、汪精卫、蒋介石、蒋经国、李登辉、胡适、戴季陶、冯玉祥、居正、孙科、陈独秀、毛泽东、周恩来、刘少奇、邓小平、江泽民、董必武、宋庆龄、罗隆基、梁漱溟30个人。共85万多字。这本书已经送去审查,但不知道能否通过。不论如何,我要实事求是写历史,不能对某一个人全是赞扬,也不能全是否定。

我想写一本《两汉经学史》。我已经起草了1万多字的提纲。另外,起草了中国近代刑法的发展。从清末的《大清律例》,到南京国民政府时期的《中华民国刑法》,中经四部刑法的变革,已有3万字的初稿。还写了中国近代司法,谈中国近代司法改革与司法党化问题,也有3万字的初稿。

我退休后一直在家里看书,青年人要多花时间看书。现在电脑里有很多书,青年人可能看不懂线装书。要找材料,要了解别人的观点,不要急于求成,要慢慢积累。新的观点一定要有新的材料和充分的证据,不能瞎讲。这是我对青年学者的建议。

---

① 上海书店2011年版,获上海市学术出版基金资助。

采访对象：黄汉民　上海社会科学院经济研究所研究员
采访地点：上海社会科学院老干部活动室
采访时间：2014年12月2日
采访整理：赵婧　上海社会科学院历史研究所助理研究员

资料堆里找宝藏：
黄汉民研究员访谈录

被采访者简介：

黄汉民　上海社会科学院经济研究所研究员。主要从事近代中国经济史、工业史、企业史研究。1939年出生,上海人。1960年毕业于上海社会科学院工业经济系,同年进入上海社科院经济所工作。曾任经济所情报资料室主任、中国企业史资料研究中心主任。1999年退休。曾主持完成哲学社会科学"八五"规划重点课题"上海企业发展趋势研究"。主要研究成果有：《荣家企业发展史》《近代上海工业企业发展史论》《上海近代工业史》（主编之一）、《近代上海城市研究》（合著）、《近代中国企业：制度和发展》（合著）、《荣家企业史料》(合编)、《荣德生与企业经营管理》(合编)等;另有论文数十篇。

一

我与上海社科院是同龄人。我开始工作就在社科院,一直到退休,没有离开过。1958年上海社科院成立,我那时候在上海财经学院大学二年级升三年级。到了1960年4月,我们就提前从上海社科院毕业了。

有三次外单位要调我去。第一次是1972年,上海社科院已经被撤销,人员都已经下放劳动去了。我们有18个人被安排在原社科院图书馆工作,任务是整理图书,准备移交。任务很重,100多万册的图书,而且很多没有造册登记。那时候是临时性的工作,后面的工作如何都不知道。当时上海第三十五棉纺厂的工会主席是我的一个亲戚,他知道我大学学的是工业管理,就要我到他们厂里去。说实在话,那时候去厂里工作比留在社科院要好得多,一是工作有了着落,二是那时候企业奖金比社科院要高得多。但是我对他讲,我不想去,我毕业好多年了,所学的专业知识都生疏了。但实际原因是,我到了图书馆后,发现里面的资料多得不得了。我是研究经济史的,这里面有好多这方面的资料,可以探讨好多问题,条件非常好,将来还是会有所作为的。所以我就还是留了下来。

第二次是1979年下半年。那时候上海社科院和上海财经学院都恢复了,都在招人。财经学院里很多人是我的老师,要我回去;社科院也要我。那时候我被借调在市委宣传部搞清查,清查"四人帮"余党,工作还没结束。上海社科院人事处处长、经济所领导以及一起工作的项目负责人,几次三番都叫我回来。项目负责人跟我讲,这个项目要结束了,一些史料还要调查,一些资料需要核实,要我快点回来。我不想放弃专业,毕竟已经搞了一段时间了,我就回来了。

第三次是在20世纪80年代中期,还是上海财经学院叫我去。因为财经学院的图书馆馆长要退休了,要一个接班人,馆长就向他们领导汇报后,希望让我去。我那时候考虑,不想中断自己的研究,我已经有一些成果了,职称已经是副研究员了。而且,大学图书馆的工作也不是那么容易做好的,要花很大力气,工作量是很大的。虽然,去那里可以当个图书馆馆长,而且那里的住房条件也要比我们这里好得多,但我还是舍不得我的专业研究,所以没有去。

二

我先讲一件事情,就是在研究机构工作要甘于寂寞,甘于坐冷板凳。这里有个小故事。我们是1960年4月提前毕业的,当时从财经学院各个系里抽了10个同学,到社科院经济研究所工作。在这之前一个月,全院也分配了100多人,集体提前毕业,充实到上海文教系统的各个单位里,加强那里的政治思想工作。财经学院院长提出,大学毕业生要做战士,不要做院士,要投身到革命工作中去。我们这10个同学中有3个是调干生,7个是高中或中专升入大学的,都是年轻人,没有到过社会上。我们很向往到基层,想着能跟第一批那些同学一样,投身到实际工作中去。到了社科院经济所以后,第一个任务是参加经济史组的一个课题讨论会,而且要我们拿出意见来。当时所长姚耐、党总支书记葛中平给我们开会,做我们思想工作,说研究所的工作就是要坐冷板凳,不坐冷板凳就想做出好的研究,这是不可能的。这个讨论会时间很长,有一两个月,然后我们再被分配到各个研究室。我们这些同学都住在集体宿舍,大家都很自觉地安排好自学。在校时正赶上"反右派""大跃进"这些政治运动,我们的基础理论学习得不是很扎实。所以到了经济所以后,我们就加强了理论学习,慢慢养成了坐冷板凳的习惯。

从历史上来讲,不管是自然科学还是社会科学,大学问家都有养成坐冷板凳的习惯。特别是有一些课题,没有坚强的毅力坚持下去,能否达到预期目的,就很难讲了,很可能半途而废。20世纪80年代初,我有一个合作的课题是中国早期银行业的发展。中国第一家银行是1897年成立的中国通商银行,经过第一次世界大战,到20世纪20年代初期,这段时间是早期银行业发展时期。我们所里的一个老同志在经济史研究方面很有声望,叫唐传泗,他在选题时就提出要搞中国早期银行业的统计资料。以往对早期银行业的评价都是负面的,认为它是畸形发展,不是真正跟工商业经济同步发展的,没有起到促进作用,而是消极作用。一个重要论据就是按照北洋政府的农商统计表这个资料来判断的。唐先生的研究特别重视量化分析,在经济史研究领域里有些名气。他发现农商统计表中有很明显的错误,用错误的资料肯定就会得出错误的结论。问题是正确的结论是什么?这就需要新的数据。他提出要把早期银行业每家银行的资料搜集来,再进行分析研究。好多人有疑虑,说:"几十年以前的老专家都没有搞出来,你行吗?这个资料到哪里去搞?"他那时候已经 60 多岁了,视力很不好,于是就找我做帮手。我就把这个任务接下来了。

我们先后到上海档案馆、人民银行档案室、南京第二历史档案馆查资料,但并不是很顺利,档案里的东西实在是太少了。于是,唐先生要我去图书馆找,但搞来的资料中,不少都是过去的分析资料。唐先生对我说:"不要管它。凡是能找资料的地方,你都去找;一个数字,一句话,都不能丢掉。"所以当时的问题就是是否要坚持下去。这样,我独自一人在图书馆工作了一年多,摘录了好多资料,都向他汇报,连星期天都到他家里去讨论。虽然没有很完整的数据,缺少的部分他用一种数理统计方法来处理。我们整理了一份 1897—1925 年每年银行业的统计资料,发表在我们所当时一份油印的内部刊物上,后来《学术月刊》发表了这条消息,大家都非常关心。1985 年,我们写了一篇文章《试论 1927 年以前的中国银行业》,刊载在《中国近代经济史研究资料》第 4 辑上。论文的主要观点是:中国早期银行业的发展与经济的发展是同步的,以往的观点是不正确的,应该对它的地位和作用重新给予应有的评价。经济史大师汪敬虞看了这篇文章,首先就看我们的资料是从哪里来的。他后来让学生带话给我,说从他掌握的资料来看,我们能搜集的都搜集到了。后来有些学者的研究涉及这个问题的,好多都是引用我们的这个资料。研究金融史的大师洪葭管把我们这篇文章作为中国人民银行研究生院研究生必读的参考资料,认为我们用数据说话,很有说服力。所以,坐冷板凳要兢兢业业地坐下去,那个时候如果我不继续坐了,最后就会不了了之。从这以后,我搞研究都是从收集统计资料入手,再从统计资料中发现问题研究问题。

后来我们搞上海近代工业史研究,徐新吾"当家",我做他的副手。他搞了好多行业史的调查,也写了好多行业史的书。现在要写工业史,也要有基本资料,要有上海各个时期工业发展的统计资料。有许多行业已经搞出来了,但是还有好多行业没有。他把这个工作交给我来做,我统计了他们没有搞过的几个重要行业,比如火柴工业、毛纺工业、电力工业、机器工业等。其中比较难的是机器工业,都是一些小厂,也没有保存什么历史资料。徐新吾他们曾经做过大量的口述资料,20世纪60年代就出版了《上海民族机器工业》。[①] 但是要整理出机器工业各个时期的投资规模、产值,却没有数据,到80年代中期时我曾经整理出1895年以前上海机器工业的投资规模。唐传泗对我说:"你把1895年以前的搞出来了,很好,那么1895年以后的你能搞出来吗?"我当时心里也没底。到这个时候,逼上梁山了,一定要搞出来。当时有一个机器行业的老行家,对行业情况非常熟悉,我让他先写,结果写出来的东西不合格,而20世纪30年代时候发表的几个数据又不可信。他说他无能为力,我说:"我来试试看,你们不是做了调查吗?每个厂有多少设备、多少工人,基本情况都了解了。把这些工厂按照生产能力分类,分别算出每个工人一年产值多少,缺的资料可以推算。"大家认为这个方法是可以的。这个方法我是学汪敬虞先生的。他在解放以前做过这种调查研究。这几个时期的基本数据搞出来以后,我

---

① 中华书局1966年版。

们就写了那本工业史。

在这个基础上,我又进行了中国20世纪30年代的工业产值统计,陆陆续续发表了一些文章。后来日本人知道了,20世纪90年代末时他们有一个很大的项目——"中华民国时期中国经济统计资料"。他们要开一个研讨会,请我去参加。正式发邀请信时离开会只有3个月时间,我想我无法去参加,因为去参加会议一定要拿出东西来。当时我正在做工业统计,但还没有做完,而且我知道3个月时间也完不成论文。他们后来来信说:"你一定要来。没有论文的话,可以来给我们做评论。"于是把他们的一篇文章寄给我了。我发现好多问题需要探讨,开会的时候我给他们指了出来。隔了好多年以后,我重新写了一篇《1930年代上海和全国工业产值的估计》。这篇文章收在纪念汪敬虞先生90大寿的论文集中。[①]

所以,学术工作一定要心静下来,排除杂念,不怕辛苦,不怕寂寞,坚持下去,坚持就有成功的希望,否则就可能会半途而废。

三

我这个人乐于做图书资料工作,乐于"为他人作嫁衣裳"。图书资料工作的重要性大家都知道,但是真要乐意去做这件事情,特别是研究人员,不是那么多的。我为什么乐于做这方面工作呢?也是前辈的身教。历史所的杨康年是管理图书的,特别对古籍很

[①] 《汪敬虞教授九十华诞纪念文集》,人民出版社2007年版。

熟悉,是个"活字典",人家来查资料都要向他请教。历史所的资料室藏书很多,没有他不知道的资料。我们经济所的范平镐也是"活字典",研究人员碰到的大大小小、古今中外的问题,都要去请教他。他以前是商务印书馆的,对书刊情况非常熟悉,英语也很好,所以对国外的情况也很了解。我受他们的影响很大。

"文化大革命"时,我到院图书馆去整理图书,杨康年也在。那时候我负责图书馆流通组,一面整理,一面还开展服务。组里五六个人,我要求每个人对分管的书架都要熟悉,做到:别人来借书,我们不用去查看书卡,就要知道在第几排书架的上面或下面。我要求人家做到这点,首先我自己就要做到。但我知道除杨康年外基本上都做不到。要做到这个是很难的,要花功夫在这上面,经常到书库里去翻去看,看看每本书的简介、目录,脑子中有个印象。人家来借两本书,我向他提供8本10本,他就非常高兴。后来我不在图书馆工作了,好多人还是要来问我,我也帮他们提供线索。

到了经济所以后,我们所搞行业史、企业史研究,以前搜集了好多原始资料。这些资料都装在麻袋和箱子里,放在仓库里。好多国外学者听说后,就到我们这里来查资料,但是这些资料拿不出来。所以,张仲礼院长就说要想办法让它们"死的要变成活的"——利用起来。于是就成立了中国企业史资料研究中心,因为我们有许多行业和企业的档案资料,这些资料在全国科研和院校单位中是独一无二的。中心成立后,我们把资料从仓库里拿出来,分门别类整理。我一边整理一遍看内容,记在脑子里。有一次,张院长打电话叫我去他办公室,他正在接待一个从德国来的学者,要找百代唱片公司的资料。这个人在音乐学院做访问学者,但是音乐学院解决不了这个问题,所以就介绍他来我们这里。因为我脑子里有点印象,让他下周来找我。后来他来了,我就把20世纪30年代中国经济统计研究所当时做的一个关于唱片业历史沿革的调查资料给了他,还有更珍贵的中国唱片厂一张大的彩色唱片目录。他非常高兴,复印好带走了。

好多资料就是靠平时用心积累,脑子里有了印象与记忆。2014年三四月份的时候,左学金副院长打电话给我,说上海电视台曹可凡要找我。他要荣家企业的资料,他的外公是荣家早期的一个股东。这个人的名字在我脑子里有印象。我查到了好几卷资料,把里面相关的内容找了出来。后来曹可凡来到所里一看,他说就是要这些资料,不用再找了。于是拿去复印,两个小时就搞好了。他自己来找恐怕一两个礼拜也找不到。

我退休以后,有些老朋友来上海查资料,还是找我帮忙。有一次刚好在院里碰到一个外国学者,他说:"你不在这,我以后不来了,什么资料都找不到。"我有一个原则,不能让这些来查资料的国内外学者空手而归。尽管可能没有他们要的直接的资料,但是我会给他们提供相关的背景资料,还会给他们提供相关线索。所以,我们这个资料研究中心,一方面收集整理资料,另一方面大家可以在这里一起商讨问题、研究问题。

经常到我们资料中心查资料的美国康奈尔大学的高家龙教授,20世纪八九十年代差不多两年来一次。他说:"我到你们这里来查资料,工作效率要比我在美国的办公室高得多。"还有美国路易斯维尔大学的梅爱莲教授,她是研究我国解放前金融史的,她说:"你们这里不仅资料丰富,你们的工作人员就是丰富的资源。"

2000年,我们把企业史、行业史的资料做成缩微胶卷,这个项目得到美国罗斯基金会的资助,大概12万美元。在当时来讲,这是很大一笔资助。我们总共做了9个资料,4 100多卷,35万拍。拍摄工作是复旦大学做的,我们整理好就送过去。两年时间就完成了。我们还汇编了《中国企业史缩微资料目录与简介》。我认为只列目录还不够,所以我提出每卷都要有简介。这本书印出来以后,我们所的一位老教授马伯煌看到了,对我说:"小黄,你这件事情做得了不起啊!我现在不用去看原始材料,只要看你这个目录简介,就可以写一本书的提纲了。"我这样做,一是可以方便读者,让他们"有的放矢",很快能找到所需的资料;二是我退休后,谁来做这个工作呢?读者可以按照这本书的目录找出所需资料案卷编号,工作人员可以很方便地按号取卷。这本书反响很大,因为它太实用了。

我曾经有个想法,我们院图书馆有很多旧的报刊资料,我想把其中有关中国近代经济史的资料选编一部分辑录出来,不能全文复印的话也可以把目录弄出来。这个工作要靠大家一起做。那时日本学者也在做这项工作。我们去了北京图书馆、南京图书馆,加上我们自己的图书馆,把民国时期经济类专业期刊的目录手抄在稿纸上,想汇集出版,但没有经费,所以到现在还一直放在那里。

图书资料工作要有人愿意管,专心管。这项工作好多是具体的工作,要像我们的前辈一样,做有心人。资料是要人家用的,不能只是管。希望我们的图书资料工作做得更好,大家都来利用,这样我们的研究成果会越来越多,质量也会越来越高。做研究,观点不一样没有关系,但是资料一定要扎实,写的东西一定要有真材实料,这是张院长一直教导我们的。

采访对象：金哲　上海社会科学院信息研究所原副所长、研究员
采访地点：上海社会科学院老干部活动室
采访时间：2014年12月10日
采访整理：赵婧　上海社会科学院历史研究所助理研究员

跨学科研究的践行者：
金哲副所长访谈录

被采访者简介：

金哲　1931年出生，浙江永嘉人，上海社会科学院信息研究所研究员，曾任上海社科院情报研究所所长助理、副所长。主要从事新学科与时间学的研究。1958年毕业于华东政法学院。1959年进入上海社科院工作。1961年被选入中共中央华东局理论研究班深造，历时三年。1963年进入上海社科院哲学研究所。1978年调入当时的情报研究所从事筹备复院与研究工作。与姚永抗、陈燮君、李良美等一起开展对新学科的研究，获得丰硕成果。1994年离休。主要学术成果：《世界新学科总览》及其续编、《新学科辞海》《21世

纪世界预测》等 50 多部著作;《关于开创时间学的探索》《论当代新学科》《论当代交叉学科》等 350 多篇论文。总字数达 2 200 多万字,先后获奖 38 项。离休后仍笔耕不辍,出版了《新学科探索印迹:金哲选集》。

谈起上海社科院,我是很有感情的。1958 年,我刚从华东政法学院毕业,就参与了社科院的筹建工作。那时地址在华东政法学院内,主要帮李培南等领导同志做些具体工作。上海社科院成立时基本的队伍是华东政法学院、上海财经学院、中国科学院的经济研究所和历史研究所、复旦大学法律系等,大概三四百人。"文化大革命"期间,社科院撤销了。我到了五七干校,到仪表局去劳动。我先是到灯泡一厂,灯泡刚做好的时候是红的,要戴着手套把它拣出来。

上海社科院复院的时候,我也参与了。黄逸峰和李培南等老同志做了大量具体工作。黄逸峰对上海财经学院的人比较了解,亲自上门拜访,把他们一个个请来。李培南同志原来是市委党校的副校长,也是市委委员,参加过长征,后来调来我们院里。这些老同志在建院、复院时干事业的精神和艰苦朴素的作风,给我留下了很深刻的印象,对我产生了很大影响。我的研究,包括后来我做所领导,都吸取了他们的宝贵经验。

我 80 岁时出了一本论文集,主要学术成果都在里面。[1] 我是学法律的,但我从小就爱好哲学。我在哲学研究所也待过。我一

---

[1] 金哲:《新学科探索印迹:金哲选集》,上海三联书店 2009 年版。

辈子重要的学术成果就是开创了两门学科：第一门是新学科学；第二门是时间学。

由于"文化大革命"，学术都被"四人帮"破坏了。我进入情报所（现在的信息所）的时候，当时整个世界的学术形势已经发生了很大变化，于是，我就组织一支外文力量，如英文、俄文、德文、法文、日文、意大利文等，对这些主要国家的学术进行普查，包括学术刊物、学术著作和学术流派等。上海图书馆有一些资料，但是还不够，我们院图书馆、所里又购进了一些图书资料。我们花了几年时间，做了12万张卡片。我们发现世界上特别是科技发达国家自第二次世界大战后已经出现了大量的新兴学科，又称交叉学科、边缘学科等，有几千门。这个概念在国际上到现在也没有统一。

我们抓住新学科来研究，当时很多同志还不理解，这是个新事物，所以我的压力还是很大的。但我下定决心要把新学科研究做好。本来我是情报所的副所长兼哲学研究室的主任，还是《学术界动态》刊物的主编，后来院里就将哲学室改为新学科研究中心，我任主任。[①] 我们逐渐在《学术界动态》上发表了一系列有关新学科的介绍性文章，这样慢慢地引起了高校、机关和社会的关注。后来，社联主席罗老[②]也很支持我们这件事，在社联下面成立了上海市新学科研究所，我任所长。我们还组织全市力量成立了一个上海市新学科学会，我是第一届新学科学会的会长。赵启正同志[③]对

[①] 1989年，情报研究所哲学研究室改为新学科研究室；1992年，新学科研究室又改为新学科研究中心。参见《上海社会科学院院史（1958—2008）》，上海社会科学院出版社2008年版，第329页。
[②] 罗竹风（1911—1996），山东省平度市蟠桃镇人，中国著名语言学家、宗教学家、出版家、辞书编纂家、杂文家。第三届上海市社联主席。
[③] 赵启正（1940—　），1986—1991年任上海市委组织部部长。

新事物很感兴趣,也很支持我们,因为我当时也是市委组织部的特约研究员。

新学科的概念是我们这支队伍首先提出来的,是我们集体努力的成果。当时的业务骨干很强,比如:姚永抗,他原来是市委组织部办公室主任,后来调来我们这里;陈燮君,他做了大量理论研究,后来去了文化局做党委书记,还做了博物馆馆长;刘洪(音),这个人后来出国了,在美国一个大学做教授;华东师大的副校长赵云中,他是中国第一批留学俄罗斯的留学生,俄语很好;还有李良美、乔桂云;等等。就像滚雪球,情报所里越来越多的同志加入到我们这支队伍中,所以说新学科是集体努力的成果。我意识到,科研要靠集体的力量。当时,经费很困难,我们都是自己想办法。举个例子。我们出了一本《新学科辞海》,有500万字,我们搞了五六年,主要骨干都住在上海师范大学的学生宿舍里,在那里统稿,条件很艰苦。

开始是介绍性的研究,后来我们出了50多本书,2 200多万字,得了38项奖。尽管我压力很大,但很高兴,总归没有虚度。本来还想出两本书——《新学科概论》和《新学科史》,我拟了提纲,但后来实在是力所不逮。所以,我把一些问题写在了我的论文集中,包括新学科定义问题、新学科未来发展战略等。开始的时候我们说是对整体新学科的研究,现在我认为应该概括为新学科学的研究。

第二个成就就是开创了时间学。当时强调四个现代化建设,国家建设被"文化大革命"耽误掉了,国际形势已经发生了很大变化,如何把时间捞回来,我觉得时间问题是个很重要的问题,如何为四个现代化服务,时间问题已经提到相当重要的位置了。邓小平在深圳时也讲了这个问题。时间和空间都是事物存在的一种形式;时间是哲学里的重要问题,是一个大的哲学范畴,但不是单独的学科。国际上很多尖端科技都是时间问题,如卫星、火箭。时间科学既是自然科学的尖端问题,也是社会科学的重要问题。世界上伟大的科学家都是在时间问题方面有所成就的。所以,当时在全国范围内我第一个发表了《关于开创时间学的探索》文章,首先提出从马克思主义的大的范畴中把时间拉出来单独作为学科。时间学主要是我跟陈燮君两个人在研究,陈燮君贡献的力量比较大。

  我退休后回老家照顾我的老父亲。[①] 现在社科院的有些做法还是很可贵的。一方面,根据现在形势的发展,与市里领导部门相结合,总结一些经验,从经验上升为理论,与实际结合得更紧密。这样的战略会使我们院的生命力比较强。另一方面,为当前实际服务是必要的,但是学术机构也要有学术机构的特色,学术理论研究也要有一定的比例。因此,上海社科院作为一个科研机构,其理论和学术水平特别是一些专业理论应该比社会上的机构要高。目前国内外形势错综复杂,学术机构也应当概括出新的理论。这样的话,既可以给全社会参考,也可以给整个国家大方向参考。

---

① 金哲老师离休后在家乡照顾90多岁的老父,历时多年,被当地称为孝子,被全县人民高票评选为浙江省"永嘉县首届十佳孝星"。

采访对象：蓝瑛　上海社会科学院原副院长
采访地点：蓝瑛副院长寓所
采访时间：2014年10月22日
采访整理：张生　上海社会科学院历史研究所副研究员

深情回忆社科院的复院工作：
蓝瑛副院长访谈录

被采访者简介：

蓝瑛　生于1925年,浙江奉化人,1938年3月参加革命并加入中国共产党,1992年12月离休。离休前为上海社会科学院党委副书记、副院长、研究员。离休后享受副市级医疗待遇,主要文章、论文收入《七十年耕耘文集》。[①]

上海社会科学院创建于1958年9月,至今已整整半个世纪了。我在它创立之初,即和它保持着比较密切的联系。"文化大革命"期间,我作为市委宣传部分工联系社会科学院的身份,遭受到当年造反派的好多次"批斗";粉碎"四人帮"之后,由我具体负责筹

---

① 蓝瑛因病于2017年12月28日在华东医院逝世,享年92岁。

备复院工作,后又参加了院的领导工作,直至20世纪80年代末,离开了工作岗位,前后共有20年时间。"四人帮"当道的时候,社科院彻底瘫痪。所以,在复院工作中,组织上还是能保证的,但人员都已经分散到各处了。市委给上海社科院复院的原则就是,社会科学院原有的人员要尽量归队。

那个时候,上海市的领导筹建了复院筹备组。有宣传部的领导,华东局的江岚和我两人主持复院工作。江岚现在过世了,具体工作主要是我在负责。另外就是有几个原上海社科院的同志参与这个工作。我在宣传部时是分工联系社科院的,所以对社科院比较了解。复院的时候,最大的问题是调集人员,并准备一个方案,包括机构设置、人事调配等。

上海社会科学院的重要性在于全国就这么一家社科院,当时各个省市是没有的。我向市里主要领导同志建议,要尽快把社科院恢复起来。当时最大的问题是不知道这些人员分散到哪些单位,要排查了解,工作是比较繁重具体的。我们找到了"文化大革命"前的社科院党办和院办的两位办公室主任,由其专门负责人员问题。这两个同志起了很重要的作用,一般都是比较顺利的。而且尽量把原来研究所的领导调回来,大部分同志也是乐意回来的,一个接一个地归队。其间,做了大量的回归动员工作,而不只是恢复一个机构。当然有的愿意,有的不愿意。不愿意的也有商有量,不是强制的。我们先抓核心和骨干,先拉队伍,然后是落实地址,这也不是一帆风顺的:

1978年5月24日批准成立恢复上海社会科学院筹备小

组,由江岚(市委宣传部副部长)和我任正副组长。在此之后,我和洪泽同志又分别走访了原上海社会科学院的主要领导李培南、黄逸峰、姚耐等同志,听取他们对复院的意见,又经筹备小组充分讨论后,由我起草写成专门报告,于8月26日上报市委,得到批准。报告中对复院后的科研方向、重点院所、建设规模等提出了基本设想,主要内容是根据全国转入经济建设为中心的要求,以及上海的大工业、大城市的特点,突出加强经济学科的建设,将原来的一个所,分成经济理论、部门经济及世界经济三个所,保留原来的哲学、历史、法学三个所和院图书馆,再新建文学所、学术情报研究所以及研究生部、《社会科学》杂志社等等。情报所的建立是为适应今后扩大国际学术交流的需要,以研究国外学术动态及各种思潮、学派为重点(复院后几年中又在建所方面作了进一步的发展和调整,从开始时的9个所发展为1982年的13个所,不一一列举了)。

由于"文化大革命"对上海哲学社会科学事业的大破坏,缺乏科研人员的矛盾十分突出,当时又采取了一个新措施,以院的名义聘请一批各单位退休的和分散在社会上的有各种专业特长的人才,作为特约研究人员,这批人员来到我院后,都在研究岗位起了很好的作用。他们年龄虽大了些,平均年龄在60岁以上,但都有一定的研究水平。由于多年来执行了"左"的路线,不被重视,来院后,热情也较高,在复院初期是院内一支重要的科研力量。1981年我院的统计材料表明,在当时全院的科研成果中,由特约研究人员完成的约占20%。我院吸收特约研究人员的措施,对发展国内外统一战线工作,落实党的知识分子政策,也有积极意义,如有一位在国民党最后败退时担任中央财政部代部长的,来院后努力工作,在学术研究中起到了一定的作用。复院后第一任领导班子,由市委于1978年10月11日正式宣布。李培南、黄逸峰、陆志仁、蔡北华都是老同志,对革命有贡献。院长黄逸峰是我在战争年代的老领导,比较熟悉。他在20世纪20年代就参加革命,曾在周恩来直接领导下参加过上海三次武装起义,抗战时期是国民党中将,以三战区特派员身份,主动要求到苏中根据地,在当年对友军的统战工作起过重要作用,以后又担任新四军的分区司令员;陆志仁长期坚持上海地下党的斗争,担任过重要领导工作。中华人民共和国成立后,担任市委党校副校长,重视对党史方面的研究,后调任市党史办主任。蔡北华长期在国民党地区地下党工作,直接在周恩来身边工作过,中华人民共和国成立后则担任过统战和经济部门的领导工作,在经济研究方面有专长。这里还要提到,市委提出要有党外专家担任领导,选定孙怀仁、冯契(兼)担任副院长。这是很好的措施,他们两位都有很高的成就。[①]

现在的房子当时被市委党校所用是不是可以给社会科学院使用,原来在万航渡路的房子已经给了其他单位,而且交通也不方便。市里很快同意,说明市里对复院工作很重视。社科院很快搬到市区里来了,对以后的工作很有帮助。当时社联和社科院的工

---

① 蓝瑛:《我的回忆和一些想法》,《往事掇英:上海社会科学院五十周年回忆录》,上海社会科学院出版社2008年版。

作是放在一起的,因为当时也是我在市委分管的,所以基本上是一起工作的。要先恢复社联,先要开展揭批"四人帮"的活动,理论界也要先活动起来,当时社联每个学会逐渐恢复起来。市委要求这两个单位的恢复工作统一起来,一起在我们这个领导小组里面,所以社科院和社联的同志结合在一起,一方面筹备,一方面开展揭批"四人帮"的工作。

1978—1984年,我除兼任院领导以外,还兼情报研究所的党委书记,当时主要精力在院里。

说说我印象深刻的事。一个是制订规划。原来的社科院有比较大的发展要求,基础要保留,中央也很重视,团结上海社科界,起了很大作用。上海市委也很重视上海社会科学院的恢复工作,写了一个社会科学今后发展的报告,规划报告是我亲自起草的,回过头来看,这个报告还是比较符合实际情况的。比如市委党校把淮海路的房子让给我们,也是规划中提到的。

我曾经对市委第一把手彭冲汇报这个情况。当时上海最高领导就是彭冲的三人小组。彭冲我老早就认识的,因为我们在解放前一个地区打游击,他是新四军苏中地区区委负责人,我那时是记者跟他们接触的,很熟悉,这样工作起来很方便。我到中国社会科学院开会,中央也很重视,参加中央思想工作会议,胡耀邦也提醒我们,要关心上海社科院的恢复工作。所以,复院工作是我首先向彭冲汇报的,社科院是一个很重要的机构,我愿意来做这个筹备工作,得到领导的支持。

我认为社科院应以抓经济工作作为重点,我提议经济所分成了三个所,即理论经济所、部门经济所、世界经济研究所;我还提议建立(学术)情报所,主要研究国外社会科学发展的情况,因为上海和国外的发展总归联系密切。后来大家提议情报这个名称不大好,所以改成信息所。其他,如历史、哲学、文学所照旧恢复。不仅恢复原来的研究所,而且根据发展的要求,建立一批新的所,为今后的发展创造了一定的条件。我主要精力投入到社科研究活动当中,我看很多书,订很多报纸。我对社科动态和国外社科相关发展很熟悉。对社会科学的热爱和投入是可贵的,少有的(蓝老夫人李利语)。

另外,我们院到北京参加了重要会议,一个是思想工作会议,听了邓小平的一个报告;一个是规划工作会议,我代表上海提出了上海社科研究规划。复院后几任研究所的领导也起了很好的作用。我离休以后,到现在院里换了三四任领导,都各有特点,各有贡献,国际国内都有一定的影响。

采访对象：李良美　上海社会科学院信息研究所研究员
采访地点：上海社会科学院历史研究所会议室
采访时间：2014年11月26日
采访整理：赵婧　上海社会科学院历史研究所助理研究员

紧跟学术前沿，致力于新学科研究：
李良美研究员访谈录

被采访者简介：

李良美　生于1934年，福建武平人，上海社会科学院信息研究所研究员。主要从事哲学社会科学经济、信息和新学科理论、方法论和应用研究。1955年毕业于华东政法学院法律专业，并留在校刊学报编辑部工作。1958年调入上海社科院。1963年毕业于中共中央华东局理论班(三年制)，后在上海社科院学术情报研究室、中共中央华东理论刊物编辑部、上海市文教办、上海市委研究室工作。1979年又回到上海社科院情报研究所从事科研工作。曾任上海市新学科学会副会长兼秘书长、上海市新学科研究所副所长、上海市未来研究会理事和北京发展杂志社副理事长等职务。1994年被评为研究员。1995年退休。现任中国人天观研究会学会顾问。主要著作或参与编著：《当代新学科手册》《最佳生活方式选择》《世界新学科总览》及其续编、《当代新术语》《当代新方法》《现代能力导向》《新学科辞海》《上海社会科学15年》《21世纪世界预测》《世纪之交热门专业》《世界经济改革潮》《21世纪选择：中国生态经济可持续发展》《上海社会科学志（新学科篇）》《国外环保概览》《世纪环保广场》《新学科·新亮点·新探索》《科学生死面面观》《世博与环保》《新学科·新视野》《生命·读书·爱情》《走向系统综合的新学科》《客家文化探秘》《走向社会主义生态文明新时代》等及论文百篇。曾获上海市邓小平理论研究和宣传优秀成果论文一等奖。

一

我1953年进入华东政法学院法律系，1955年毕业。上海社科院是1958年成立的，当时根据中央精神，要在上海成立专门研究社会科学的机构。上海社科院有两个任务：一个是对社会科学分门别类进行研究，当时上海有两个重要的研究所——中国科学院经济研究所和历史研究所，这两个所就并入上海社科院，后来又成立了哲学所、法学所等；另一个任务就是培养学生，1958年时政法、财经、复旦法律系还有学生,需要继续培养,因此成立了教学办公室,让学生把课程学完,1960年时这些学生全部毕业了。

我1956年被分配到华东政法学院的院刊和学报编辑部工作。1958年建院时,我就被调入社科院。当时院里有一个学术情报研究室,搞国外的情报资料。斯大林逝世后,赫鲁晓夫反对斯大林,我们国家必须及时掌握苏联的情况,因此专门成立了这个研究室。我进去后主要是编《学术界动态》和研究苏联修正主义理论的情况。当时领导很重视,我们的工作也很紧张,要及时翻译苏联的报刊资料,拿到一篇文章后,几个人分段翻译,尽快送给领导参阅。学术情报研究室下面分为哲学组、经济组、历史组、国际情报研究组、资料组等,共40几个人。[①]

当时领导部门特别是宣传部门资料很少,一个是《思想动向》,一个是《学术界动态》。《学术界动态》就是我们在搞,因为我们能及时拿到外文资料,又可以组织人来翻译。外界对这本刊物的反响很好。在这之前,我们还出版了院刊《小高炉》,这个名字是姚耐副院长起的,因为1958年大炼钢铁,他说我们的《小高炉》是锻炼人的熔炉。这时候社科院的一部分师生到嘉定和南通去劳动锻炼,我和另外三个同志也到下面去调研,收集稿件,这一周去嘉定,下一周去南通,这样轮流转。[②]

1960年我到华东局理论班学习,三年毕业了,又回到上海社科院,继续搞《学术界动态》。1964年,上海市委与华东局联合成立了

---

① 学术情报研究室组建于1959年,全室共30余人,下设办公室、国外组、哲学组、经济组、历史组、综合组、翻译组、图书资料组。参见《上海社会科学院院史(1958—2008)》,上海社会科学院出版社2008年版,第328页。
② 有关这段历史,可参阅李良美:《老照片上的那些人和事》,《上海滩》2014年第2期。

一个华东局内部理论刊物编辑部,创办了内刊《未定文稿》,它是为了对付修正主义做好准备,因为暂时不能公开发表,所以叫《未定文稿》。当时集中组织华东六省一市的理论研究人员到我们这里来写文章,地址在华山路849号丁香花园。我们不知道苏联会发表什么样的文章攻击我们,可能涉及哲学、经济、历史、文学、国际关系等各个方面;根据中央精神,苏联发表一篇文章攻击我们,他们以何种名义、何种内容,我们马上就相应地发表有关文章回击它。如果我们等它发表文章后再写,就来不及了,所以先要做好准备。这是当时我们的主要任务。

一直到1966年"文化大革命"开始,这本刊物就停止了。我们编辑部的同志被派到下面搞"四清"。① 我被派到了安徽全椒县,搞了一年不到就回来了。"文化大革命"期间,上海社科院同志被分配到各处,有的到外地,有的到基层。1970年,我被分配到市文教办(简称"一办")。1976年粉碎"四人帮"以后,社科院考虑如何恢复研究的问题。这一年,我被调到康平路办公室,②因为"文化大革命"时期的那些人都解散了,这时需要另组织一套班子。那个时候叫中共上海市委政策研究室,主要是调查研究和为当时进驻上海的中央工作组同志(如苏振华、倪志福、彭冲)起草发言稿。上海社科院复院后,1979年我又回到社科院工作,一直到退休。因此说,我是三进社科院。

---

① "四清"是1963—1966年5月先后在大部分农村和少数城市工矿企业、学校等单位开展的一次社会主义性质的清政治、清经济、清思想、清组织的教育运动。
② 康平路165号是"文化大革命"时期上海党政领导机关的最高首脑办公兼居住之地,被上海市民称为"中共上海市委书记处",又称为"上海的中南海"。

二

1978年10月,情报研究室改称情报研究所,人员还是原班底;1992年又更名为信息研究所。为什么要更名呢?因为"情报"容易与军事情报混淆,以为我们是搞军事情报工作的。这时,我就继续编《学术界动态》,介绍学术界发表文章的动向,包括哲学、经济、历史等各个方面。当时我们主要有两个任务:一是及时收集、整理国内外学术界的情况;二是及时出版内部刊物,即《学术界动态》。经过10年"文化大革命",我们对国外社会科学界的情况一点都不了解。1985年时,我们就组织各语种的翻译力量,把世界各国10年以来的理论刊物全部复查一遍,包括苏联、美国、加拿大、意大利、澳大利亚、日本等。这个任务很重,我们大概花了两年时间,做了两万张卡片。我们把这些卡片全部看一遍,然后把主要问题写出来。

我们发现,这10年间国外学术理论发展很快,出现很多新兴学科,很多理论国内完全不知道。我们就写了几篇文章,发表在《学术界动态》上。这引起了全国理论界的轰动。当时陕西省社科院召开了一次全国社会科学研究情况交流会,我们就把国外新学科的理论在会上做了介绍。因此,我们回过头来想要成立一个新学科研究所。1989年,先把哲学研究室改为新学科研究室,室主任是金哲;同时,还要满足高校里开设新学科课程的需要,因此1989年又成立了上海市新学科学会,把全市高校、党校、部队里面的力量都组织起来。金哲是会长,陈燮君和我是副会长。新学科学会现在每年还要开一次年会,出版一本论文集。后来,院里要筹备成立新学科研究所,向市委宣传部打了报告,但是要成立一个新所,领导班子配不起来,而且各方面意见不统一。于是,宣传部说你们的研究人员与方向可以不变,情报研究所改称信息研究所,新学科研究室改称新学科研究中心。① 这样我们几个研究新学科的人可以实打实地开展工作。中心主任还是金哲,我是副主任;他离休后,我当主任。我退休后,由鲁方根当主任,我全力搞新学科研究。

我参与编写了《新学科辞海》②《当代新学科手册》③《世界新学科总览》及其续编、④《当代新术语》⑤《当代新方法》等书籍。⑥"新学科"的叫法是不得已而为之,因为不容易起好这个名字。有人称为交叉学科、跨学科或综合学科。虽然,相对于传统学科来讲的,它有新的思维方式、研究内容、研究方法,但是还不能构成一个真正的科学概念。"新学科"这个名称在一二十年后有的可能继续发展,有的也可能就消失了,是一个过渡性的名词。新学科要有它自己的标准,由定义、研究内容、研究方法、研究代表作甚至研究队伍组成一个学科体系,而不是提出一个学科就叫新学科。据我研究,经济新学科就有 800 多门,但是其中有些是重复的,有些经过一两年就淘汰了。新学科本身在不断发展,随着时代变化而发展,比如:我开始研究新学科时还没有网络,现在有了网络经济等;大数

---

① 1992 年 5 月,新学科研究室改称新学科研究中心。参见《上海社会科学院院史(1958—2008)》,第 329 页。
② 金哲等主编,四川人民出版社、四川教育出版社 1994 年版。
③ 杨国璋等主编,上海人民出版社 1985 年版。
④ 金哲等主编,重庆出版社 1987 年、1990 年版。
⑤ 金哲等主编,上海人民出版社 1988 年版。
⑥ 金哲等主编,上海人民出版社 1990 年版。

据研究也算是一门新学科,但以前也没有。因此,给新学科下定义很难。

  1995 年退休后,我还在哲学所工作了 7 年,编辑《毛泽东邓小平理论研究》。现在我还不断积累资料,退休后出版了十几本书,主要是关于新学科的。最近出版了两本书,一本是《客家文化探秘》,①一本是《走向社会主义生态文明新时代》。② 我认为生态文明范围很广泛,包括自然生态、社会生态,现在还要加上政治生态;不能把生态文明等同于环境保护。现在我很想编写一本关于大数据方面的书,已经写了目录,但是还不太成熟,难度很大。希望得到有关方面的支持。我们现在对过去的东西回忆、吸收比较多,但研究比较少。过去的成果是我们要保护的财富,不能丢,但是当时产生的理论是根据当时的时代特点提出来的,对这些理论不能忘,但是也要跳出来,不能停留在过去,要看看世界各国的研究现状如何。知识的积累是不能停顿的,要不断吸收新的东西。我们要找新材料,因为科技是在不断发展的;还要把国外理论发展与国内研究现状衔接起来,进行系统综合研究。这是我的一些想法与建议。

---

① 北京艺术与科学电子出版社 2014 年版。
② 上海三联书店 2014 年版。

采访对象：刘修明　上海社会科学院历史研究所研究员
采访地点：上海市徐汇区中心医院
采访时间：2014 年 10 月 13 日
采访整理：徐涛　上海社会科学院历史研究所副研究员

胸怀天下一隐士：
刘修明研究员访谈录

被采访者简介：

刘修明　江苏滨海人，1940 年出生，1963 年复旦大学历史系毕业后进入上海社会科学院历史研究所工作。曾任古代室主任、《史林》副主编、《社会科学报》常务副主编等。九三学社社员。著名秦汉史研究专家，对中国古代史、秦汉史、史学理论都有很深的造诣，任中国秦汉史学会副会长。迄今，发表论文近百篇：《中国封建社会的典型性与长期延续的原因》《汉以孝治天下发微》《两汉的历史转折》《论"时代价格"——历史研究中的一个问题》《秦汉游侠的形成和演变》《秦汉历史变迁中的知识分子及其作用》《汉代监察制度的渊源、作用和衍变》等;出版著作多本:《儒生与国运》(1997)、《雄才大略的汉武帝》(1984)、《汉光武帝刘秀》(1987)、《从崩溃到中兴》(1989)等;策划、组织和主编大型通俗历史丛书、15卷本《话说中国》(2003—2005);编著《毛泽东晚年过眼诗文录》(1993)等。多次获得上海市哲学社会科学优秀成果奖。

一

我1940年出生于上海,小学、中学也都在上海就读。因为高中历史教师汪老师的精彩讲授,使我对历史学产生了强烈的兴趣,此时我就通读了范文澜的《中国通史》《中国通史简编》《中国近代史》。当时考大学的时候可以填写6个志愿,我全部填写了历史系,最终我于1958年如愿考入了复旦大学历史系学习。1963年本科毕业后,因为当时国家比较困难,我作为筹备干部,拿着48.5元的月工资,接受分配,前往崇明劳动一年。一年后,分配正式工作,我于1964年进入上海社会科学院历史研究所工作。

当时63届、64届大学毕业生进入社科院工作的比较多,我和其他另外8名同学一起进入了历史所工作。后来因为各种原因,和我一道进所工作的同事都离开了历史所,只剩下我一个人。我常开玩笑说:"对历史所而言,自己是硕果仅存。"当时进所工作后,因为政治大环境的影响,我们并没有开展科研工作,而是前往院部、华东政法大学学习。学习一段时间后,全国开展"四清运动",

我们也随之加入。当年前往松江乡下,前后去了两个地方:一个是佘山公社、一个是天马(山)公社。"四清"期间,我整天在农村与农民兄弟在一起,下田劳动,并担任大队秘书,帮助大队长开会、学习、写材料等。这段时间的乡村经历虽然跟专业完全不相关,但这种实践经验,却也是书本里面无法读取的,有助于我日后的历史研究。当时我听到或亲身历经了很多故事。其中一个故事,至今萦绕我的脑际:有一天半夜里我听到了惨绝人寰的哭声,经久不息。第二天早上,我作为大队秘书和大队的负责人了解情况,才知道这是一个女人在哭她刚刚投河自尽的丈夫。死者名叫彭某,民国时代做过一个小纠察,镇上开大会时被人揭发,被当时生产队队长批评。在当时极"左"环境中,他无法承受这种压力,最终选择了三九寒天中投河自尽。他当时只有 30 多岁,精瘦精瘦的一个人,我现在还记得当天渔民捞淤泥时误把他打捞出来时其尸体的惨状。"文化大革命"开始后,我们回到上海,社科院里也在搞"斗批改"。后来,我去了奉贤,进入了上海市直机关五七干校,一待就是好几年。那时我也接受过审查,因为年轻,没有什么历史问题,就没有受到冲击。

二

粉碎"四人帮","文化大革命"结束,上海社会科学院正式复院。我却因为写作组的经历,必须参加整训,"说清楚"。经过一两年的整训,我通过了考察,正式回到了历史研究所,从事科研工作。不得不说我后来的工作还与之前写作组的经历脱不了关系。其中最重要的就是《毛泽东晚年过眼诗文录》的编纂出版。

"九·一三"事件对毛泽东是极为沉重的打击。据说,林彪出逃后,毛泽东一连两天两夜没有入睡;后来又大病一场,虽然抢救了过来,身体却从此垮了。一年后,从1972年10月至1975年6月,按毛泽东的要求校点注释的古代历史文献,共86篇,包括史传、政论、赋、诗词、散曲等体裁。前后有三种版本形式,字体都比较大,从正文四宋、注文小四宋,发展到正文三宋或二宋、注文四宋或三宋,最后成为特制的三十六磅长宋字体(正文、注文同)。这些历史文献,都是毛泽东根据他当时关心和考虑的问题专门布置校点注释的,不少篇目正文前有提要,也是按毛泽东的意图写的。

前后近4年共86篇的大字本,按时期和内容划分,大致可分为三个阶段:(1) 1972年10月至1973年7月为历史传记借鉴期。这期间共选注了《晋书》《旧唐书》《三国志》《史记》《旧五代史》(按时间顺序排列)等史书的23篇传记(1974年11月还布置注释过《后汉书》中的《李固传》和《黄琼传》,不在此阶段)。另有屈原的《天问》、柳宗元的《天对》两篇古典哲学文献。(2) 1973年8月5日至1974年7月为"法家著作"注释期。这期间共选注了自先秦至近代的"法家著作"共26篇,包括《商君书》《韩非子》《荀子》,晁错、柳宗元、刘禹锡、王安石、李贽、王夫之、章炳麟等人的著作。(3) 1974年5月10日至1975年6月14日为辞赋诗词阅读期。这期间共校点注释了包括庾信、谢庄、谢惠连、江淹、白居易、王安石、陆游、张孝祥、陈亮、辛弃疾、张元干、蒋捷、萨都剌、洪皓、汤显祖等人的辞赋、诗词、散曲共35篇。这三个阶段大体相衔接,又有所区别。结合这三个阶段的历史背景,可以清楚地看到毛泽东在他生命的最后4年(不含1975年6月以后的一年多时间)中关注和思考的问题,当时某些政治行动和方针政策的"历史触发点",以及他在黄昏岁月的复杂心态。

这批"大字本"我作为有心人保留了下来,于1993年5月以《毛泽东晚年过眼诗文录》为书名,由花山文艺出版社出版。后来这本书影响非常大,不断重版,如今已经到第三个版式了。书名、书中的很多字都是由著名书法家顾廷龙题的。据我所知,顾廷龙一生题字,用"敬题"的只有两次,一次是给顾颉刚,另一次就是给这本书。当时顾老给这本书题字,也受到审查,承受了一些压力。毕竟这本书还是"四人帮"时候的事。顾老后来办书法展览会,还专门将这个题字借了去,说明他十分重视这个题字。

三

"文化大革命"之后初期,我的处境很难,被称为"四人帮"的"御用文人",我也无法反驳。但是我知道自己没有做过坏事。不止一次,我曾代表写作组这个集体"说清楚",我一再表示:"自己没有什么别的想法,我只想做一个历史学者。"

方诗铭先生曾经说:"你们真厉害,就那么三五个人就可以写出这么多东西。"但我明白,除了勤奋外,那时我们有得天独厚的优势,是别人无法比拟的。"文化大革命"当中,写作组写了很多文章。这些文章大部分都发表在《学习与批判》上面。所有这些文章的来由都可以说是毛泽东的"大字本",都是从毛泽东的"大字本"中寻找选题,得到启示,比如说我写过一篇《王安石的三不足》,来由就是王安石的《答司马谏议书》,所以那时候写的文章,是别人无法写出的。与此同时,我写文章比较重视理论联系实际,讲思想性、讲观点,可以说我的文风就是在写作组写文章时形成的。

回到历史所,从事科研工作,我告诫自己:"一切须要从零做起,搞学问总是不错的。"从头开始写文章,我有自己的强项,一是自己笔头比较快,二是自己的文风。我先是在上海的学术期刊如《学术月刊》上发表文章,那也不是没人反对的。我当时担心自己的身份,不知是否可以给《历史研究》写文章。在投稿之前,我给《历史研究》编辑部写了一封信,核心意思就是:欢不欢迎我们写文章?《历史研究》编辑部很快就回信:欢迎!后来我在《历史研究》一连发表了3篇文章:《中国封建社会的典型性与长期延续的原因》《汉以孝治天下发微》《两汉的历史转折》。上海学界在一两年当中连续在《历史研究》上发表论文还是比较罕见的。另外,我在《中国史研究》中发表了七八篇学术论文。这时,我就将自己的学术研究重点放在了秦汉史上面。因为这些论文的陆续发表,我在秦汉史研究方面的学术声誉也越来越高,后来担任了中国秦汉史学会副会长。这说明学界还是公正的,不会因为历史身份而排斥我。

除了古代史的研究,我还比较重视史学理论方面的研究,有点小成绩,在《中国哲学》上发表过文章。我一直认为,历史研究完全凭借史料堆积是没有出路的,必须通过史学理论的指导。陈旭麓先生就很重视这方面,我受其启发很大。我大学里面的老师陈守实先生也是如此。我的特点有三:一是写得多,笔力神速;二是有理论的指导;三是有实践,跟自己的经历有关系。

受到20世纪80年代思想氛围和整体环境的影响,我一直想为中国的知识分子整理出一个目录,开始注意搜集这方面的材料和思考。1988年,我以这个题目申请了国家课题,北京方面的学者都支持我的研究,我的申请很快得到了批准,拿到了几千元的课题经费,后来就有了《儒生与国运》这本书。这本书上自汉、唐,中涉宋、元,下及明、清的大量史料,对中国古代知识分子的形成、发展、作用及其分化、衍变的历史过程,作了比较深入的探讨。

后来我调任到院报《社会科学报》担任常务副主编,并晋升为研究员。《社会科学报》的工作十分繁重,因为身体原因(高血压),在一年半之后,我又申请调回了历史研究所,继续科研工作。

后来值得一说的还有,我策划、组织和主编了一套大型通俗丛书15卷本的《话说中国》。这套丛书前后历时8年多,我找了本所和华东师范大学的一批专业学者写作,出版社工作人员配了大量的历史图片,社会影响很大,不断重印。

"文化大革命"后这些年,我发表的论著共计有300多万字。如果说这些年的科研工作有点心得,总结起来就是一句话:理论、历史、现实,三者一定要紧密结合起来。

采访对象：罗义俊　上海社会科学院历史
　　　　　研究所研究员
采访地点：罗义俊研究员寓所
采访时间：2014年10月16日
采访整理：高俊　上海社会科学院历史研
　　　　　究所研究员

生命存在与文化意识：
罗义俊研究员访谈录

被采访者简介：

罗义俊　1944年生，浙江宁波人，上海社会科学院历史所研究员，主要从事中国古代史，尤其是秦汉史以及新儒家研究，曾参加"中共上海地下组织斗争史""上海工运史""现代新儒家思潮"等国家和上海市哲学社会科学规划办项目的研究。1992年获聘为研究员，2003年获上海社会科学院终身研究员荣誉，曾任历史所学术委员会委员，于2004年退休。自1979年调入上海社会科学院历史研究所后，先后在现代史室、古代史室、思想文化史室工作，研究领域甚广。迄今已发表论文《汉武帝罢黜百家辨》《秦末农民起义与楚文化》《钱穆传略》《论汉武帝时期内朝的创立与健全》《汉初学术复兴论》《第三期儒学发展的回顾与展望》《汉代的名田、公田和假田——兼论商鞅的田制改革与秦名田》《中国道统：孔子的传统》《范仲淹与北宋前期儒学复兴》《论两汉博士家法及其衍生原因——兼及两汉经学运动的基本方向》等；专著有《生命存在与文化意识——当代新儒家史论》《汉武帝评传》《钱穆学案》《老子入门》《老子》（注释本）、《通儒与春秋家》《曹操》（合著）、《刘邦》（合著）、《太平风云》（合著）、《大唐兴亡三百年》（合著）等，编著有《评新儒家》《八一三抗战史料选编》等。

一

我1944年出生于上海，祖籍浙江宁波，少时曾回宁波居住过，父亲民国时由学徒而经商，做过家族性小企业食品罐头行的经理。1949年失业后响应人民政府生产自救的号召，与亲友合办小型棉织厂（注册时为手工业个体户，公私合营划为资方，"文化大革命"中被冲击受抄家，"文化大革命"后"改正"为小业主）。母亲出身于祖上仕宦的大家族，20世纪60年代到街道生产组做工。"义俊"名字是祖父取的，外祖父还给取了"孟初"或"孟楚"之名，我以前的一些文章与小册子就曾署名孟初或孟楚。父亲失业后，虚龄6岁的我还摆过小摊，7岁入读吉安小学。那个小学起初就设在今吉安路天台宗法藏寺内。初中就读于卢湾区东风中学,高中就在和上海社科院总部合用大礼堂的隔壁的向明中学,向明中学的前身是震旦女子文理学院。

1962年,我从向明中学毕业,考入上海师范学院历史系。当时国民经济陷于困难,正是"调整、巩固、充实、提高"的八字方针时期,[①]中央财政的吃紧也影响了教育经费的投入,听说1962年大学高考的录取率仅有8%—9%。

喜欢读书,读闲书,什么书都看,连相面书、评弹、京剧唱词、燕都梨园史料乃至中医学概论和中医手册都看,是我一辈子改不了的习惯。因此初中开始就淘旧书,早期淘得的一些旧平装,很多毁于"文化大革命"抄家。亦因此,初中时碰上社会上开展红旗读书运动,我被推为班级红旗运动小组组长,负责一张卢湾区图书馆集体借书卡和借还图书,夏曾佑的《中国古代史》就是那个时候读的。在向明中学时,除了继续淘旧书,一有空就跑上海图书馆继续看闲书,有时还在期刊阅览室做点义务劳动(到了师范学院有时周日还会在那里帮帮小忙)。高三时还在《新民晚报》发表过小文章。但我原不想以文为业,那时社会上流行"学会数理化,走遍天下都不怕"一句话,影响很大。初中时则适逢大跃进,兴起学生大搞科学实验活动,我与一位同学"做火箭"(所谓火箭,其实只是铁管子的炮仗)、"制蔗糖"都获"成功",也是兴致勃勃。向明中学是理科好,

---

① 由于"左"倾错误和严重的自然灾害,从1958年开始,国民经济造成了长达三年的严重困难局面。为此,1960年冬,党中央决定对国民经济实行"调整、巩固、充实、提高"的八字方针,经1961年1月党的八届九中全会正式通过。后来,中央又多次召开会议,进一步制定了一系列贯彻落实的政策和措施,对国民经济进行了坚决的全面的调整。

可惜高二时做了一暑期的数学题以备高考,结果只是索然无味。掉回枪头,高三整整一年,研究《红楼梦》(这事,文学所的王尔龄先生亦有所知,他当时是向明中学的语文老师),还曾函请益于俞平伯,他的回函亦毁于"文化大革命"。我原来的志愿,只是想报考图书馆专业,好一辈子坐拥书城,不料上一年有这个专业招生的,这一年缺门。选择历史系,也是因为历史系什么书都好读。

在上海师范学院历史系,系里的不少老师,包括总支书记,都对我很好,有的背后关心和爱护是后来知道的,有的当时就直接感受到,都忘不了。今天讲最难忘的其中两位老师,一位是姚震寰先生(当年的尊称),他是历史系副主任,系党总支委员,教我们大一中国历史文选,版书非常漂亮。听说姚先生和吴晗是同学,吴晗曾经委托他在上海物色一些"历史小丛书"的作者,这是我后来才知道的,还获知姚先生在总支会上明确说过叫我写。当时的实情,是姚先生单独指点我治学方向与途径,叫我先写小册子。我内心感激,谢过先生的抬爱,但表示读书期间,还是想多读点书,打好基础,没有接受。"文化大革命"中想想,幸亏当时没有接受,否则肯定会被打成"小黑帮"。姚先生后来调任学校图书馆馆长,我还去看过他,他调任附中校长后就失去了联系。"文化大革命"中听说他也受了冲击,而我未能去看他,造成了我终生遗憾。另一位是程应镠先生,他接姚先生教中国历史文选,他被错划成右派。未进师院我就从《新民晚报》的报道中知道了他的大名。程老师讲课很生动,深入浅出,很受学生尊重,大学四年,程先生的课我获益最多。程先生也很喜欢我,在那个讲阶级斗争的年代里,他几次夜里召我到他家讲学界旧事,讲他早年追随陈寅恪太老师之志趣,以为激励。我们师生感情很好，即使在"文化大革命"岁月，我亦不断探视先生，"文化大革命"结束后，程先生曾几次向师院历史系和校方提出调我回母校。系里的一些中青年教师跟我关系也很好，有的做了一辈子朋友，健在的至今经常交流。

  1966年，"文化大革命"爆发，我们那一届毕业班学生全体留校"闹革命"。1967年11月，我被借调到位于延安西路33号的上海市委财贸部，做组织人事工作（具体岗位在专案组）。当时部主任（部长）李研吾①得罪了"四人帮"而被打倒（于此，"文化大革命"后我为李研吾写过一篇以他署名的文章，刊于《文汇报》）。我不想再在机关待下去，主动要求调离。在我借调到市委工作期间，上海师范学院于1968年5月给我们这一届毕业生分配了工作，我的人事关系到了卢湾区教师进修学院。1969年3月，我走出延安路33号，回到了卢湾区，再分配到上海市第十二中学任教。不过，当年6月，我参加了"上海市革命委员会赴安徽慰问知识青年工作团"，在安徽的颍上、凤台、利辛几个县巡回搞调研。1970年初，我随慰问团回到上海。最后仍回十二中学，一直待到1973年底。当年12月，我又被借调到《文汇报》理论部，但人事关系还留在卢湾区。在文汇报社也有很多难忘的人与事。这里，复述离开《文汇报》后回文汇的一次座谈会上，《文汇报》党委书记刘庆泗对我说过一句话：

---

① 李研吾，1916年生，山东莱西索兰村人，原名李树田，1933年加入中国共产党。1934年8月任中共莱阳特别支部宣传委员。抗战时期在莱阳组织"中华民族解放先锋队"，恢复中共党组织。解放战争时期，历任胶东区党委组织部副部长、潍坊市委组织部部长、副书记。上海解放后，历任上海市委党校秘书长、上海市委纪委检查处处长、上海市政府检察委员会副主任、上海市政建设工委副书记。1954—1967年任上海市委财贸部副部长、市委常委。1976年11月任上海财贸组负责人。1978年7月任天津市委常委、市委组织部部长，市委临时纪委书记。1987年逝世。

"你是我们文汇培养出来的。"市委机关工作虽然只有一年多,对我的锻炼最大,而刘庆泗的这句话则大体可以概括我在《文汇报》近5年的工作之果。

二

1978年10月,我离开《文汇报》回到卢湾区,在区业务大学受校长、书记魏亚民之命筹组中文组(系)。同年10月,在"文化大革命"中终止运作的上海社会科学院复建,我的老友、上海少年儿童出版社历史编辑室主任俞沛铭向上海社科院副院长、历史所党委书记陆志仁书面推荐我;稍后,我在市委机关工作时的老领导王乾德也向陆志仁推荐了我,老俞是老陆的学生;稍后,我在市委机关工作时的老领导宣教处处长、时任卢湾区副区长的王乾德(后任上海大学商学院院长)也向老陆推荐了我,老王是地下党时期老陆的老部下。"文化大革命"中我和一些老干部、老同志经常相处,无尊无卑,随便惯了,跟着他们互相之间以老、小两字冠姓相称。我与老陆自结识至在华东医院最后一次见面一直以"老陆""小罗"互称,至今犹改不过口来;老王则是一辈子的忘年交,我是老来不改少称呼,其实也是过去机关工作的老习惯。在老陆的多次过问(他亲自给卢湾区区委书记向叔宝打了招呼)、直接关照老王下,我得以办妥调离手续,于1979年5月正式调入上海社会科学院历史研究所。

其实之前,我已受老陆召集,跟随他实际工作了大约6个月,做上海地下党及其成员在"文化大革命"中受迫害的冤、假、错案的调研写作,进历史所后继续兼做这项工作。老陆调任市委党史办资料征集委员会后,还继续了一段时间,并参与过他主持的上海店职员运动史调研讨论。我与他关系只有加深,更加亲近,老陆甚至还要我去党史办兼职,但绝对尊重我个人意愿。老陆去世后,我写过一长篇纪念文章,写我感受到他的高洁无私、豁达大度、随和平易、尊重同志、体贴人情,做人做事极端负责任等诸多品德情操和思想作风,回忆了与老陆同师友的15年关系,其中有两句"人生无处无真情,陆公情谊常感铭",表达了我对他的纪念之情。

历史所报到之初,我最初被分配在现代史室,室主任任建树(我也叫他老任)也是离休干部,对我很好也很信任,他希望我留在现代史室却同样尊重我的意愿。历史所复建初期,我所接触来往过的老领导、老同志,个人素质作风都堪有称道,我均有受益。我到历史所,是现代史室副主任张义渔直接领到老所长沈以行面前报到的(我后来也称他老沈),也是在他直接关心和具体指点下,得以从现代史室转到古代史室。他肯定我的科研素质,离开现代史室之初,指命我一人独立与外单位(上海公用事业局)协作,也整整做了一年。他给我的感受是,娴熟于科研管理,科研内行,管理内行,办事公正,凡事明察,真心爱护下属,不偏听偏信,善于处理问题。至于其中许多细节,现在回想起来,都很感人。历史所的三大前辈学者方诗铭、汤志钧、唐振常,我与他们,即日常中亦有过往。唐先生是我的师叔,健在的汤先生对我也是关心有加。

三

历史所对我来说,是一块宝地。它不但是上海史学界的一个重镇,初建复建时即在全国颇受瞩目,这是我从中国社科院历史所的朋友处听到的。能够来到这块宝地,真是三生有幸。虽然我已退休多年,但我关注院刊上有关历史所的每一条消息,看到成绩会欣喜,不愿见到历史所受损。比尔·盖茨说过,这个世界是看高度的,就此而言,我没有高度,对历史所并无贡献,有点惭愧。希望新一代历史所人将历史所视为安身立命之地,真心爱护这块宝地,珍惜前辈学者努力积累起来的声誉和传统,坚持科研伦理,讲究职业道德,多多读书,为历史所创造新高度。记得我很早曾私下跟方诗铭所长提议,进历史所当设立一个门槛,一定要看过《资治通鉴》。也许今天看来这个要求有点不合时宜,但我想中国历史典籍修养总是要有的,这至少会给你历史感。历史所的从业人员,史学典籍学养愈厚愈好。

我是一个差点见阎王的人,人生只是刹那刹那的连续。如果说我过去还发表过一些东西,我已经将这些东西归于零了。对目前边养病边读书的退休生活,我很满意,很知足。与民国时代开始从业的老一辈学人相比,我这一代就已经缺乏"童子功"。所以我现在还是在史学补课、哲学补课和佛学补课,就是要补这个"童子功"。我读书有点滥,这对于治学出成绩而言不好,不足为训。我还自知有一个可说好亦可说不好的习惯,就是重过程不重收获(老话叫"只知耕耘,不问收获")。所以我读高三时一接触王国维的词学三境界,马上接受,抄入笔记。所以我不但自然而然地肯认孔孟、康德、牟宗三先生的道德哲学,也会欣赏老庄、怀黑德的过程哲学。耕耘只在自己,收获则须因缘和合。做人,我写过一篇文章,叫《安身立命圣贤书》,做事则皆随缘。其实我只是一个传统的读书人,对我而言,读书是一生一大享受,一大欢乐,有书读就有幸福感。一个人到这个世界上来,还会回去。《红楼梦》里林黛玉有一句话叫"质本洁来还洁去"。我想,人在这个世界上,要守得住清白,名闻利养都不要贪,只有书可以贪读无厌。读书无厌,这当是中国古代读书人的老传统,孔子曰:"学而不厌,不知老之将至云尔。"当然我也不是没有志向的书读头,退休后我有一本书,书名《生命存在与文化意识》,有文化意识,才能让生命挺立起来。文化意识也是责任意识,1992 年 12 月 28 日《文汇报》刊登过我的一篇采访问答录,记录了我一个志愿,愿如当代新儒家徐复观先生所言,做一个中国文化披麻戴孝的孝子贤孙,做一个中国传统文化的种子。

采访对象： 邱明正　上海社会科学院文学研究所原副所长、研究员
采访地点： 邱明正副所长寓所
采访时间： 2014年10月16日
采访整理： 高俊　上海社会科学院历史研究所研究员

文学与美学：
邱明正副所长访谈录

被采访者简介：

邱明正 1935年生，江苏邗江人，曾任上海社会科学院文学研究所副所长，兼任党总支书记，文学研究所学术委员会及学位委员会主任，《上海文化》杂志社社长、副主编，上海社会科学院学位委员会委员，东西方文化比较研究中心、文化发展研究中心、邓小平理论研究中心副主任，兼任上海美学学会副会长、顾问和文艺美学委员会主任，中华全国文艺理论学会、上海作家协会、上海电影评论学会、上海炎黄文化研究会理事等。曾担任上海市学位委员会哲学社会科学评审委员会文学分评委员会委员，上海优秀文学艺术奖文学分评委员

会副主任,上海中长篇小说奖终评委委员等职务。1991年被聘为研究员。享受国务院特殊津贴。主要著作有《美学讲座》《审美心理学》《中华文化通志·美育志》《邓小平文艺思想论稿》(与蒯大申合著,国家项目成果之一)、《文艺美学散论》等,并主编《上海文学通史》(上海市哲学社会科学基金重点项目)、《新时期文学三十年》(国家项目成果之二)、《形象思维问题参考资料》《上海文学批评五十年"理论卷"》;任《辞海》《大辞海》美学分科主编,《哲学大辞典》副主编、美学部分主编,《美学小辞典》主编,《美学大辞典》《艺术美学辞典》副主编,《中国现代文学辞典》定稿人,《海上文学百家文库》副主编等。发表《试论共同美》《建构——积淀与超越的中介》《香港文化一瞥》等评论百余篇。其中,《上海文学通史》获上海市哲学社会科学优秀成果著作类三等奖、上海图书二等奖。1996年被评为上海社会科学院"优秀党务工作者"。2001年退休。

一

我1935年生于扬州农村,祖籍江苏省邗江县,我的父亲是交通银行的职员,母亲是一个普通的农村妇女。全面抗战爆发的时候,父亲随所供职的银行内撤,一路上颠沛流离到了重庆,我和母亲依然在扬州乡下靠几亩薄田生活。战争年代生活资源本来就匮乏,加上伪政权苛捐杂税,而我们又和父亲分处两地,他也很难接济我们,所以我小时候的生活非常贫困艰难,有时候连吃碗干饭都成为奢望。我6岁的时候开始断断续续读私塾,当时虽然是民国年间,但是农村地区的教育还是很落后,学龄儿童无法去新式学校读书,就进入私塾接受传统的启蒙教育,读《百家姓》《三字经》之类的书。不过传统的私塾教育也让我初步具备了些许语文基础,懂得了一些做人的道理,我的毛笔字一直得到大家的好评,这都得益于读私塾时的基本功训练。

抗战胜利后,父亲随所在的银行迁回上海,我们生活开始稳定下来,也有了固定的收入。这样,1947年夏天,我12岁的时候,父亲把我带到上海。刚来上海的时候,在读书问题上一度让我很狼狈,因为我没有接受过新式初等教育,我要就读的位于建国西路上的惠恒小学不同意把我编入同龄人的高年级,只能让我从小学三年级上学期读起。

我进入惠恒小学三年级读书的时候,是全班年龄最大的学生,当时我们的老师上课都是讲上海话,这又增加了我的学习难度,因为我很难听懂和理解老师讲的内容。记得有一次常识课测验,老师讲解如何做选择题,要在括号里面填写对应的1、2、3的选项,我由于听不懂上海话就在试卷上乱选一通,结果引出许多笑话。但是我学习很用功,没过多久就基本跟上了,到学期结束时已在班上名列前茅。于是,我便从惠恒小学三年级跳到了永嘉路上的中国小学四年级下学期;当升到五年级时,我又跳级,这次直接跳到了初中一年级。所以严格地讲,我的正规小学教育仅有三个学期,而且都是开始时很吃力,后来迎头赶上,尤其是我的语文课成绩很好,而且我的毛笔字很出风头,在两所小学里都是全校第一名,经常得到老师的表扬,作品还被拿出来做展览。

1949年5月,上海解放的时候,我已是肇光中学的一名中学生。当时年龄小,对解放的意义还不是很懂,但是旧社会的东西我看了很多。以前在扬州农村,因为贫穷和灾荒,村子里死人的现象非常多,经常听到左邻右舍传来哭声,我们小孩子就跑去看,才知道某某人家里死了人。来上海后,家里住在永嘉路一带,算是比较好的环境,但是我也亲眼看到过冬天的时候有人冻死在有钱人家大公馆门口的场景;读书之余我们去肇嘉浜一带的草丛捉蛐蛐,看到臭水沟里面不时会漂浮死于饥饿的小孩尸体,这些都让我印象很深刻。尤其看到外国人在上海横行无忌,有钱人趾高气扬,更激起我的憎恨。在目睹解放后上海发生的新变化之后,我开始对新社会有了认识,1951年我加入了共青团,并开始担任班干部。1952年我初中毕业,随后考入上海市立北郊中学。这所学校由教会学校沪江大学附中和晏摩氏女中合并而成,学风严谨,校园很大,光是足球场就有三个,校址后来成为上海大学的一部分。

高中的时候我的身体不是很好,理科成绩一般,但我的文科成绩很好,特别是作文经常受到老师的表扬。那个时候同学的作文,老师一般给打70分就已经不错了,我的作文,老师则经常给我80分以上,有时还拿来当范文在全班朗读。记得有一次全校作文比赛,我写了篇《论贾宝玉与林黛玉的悲剧》,大约写了3 000字,老师看过之后很吃惊,觉得一个高中生居然能写出这么有深度的文章,给了我93分,还让人把文章用大字誊录下来,贴在宣传栏里供大家阅读。由于我的文科成绩一直很好,高中毕业时我就报考复旦大学中文系,后来被顺利录取,于1955年进入复旦就读。从此,我开始走上了文学的道路。

二

进入复旦后不久,1956年中央发出"向科学进军"的号召,那个时候我学习非常刻苦,把能借阅到的古今中外名著通通读了一遍,并开始学习写论文。此后不久,"反右"运动开始,当时我是年级学生会主席,我们年级总共有80多人,结果有7个同学被打成右派。对此我很想不通,我觉得他们年纪还那么轻,有的还是工农家庭和干部家庭出身,没有理由反党。我认为他们的确是有缺点,比如平时骄傲自大,说话狂妄,不团结人,因此在开年级干部会的时候,我提出对他们几个应当进行狠狠地批评,但尽量不要戴右派帽子,结果被认为我是温情主义,有右倾倾向,对我提出警告。我想给跌落者一点温情有什么不好?不过这一次的发言给了我一个深刻教训,就是以后再有类似运动,一定要谨言慎行。

1958年的时候,中央提出要批判资产阶级学术思想,要求我们学生在批判中学习,在战斗中成长。中文系当时决定搞两个活靶子,一个是蒋孔阳,一个是刘大杰,这两人都是学术大家。刘大杰先生的《中国文学发展史》甚至得到过毛泽东的肯定。我对这两位先生都很崇敬,但是又不得不在批判中表态。我觉得蒋先生的文章实在提不出什么批评性意见,相对而言,刘先生的文章有许多是解放前写的，总能找出点问题，我就表态参加批判刘先生的小组。我执笔写了两篇，一篇批他的形式主义，被《学术月刊》拿去发表了；一篇批他关于《老残游记》中的"资产阶级学术观点"。当时中文系学生和青年教师批判刘先生的文章总共有30多篇，不知出于什么原因，中文系领导决定由我来统稿和编辑成书，并要我牵头写一篇提纲挈领的主题文章。我当时只是一名在读大学生，接到组织上委托这么重大的任务感觉还是很高兴的，就一面审稿、统稿，删掉一些过于激烈的言词，一面和其他两位同学合作写了一篇系统批判刘先生学术观点的长文章。

批判刘先生的文集《〈中国文学发展史〉批判》不久由中华书局出版。出版的时候有的同学很羡慕我，觉得邱明正作为一个学生就能统稿出书很了不起。而我在得意之余却有了一些冷静，觉得这样的批判虽然不是政治批判，但在学术上是否粗暴和简单化？于是就和其他几位同学去刘先生家里拜访。刘先生的家住在万航渡路靠近静安寺的地方，他很大方地接待了我们，对我们书中的批判文章表示肯定并接受，但也反问我们："你们批评我的地方对我也有帮助，可是你们怎么在文章中连李白、杜甫都给否定了，我觉得很难受。"刘先生的话让我很吃惊，尽管那篇文章不是我写的，但刘先生在当时的处境下所表现出来的对中国传统文化的挚爱和敬畏之心让我很是敬佩。这次拜访之后，我被刘先生的这种治学精神深深感染，后来我越来越觉得欠了刘先生一笔债。2009年，我作为副主编参与编纂一套130本的"海上文学百家文库"，我提出由我负责编写关于刘大杰等人文学创作的一卷。我早就听说刘先生早年创作过许多戏剧、小说之类的文学作品，但我们这代人都没读到过，我就奔着"还债"的心情在解放前的报纸刊物上搜罗了刘先生的这些早年作品，编纂成一本书。等这本书出版后，我就赠送复旦大学中文系一本。可惜的是，这个时候刘先生早已去世了。那本批判集出版后，我又参与了由同学们写的《中国现代文学史》的统稿工作，并协助上海新文艺出版社编辑了一本《社会主义现实主义论文集》第二集，这两本书也先后出版了。由于上述这三本书都有明显"左"的倾向，所以我从来不以此作为我的学术成果。

读大学期间，家里经济状况很不好，每月给我的生活费还不够交饭钱。即使这样，我还省下几元钱淘旧书。1958年的时候，我到杨浦区的工人业余大学兼课，借以赚点津贴。1959年我读四年级的时候，又被破格编入复旦新成立的"文艺理论研究室"、半脱产从事文艺理论研究，也有了一些津贴。1960年，我大学毕业留校，领导对我比较器重，让我兼任中文系教学科研秘书，同时安排我给四年级学生上文艺理论专题课。这批学生基本上都是调干生，许多人年龄比我大，我刚一毕业就上讲台，而且还是面对比自己年龄大的学生，心里难免紧张。但我事先做了充分准备，把课程分为5讲，各个部分都详细写了讲稿。记得第一堂上课的时候，系主任也来听课，我开讲以后越讲越兴奋，索性脱稿自由发挥起来，等再回到讲稿上时却发现找不到讲到哪里了。由于教学经验还不丰富，一下子慌了起来，幸亏坐在头排的一位女学生悄声提醒我别慌别慌，我这才镇静下来。不过在作为中文系老师上的第一堂课，学生的反映还是不错的。后来我对教学比较认真，曾连续两次获得教学奖。

在中文系工作了一年多时间,当时上海在整顿农村大跃进后的一些遗留问题,负责青浦整顿干部队伍的是杨西光,①他做过复旦大学党委书记,对我的一些情况比较了解,就调我去青浦参加工作队。我们在青浦待了大约4个月,那段日子人民公社的弊端日益显现,大跃进造成很大祸害,农业减产,自留地荒废,农民生活非常艰难,我们也跟农民一样天天在生产队食堂喝粥,没有菜吃,就吃炒盐,晚上就住在仓库里面,里面满是老鼠蟑螂。到了1964年搞"四清"的时候,我又被杨西光抽调到了奉贤,他是"四清"工作团的团长。这次他从复旦大学抽调了8个人组织了一个调研组,由蒋学模担任组长,我是这个调研组的成员,我负责的是调查干部情况和旧社会的土匪情况。通过这两次下乡,让我对中国农村问题、干部问题又有了一番新的认识。

"文化大革命"爆发后,我没有参加任何一个派别,整个中文系的教师党员中,就我跟另外一个老师不属于任何派别,被戏称为"逍遥派"。"文化大革命"10年,复旦大学是各个派系都重视的所谓兵家必争之地,各种批斗运动进行得昏天黑地,对此我力争冷眼旁观,只是借些诸如《资治通鉴》《第三帝国兴亡》之类的书来读,使

---

① 杨西光(1915—1989) 安徽芜湖人。1936年加入中国共产党,受组织派遣到东北军从事地下工作,参加了"西安事变"。1939年调离东北军,先后在华中野战军和华东军区敌军工作部任俘虏管理处主任、教导总团教育长、副政委等职。1949年8月到福建省工作,历任中共福建省委宣传部副部长、部长,福建省人民政府文教委员会主任委员、中共福建省委委员等职。1954年担任复旦大学党委书记,后兼副校长。在这期间他是中共上海市第二、三届委员会委员。1959年任中共上海市委教育卫生工作部部长。1965年任中共上海市委候补书记。1978年任《光明日报》总编辑,主持修改并发表"实践是检验真理的唯一标准"特约评论员文章,从而引发全国范围内的真理标准的讨论。当选为中共第十二次全国代表大会代表,第六、七届全国政协常务委员,中华新闻工作者协会主席团主席。

我的头脑比较清醒。我现在扪心自问,10年"文化大革命"中,我没有写过一篇批判文章,没有揭发批斗过任何一个人,当时造反派指着我的鼻子要我揭发某某人,我都予以拒绝,我告诉他们我不认识这个人。不知为什么,当中文系成立"革命委员会"的时候,造反派竟然要我当革委会副主任,我也当众拒绝了。我对"文化大革命"的态度,不只是现在,在当时都可以用六个字来概括,就是:从"迷茫"到"怀疑",再到"憎恨"。

"文化大革命"中有许多场景给我印象很深刻。记得有一次我经过南京路,看到南京路上一辆接一辆的大卡车,卡车上面站满头戴高帽子、胸前挂着大牌子的人,一个个都被强按着低下头,听说这就是"走资派"游街,车队的头已经到了国际饭店这里,尾巴还在外滩,可见被揪斗的人有多么多。当时我不禁想华子良长篇小说《红岩》里装疯逃出的国民党监狱的革命干部也一定在挂牌游街了吧。回到复旦校园里,看到不少老教授被罚跪在毛主席像前面"请罪"。人们一边手挥毛主席语录一边呼喊革命口号,吃饭的时候还要念语录请示汇报;这边在跳"忠字舞",那边在开批斗会,你揭我,我斗你……这一幕幕给我刺激很深。我1960年就入党了,我在想共产党这是在搞什么?这么折腾不是自己毁自己吗?这是什么革命?这是在毁灭文化,糟践人格呀。记得一个很寒冷的晚上,回想起日间的这类景象,我浑身发烫,实在不能入眠,干脆披衣下床,把额头贴在冰凉的窗玻璃上,一遍遍低吟《国际歌》,唱得泪流满面,几乎崩溃。

"文化大革命"当中,我不只自己没有加入过任何一帮一派,而且作为1964年级的政治指导员也反对学生加入造反派组织,认为他们年纪轻、缺经验,是受人蛊惑,被人利用,所以对于这些在"文化大革命"中参加造反派的学生,我大概又犯了"温情主义",既劝阻又担心,因为我经历过"反右"运动,知道运动一过,这些带头冲击党委的学生说不定又会被打成右派,所以我反对他们是为他们的将来担心。

三

"文化大革命"结束后,我终于可以将主要精力重新集中到教学研究上来。从1977年开始,我对美学中的"共同美"这一敏感的理论进行了阐释。所谓共同美,就是指在不同的阶级之间,甚至对立的阶级之间也有着共同的审美对象、审美评价。这个观点在现在看来已是常识问题,但在当时"文化大革命"刚刚结束,"两个凡是"还盛行的时候,却是个严重的政治问题,很容易被扣上反革命、反对阶级论的帽子。

1978年5月23日,复旦大学恢复高考后的首个校庆日,我在复旦大学图书馆里做了一场"试论共同美"的学术报告。当时海报一出,来参加的学生非常踊跃,连走廊都坐满了人。这场学术报告的结论就是:不同阶级之间甚至对立阶级之间,既有美感差异性,同时又因为具有共同的实践,有时候有共同的利益,同时有共同的人性,所以他们有着共同的审美对象、审美情趣和审美标准;而这个结论和当时盛行的狭隘的绝对化的阶级论显然是矛盾的。会后我把关于共同美的这篇稿子刊发在《复旦学报》的复刊号上,这是当时国内最早论述共同美的论文。发表后不久,上海市委某部门派人来复旦了解,说是你们这里有个叫邱明正的怎么鼓吹不同阶级有共同美?应该组织批判。此后不久,《解放日报》上就有文章点名批评我;《复旦学报》的同志不买账,鼓励我撰文反驳。这个时候我反倒很冷静,说不用急,肯定会有人出来声援我。果不其然,很快上海和全国其他省市的学者也就这一问题发表了文章,形成了一场大讨论。此后我又在上海报刊上发表了几篇批判极"左"思潮的文章。1997年我还参加了上海召开的"理论务虚会",进一步清算了极"左"路线的危害。

在"文化大革命"前我一直是属于"双肩挑"干部,即一面从事教学和研究,一面担任一些党政工作。我对当干部还有一些荣誉感、责任感。经过"文化大革命",我当干部的心冷却了,只愿兼任"小组长"之类的职务。

1984年,我主动辞去已担任8年的文艺理论教研室主任的职务,同年上海市委政策研究室到复旦来要人,组织上征求我的意见,我婉言谢绝了,理由是:作为学者,我要写我自己想写的经过研究的东西,不大习惯写关于政治政策方面的东西。到了1988年,复旦大学成立艺术教育中心,为成立艺术系做准备,找我做牵头人,我还是谢绝了,而是推荐了别人。1989年底,组织上又要我去上海作协当党组副书记,我再次拒绝了。到了1990年初,市委组织部直接点名要我来上海社科院文学所工作,开始我还是谢绝了。复旦大学领导就找我,说你是党员,不能总是不服从组织的安排吧?他这样一说我真是有些为难了,后来经过考虑,上海社科院文学所有许多人我认识,我到了那里仍可以搞学术研究,加之文学所距离我家比较近,上班方便。基于这几个因素,我就来上海社科院文学所工作了。

　　来社科院文学所工作之后,我除了继续研究文学、美学以外主要做了三件事:一是营造一个团结祥和的气氛,参与制定和完善一些规章制度,使工作有序;二是主张开门办所,沟通文学所与有关单位的联系与合作;三是实现文学所研究方向的转型。我进所一年后,感觉这里和大学中文系实质上没有太多区别,包括研究室的设立、科研人员的研究方向、课题设置等。于是我和陈伯海等同志商议,文学所一定要搞出自己的特色来,而没有特色就没有优势、没有生命力,因为我们和复旦大学、华东师范大学、上海师范大学这些高校的中文系在规模、目标、任务上不尽相同,他们的积淀也比我们深,我们不能亦步亦趋,要有自己的东西。我们讨论后一致认为,要加强社会亟需的文化研究,因为当时全国所有的高校还没有一家在开展系统的文化研究,我们应该走在学科前沿。后来,我们把文学所的科研方向总结为:文化研究与文学研究并举,实践研究和基础研究并重,以上海文学文化研究为中心。现在看来,这个方针是正确的、有效的。

　　我已退休多年,但是一直没有停止思考。退休后又出版了几部著作,还担任了一些学术职务,我也一直很关心社科院文学所的发展。根据我自己几十年来的心得,我认为搞研究和做工作一定要有的放矢,要根据社会需要和科学发展规律带着问题做研究和做工作。其次,搞研究做工作一定要面向大众、面向实际,不要搞得很虚,更不能故弄玄虚。例如,我搞美学研究,很容易搞得很玄乎。有人批判说美学不美,是因为有些美学的著作脱离审美创造美的实际。为此,我曾写了一些普及性的著作。第三,要有首创精神,要敢为天下先,敢于冒一些风险。例如,我当初提出"共同美"的观点就知道会遭到批判,文学所研究方向转型,开始时也是有阻力的,而我的《审美心理学》和主编的《上海文学通史》则是国内最早的审美心理学专著和最早的地方或城市文学史。还有,我认为我们当干部是种付出,是回报社会,决不能为一时之利,以权谋私,蝇营狗苟,闹得身败名裂。何苦呢?这不仅是法纪问题、道德问题,更是个智慧问题。

现在上海社科院的科研条件很好,年轻同志知识结构更加全面,更应该面向社会、面向大众,应具备广阔的国际学术视野。我期待文学所不断上新的台阶,成为文学、文化研究的重镇;期待上海社科院在理论研究、实践研究上不断创新,成为国内、国际闻名的新智库。

采访对象：任建树　上海社会科学院历史研究所研究员
采访地点：任建树研究员寓所
采访时间：2014年12月15日
采访整理：徐涛　上海社会科学院历史研究所副研究员

终身反对派的书写者：
任建树研究员访谈录

被采访者简介：

任建树　生于1924年，河北省武安县人。1943年进入国立中央大学文学院历史系学习。1945年参加中共南方局领导的秘密革命团体新民主主义青年社。1948年加入中国共产党。1949年任华东青年干部训练班辅导员。1954年任共青团上海市委宣传部副部长。1957年调入中国科学院上海历史研究所，1956—1961年，曾被借调中央政治研究室编写党史资料，"文化大革命"中受到冲击。1978年回历史研究所，任中国现代史研究室主任、所党委委员、所学术委员会委员、上海党史学会常务理事、中国现代史学会常务理事。

1991年离休。尤长于中共党史和陈独秀研究,发表论文:《论李大钊从民主主义者到共产主义者的转变》《李大钊前期的民主主义思想》《评共产国际第七次执委会关于中国问题的决议》《建党时期陈独秀研究评述》等50多篇;编纂出版著述多本:《五卅运动简史》(1985)、《陈独秀传——从秀才到总书记》(1989)、《陈独秀著作选》(1993)、《陈独秀诗集》(1995)、《陈独秀大传》(1999)、《陈独秀著作选编》(2009)等;主编出版:《"九·一八"——"一·二八"上海军民抗日运动史料》(1986)、《中国共产党七十年大事本末》(1991)、《现代上海大事记》(1996)等。

一

我是河北武安人,1924年8月出生,1943年夏考入南京国民政府位于重庆的国立中央大学历史系学习。1945年参加我党地下组织新民主主义青年社领导小组,负责统战工作。次年,按组织指示,加入民主同盟,筹建中大民盟支部,担任组织委员。1947年夏天,大学毕业后,经组织介绍,我到了河南商丘自忠中学任教。这所中学是日后淮海战役中首先起义的张克侠创办的。张克侠是个老党员,但是我当时不知道他的身份。他对学校开展的进步教学活动,多方给予支持和掩护。1948年春天的有一天,突然有人找我,只有三五分钟的时间,他传递一个非常、非常可靠的消息给我："我要被捕！"这样河南我就不能待下去了。于是我就跑到上海来了，之后我正式加入了中国共产党。当年9月，我前往上海南汇（现在浦东新区）杜行的滨浦中学任教，并担任学校的教导主任。上海解放之后，我进入了华东青年干部训练班，再后来进入华东青委。华东青委将我分配到上海团市委工作。1950—1957年底，我在上海团市委的宣传部，历任教育科的副科长、科长，最后做到副部长。因为年纪渐长，自觉在团委工作已经不太适合了，于是1957年12月份，我主动向组织申请，调入中国科学院上海历史研究所工作。那时候中国科学院上海有两个研究所，一个是历史研究所、一个是经济研究所。之所以选择进入上海历史研究所工作，也考虑到自己之前历史系学习的背景。

1958年9月，上海第一个人民公社成立，名为"七一人民公社"。当时的上海市党校人数并不多，却是倾巢出动，都已经下乡去了。历史研究所也不为人后，提出一个口号："写人民公社史！"我当时思想很不通，心里想这人民公社刚刚成立，哪有什么史可以写啊？可是我是中共党员，党员应该起引领、带头作用，就带着当时历史研究所十几个研究人员下乡，去了七一人民公社。我们来到人民公社，就住在农民家里。那时候，整个七宝镇的农民都在深挖土地，挖了3尺多深，有很多农民都在杀鸡。可是一开始我还不是很清楚他们为什么这么做。当时讲是"两干一稀"，公社的实际情况是"两稀一干"，早饭和晚饭都是稀饭。所谓的不要钱，就是你在地里面劳动的时候，有人会将红薯送到田间地头，可以随便拿、随便吃。但即使这样，也不是常有。

二

1959年,历史研究所和复旦大学历史系合并时,当时的复旦大学很优待我,让我在那年春天住进第二宿舍。复旦大学第二宿舍都是日本人留下来的房子,独栋的,环境适宜,与我住在一起的都是当时复旦大学的著名教授们,其中就有蔡尚思和他的儿子。我们就是那时候相识的。

复旦生活没有多久,我于1959年6月被借调到中共中央政治研究室,负责1924年的党史材料搜集。当时中共中央政治研究室为了这项工作,向全国几个大型科研单位都借调了人手。除了我们所,还有中国科学院其他所和中国人民大学的。我在政治研究室一共待了整整两年,但真正搞科研工作的时间不足一年,主要活动就是参加政治运动,当时主要的批判对象是彭德怀。我至今记得,到北京后听第一个报告,就是彭真在大会上传达中央指示批彭德怀。我在北京的上级领导是田家英,他不仅是毛泽东的秘书,还是中共中央政治研究室的副主任。但是田家英很少和我们在一起开会,我也就很少见到他。我后来常常开玩笑讲,在北京两年,主要学习了田家英同志两句话:一句是有一次田家英偶遇我时,突然说:"你只有27斤定粮,太少了!"我暗自想,你这领导同志怎么会知道我是27斤定粮的;第二句是1961年5月,我们临走时开欢送会的聚餐会上,他与我一桌,突然和我讲了一句话:"你们快点吃,快点喝,一会儿菜就没有了!"现在回想,我在北京那两年真是没有做什么具体工作,只是去国家档案馆、中央档案馆各去过一次。但是介绍信上写得很清楚：只准许你看1924年的材料。其实，那里也没有什么资料。

三

1961年6月，我从北京回到上海，直到1964年的下半年，是我在上海社会科学院历史研究所比较平静的时光。这时候，上海社会科学院明文规定：科研人员可以不坐班办公。这个时候也没有政治任务，就在家看书。我安安静静地读了几本书，如《独秀文存》《胡适文存》《李大钊选集》《蔡元培选集》都是这个时候读的。读这些书也没有具体的写作意向，所以也没有做笔记、摘抄，主要就是觉得自己搞中国现代史，这些历史人物都应该熟悉、熟悉。看书的过程中，脑筋那时突然闪了个念头，在那个历史年代，怎么就突然出了个陈独秀，办了《新青年》，还有其他这许多事情？但是自己此时并没有深究。

1964年下半年，"四清"运动开始了。历史研究所先到松江，那时是少数人；后来到了金山，基本上倾巢而出；再后来，又从金山回到松江。当时松江的天马公社，主要是历史研究所下来的干部，而佘山主要是经济研究所的干部。"四清"运动下乡的上海的单位很多，除了社科院外，还有体育学院的学生。整个公社的权力，基本上是"四清"工作组的队长说了算。我那时是副队长，管着天马山、小昆山镇上的事。

"四清"运动没多久，"文化大革命"就开始了。历史研究工作事实上已中断,研究人员几乎都卷入了运动洪流。我从1966年6月到1970年6月,被隔离关押了整整一年,后至干校劳动。1970年干校解散了,我就到了泸定化工厂当工人。

相比起其他的同志,我自觉受到的冲击还不算大的。对个人而言,当时当工人是最舒服的了。毕竟我是来自社会科学院的干部,我所在泸定化工厂的工人们对我还是很尊敬的。我当时在铣床上工作,我独立操作可以铣到30吨。我绝没有想到,中学时候学的几何、代数在此时都派上了用场。因为铣床工作需要一定的数学计算。那时厂里的工人们最高的学历就是技校毕业,我常常被当作一个"大知识分子"看待。当然,这种看法也是半真半假的。他们常常要我帮他们计算,其实他们都会算,只是他们懒得算罢了。

大概过了一年时间,林彪"九·一三事件"发生了,全厂要开大会,我在大会上发了言。厂党委书记说:"这个人什么地方来的?"别人提醒他说:"这是上海社科院来的干部。"那时候,整个上海社会科学院已经解散了,早就没有这个单位了。但是这个党委书记还是记得了我。会后,他找到我,与我商议,能不能再在全公司范围内给干部培训、培训,上个党课?于是我就在上海化学原料公司开起了"干部马列主义读书班",一办就是12期,短则两个星期,长则3个月。每个星期四,我仍然回到泸定化工厂劳动,其他时间我就忙我这个读书班的事情。当时这个培训班训练的都是车间主任以上的干部,厂里主要的两个派系的人都聚在一起,很难处理关系。但是我有一个原则是,决不参与他们的派系斗争,只负责知识上答疑解惑。

四

1978年,我回到了复院的上海社会科学院历史研究所工作。所以说,屁股坐好了搞学问,是从1978年开始的,而我这个时候也快60岁了。原本我计划研究的是李大钊,这时我拟了一个研究提纲,并写了三篇文章,在社联的杂志上已经发表了其中两篇。

1979年底、1980年初,中国社会科学院近代史研究所、北京大学历史系、安徽大学历史系、徐州石油学院,还有上海社会科学院历史研究所,5个单位计划合编一本《陈独秀资料》,说定这套资料由三所大学、两个研究所共同负责,交人民出版社出版。我负责承担搜集和编辑1921—1927年这一时期的陈独秀资料。历史研究所当时有三个人参加,除了我之外,还有张统模和吴信忠。接下这个任务,我和同事们到图书馆、档案馆查阅陈独秀的资料,访问了与陈独秀有交往的人和陈独秀的亲戚,除上海外,足迹遍及北京、安徽、广州、武汉、四川等地。可以说在当时能够看到的资料,不论是什么时期的,只要是有关陈独秀的,我们都搜集了,能够找到的人我们都找了,所搜集的资料远远超过我们所分工的范围。后来,我抱着这部二三十万字的稿子去了一趟中国社会科学院近代史研究所,请他们审阅。他们当时并没有提什么意见,上海人民出版社也准备要出版了。结果这时中国社会科学院来了一封信,把这批稿子"枪毙"了,原因就是胡乔木不许出版。那封信中有一句话,我现在还记得,就是"庆父不死,鲁难未已"。又过了一段时间,中宣部正式发了一个通知,大概意思是讲:说陈独秀是汉奸是不对的,但是不宜发表对陈独秀的研究。

中国社会科学院近代研究所的李新还是比较慎重的,他当时在主编一套"中国革命史丛书",他说陈独秀不是不可以写,但不能作为这套丛书的第一本,第一本应该是上海事件的研究,你们找找。于是就有了《五卅运动简史》。1985年离五卅运动60周年纪念只有三四个月,时间很紧,我和所里的张铨合作,提纲、目录是我列的,张铨负责收集材料,写第一稿,而我负责第二稿。我们两人没日没夜地赶稿,终于及时由上海人民出版社出版了。也是在这套丛书中,李新本来与上海人民出版社的郝盛潮联系,想《陈独秀传》让唐宝林来写,而郝盛潮回复李新说:"我们已经约了由任建树写《陈独秀传》,要不让他们分开来写?"就这样,我负责写自陈独秀出生到1927年,而1927年以后由唐宝林写。《陈独秀传:从秀才到总书记》1989年出版,这是我的第一部有关陈独秀的研究著作。

1991年我就离休了。离休后,我有时间开始慢慢收集陈独秀的资料,于是有了由自己续写陈独秀后半生的想法。我给自己写的这下半部陈独秀传起了个名字叫《从囚徒到山民》。这是因为1927年不久陈独秀就被捕了,他有个图章,十分欢喜,叫"独秀山民"。结果,等我稿子写完送到上海人民出版社时,郝盛潮他们坚决要求要将这个稿子和前面我撰写的传记合起来,统称《陈独秀大传》。叫大传并没有妄自尊大的意思,主要是为与之前的《陈独秀传》相区别。《陈独秀大传》很受欢迎,现在已经重印到第三版了。

陈独秀是中国少有的一个人物!在第一次国内革命战争时期,也就是从1921—1927年,他是很不赞成共产国际的意见。讲他是右倾机会主义,要看怎么讲,因为他那时不是起主导作用的人物。此时国民党是主角,共产党是配角。第三国际对国民党是支援,对共产党是领导关系。陈独秀有好多意见,其中主要是1924年以后反对国共合作,反对共产党员加入国民党。这个意见他多次提出,但是共产国际不同意。所以说共产国际是第一位的。如果说这是个错误,首先要负责的是共产国际。但陈独秀应该负什么责任呢?这个问题研究得还不够。在被迫执行共产国际命令时,他走了一条道路:军权交给蒋介石,政权交给汪精卫。最明显的例子就是《汪陈宣言》。《汪陈宣言》是陈独秀自己起草的。《汪陈宣言》之前,他主张军权交给蒋介石,政权交给汪精卫。那么中国共产党做什么呢?只剩下群众运动的领导权。所以对他个人而言,到大革命失败后,他是"完全解放"了。他回归到完全的独立思考的阶段。讲斯大林是暴君当时大有人在,但从理论上分析斯大林为什么是暴君的,是从陈独秀开始的。陈独秀是真正的有独立思想的人,他没有任何禁忌、顾虑和束缚,他不怕任何人。

我现在已经离休多年了,现在很羡慕社科院年轻的科研人员有如此优越的科研条件,很希望我们年轻的科研人员能够超脱一些,千万不要浮躁,不要太过于追求什么职称和课题,而是扎扎实实地将科研基础打好,学好一门甚至更多门外语,静下心来,钻研进去,以期取得更大的成绩。

采访对象： 沈铭贤　上海社会科学院哲学研究所研究员
采访地点： 沈铭贤研究员寓所
采访时间： 2014年10月16日
采访整理： 高俊　上海社会科学院历史研究所研究员

探究科学哲学与生命伦理：
沈铭贤研究员访谈录

被采访者简介：

沈铭贤　1938年生，福建省永定人，上海社会科学院哲学所研究员，主要从事科学哲学研究，后转移至"生命伦理学"研究，1992年受聘为研究员，1998年起兼任复旦大学哲学系博士生导师，1999年兼任国家人类基因组南方研究中心伦理学部主任，在上海交通大学和中国科学院上海生命科学院开设"生命伦理学"等课程，享受国务院特殊津贴。2001年退休。沈铭贤先生的专著：《新科学观》《穿越世纪之门》《创新是一种文化》《知识经济时代的知识观》《科学哲学与生命伦理》《生命伦理飞入寻常百姓家》等；主编：《科学哲学导论》,系国家哲学社会科学规划办资助项目,获国家哲学社会科学院基金项目优秀成果专著三等奖,上海市哲学社会科学优秀成果著作二等奖,并受到上海市委宣传部及上海社科院的特别嘉奖;《生命伦理学》一书被全国不少生命科学院系选为教材和教学参考书。另外,撰写数十篇论文,其中《爱因斯坦与当代科学哲学》一文获上海市哲学社会科学优秀成果论文奖(1986—2000),《李约瑟与爱因斯坦——"李约瑟"难题的两种不同的回答》一文获三等奖,《邓小平的科技思想》获二等奖,《精明的头脑——试论用科学武器破除迷信》获三等奖。此外,由沈铭贤先生牵头的"生命伦理学教材建设和课程"获上海交通大学2004—2005优秀教学成果特等奖。其倡导的"S—T—S"(科学—技术—社会)沙龙1999—2002年间共举办20余次,体现了哲学社会科学与自然科学的交融与互动。

一

我1938年生于福建省永定县。永定地处闽西山区,当时交通条件还不发达,跟外界联系不多,环境非常闭塞。我父母都务农,祖上历史上来自中原一带,我们属于客家人后裔,现在大家都很熟知的永定土楼就属于典型的客家居住文化。

1956年,我从永定一中毕业,考上上海的华东政法学院。那个时候连接鹰潭和厦门的鹰厦铁路线刚刚开通,我就是搭乘这趟列车走出封闭的闽西大山,辗转来到上海。20世纪50年代,大学的录取率不是很高,为了有机会去看看外面的世界,我在读高中的时候学习很刻苦。当时老师们也都讲得很清楚,对于我们这些山区长大的孩子来说,除了考上大学外没有第二条路可以出得去。

我就读的华东政法学院是在解放前的圣约翰大学的校址上成立的,学校面积算不上大,但是很美丽,有许多外国风格的建筑。我们一个年级大约有400多人,全校只设一个专业,就是政治法律,所以也用不着分系,新生分成几个班后就开始了第一学期的课程。

我在华东政法学院就读了两年,1958年的时候,市政府筹建上海社会科学院,将原来的华东政法学院、上海财经学院,以及中国科学院上海历史研究所、上海经济研究所合并组建成上海社科院,由上海市委宣传部直接管理。这样我们就转入上海社科院继续学业,直到1960年3月毕业,比正常的毕业时间略微提早了几个月。

毕业后,我们这一批转入上海社科院的学生,个别被分配进上海社科院新成立的历史所、经济所、哲学所、法学所、国际问题研究所等几个科研机构工作。我本人原本是要去国际所工作的,但哲学所的领导出面点名要我来哲学所工作,这样我就到哲学所报到,被分配到自然辩证法研究室。

二

到哲学所工作的时候,我还只是一个20岁出头的年轻人,由于没有任何社会阅历和工作经验,面对许多事情时我还是懵懵懂懂,不过那个时候的风气很好。当时哲学所的所长是由上海社科院院长、党委书记李培南亲自兼任,他很重视年轻人的科研能力培养。我刚参加工作不久,就被单位安排去华东师范大学生物系听课。

20世纪60年代初,社会各界继续全面贯彻党中央提出的"向科学进军"的号召,我们虽然从事社会科学工作,但也要学习一些自然科学的知识,生物学与进化论、伦理学有着密切关系,所以我就来华师大旁听了几个月的生物课程。此后不久,又去了中国科学院植物生理研究所继续听了一阵子课,其间曾和研究所的同志一起去南京待了3个多月,观摩和学习著名水稻栽培专家陈永康的增产试验。[1]

听课结束后,回到哲学所里继续学习,所领导又让我们选修了微积分等课程,当时用于学习的时间是比较充裕的。1963年的时候,由于中苏论战的影响,哲学研究要为国际政治中的意识形态之争服务,中央宣传部为此准备在1964年召开一次理论工作会议。为给此次大会做准备,上海市政府接受中央指示从全市各科研机构组织了一套人马,集中到淮海路的办公驻地,系统搜集和整理各种动态材料。当时被借调来的成员许多精通俄语、德语、英语、法语等多种语言。我此次也被领导抽调过来,主要做一些俄语材料

---

[1] 陈永康(1907—1985),江苏松江(今属上海市)人。20世纪40年代摸索出"一穗传"水稻选种方法,创亩产500千克纪录。1951年,首创全国单季晚稻亩产达716.5千克,被评为华东和全国水稻丰产模范,并推广他的水稻丰产经验。1952年3月,获中央人民政府授予"农业爱国丰产模范"奖状;中央文化部电影局和上海科技电影制片厂还实地拍摄他的丰产经验。曾担任江苏省农科院副院长,江苏省第二、三届科协副主席等职,是国家科技委员会农业组组长和国家农业部技术委员会委员。

的整理。当时苏联国内的《哲学问题》之类的杂志只要一出版就会很快送到我的手上,我从中摘录一些相关的内容,翻译好送交组织,再由上海市委宣传部上交中宣部。后来中宣部将各地报送的这类材料进行了汇编,搞了一个内部刊物《自然科学哲学问题》。

1964年,我又被组织上安排去松江搞"四清",这一去就是差不多两年时间,平时就在生产大队跟贫下中农同吃同劳动,后来在松江佘山的低洼地,从事一些文字工作。"文化大革命"爆发前的1965年底到1966年初,有一段时间我被安排到李培南院长身边,协助他处理一些杂务。

"文化大革命"刚一爆发,上海社科院就受到造反派冲击,工作基本停止运转。我当时已经结束了在松江的工作,回到社科院。就我个人而言,"文化大革命"对我的影响算不上太大,不管是在运动的哪个阶段,我基本上笔耕不辍,跟往常一样学习做笔记,偶尔也写上一点应景文章。毛主席的"五七指示"发布后不久,[①]我成为上海社科院第一批下放去"五七干校"劳动的成员。我去的是位于奉贤的上海市直机关五七干校,参加了干校最初的建设工作,诸如盖草棚、挖池塘等劳动。我后来进入干校的政宣组,从事一些宣传素材的写作活动。

在五七干校待了一年多时间,我又被安排到长风公园附近的一个铸造工厂继续劳动,那时有个口号叫"战高温",铸造厂的工作

---

① 1966年5月7日,毛泽东给林彪写了一封信,这封信后来被称为"五七指示"。在这个指示中,毛泽东要求全国各行各业都要办成一个大学校,学政治、学军事、学文化,又能从事农副业生产、又能办一些中小工厂,生产自己需要的若干产品和与国家等价交换的产品,同时也要批判资产阶级。五七指示也成为"文化大革命"中的办学方针,造成了教育制度和教学秩序的混乱。

非常辛苦,体力消耗很大,一天下来疲惫不堪。在铸造厂待了半年多,我又被借调到《解放日报》理论部,我和一起借调来的丁凤麟、孙逊、黄京尧、夏乃儒5个人号称"五条汉子",平时就帮《解放日报》写写时评,当时感觉这项工作也是很有意义的。

1973年,我从《解放日报》被调到市委写作组,当时市委这边要编一本《自然辩证法》杂志,这样我就再次回到淮海路这个我以前待过的地方。这一次主要是联系与杂志相关的生物口及医学口。几年下来,感觉还是颇有收获,知识结构丰富了不少。我们在办这份杂志的同时,还经常会摘选一些重要内容上报给中央作为内参,这份内参叫《自然科学哲学问题摘译》,收录的都是国际上最新的研究动向,最权威的科学著述。当时上海顶尖的科学家,几乎都或多或少地涉及了市委写作组的一些事务。

1976年"文化大革命"结束,我在《自然辩证法》杂志的工作也基本结束。此后不久,我回到上海社科院哲学所自然辩证法研究室。

三

上海社会科学院复院后,哲学研究所的发展也走上正轨,学术研究的路数以及学术考核的体系也都发生了很大的变化。我有时候会想,与这些新时代培养出来的青年哲学工作者相比,我们可能没有像他们那样接受过系统的外语、计算机之类的训练,也不如他们那样可以较快适应各种课题申报之类的活动,但是我们这些人在分析问题的能力方面还是有优势的。

在上海社科院工作期间,还有一件事情给我印象很深,我想借此向卫生部前部长陈竺先生表达一番谢意。1998年的时候,陈竺还是上海第二医科大学附属瑞金医院上海血液学研究所的所长,当时他受命担任国家人类基因组南方研究中心主任。他找到了我邀请负责南方研究中心的伦理、法律和社会问题研究部(简称伦理学部)的工作。伦理学部承担了人类胚胎干细胞的伦理问题研究,在陈竺的支持下,我们通过问卷调查和查阅文献,提出了支持胚胎干细胞研究,但必须严格伦理规范的基本立场,写出调查报告和关于人类胚胎干细胞的伦理准则建议(共20条),相关成果发表在《中国医学伦理学》和《医学与哲学》杂志,并送中国科学院、国家科技部和卫生部(2001)。2003年科技部和卫生部发布《人类胚胎干细胞研究伦理指导原则》,吸收了20条建议的成果。2004年3月,国际权威刊物美国《肯尼迪伦理研究所杂志》全文发表了我国人类基因组南方伦理学部的《关于人类胚胎干细胞研究的伦理准则建议》,成为我国第一个被国际权威刊物录用的生命伦理文献,引起重大反响,还得到了时任国务院总理朱镕基的重视并获得吴仪副总理的亲笔批示。

我现在已经退休多年,但是依然很关心上海社科院的发展。我知道社科院现在在搞学术研究和智库建设的双轮发动,这是时代的要求,我完全赞同。我只是觉得,当代科学技术的发展已经使得各种学科的联系日益紧密,相互渗透、相互交叉,我们社科院理应对一些跨学科、跨界的问题多一些关注,要走在学术研究的前沿,上海社会科学院可以为各种前沿研究提供很好的平台。我相信上海社科院一定会发展成为具有国际影响的一流科研机构。

采访对象：汤志钧　上海社会科学院历史研究所原副所长、研究员
采访地点：汤志钧副所长寓所
采访时间：2014年4月16日
采访整理：葛涛　上海社会科学院历史研究所研究员

坚守传统经学研究的耄耋老人：
汤志钧副所长访谈录

被采访者简介：

汤志钧　1924年生，江苏武进人，著名历史学家，专攻中国近代史、经学史、戊戌变法史、上海史等。早年就读于无锡国专，1947年毕业于复旦大学。20世纪50年代初期，在常州中学任教。1956年，调入中国科学院上海历史研究所筹备处，参与建所工作。1978年上海社会科学院恢复，任历史研究所中国近代史研究室主任，后任副所长，直至退休。先后赴日本东京大学、京都大学、香港中文大学、美国加州大学伯克利分校、加州大学戴维斯分校、斯坦福大学、西雅图华盛顿大学、密歇根大学、俄亥俄州立大学、耶鲁大学、哈佛大学

和美国国会图书馆讲学。主要学术成果包括论文：《清代常州今文经学和戊戌变法》《关于康有为的〈大同书〉》《再论康有为的〈大同书〉》《论康有为的〈大同书〉的思想实质》《章太炎早期的革命思想》《试论康有为的〈新学伪经考〉》《〈仁学〉版本探源》《康有为早期的大同思想》《苏报案的历史意义》《强学会在维新变法中的作用》；著作：《戊戌变法史论》《戊戌变法史论丛》《戊戌变法简史》《戊戌变法人物传稿》（上、下册，精、平装本）、《戊戌变法人物传稿》（增订本，上、下册）、《康有为与戊戌变法》《戊戌变法史》《戊戌维新运动》《近代经学与政治》《改良与革命的中国情怀——康有为与章太炎》《乘桴新获》《戊戌时期的学会和报刊》《西汉经学与政治》（与承载等合作）、《经学史论集》《章太炎传》《康有为传》《鳞爪集》《维新·保皇·知新报》（与汤仁泽合著）、《庄存与年谱》（精、平装本）、《戊戌变法史》（修订本）、《梁启超致江庸书札》（校订）、《汤志钧史学论文集》等；编著：《章太炎年谱长编》（上、下册）、《中国近代思想家文库·梁启超卷》等，还主持编纂多部史料文集。由汤志钧先生主持的"梁启超全集"获2014年度国家社会科学基金重大项目（第二批）立项，《近代经学与政治》获上海市第十届邓小平理论研究和宣传优秀成果奖、第十二届哲学社会科学优秀成果奖（2012—2013）之学术贡献奖。

一、早 年 经 历

全面抗战时期,上海一度成为"孤岛"。我于此时考入无锡国学专修学校沪校。当时,有许多著名学者前来授课,其中就有吕思勉先生。他是由光华大学到国专担任"史学讲座"的。由于吕先生与我是常州同乡,我对他就多了一份亲近感,吕先生在学问、道德、人格上对我的影响很深。

1947年,我从无锡国专毕业。1952年,回到了常州正衡中学(即今之常州市第一中学)任教。教学之余,从事研究、著述。1955年9月,上海群联出版社出版了我的《戊戌变法史论》;1956年9月,江苏人民出版社出版了由我编著的《鸦片战争时期江苏人民反侵略斗争》。而我的论文《清代常州今文经学和戊戌变法》发表在《历史教学》1953年第11月号上。

1955年,平静的生活突起波澜。那时,全国正在批判所谓"胡风反革命集团",我所执教的中学也开始揭批"胡风分子"。这原本与我毫无关联。但是当时我因为对新任马姓校长不尊重老校长、不听从教师合理建议的做法很不满意,向他提出了尖锐的意见;孰料竟因此获罪于他,被隔离审查了3个月。我想,大概一来常州没有找出"胡风分子",二来我曾经在公开讲话中偶然提到过贾植芳的名字吧。隔离审查期间,吕思勉先生寄给我的书信也被悉数抄走,审查人员企图从中找寻一些线索。恰巧吕先生在一封信中提到师母爱养猫,家中添了小猫,问我可否帮助寻找可靠人家代养。审查人员看到这封信后如获至宝,反复询问我"猫是什么代号",结果自然是白费心思,一无所获。3个月后,因实在找不出我与"胡风集团"的瓜葛,我被解除隔离审查,回校继续教书。

1956年下半年,国家提出"向科学进军"的口号。我受到感召,决定寻找机会转入历史研究领域,以偿夙愿。为此,我准备了自我介绍的材料,首选目标是中国科学院的历史研究机构。见到时任中国科学院上海办事处主任的李亚农同志,李亚农对我说:"你才30出头,就出了不止一本书;很多人都是年过50才出书的呢。"由于当时李亚农已知道中国科学院将在上海设立历史、经济两研究所的既定方针,所以要求我留在上海参加建所工作。虽然初次见面,李亚农给我留下的印象并不太好,但我还是同意了他的要求。于是从1957年1月起,我就开始领取中科院的工资,正式成为中科院上海历史研究所筹备处的研究人员了。

创立之初,历史所包括行政人员在内不足10人。所址最初在高安路9弄3号,不久迁至高安路20号,与上海社联合署办公。当时社联党组书记是罗竹风。其后历史所又搬至徐家汇新址,搬家场景,至今记忆犹新:领导、科研人员6人分乘3辆三轮车,行政人员和办公家具、资料一起坐大卡车前往。我的妻子郁慕云当时也在历史所工作,就是坐卡车去的。好在所里"家当"不多,人也少,搬家就这样完成了。

二、历史所初创

中科院上海历史所成立后,李亚农同志专门设法拨出经费2万元,用于购买图书、资料。1956—1957年时,2万元是巨大的金额,李亚农此举是很不容易的。经费下拨后,由我和杨康年负责搜寻购买。于是,每个星期六下午,我和杨康年就前往各个旧书店、旧书摊甚至废品站"寻宝",反复挑拣,寻找有价值的书籍资料。有时就如同身处垃圾堆,弄得灰头土脸满身脏兮兮的。但是,我们确实发现了不少珍贵的图书和资料,如获至宝,赶紧购回。历史所资料室的不少"传家之宝",有的就是在那时以废纸般的价格买来的。我们的工作,丰富且充实了历史所收藏的图书资料,为研究创造了条件;同时也抢救了一批文化财富。因为这些图书和资料若不进入历史所资料室,其中大部分将会被作为废纸甚至垃圾处理掉。在此,我想说:杨康年同志堪称历史所的功臣,他的贡献不应被遗忘。

正当历史所的工作步入轨道时,"反右"运动开始了,全所人员下乡劳动半年。等到回所后,再去旧书店寻找原先精心搜集的资料,发现散失了不少,尤其是关于上海洋务运动的部分,不知去向。不久,中国科学院上海历史研究所与复旦大学历史研究所实行"两块牌子、一套班子"的运转模式,我们近代史研究人员的办公地点被安排在复旦校内。当时是每天坐班,路程较远,我从家里到复旦需两小时,如遇刮风下雨,时间就更长了。这种情况持续了两年。

当时吕思勉先生住在上海,我和研究古代史的杨宽(杨善群之父)经常去先生处求教,受到了极大的教益。吕思勉先生上课时从不用讲稿,但引经据典、出口成章,我在这方面也深受先生影响,后来在上课时也不用讲稿。"文化大革命"结束后,我为华东师范大学首届历史学研究生授课时,脑海中不禁浮现出吕思勉先生昔日为我等授课时的形象。

到历史所后不久，我的《戊戌变法史论丛》于 1957 年 11 月由湖北人民出版社出版，吕思勉先生题写了书名。本书是由李亚农同志介绍给湖北人民出版社的。《戊戌变法人物传稿》（上、下册）则由中华书局于 1961 年出版。

三、研究与对外交流

"文化大革命"前，政治运动频繁，不时要进行思想改造检讨等。我认为不应荒废学术研究，于是就从注释刘师培的《经学教科书》入手，推进自己的研究工作。虽然政治运动热热闹闹，我依然天天看书，尽量"两耳不闻窗外事"。历史所隔壁就是徐家汇藏书楼，里面藏有较为齐全的近代报刊资料。上海图书馆（上图）的顾廷龙馆长与我相熟，在他的特别关照下，给了我一间办公室，我可以天天在此看书，《章太炎年谱长编》就是利用这个机会搜集了大量资料。为了做到周全准确，我逐日仔细查阅《申报》等报刊，不放过关于章太炎的任何报道。一日，顾廷龙告知上图藏有《汪康年师友书札》，全系手稿。我感到这是解读戊戌变法重要的第一手史料，于是便前往上图"蹲点"。从辨认字迹开始，逐字逐句解读，收获了不少戊戌变法与上海关系的第一手珍贵史料。

我以为，掌握第一手史料对于近代史研究的重要性是不言而喻的。我本人对相关信息始终保持着高度的关注。例如 20 世纪 60 年代初的某一天，我从《文汇报》上读到一条消息，称康有为后人已将所保存的康氏文稿全数捐赠给上海博物馆（上博）。对于一个戊戌变法研究者而言，这条消息所具有的重大价值自不待言。我迫切地想接触到这批史料。好在时任上海市文化局副局长的方行与我是常州同乡,平日关系颇佳,在他的支持下,我终于得以率先接触并研究这批康有为的文稿。我每次去上博,在库房里一待就是一天,出来时从头到脚落满灰尘。然而我的内心却充满喜悦,因为这些手稿大多从未公开,可为研究康有为的思想、政治活动等开创一个新的格局。在我的主持下,根据这批手稿编纂了《康有为与保皇会》《戊戌变法前后》两书。出版之际,我谢绝署名,所以时至今日,在我的"成果目录"中并未列入上述两书。

李泽厚的论文《论康有为的〈大同书〉》,发表于《文史哲》1955年2月号。我提出不同意见,论文《关于康有为的〈大同书〉》发表于《文史哲》1957年1月号。我们这两篇论文是围绕《大同书》的两种学术观点的交锋。李泽厚认为《大同书》中所描写的社会状态是一种理想主义色彩的"大同空想"状态,而我并不这么认为。我以为《大同书》中描绘的社会状态属于近代资本主义性质,特点非常鲜明。李泽厚又写出《〈大同书〉的评价问题与写作年代——简答汤志钧先生》,发表在《文史哲》1957年第9期,进行答辩。接着,我又发表两篇论文进一步阐述自己的观点,一篇是《再论康有为的〈大同书〉》,发表于《历史研究》1959年第8月号;另一篇是《论康有为的〈大同书〉的思想实质》,发表于《历史研究》1959年第11月号。当时我们都很年轻,李泽厚的《论康有为的〈大同书〉》是他公开发表的第一篇论文。当时论争激烈,苏联著名汉学家齐赫文斯基评价说"这是一场今文经学和古文经学的大辩论"。我与李泽厚之间的这场学术论争,虽已过去半个世纪,但至今未被学术界遗忘。

在改革开放以前,国际学术交流不太容易。例如齐赫文斯基在"文化大革命"前就注意到我的研究,但直至"文化大革命"结束,中苏关系逐渐正常化以后我们才终于有机会见面。我记得齐赫文斯基当时向我赠送了俄罗斯特产——巧克力,并邀请我有机会去苏联进行学术访问,场景令人难忘。我与日本学者岛田虔次、坡出祥伸、近藤邦康等虽相互慕名已久,但也是在20世纪80年代后才开始进行交流的,我们之间保持了多年的学术交谊。岛田教授逝世一周年之际,我曾撰文予以悼念。我曾与近藤邦康合著《中国近代の思想家》(日文版,日本东京岩波书店1985年版),日本也翻译、出版过我的论文集——《近代中国の革命思想と日本——汤志钧论文集》(儿野道子译,日本经济评论社1986年版)。我曾前往东京大学、京都大学等学府访问,也在历史所接待过前来交流的日本学者。

除了与国外学术界交流之外,改革开放后,与台湾、香港地区的学术交流机会也增加了。我在访学台、港之际,数次发现有当地出版社未经我允许私自盗印我的书籍。此类情况,我也只能对此付之一笑了。

海内外学术界的交流,对于学术进步所起的推动作用是巨大的。

四、开创上海史研究

上海史研究是历史所当下的研究重点。1986年全国哲学社会科学"七五"规划将"近代上海城市研究(1840—1949)"列为重点项目,作为近代中国城市研究系列课题之一。我作为历史所副所长,参加了"七五"规划会议。这次会议中,提出加强中国城市的研究。我认为上海从普通城市成长为远东国际大都会的历史进程,是足以列项研究的。而且,上海社会科学院历史所、经济所,自创立之初起,即将上海史研究作为中心工作。在长期研究实践中,积累了丰富的资料与经验,完全有能力完成对近代上海城市史的研究任务。

会议结束后,我回到上海向张仲礼院长汇报,并提出希望由他亲自主持项目,争取早日完成。他答应了,随即着手召开会议讨论提纲。《近代上海城市研究》除将"上海自然地理与古代历史沿革""近代上海城市发展的阶段与关节点""城市发展规律初探""近代上海城市特点""若干理论问题"作为总论外,分经济篇、政治社会篇、文化篇三篇。经济篇分为"上海城市经济的近代化""内外贸易推动上海城市发展""交通拓展与近代上海的崛起""近代上海金融中心的形成和发展""近代上海工业结构的不平衡性和演化轨迹""房地产业和近代城市建设""上海工商团体的近代化"7章。政治社会篇分为"近代上海政治制度的演变""上海市政管理的近代化""上海:各种政治力量必争之地""市民的群体构成与政治倾向""上海工人阶级、资产阶级与劳资问题""帮会与上海社会"6章。文化篇分为"在吴越文化圈——开埠以前的上海文化""开埠以后:西方文化输入势如潮涌""中西文化的碰撞、认同与排拒""启蒙宣传与教育中心""全国文化中心形成与发展""大众文化五彩缤纷""'海派'——近代市民文化之滥觞"7章。经济篇由经济所主稿,政治社会篇和文化篇由历史所主稿,总论由两所共同执笔。

1990年10月底,全国哲学社会科学"七五"规划最后一次会议在北京举行,张院长嘱我将《近代上海城市研究》的总结报告和清样送交国家社会科学基金会和中国近代史学科组审阅,得到了他们的支持与肯定,并对这一难度较高的课题能提前完成表示赞赏。同年12月,长达84万字的《近代上海城市研究》由上海人民出版社出版。

我没有参加《近代上海城市研究》的具体写作,只参加了提纲讨论和最后的定稿会议,深为两所同志善于发现新问题、挖掘新材料、提出新观点而振奋,同时也有以下几点体会。首先,科学研究要在详细占有资料的基础上,去伪存真、去粗取精;要经过不断探索,才能做到不人云亦云,有所创新;再则,领导重视,安排确当,也是按时完成任务的一个重要因素;最后,《近代上海城市研究》采用老、中、青结合,尽量发挥中青年同志的作用,各篇稿件,几乎都由中青年同志执笔,这样使中青年同志迅速成长,成为研究骨干。

此后,历史所的上海史研究取得了丰硕的成果,在国内外学术界逐渐占有了重要的学术地位与影响,这是很不容易的。与此同时,上海史研究也成为历史所的主要研究方向。我以为,历史所应该继续大力发展、培育上海史研究,但同时也应加大对包括中国近代史在内的其他学科的研究力度。毕竟,历史所不是专门研究上海史的。只有这样,历史所才能综合各学科的优势,取得长足、均衡的发展。

五、结　　语

我已年届九十,虽退休多年,但一直坚持研究与著述。去年,由历史所主办、上海历史学会及社科院老干部办公室协办的"《汤志钧史学论文集》首发式暨学术思想座谈会"成果举行,使我感到了很大的慰藉。

目前,我每天早晨 6 时即起,洗漱完毕、用完早点,即开始写作。2014 年,计划出书两本:一是《经与史——康有为与章太炎》,约 100 万字;二是《经今文学》,约 40 万字。平时的资料搜集、电脑输入等工作,皆由长子仁泽代我完成。还有备受学术界关注的《梁启超全集》,在仁泽的协助下,初步完成了编纂,正在作校对工作。在不停顿的研究、著述中,我感受到了乐趣与满足。

采访对象：陶友之　上海社会科学院部门经济研究所研究员
采访地点：上海社会科学院老干部办公室
采访时间：2014年11月11日
采访整理：葛涛　上海社会科学院历史研究所研究员

从工人"写手"到经济学家：
陶友之研究员访谈录

被采访者简介：

陶友之　上海社会科学院部门经济研究所研究员。1958年前往中央团校学习3年。1978年进入上海社会科学院，先后在经济所、部门经济所从事研究工作，主要研究微观经济、国有企业改革等问题，著有《怎样当好厂长》《苏南模式与致富之道》《国企改革难点聚焦》等多部专著及多篇学术论文，对国企利润、政企关系等方面的理论建设发挥过重要影响。目前关注的重点有如何实现马克思主义中国化、治理学术腐败等。

一、从工厂到上海社科院

我出身工人，13岁起在工厂当学徒。1958年前往中央团校学习，1962年结束学习后仍回到同兴实业所，担任车间主任、支部书记等工作。同兴实业所是一家制作袜子的工厂，其生产的"青年袜"在20世纪50年代风行一时，远销东南亚。我主要负责漂染这一技术工种。我在工厂一直工作到1978年。

我在20世纪50年代即成为工人中的"写手"。"文化大革命"期间，我曾一度被调至市总工会政宣组，但由于与负责人思想不合拍，回到了工厂。1971年，市委写作组决定要"掺沙子"，在工人、农民中吸收一些人进入写作组。于是我在淮海路市直属机关五七干校六连办公室（即今上海社会科学院院部）工作了2—3年，后又调至陕西北路186号，据说此处曾为荣毅仁私宅。写作组分为核心、外围，我属于外围。我们中有几个人属于写作组的核心人员，其他则是从工厂企业中"掺沙子"进来的外围人员。1976年粉碎"四人帮"后，市委写作组解散，外围人员一律回原单位。我也回到了原来的工厂，继续从事技术工作。1979年上海社科院恢复，我们当年写作组外围中的一些人原本就来自社科院，这时回到了原单位。黄逸峰院长很注意延揽各种人才，经济所负责组织工作的同志就来到同兴袜厂，动员我去经济所。当时市纺织局拟任命我担任局办公室主任，我对当干部没什么兴趣，于是来到了社科院经济所。我其实1978年就来了，但由于纺织局没有马上转档案关系，所以拖到1979年才拿院里的工资。

二、微观经济研究的几个方面

我到经济所后,安排在政治经济学研究室,室主任雍文远。当时我们研究室有二三十人,整个经济所有100余人,规模很大。1983年,经济所成立了微观经济研究室,主要研究企业。研究室共10余人,我担任室主任。当时经济所希望每个科研人员确定自己的研究方向,我想到自己出身工人,没有接受过系统教育,但是研究企业问题,却有切身体会,不会纸上谈兵,于是决定研究微观经济,解开企业、市场、个人之间的关系之谜。

20世纪80年代之初,国家处于开放状态,然而理论界却显得比较混乱。老的理论无法继续适用,新的经济理论还未形成。研究方向到底如何发展,令人感到捉摸不定。我自己秉持三条原则:对历史负责;对实践负责;对个人负责。我认为作为理论工作者,切忌跟风,观点要经得起历史的检验。我研究企业厂长问题时,以上海纺织系统为基础,进行了广泛的调查。我调查了几百位厂长,其中不乏当时闻名上海的人物。在此基础上写了《怎样当好厂长》,1985年由上海人民出版社出版,这是我到社科院后的处女作。我觉得,要当好一个厂长,必须学会"组织、决策、协调、指挥、学习"。

我还探讨了一些企业经营的理论问题,例如企业利润问题。理论界有人认为,企业不应追求利润最大化。而我则认为:企业不追求最大利润,难道追求最小利润?所谓最大、最小,并非绝对值,而是相对值。如果能够正确处理各方面之间的利益关系,那么企业完全应该追求利润最大化。所谓利润最大化,是指企业凭借现有条件,创造出最大利润。所以泛泛而谈企业不应追求利润最大化是不对的。但是围绕着企业,方方面面的利益关系并没有处理好,这也是实际情况。所以我提出研究企业利润问题,试图阐述企业在什么情况下,追求利润是正确的?又是在什么情况下,追求利润是不正确的?哪怕利润为零,只要违反了一般的原则,也是错误的。所以问题的实质并不在于利润最大、最小。

我还研究了国有企业问题。国有企业的难处究竟在哪里?我为此做了企业调研,进行了理论探讨,还前往匈牙利考察当地国有企业的情况。1991年,我还曾带队到新加坡考察了一个月,对该国国有企业良好的经营、管理留下了深刻印象。接待我们的是李光耀内阁时期的第一副总理、有"新加坡经济发展之父"称誉的吴庆瑞博士。吴庆瑞在接待我们时谈道:在新加坡经营国有企业并不难。我感觉到新加坡实现了孙中山先生"节制资本"的理想,所有大产业资本均属国有,民间企业规模都比较小。新加坡称国有企业为"国联企业",吴庆瑞介绍新加坡的经验时说:第一,国家向"国联企业"派出董事长、总经理,不干预其他人事安排;第二,重视盈利,不过问具体经营。新加坡的盈利标准是利润率须高于银行年利率,方可视作盈利,否则即为亏损。我认为这很有启发,回国后写了专报,得到了陈至立同志的批示。新加坡当时已实行混合所有制、股份制,目的在于最大限度地发挥国有资本的能量。但是我也感到新加坡的经验在我国行不通,我为此写了《国企改革难点聚焦》一书,探讨了公有制与市场如何结合的问题,具有相当的难度。国企改革中出现的种种矛盾,其实都属于公有制与市场经济的矛盾。一是探讨了宏观上,要做到放开有度;微观上,要做到调节有序。在目前条件下,达到上述状态确属不可能。二是探讨了政企如何分开的问题。其实,"政"与"企"是不能分开的。政企分开,是指职责分开。我们的问题在于:政府该管的不管,不该管的管了一堆。三是探讨了企业所有者如何到位。国家作为企业所有者如何做到位?很难,总是到不了。因此许多国有企业出现了内部人控制的情况,这在私有企业是不可能出现的。在这种情况下,国有企业实质上会蜕变为少数人掌控的家族企业、家庭企业、小集团企业。四是探讨了如何对经营者实施激励,妥善处理职务消费。过去管得太严,现在什么都可以报销。我提出厂长、经理的职务消费应实现货币化,具体金额与其经营业绩挂钩。但我们做不到。

我还研究过苏南模式。我认为人类社会从私有制到公有制,中间有一个集体所有制的过渡阶段。在社会主义阶段,集体经济应占主要成分。当时苏南集体经济搞得比较成功,称为"苏南模式",我写了《苏南模式与致富之道》,进行了分析探讨。

三、印象深刻的四件事

我在上海社科院工作期间,印象最为深刻的有以下四件事:

一是 20 世纪 80 年代上海有一个"双周座谈会"。发起者是老院长黄逸峰,每两周将全市各高等院校、科研机构、政府机关的经济理论工作者集中起来座谈。会场设在小礼堂,研讨上海发展的趋势、存在的问题以及今后的方向等。"双周座谈会"持续了两三年,对上海市制订发展规划产生了很大的影响。部门所有一位学者在《解放日报》上发表了一篇文章,大意是称上海对国家做出了很大贡献,但是上海人民的生活水平却很低。文章发表后,最初引起了中央有关部门的批评,但后来政府承认了这个事实,并着手解决。

二是对"小三线"的调查。"小三线"是计划经济时代的产物,上海在安徽10多个县都搞了"小三线",总部在屯溪。在市场经济的环境下,"小三线"企业无法生存一片告急。时任副市长阮崇武要求上海社科院派几位专家到"小三线"进行实地调查。于是包括我在内共有4人前往"小三线",调查了一个多月。走访企业、职工宿舍,还召集了座谈会。工人们反映较多的问题是:没有生产任务,找不到老婆。有的工人三十几、四十几还没有成家,虽然上海想了不少办法,也不起什么作用。厂长们则反映产品没有销路,打不开市场。例如有一家军工企业改产收音机,上海收音机每台市场价50余元,而它的产品每台成本就超过了200元。我们调研后提出报告:在市场经济条件下,"小三线"无法生存下去非撤不可。我们向阮崇武做了汇报,得到了市里的支持。原有的一切设施建议无偿留给当地。

三是团队精神。20世纪70年代末80年代初,我们院的团队合作精神相当好。当时有一些德高望重的专家如雍文远、袁恩桢等,学识出众,为人又好,因此一呼百应。

四是调查研究。我们当时都重视调查研究,我自己手头就有"500个企业、500个厂长"。做研究一定要深入基层。现在一些年轻人下去有困难,主要是人头不熟,还有社科院的介绍信也不如以前有用了,可能还存在惰性的因素。

四、当前学界值得反思的两件事

我对当前学术界有一些想法,认为以下两件事值得反思:第一,马克思主义怎样实现中国化。我认为实现中国化需要有几个基础条件,包括普及化、通俗化、实践化。很多干部没有读过马克思主义经典著作。应该学习马克思主义的基本立场、观点、方法,以及精辟的论述。第二,学术界的腐败问题。例如评奖问题,一些获奖作品大家都不熟悉。我建议改评奖为领奖,让成果经受历史考验,杜绝腐败。还有课题申报,也有不少问题。我建议今后可否由国家先列出课题选题,然后凭成果的质量再拨付经费,决定由谁中标。

我目前仍在继续研究工作,如新常态下的经济问题、消费如何拉动经济等。我一方面关心在新形势下如何保持经济增长,同时还继续研究马克思主义,温故而知新。此外还参加一些社会、学术活动,使自己不脱离社会。

采访对象：童源轼　上海社会科学院经济
　　　　　研究所研究员
采访地点：上海社会科学院老干部活动室
采访时间：2014年12月10日
采访整理：赵婧　上海社会科学院历史研
　　　　　究所助理研究员

智库研究先行者：
童源轼研究员访谈录

被采访者简介：

童源轼　上海社会科学院经济研究所研究员。主要从事经济学和劳动经济学研究。1931年出生，浙江衢县人。1953年毕业于上海财经学院对外贸易系，1956年毕业于中国人民大学政治经济学研究生班。曾在上海财经学院从事政治经济学教学工作。1958年起在上海社科院经济所从事科研工作。1987年被评为研究员，历任政治经济学研究室副主任、主任。曾任上海劳动学会副会长。1994年退休。曾参与或主持完成的国家和上海市课题有：《社会必要产品论——社会主义政治经济学探索》（获第二届孙冶方经济科学著作奖、上海市哲学社会科学优秀成果著作奖)、《公平分配——理论与战略》《国有企业与三资企业工资分配比较研究》《浦东新区社会保障体系设计》《上海劳动就业的历史、现状、趋势和对策研究》(获上海市决策咨询研究成果奖)、《构筑上海人才资源高地政策体系研究》《向劳动力市场全面过渡的研究》等。合作撰写著作有:《社会主义生产关系》《工资与奖金》《工资理论与工资改革》《简明社会主义政治经济学》《社会主义初级阶段经济问题》《完善分配结构和分配方式》,另有论文数十篇。

一

我原来是上海财经学院的。1958年上海社科院成立,上海财经学院整体并入社科院,我就这样进到社科院。当时社科院有两个老所,一个是经济研究所,一个是历史研究所。我们财经学院的人员就进入经济所,所长由原来财经学院的院长姚耐担任。当时经济所人员很多,规模很大。

我在政治经济学研究室,着重研究基本理论。从1958年以后不断有政治运动。首先就是干部下放劳动,我到了吴淞农村红旗合作社。大概经过一年时间,市委布置了一个任务,就是编写政治经济学教科书,所以我又调回了社科院。我编写教科书大概有一年时间,开始开展一些与现实密切联系的专题研究。比如我参加了"再生产理论"的专题研究,也有一年多时间。后来,又搞"四清"

运动,我先是在金山廊下公社,后来又到松江,大概搞了三期,好几年时间,一直到1966年"文化大革命"开始。所以在"文化大革命"以前,搞研究工作的时间很有限,加起来不过两三年。

  这期间我印象比较深刻的科研成果,就是写了一篇论文,探讨社会主义的积累来源问题。这篇论文打破了理论界很主流的一个观点,是斯大林在《苏联社会主义经济问题》这本著作里提出来的,即积累是扩大再生产的唯一源泉。我参加了再生产理论的专题研究后,发现情况并不是这样,因为当时我们国家正处于经济调整的过程,如果我们的扩大再生产都要靠积累的话是没有条件的。马克思认为扩大再生产有内涵的和外延两种类型。而斯大林所谓的扩大再生产是外延的扩大再生产,要通过要素和资金的投入来扩大。内涵的扩大再生产则要通过提高劳动生产率、依靠科技进步,不一定要大量的投入。因此,按照斯大林的方法,我们当时的经济很难有所作为。我就提出要破除斯大林的这个观点。在当时思想不是很解放的情况下,我的这种观点得到了所里的支持,鼓励我解放思想,把这个观点写出来,其实这也是集体智慧的成果。这篇文章发表在《经济研究》上。① 在国内学术界,这个观点也是我率先提出来的。我研究的时间不长,但取得这样的成果,我很满意。

二

  "文化大革命"以后,1978年社科院复院,我们就成为第一批成

---

① 童源轼:《关于扩大再生产源泉的一个问题的探讨》,载《经济研究》1962年第12期。

员。接到的第一个任务就是1979年末奉时任院长黄逸峰之命,到上海市政府工资改革办公室工作。因为改革开放以后反映很强烈的一个问题就是平均主义和"大锅饭",改革亟须突破的地方就是打破平均主义和"大锅饭"。所以,中央部署了工资制度改革工作,首先各个省市要成立工资改革办公室,进行调查研究制定方案,上报中央。上海社科院派了王志平、曹麟章、钱世明和我4个人到工改办公室,还有复旦、交大的几个人,加起来共七八个人组成工改办公室的理论组。我们4个人对各种工资理论进行梳理,对上海市各行各业的工资制度进行调查,对发现的弊病和问题进行概括。后来4个人合写了一本书《工资理论与工资改革》,[1]也是对这段时期的总结。这个工作告一个段落以后,院里面安排王志平与曹麟章两位同志做其他事情,剩下我和钱世明两个人继续留在工改办做研究。这件事对我日后的工作影响很大。这是我进入工资分配研究领域的一个起点。这以前我主要是做政治经济学的基础理论研究,这以后就侧重收入分配问题的研究,一直到退休。

我是在政治经济学研究室,我们室的整体任务是搞政治经济学研究,因此我也不能脱离,参与了一些课题,比如"社会必要产品论"等。[2] 另一方面,我坚守在工资分配这个研究领域。有几件事情令我印象深刻。第一件是全国港口计件工资调查。这件事情是在工资制度改革调查之后、工资制度改革还没有进行之前的这一段间隙。港口在搞计件工资方面取得了很好的效果,我们就开展

---

[1] 上海社会科学院出版社1984年版。
[2] 雍文远主编:《社会必要产品论——社会主义政治经济学探索》,上海人民出版社1985年版。

了调查研究,调查报告发表在红旗出版社的《经济调查》上。① 这个调查受到国务院领导与上海市领导的肯定。当时,国务院分管经济工作的谷牧做了批示,上海市副市长陈锦华在上海社科院开双周座谈会时公开表扬了我们。

第二件印象比较深刻的事情是搞了工资改革调查之后,对于究竟怎么改,总体思路是怎么样的,还是比较模糊的。我和钱世明就抓这个问题来研究。我们从马克思的按劳分配理论入手,提出了社会主义市场经济条件下的按劳分配究竟是怎么样的,即两层次按劳分配的问题。马克思在《哥达纲领批判》中提出的按劳分配理论是产品经济时代,即取消了商品生产和商品交换条件下的按劳分配,直接由社会向社会成员分配,是单一层次的。但现在商品生产不能取消,还有市场,所以我们提出,在现在的社会主义市场经济情况下,按劳分配不是单一层次的,而是有两个层次,即国家对企业进行分配,企业再对职工进行分配。我们把这个理论应用到工资改革的方案设计中,提出国有企业工资改革要按照分层决策,企业自主分配,打破以前国家一竿子管到个人、地方与企业无权分配的束缚。这个观点当时在国内还没有人提出,可以说也是一种创新思想,这项研究也受到中央的重视。当时中央书记处书记胡启立分管经济体制改革的工作,来上海调查,邀请钱世明参加座谈会。钱世明就把我们的成果汇报给中央调查组,会后我们把研究材料交给了胡启立。胡启立给中央写了报告,建议采取上海同志提出的两级分配的思路。于是后来中央成立了工资改革方案

---

① 钱世明、童源轼:《港口计件工资探讨》。这篇论文另载《社会科学》1981年第3期。

起草小组,点名叫我和钱世明中去一个人。那时候钱世明出了一次车祸不能去,所以我就去了。我大概有半年时间在北京,中央各部委的人和搞理论的人都参加这个小组。上海去了两个人,一个是上海工资改革委员会主任王克,另一个就是我。后来这个起草小组在相当程度上采纳了我们的建议。院里不知道我在北京半年工作情况如何,所以发了一份公函给起草小组。起草小组副组长、当时劳动部副部长严忠勤就专门写了书面的鉴定意见,认为我做了大量工作,发挥了积极作用。

第三件事情就是关于公平分配研究的国家社科基金课题。在工资改革实行后,制度是搞活了,但是又出现了分配不公的问题,收入差距太大。原因是什么?状况如何?如何治理?领导层面很关心这件事情,我和钱世明就这些问题申报了国家课题"公平分配——理论与战略"。我们主要是做调查研究,并提出了一个理论:如何衡量公平与否,要按照两个层次即宏观和微观来看;再按照这两个层次的理论相应地提出对策和建议。后来我们写了一本书《公平分配——理论与战略》。[1]

三

我们那个时候能够接触到的知识比较少,知识结构也比较单一。现在的青年人是上海社科院的希望所在,我感到他们有很多优势:起点高,知识结构多样,学术环境与条件优越。要在社会科

---

[1] 上海社会科学院出版社1994年版。

学研究中有所成就，还需要就几个方面做些努力。一是了解中国国情。国外经验是需要具备的，但是社科院主要是要解决与中国国情相关的问题，如果脱离对中国国情的了解，还是很难有成就的。我们这一代对国情还是比较了解的。比如搞"四清"，几年时间在基层，对群众的心声了解比较充分。二是对科研要下苦功夫。不说"十年磨一剑"，对一个问题要深入研究的话，起码要三五年时间。可能这期间拿不出成果，但要有甘于沉下心来的毅力。三是研究要力求创新。社科院不同于高校，高校主要是传授知识，社会科学要有新的见解，不能炒冷饭。有了创新，人家才会尊重你。

社科院现在的发展方向很明确：学科和智库双轮驱动。在我们那个时候，对这个问题是很模糊的。虽然回过头来看，我走过的学术道路基本上符合这种发展趋向，但是在很长一段时间里我都很困惑。我们经济学应把理论与应用结合起来，比如我做的收入分配研究，既有理论探索，又把创新观点应用到实际中。我们社科院总结历史经验，把自身发展定位在双轮驱动上，沿着这个方向走，相信社科院一定会有更光明的前程。

采访对象：王惠珍　上海社会科学院世界经济研究所副所长、研究员
采访地点：王惠珍副所长寓所
采访时间：2014 年 10 月 22 日
采访整理：张生　上海社会科学院历史研究所副研究员

在世界经济研究所的岁月：
王惠珍副所长访谈录

被采访者简介：

王惠珍　1929 年生，浙江黄岩人，1948—1952 年就读于东吴法学院法律系。1954—1956 年为北京大学马列主义基础研究班研究生。1956 年后在华东政法学院任教。1960 年迄今，先后在上海社会科学院国际问题研究所、世界经济研究所从事国际政治、国际金融研究。曾任世界经济所副所长。中国国际经济合作学会理事。论文有《论国际资金流向与我国利用外资战略》《有关中外合资企业的几个问题》《人民币汇价与外贸亏损的关系》《西方货币汇率趋势》。参与主编《外向型经济之路》等。

我是1952年东吴大学法学院毕业的,后来分配到华东政法学院,在马列主义基础教研室。成立上海社会科学院时,从财经学院和华东政法学院抽了一部分教师。那个时候很简单,组织跟我谈,把我调过去,我就服从组织分配,就调过来了。工作的性质差不多的,都是搞研究工作,开始是马列主义基础,其实是苏共党史。

开始在国际问题研究所,研究国际政治,当时我主要研究拉丁美洲一些国家的国际政治。"文化大革命"以前,在国际问题研究所,金仲华所长带领我们一批年轻人从事国际政治研究,剖析各个国家政治经济中间发生的各种冲突如何应对。我印象比较深刻的是金所长带领我们对各个问题进行专门性研究。进入世界经济研究所后,褚葆一所长带领我们研究世界经济中每一年的变化,每一年都写一个总结,使我们思想能够跟上形势,更加开放一点。褚葆一本身是一个有名的教授,理论基础很扎实,我们就跟着他学习,调研了世界上主要国家的经济变化。

改革开放之后,社科院也进行了一些变动,国际问题研究所归到了上海市外事办公室那边了,我院成立了新的世界经济研究所,我是自愿到世界经济研究所从事一些国际金融研究工作的。改革开放以前,我们搞的是计划经济,中央对于资金的管理比较严格,现在要搞活,把改革开放搞上去,特别重视资金流动的研究,借鉴国际上别的国家发展过程中如何调动资金,它们的经验在什么地方?所以我就研究这个工作,对我们国内来讲呢,把金融市场放开,资金流转自由一点,一方面是国内改革形势的推动,另一方面也是国际形势变化的需要。

最初,我所研究项目中特别注重美国等发达国家经济发展的经验,之后又对20世纪80年代日本、韩国、新加坡以及我国台湾、香港地区的经济腾飞的历史与现状进行研究,从中吸取可资借鉴的经验。褚葆一所长组织了美国研究室编写《当代美国经济》《美国经济新编》,概括总结了美国经济发展的特点及经验,得到了同行的赞扬和肯定。我来所后就在国际金融室从事国际金融的研究。当时室主任唐雄俊教授在科研立题中紧紧围绕国际金融与我国金融体制改革问题,在他的组织下,撰写了《我国建成国际金融中心的构想》《关于浦东开发的建议》等有关期货期权交易的文章;举办了"发展我国金融业务"的研讨会及培训班;为了配合市期货交易所的成立,特别邀请芝加哥期货交易所亚太地区副总裁来我所举办"期货交易"培训班;也为北京冶金部进口德国设备支付马克,如何避免风险提出建议;等等,都得到同行及实务部门的好评。至今,我所的科研成果都无不围绕我国经济的改革和开放而展开讨论和构思。[1]

我担任副所长的时候,仍然从事研究,主要从事国际金融市场的一些研究,要把工作搞好,一个是个人的研究,一个是要靠集体的力量,集体的力量就是要使所里科研人员团结一致地把工作搞好。我配合姚廷纲和王曰庠,一起把工作搞好。我分管的是党的工作和国际金融研究室的工作,当然也包括妇委会和工会、办公室等工作。

目前,世界经济研究所工作开展得很好。我们过去有一些研究室,比如地区性的研究,美国、日本及香港地区的研究,以前都有

---

[1] 王惠珍:《难忘世界经济研究所岁月》,《天命年回首》第3辑,上海社会科学院世界经济研究所建所50周年征文选,上海社会科学院出版社2008年版。

研究室的,后来都取消了,我觉得这些问题还是可以继续研究,发挥我们的优势,比如香港问题、美国问题研究,也就是说在地区经济研究上可以加强一点,发挥已有的优势,我们这个所会办得更好。

社科院的研究所与高校不同,高校研究所侧重于教学方面,而我们调查研究比较强,与市委、市政府结合也比较紧密,能够提出比较切实可行的政策、措施和建议。我觉得现在看,研究人员有很好的想法,是不是能够把他们的研究力量结合组织起来,不是单个的搞,而是集体联合起来,以便更好地发挥作用。

采访对象：王淼洋　上海社会科学院哲学研究所原所长、研究员
采访地点：王淼洋所长寓所
采访时间：2014年10月13日
采访整理：高俊　上海社会科学院历史研究所研究员

学术生涯回眸：
王淼洋所长访谈录

被采访者简介：

王淼洋　生于1935年，江苏崇明人，曾任上海社科院哲学所所长，长期从事科学哲学和比较哲学研究，享受国务院特殊津贴，1997年退休。早年在徐汇区区委工作时，于1956年被评为上海市徐汇区优秀共产党员。曾担任上海市哲学学会副会长、上海市中西哲学比较研究会副会长、国际价值与哲学研究（华盛顿R.V.R.）理事。个人专著有：《科学技术是第一生产力》（获1995年中宣部"五个一工程"优秀著作奖）、《比较科学思想论》；主编：《科学哲学导论》（获第二届上海市哲学社会科学优秀成果著作类二等奖、1999年又获首届

国家社科基金项目优秀成果专著类三等奖)、《东西方哲学比较研究》(获第三届上海市哲学社会科学优秀成果著作一等奖)以及《科学哲学手册》《当代西方思潮辞典》《社会发展论纲》等八部,译著《超自然现象》。

一

我1934年出生于上海市,父亲是崇明人,是复旦大学土木工程专业的学生。我出生没几年,抗日战争就全面爆发了,复旦大学随国民党政府搬迁到陪都重庆。父亲所学的专业在战时属于稀缺人才,日寇偷袭珍珠港后,美国开始支援中国抗战,父亲作为技术人才从事滇缅公路[①]的修筑工程,常年辗转于重庆和昆明之间,我们全家也随着他来回颠簸,这样我就在重庆和昆明的多所小学里完成小学学业。

1945年抗战胜利,山城重庆一片沸腾,在全国民众欢庆民族解放的胜利日子里,父亲和母亲也开始盘算战后的生计。当时我小学刚刚读到五年级,还没有毕业,妹妹年龄尚幼,家里的经济来源主要依靠父亲。这个时候,父亲接到了他早年在复旦的同窗好友的邀请,准备回上海联合组建一个建筑公司。1945年10月我们一

---

① 滇缅公路,即中国云南省到缅甸的公路。滇缅公路于1938年开始修建。公路与缅甸的中央铁路连接,直接贯通缅甸原首都仰光港。滇缅公路原本是为了抢运中国国民党政府在国外购买的和国际援助的战略物资而紧急修建的,随着日军进占越南,滇越铁路中断,滇缅公路竣工不久就成了中国与外部世界联系的唯一的运输通道。这是一条诞生于抗日战争烽火中的国际通道,是一条滇西各族人民用血肉筑成的国际通道,其在第二次世界大战中扮演着重要角色。

家踏上返沪的路程,由于受战争破坏,重庆和上海之间直接的空运和水运异常拥挤,价格昂贵,我们只能约朋友一起辗转而行。我们从重庆乘坐公共汽车到贵阳,然后再换乘公共汽车到汉口,从汉口搭乘到上海的邮轮,等到达上海的时候已经是12月,几千公里的旅程我们走了整整两个月。回到上海后不久,农历新年快到了,父母亲决定带我回崇明的老家过春节。因为我生在上海市区,从来还没有去过崇明,当时爷爷也健在,得知我们打算在崇明过春节,他非常高兴。1946年的春节对于我来说特别难忘,父亲老家的人都非常热情,春节还允许我燃放烟花爆竹,这是我儿时记忆中最开心的一个春节。

春节后,我们全家又回到上海,1946年2月我们一家来到昆山,在那里父亲和朋友合作创办了一个土木公司,他担任公司的工程师,这样算是基本安了家。这个时候,我开始复习功课,准备报考昆山县中学一年级继续学业。1946年夏天放暑假的时候,上海的徐汇中学在昆山开办了一个暑期补习班。徐汇中学是上海一所很有名的教会学校,他们来昆山办补习班的一个目的是想选拔一些尖子学生到徐汇中学就读。昆山补习班一共有100多名学生,补习结束的时候,我的成绩在全班排名第一,得到授课老师的青睐,他们就动员我来徐汇中学读书。我和父母就此商量,都觉得徐汇中学教学质量虽然上乘,但是学费太贵,而且还得寄宿,这样又得多一笔费用。暑期补习班的老师得知我们的顾虑后,表示可以为我减免一些学费。在他们的多次游说下,父母同意我到徐汇中学读书,这样我就成了徐汇中学的一名寄宿生。

二

1949年5月上海解放,当时我正在读初三,上海民众欢迎解放军的场景我现在还记忆犹新,大家对新中国的憧憬和热爱溢于言表。我在上海读书期间,有机会常去"姨妈"家借书看("姨妈"是我母亲在中学读书时最要好的同学,后来一直以姐妹相称相待。当时她在上海中国银行工作。她是1938年参加地下党的,但当时我们都不知道)。巴金的《家》、奥斯特洛夫斯基的《钢铁是怎样炼成的》等都很有吸引力。上海解放以后直接受到党的教育,1951年1月我被批准光荣地加入了中国共产党。1951年夏我中学毕业,当时徐汇区区委在毕业生中选拨了一批青年学生,我很幸运被入选,来到区委组织部工作。

我在徐汇区委一直工作到1957年,其间在1956年中央提出"向科学进军"的口号,周恩来总理鼓励在政府机关工作的青年报考大学,提高文化水平。于是我就提出报考大学的申请,并着手复习功课。组织上得知我的意愿后,专门给我谈了一次,认为这批报考者人数太多,其中我年龄最小,建议我可以考虑下一次再报考。这样我就同意了组织的安排,没有在1956年报考大学。

1958年我工作调动,来到市委办公厅工作。当时的办公厅下设好几个室,我所在的第三室负责党刊编辑工作,当时有两份刊物《支部生活》《党的工作》,我于是开始从事文字编辑工作。1959年组织上第二次动员青年同志报考大学,我就再一次提出报考申请,当时我妹妹已经读大学了,大妹妹先是从市二女中被选拔去北京学习了一年俄语,然后去苏联留学,进入莫斯科大学就读;小妹妹也在清华大学学习。我觉得自己无论如何也该进入大学深造一次。组织上这次同意了我的报考申请,而我则面临到底是报考文科还是理科的选择,我仔细琢磨后认为文科以后还有机会自己学习,而理科和科学更接近,加上父亲也是理科出身,于是就决定报考理科。这一次我很顺利就考上了刚组建不久的复旦大学物理二系。物理二系主要从事放射化学及核物理的研究,当时系里有杨福家、谢希德等青年教师,校长苏步青对物理二系也很重视。

我在复旦大学物理二系读到1964年毕业。毕业之际本来有两个选择,一是去青海四川一带的核工业基地,一是去设在嘉定的物理研究所。后来系里通过决定,让我留校任教。留校后不久,"文化大革命"爆发,大字报应运而生,在当时有点"知名度"的"红缨枪"大字报,我是组织领导者之一,和我一起共事的还有王邦佐。

"文化大革命"中间,党中央曾经一度提倡"文化大革命"工宣队参加教学改革的试验,我在这一时期集中学习了自然辩证法等马克思主义理论著作,开始对哲学产生浓厚兴趣。1972年复旦决定为工农兵大学生开设公共马列课程,组建教研室,学校决定由我担任教研室副主任。这样,我就正式踏足哲学研究的领域。

"文化大革命"结束后,复旦哲学系开始恢复调整,我又被任命为该系自然辩证法教研室副主任,后又出任系副主任,系总支书记,以及校党委办公室副主任等职务。

1984年,在"文化大革命"中停止运转的上海社会科学院复院不久,哲学研究所也亟须建设,组织上决定派我到社科院哲学所工作,随后我调入社科院。我在哲学所最初担任党委书记兼副所长,

1986年5月任命为所长,全面负责哲学所工作,直到1997年退休。

三

在哲学所担任领导期间,我一直强调科研单位一定要抓集体项目,鼓励青年学者至少每年参加一次国际学术会议。1988年8月间,我赴英国布莱顿参加第十八届世界哲学会议。该会议由国际哲学联合会主办,第一次于1900年在法国巴黎召开,此后每隔5年召开一次,是国际哲学界的学术盛会。参加这次会议对于拓展哲学所的对外交流有着重要意义。

20世纪90年代,哲学所的对外交流更加活跃,基本开通了与国际学术界进行定期多边交流的渠道,举行小型专题研讨会成为哲学所进行国际学术交流的重要形式。从1991年1月到2001年5月,这种研讨会一共举行了11次,其中10次是哲学所与国际"价值与哲学研究会"一起召开的,其中5次在境内(苏州、杭州、无锡、上海),5次在境外(香港、东京、马尼拉、曼谷、新德里)。通过多年实践,我们意识到,这种形式的交流对科研人员素质和水平的提高,对哲学所科研成果和学科建设的促进大有好处。

采访对象：王曰庠　上海社会科学院世界经济研究所原副所长、研究员
采访地点：王曰庠副所长寓所
采访时间：2014 年 10 月 22 日
采访整理：张生　上海社会科学院历史研究所副研究员

从外交官到国际问题专家：
王曰庠副所长访谈录

被采访者简介：

王曰庠　上海宝山人。1961—1965 年在上海外国语学院读书。1965—1981 年在国家对外经济联络部工作。1981 年调上海社会科学院世界经济研究所。曾任该所西欧经济研究室主任、副所长。1987 年应法国人文科学院邀请，前往进行合作研究。撰有法文著作《中国经济特区投资指南》（与法国里昂高等商业学校教授 Ham San Chap 合作）。出版著作《中美关系向何处去——评克林顿的对华政策》《世界经济区域集团化》《上海对外开放 15 年》等。

一、与上海社科院的缘分

我中学毕业以后就考取了南京军事学院。该校是我国最高的军事学府,学习工作了4年,参加了大跃进、人民公社化运动,到了60年代初,以同等学历的身份参加了高考,考入了上海外国语学院,毕业后分配到北京。起初是国家对外经济联络委员会,现在是对外经贸部了。我大部分时间在国外使领馆工作,主要在法语地区,从中非、西非到东非,工作相当长的一段时间。我前后工作了大约16年的样子,后来因为身家两地,我从国外就调回来了。20世纪80年代初,我爱人生病了,我要求从北京到上海来,那时进入上海相当困难,部长陈慕华不希望我回来,认为总归地方上比中央机关差一点。

虽然我曾多次要求调回上海工作,总因外经部不肯放人和上海的户口控制而无法如愿。我想此次借我爱人病危的机会总可以设法调回上海了。当时,外经部曾与上海方面联系过,但还是由于户口问题而未能解决。为变通计,我部政治部主任曾劝我先入苏州工作,他说他有把握将我先调入苏州,说什么苏州离上海最近,待以后有机会再调入上海。我拒绝了他的这番好意,还是抓住"爱人病危"这个难得的机会,自己再想想办法吧。

天底下之事,有时说难,竟难于上青天;说易,有时却易如反掌。只要有"贵人相助",再难的事也会有办法解决。我想起在使馆工作时认识的一位大姐,她是国家商业部派往中国驻外使馆巡视特需供应情况工作组的组长,其夫君当时在国家某部任要职。

他们有一位老战友在上海市人事局任副局长。出于对我当时处境的同情和关怀,他们答应出面与这位老战友联系,并修书一封,嘱我即去找他解决。我返回上海后马不停蹄去找到这位领导同志,向他出示信件后,这位老同志二话不说,即在信上批示并当即让我去找调配处处长,办理我的调沪事宜。谁料到,分居十几年的老大难问题竟在几分钟之内拍板解决了!我想这主要是念我夫妻长期分居之苦,也可能是出于两位老战友之间的情谊,但我想最最主要的还是他们关心同志、以人为本的崇高精神的体现!决定离京南下时,当时任外经贸部(外经部与外贸部合并了)部长的陈慕华同志仍力劝我留部工作,并答应将我爱人及孩子举家调入北京,并允部里可分配给我三居室的房子。但是我去意已决,谢绝了陈部长的这番美意。[1]

到了上海以后,人事局就征求我意见,去哪个单位工作,我说我长期在外事部门工作,希望找个单位安静一点,能够坐下来搞搞研究什么的。那时候人事局说你去上海社科院如何?我说可以。进入社科院以后,有两个地方选择,一个是世界经济研究所,一个是《世界经济导报》。我选了世经所,从1981年开始一直到退休。

二、我的研究

我在大使馆也搞调研,进入世界经济研究所以后,就一直研究欧洲方向如法国、欧共体等。后来到了1989年,我就做了副所长

---

[1] 王曰庠:《往事回首》,《天命年回首》第3辑,上海社会科学院世界经济研究所建所50周年征文选。上海社会科学院出版社2008年版。

担任领导工作。当时一些人要到国外去,我就因势利导,没有硬加阻拦,有些同志如张幼文、黄仁伟出去后按时回来,慢慢也成为我所的接班人。

我后来的研究集中到世界经济区域集团化这一块,比如欧共体啊、亚洲太平洋地区的经济合作,中国应采取一个什么样的态度,什么策略,在这方面,提出了一些建议。世界经济集团化问题,我后来领受了一个国家课题,而且出了一本专著,叫《世界经济区域集团化》。也到国外比如法国、日本,带团去跟人家交流。我自认为取得了一些成果,提出了一些政策建议,因为亚太的经济区域合作,跟欧共体不太一样,国家体制、政治制度等都很不统一,我的观点认为,到目前为止,亚太国家区域集团化的趋势是比较松散的。东海、南海等领海问题出现以后,更进一步证明,亚洲的区域集团化更加松散,虽有进展,但困难重重,需要我们国家采取有战略眼光的措施。

我当时也提出一个观点,两岸及香港、澳门地区一定要想办法加强合作,这也是一个区域的经济合作范围,如果能够把这个区域合作搞起来,海外华人的力量再团结起来,一体化搞得比较深入一些,在经济发展方面,可以无敌于天下。

当时院刊刊登了我的观点。在我的建议里面,我们可以与台湾地区成立各种专业的委员会,通过两岸的民间团体,包括学界,从经济入手合作。现在我们国家采取了一些措施,也符合我当时的一些看法和预期。现在台湾地区和大陆的发展有一些障碍,主要是民进党上台以后的问题,但总的来看,两岸及香港、澳门地区的区域发展到了相当程度。有些城市如昆山、上海,台商很多。

我研究的另外一个方面,比较注意大国关系的处理。当时克林顿上台的时候,我们和黄仁伟马上出版了一本书,是四川人民出版社出版的《克林顿的对华政策》,算是一种展望,另外有一本专著,是和国际关系所的一批同志一起搞的。

三、与法国的交流

1986—1988年,我到法国人文科学院做客座研究员,那边和我们社科院有比较好的合作关系。他们把我安排到里昂的交通局里面,给我一个办公室,从事一项课题,即公共交通在里昂地区发展中的作用研究。那里资料比较多,也正在扩展地铁建设。那个时候中法比较而言,中国的城市规划包括交通规划都是比较落后的,而法国做了100年的规划,他们有丰富的经验。我在那里专门研究了一年,写一个研究报告提供给对方。

这时我们国家改革开放慢慢起来了,南方深圳特区要我给他们做一个报告,内容包括邓小平为什么要开放特区,以及特区的规章制度等。这个报告是跟法国商学院的一个华裔教授(中文名字叫张健)一起做的,这正好发挥我的法语优势。我把报告全部翻译成法语,对中法的经济合作有所促进。当时法国与广州的经济联系比上海的经济联系紧密得多,所以报告提供给法国方面,他们好多单位也找我咨询。上海古北区的开发,就是我当时提供给里昂的一家公司做咨询的,当时开发区的一些资料也是我翻译的,他们的设计方案也是我参与翻译的,当时黄菊是副市长,正好去法国访问。还有广州市市长朱森林去访问,法方都是请我去当顾问的,我能为他们提出一些看法,如何与中方合作。

中法合作发展很快,但也有一些问题,法国驻华大使馆和领事馆也经常来找我咨询。特别是法国地铁招标失标事件,后来德国中标的嘛。他们失标以后,驻华大使也被调回去了,商务参赞也受到政府的惩戒。法国阿尔斯通公司为什么会失标?法国洛朗·法比尤斯总理派了特使到上海来咨询我。因为他们法国自己觉得很好,但结果招标失败了,究竟是什么原因?我给他们分析说,你们政府在中法合作中采取的一些政策,没有德国人精明,德国人要项目搞成功,他们政府提供项目贷款,这是很大的一个特点。我出钱让你来买我的东西。法国却只强调我质量好,所以要价高,政府又没有提供贷款。其实这跟我们现在相似,我国企业出去,政府不提供贷款,那些发展中国家哪有能力来买我国的东西。表面上看,德国政府提供贷款(有息或者无息),但是我们通过项目了解到德国的技术、管理,那么德国后续的项目会更多。法国人吃亏在这个地方。我跟法国的关系是密切的,我在法属非洲地区工作时间很长,法国的殖民政策跟英国不一样,法国的政策是杀鸡取蛋,而英国的政策是养鸡取蛋,比如塞拉里昂是英属殖民地,我当时在几内亚,同样是首都的地方,比较下来是不一样的,法国在建设方面没有什么成绩,英国还是留下了一点东西。

我从20世纪80年代初就进入上海社科院了,之前一直在北京的中央部门工作,自认为我的视野还是比较开阔的,站得比较高一点。20世纪80年代中期,院里开工作会议时,当时张院长他们提出要有传世之作,我说要有传世之作一定要有勇敢的学术勇气。社会科学院不能光是搞政策咨询,一定要在理论上有自己的真知灼见,不能只为政策做注解,政府部门不可能看问题那么深、那么广,专门搞研究的一定要比政府部门更深远一些。比如,国外的智库,对于政策出来以后,一定要有自己的看法,有独立的判断。

采访对象：伍贻康　上海社会科学院世界经济研究所原所长、教授
采访地点：上海社会科学院老干部活动室
采访时间：2014年12月18日
采访整理：徐涛　上海社会科学院历史研究所副研究员

"是真才子自风流"：
伍贻康所长访谈录

被采访者简介：

伍贻康　祖籍江苏南京，1936年7月出生于上海，1957年复旦大学历史系毕业后留校任教。1961年研究生毕业。1964年由历史系转入新建的复旦资本主义国家经济研究所（后更名为世界经济研究所）。1985年任复旦大学经济学院副院长、世界经济研究所副所长。1986年任复旦大学副教务长，1988年晋升为教授。1988年1月，被上海市政府任命为上海市高等教育局副局长、党组书记，主持日常工作。1995年5月调任上海社会科学院世界经济研究所所长。1996年起享受国务院特殊津贴。他是中国欧洲一体化研究领域的开

拓者和学术领头人,在复旦大学创建中国高校最早的专门研究室,创立我国第一个欧洲资料中心,最早与欧共体建立学术交流。他主持撰写出版的《欧洲经济共同体》(1983)、《欧洲共同体:体制、政策、趋势》(1989)、《区域性国际经济一体化的比较》(1994)和《欧共体一体化进程及其历史地位》等著作、论文,是国内相关领域的拓荒性研究成果,影响很大,多次获得全国吴玉章世界经济特等奖、上海市哲学社会科学优秀著作奖、论文一等奖等。此外,他还是上海市政协第八、九届政协委员,国家社科基金项目学科评审组成员,上海市社科规划评审组成员,上海市人民政府决策咨询专家;并任中国欧洲学会副会长、中国世界经济学会副会长、中国欧盟研究会会长(后任名誉会长)、上海欧洲学会会长(后任名誉会长)、上海国际战略研究会副会长等职务。

一

我生于1936年的上海,那是个很动乱的年代。我1岁时"八一三"事变爆发,所在南市的家毁于战火,妈妈带着我们子女逃到租界避难,在亲戚家借住。我的家庭很普通,母亲是家庭主妇,父亲是个小行商,奔波于广州、香港与上海之间。我父亲曾是学徒,大哥一开始也作学徒,补贴家用。直到二哥和我长大时,家里才有财力供我们读书。

14岁时，上海解放，我那时初二，深受当时在上海中学就读的二哥伍贻鋆（他的老师是中共地下党员）的影响，思想比较进步。中学时我就对历史产生兴趣，大学入学考试时填写了复旦大学历史系的志愿，并被顺利录取。复旦大学当时被认为是1952年院系调整中最为得意的高校，很多名家汇集，使得复旦大学一跃成为中国最好的大学之一。我进入历史系学习时，当时中国声誉极高的著名教授、各个学术领域的大家，如周谷城、周予同、王造时、谭其骧、陈守时、耿淡如等都是我的授课老师。我的学术熏陶可以说从此时开始的。

大学时我表现优异，二年级就做了半脱产干部，担任历史系团总支书记；四年级加入了中国共产党，并被评为校三好学生。1957年大学本科毕业，分配工作时，我的第一志愿是前往西北大学世界史调研室作老师的，但是复旦大学决定让我留校，并支持我继续攻读副博士研究生。副博士研究生源于当时我国学习的苏联体制，相当于现在的硕士研究生。刚刚解放后的中国还没有恢复博士学位的授予，1956年第一次仅在北大、复旦等几所重点高校中恢复副博士研究生的招生。我是1957年也就是恢复招收的第二年，在复旦大学考取的副博士研究生。1958年1月我正式拿到了考取副博士研究生的通知书。

那是个政治运动的年代。我大学毕业后的20年，整个中国都处在政治运动中。20世纪50年代中期，毛泽东主席提出："农村是一个广阔的天地，在那里是可以大有作为的。"周恩来总理在不同场合又继续阐释，形成了持续多年的知识青年上山下乡运动。1957年底，周恩来总理致信上海市上山下乡的青年学生，加以鼓励。1958年上海随之出现了一个上山下乡高潮。我当时作为积极要求进步的青年,并没有留在学校读书,而是决定留在农村,当我的村党支部副书记、大队长助理,亲身经历了当时的人民公社运动。直到1959年7月我才从乡下回校读书。这就等于说四年制的副博士研究生课程,我有一年半在农村劳动中度过。

1961年我副博士研究生毕业时,中苏关系已然恶化。"副博士研究生"的名称不能再用,更换为"四年制研究生",所以后来在我填写学历一栏时,既不填写博士也不填写硕士,而是填写"四年制研究生"。这也是那个大时代的印记。为应对中苏论战,上海市委宣传部成立了"反修写作组"。因为我的俄语水平、业务素质还不错,1961—1962年我从复旦大学历史系世界史调研室被借调到"反修写作组",工作了整整一年。

毛泽东主席1963年批示,由廖承志领衔,建立起中国的国际问题研究单位。1964年中国科学院成立世界经济研究所。中国几所主要高校各有任务,如北京大学主要以亚非拉国家研究为重,中国人民大学侧重社会主义国家研究,复旦大学则负责欧洲国家的研究。那是个计划经济的时代,连教育、研究都是规划好的。当时的复旦大学党委书记杨西光认为,除欧洲国家外,美国也应该研究,于是上报教育部与之商议后,复旦大学的研究任务变为以欧美国家为重。当然,这样的任务分工也并非没有基础,复旦大学位于上海,在解放前与国外联系,尤其是欧美国家联系较多,是主要原因。如此一来,1964年我离开历史系,被分配到复旦资本主义国家经济研究所的欧洲组,开始接触欧洲研究。

研究尚未起步,运动再次到来。"四清"运动开始,我再次下乡到罗店,担任"四清"运动小组长、团党委联络员等职务,一直到1966年。"文化大革命"期间,大学基本上关门了。我们在学校里搞"斗批改",然后不是下农村向农民学习,就是下工厂向工人学习。我做过环卫工人、火车列车员等各式各样的工作,当时工、农、商、学、兵五类,除了解放军没有当过外,其他的工作我基本都干过。

二

"文化大革命"10年中,我也并未完全放下专业研究工作。1972年我进入《西欧共同市场》的编写组。该书于次年由上海人民出版社出版,这是中国第一本该领域的研究读物,也是我进入西欧共同体研究的一个入门之作。

"文化大革命"结束后,我开始比较正规地担负起复旦大学的教学和研究工作。当初我在复旦资本主义国家经济研究所欧洲组时,负责的是德国研究。因为个人业务基础比较扎实,"文化大革命"之后科研工作得以迅速展开。

欧洲国家一体化进程自1952年开始,而我国外交部与欧洲共同体建立外交关系是在1975年。欧洲已经出现了且全世界领先的特殊的政治、经济现象,就是区域一体化。而我国的学术单位还停滞在德国、英国、法国等国的单独的国别研究上,欧洲区域一体化只作附带研究,且基础太过薄弱。复旦大学一直是中国欧美问题研究领先的高校,理应带头突破这一研究局限,为此成立专门的研究机构。1977年复旦大学世界经济研究所所长同意了我的申请报告,批准建立欧洲共同体研究室,并任命我为室主任。复旦大学欧洲共同体研究室的成立也标志着中国第一个欧洲共同体研究单位的诞生。

有了自己的科研阵地，倍受鼓舞的我带领手下几个年轻科研人员一头扎进了欧洲共同体的研究和教学工作中，整天泡在国家图书馆、上海图书馆查阅和整理相关资料，出版了一批至今还有影响的高质量的研究成果，如：1977年创刊的第一本专业期刊《欧洲共同体资料》(后更名为《欧洲一体化研究》)，多年来一直由我担任主编；1980年与欧共体联合建立了全国第一个欧洲资料中心，成为国内拥有欧洲官方出版物最齐全的资料库；1983年由人民出版社出版了近30万字的《欧洲经济共同体》，获1986年上海市哲学社会科学优秀著作奖，是我国第一本全面介绍欧洲共同体的著作，成为我国外交部派往欧洲外交官的必读著作之一；1985年我们翻译出版了中国第一本欧洲共同体经济学的专著：英国A. M. 阿格拉的《欧洲共同体经济学》；此外，还出版了第一本我国研究欧洲共同体的论文集；等等。

1957—1988年，这30多年来我在复旦大学的工作一直是两肩挑。科研、教学之外，从80年代开始，我从研究室主任升任为世界经济研究所副所长；复旦大学建立经济学院后，我又担任了第一任副院长，主抓科研工作；1986年我再升任为复旦大学副教务长，负责文科工作。

在此任期内，最值得一提的是，我作为领队带领复旦大学代表队前往新加坡参加亚洲大专辩论会并夺魁的事。那届的辩论会由台湾大学参加，当时两岸大学生隔绝已近40年，如今同场辩论交流，意义非同一般。复旦大学非常重视此次活动，1987年8月谢希德校长指定由我筹备负责,提出意见。1987年9月到1988年4月的7个月里,我全身心地扑在这项工作中,在王沪宁教授的鼎力帮助下,在全校范围内优中选优,挑选出5名同学作为辩论手,加以系统培训。最终,我们不负众望获得冠军,给复旦大学带来荣誉。谢希德校长为此除颁发荣誉证书外,还奖励一套《大不列颠百科全书》,我珍藏至今。事实上,1988年1月我已经接到调令,任命我为上海市高等教育局副局长,可我此时正在如火如荼地备战亚洲大专辩论会,临阵换帅颇为不宜,于是直到是年4月辩论会获胜之后,才前往高教局赴任。

1988—1995年,我在市高教局做了7年副局长,是1949年后第一位文科出身的副局长。我在任期间,着重抓了两项工作:一是挖掘青年人才。我特别注重高校青年人才的培养,在全市范围内开展了"上海市十大高教精英"评比活动。王沪宁、陈竺、余秋雨等一大批优秀青年人才就是通过这个活动更加为人熟知;二是创办民办高校。在我的支持和协助下,中国第一批民办全日制高校在上海成立。直到如今,上海的民办高校还是在全国范围内最有名、最扎实的民办高校,其中佼佼者如杉达大学。

三

1995年上半年,市委市政府决定高教局和教育局合并组建上海市教育委员会,我虚岁已经60,年龄已近任职界限,面临退职调任,或退居二线。我本想回复旦大学,不料市委决定调我到上海社会科学院世界经济所任职。我已年近花甲,再到一个新单位,甜酸苦辣尽有品尝,说实话当时真不想来世经所,但最后还是服从了组织的决定。

在一番接触之后,世经所的小环境使我感到舒畅愉快。既有温暖和期待,也有一定的熟悉业务的活动空间,这就给予我工作的动力。可以说正是所里的同仁对我真诚的信任和热情的支持,大家的事业和积极向上的精神感染教育了我,鞭策我一定要对得起所里全体同志的信任和支持,同时共产党员和知识分子的良心和事业心也要求我站好人生最后一班岗,督促我要像小学生那样老老实实地学习,认认真真地干事。

当时世经所相关问题的研究一直以地区、国家研究见长,按地区、国别建立了若干室。我经过一个多月的调研,召集了全所大会,第一个大行动:调整研究室。我认为,经济全球化是世界经济发展的崭新阶段,全球化的加速深化发展以来,无论从根源来说,还是冲击力影响来说,变化最剧烈最大的是金融、贸易、跨国公司、产业结构、要素流动这些领域,这是世界经济必须面对和需要深入研究的新课题。无论从与兄弟单位的力量对比,还是客观形势发展需要来看,研究室的组合结构必须作相应调整,世经所才能办出特色。在我主持下,跨国公司、金融、贸易、一体化这一类研究综合问题的新的研究室建立起来。

世经所当时的人员结构基础是中老年科研人员比较多,年轻人比较少。研究室调整后,研究人员,尤其中青年研究人员的研究方向和研究重点也必须作相应调整,只有突出和加强对金融、跨国公司这类领域的深入具体研究,世经所才能更快更好地培养人才、研究问题。我对中青年研究人员特别提出"一专多能"的研究要求,至少做到一主一辅,以适应客观形势变化的需要,拓宽专业基础,应对多元研究要求。当时还提出老带青、青跟老的帮带要求,也作了一定的具体部署规划。

另外,我对青年人员要求多出国进修,不能关门作学问。既然是世界经济研究所,科研人员就应该尽量多一些国外进修、交流的机会。当时经费有限,我就找院长谈,要求给世经所科研人员更多的出国机会。而我自己尽管出国机会也很多,但从 1995 年至今,没有用国家一分钱,即便是护照签证的钱都是由自己支付的。现在看来,当时这些调整,在方向上是及时的、对路的,对所的工作更好适应形势任务需要,更好更快使青年研究人员成长提高还是有成效的。只是在有些方面,我抓得还不够狠、不够具体、不够可持续性,这是我的责任。

就我个人而言,学术基础还是比较扎实的。20 世纪 60 年代,我在副博士研究生毕业论文的基础上曾撰写了 4 篇学术论文,发表在国内世界史最顶级的两本杂志上。而在运动频繁的年代,我失落了学术 20 年,没有像样的成果,虽然一度捡起来,作了一些开拓性的科研工作,可后来行政事务工作又花费我太多时间,是世经所再次给了我在学术天地里驰骋的难得机会。即使在正式退休之后,我一刻也没有放松对学术的追求。我学理论做课题,带学生搞教学,关心形势写时评,可以说重新焕发了学术青春,使自己感到活得充实,日子过得实在并有意义。时到如今,我基本上能保证每年都至少有一篇高质量的学术论文发表。学术是永远常青的,只要你想投入,它永远会使你感到青春常在,是个小学生。这就是世经所这多么年工作给我的教育和感受。

采访对象: 夏禹龙　上海社会科学院原副院长、邓小平理论研究中心原主任、研究员
采访地点: 夏禹龙副院长寓所
采访时间: 2014年11月11日、18日
采访整理: 葛涛　上海社会科学院历史研究所研究员

工科出身的决策咨询专家：
夏禹龙副院长访谈录

被采访者简介:

夏禹龙　1928年出生，早年加入中国共产党，参加民主革命斗争。上海社会科学院原副院长、原邓小平理论研究中心主任、研究员，《世界科学》主编。长期从事社会科学研究，出版专著20余种，发表论文200余篇，曾多次获得"五个一工程"奖、上海市哲学社会科学一等奖和国家图书荣誉奖。享受国务院特殊津贴。①

---

① 夏禹龙因病于2017年10月17日在华山医院逝世，享年90岁。

一、地下斗争与上海解放

我 1940 年进入上海南洋模范中学就读，高二时即加入了中国共产党。我加入中共的时间是 1945 年 2 月，入党的主要原因是钦佩中共在敌后开展的抗日斗争，此外也了解一些社会主义的知识。我是南洋模范中学第一个共产党员，入党后即担任该校首任党支部书记。同年 8 月，抗战胜利在即，由于国民党尚在后方，因此活跃于上海外围地区的新四军武装曾一度计划占领市区。徐家汇被定为进攻的突破方向，而南洋模范中学位于饶神父路（今天平路），正居于要冲地带。学校党支部发动了一次庆贺抗战胜利及新四军进入上海的集会。由于正值暑假，加之局势紧张，校方采取关闭校门的方式禁止学生集会，但仍有七八十位学生冲破阻扰进入学校参加了集会。后上级告知党支部：新四军决定暂不进入上海。而学校当局则以此次集会为由，开除了 8 名学生，其中有好几个党员，我自然属于被开除之列。我在担任书记的半年间，党支部共发展党员 10 余名；截至 1949 年上海解放，南模党支部共计发展党员 132 名，成为党在上海中学之中的坚强堡垒。

离开南模后，我到复旦中学继续求学，一年后顺利毕业。在这一年里，我担任了复旦中学中共地下党支部书记。毕业后，我考取了燕京大学新闻系。即将北上之际，突生变故，我于是留在上海，进入了大同大学电机系。1947 年 5 月 20 日，上海学生举行反饥饿、反内战大游行，我因积极投身学生运动，再度被学校开除。之后，转入上海工商专科学校机械系，历时半年。1948 年我考入了圣约翰大学土木系,学习了一年半,迎来了上海解放。

二、"右倾"与"文化大革命"中的遭遇

解放后,组织上安排我从事新民主主义青年团的工作。我去中央团校学习一年后,于1955年前往共青团市委宣传部工作。两年后,调入中共上海市委宣传部学习室担任党史组组长,开始从事党史研究。"反右"以后,1957年底,市委准备让一批干部下放劳动。我是一个平时很善言谈的人,但是在"反右"中却得以过关,成为一生中的重要转折点。当时很多知识分子被划为"右派",我算是运气。1957年"鸣放"初,我被组织上派往《文汇报》社担任联络员。联络员必须遵守纪律:只带"耳朵",不带"嘴巴",也不带笔。钦本立时任《文汇报》副总编,报社内展开"大鸣大放",我就坐在一边听,一言不发,也不做笔记。白天听座谈,晚上回宣传部汇报,根本不知道此后还会有"反右"斗争。"反右"开始后,我因在"鸣放"中没有言论,就此逃过一劫。"反右"结束后,市委宣传部下放一批知识分子干部劳动锻炼,我也名列其中,去了上海县七宝镇的宝南乡农村担任劳动组长。

1958年"大跃进"风起云涌,当地也开始放起了亩产几千斤、上万斤的"卫星"。当时稻秧、棉铃已在地里长成,我亲眼所见,认为"放卫星"绝无可能。于是,当市委宣传部石西民部长来宝南乡开座谈会时,我就大胆表示了质疑,认为几千斤、上万斤的亩产量是不可能达到的。宝南乡乡党委书记在座,他也是一位下放干部,任职市委农村工作部副处长,对我的意见不以为然。不久上海郊区

第一个农村人民公社——七一人民公社成立,宝南乡也被划入。召开动员大会不通知我参加,会上对我点名批判,指责我反对"大跃进",是"促退派"。我就此靠边,没有逃脱"反右倾"风波。宣传部的下放干部在农村劳动一年后,陆续返回,而我却因为是"右倾分子"而被继续留在农村两年半,与"地富反坏右"一起参加生产队劳动。这对我倒是一个锻炼,我可以挑 100—120 斤的担子,换肩走两里路,也未受过伤。两年半后,我总算回到了市里,但因是"右倾分子",宣传部肯定是回不去了,其他一些单位也不接收。几经周折后,1960 年年中被安排到上海人民出版社哲学编辑室,担任编辑。于是我的研究领域由党史转为哲学。

"右倾分子"与"右派分子"不同,属于人民内部矛盾,不开除党籍、不撤销行政职务。我虽然遭受挫折,但遇事仍要讲话。1962 年初"七千人大会"后,国内形势有所缓和,开始对前几年的一些政策进行甄别。人民出版社也举办了学习班,大家白天座谈、"出气",晚上则改善伙食。我们当时属于所谓"黄豆干部",每月享受一些黄豆补贴。晚上大家每人享用一大碗粉丝,这在当时是很了不得的美味、高营养食品。我变得"聪明"起来,不敢"出气",唯恐语出不慎而被指为刮"翻案风"。学习班结束后,对我实行甄别,提拔我担任编辑室主任。但是不久之后,党的八届十中全会召开,毛泽东提出阶级斗争要"年年讲、月月讲、天天讲",政治形势再度紧张。我虽然谨言慎行,也没有在甄别时对扣在头上的两条罪名(反对群众运动、反对新生事物)提出平反,但仍然在单位受到了批判。虽然没有撤职,但一度要将我定性为"阶级异己分子",因为我的父亲曾任职煤矿襄理,所以我"资产阶级本性难移"。此事因宣传部反对而作罢。1964年以后,我被下放参加"四清"运动。

1957年"反右"后,我开始陆续写一些文章。在当时的社会环境下,写文章其实很难。我写文章坚持两点:一是强调按劳分配的正确性,以及在社会主义社会中的必要性;二是强调"规律"。我认为根据列宁的教导,规律是有层次、等级的,只要具有必然性、普遍性,即可认作规律。为此我与王若水发生了争论,他认为我将"规律"庸俗化,而我则认为他将"规律"神秘化。他在《人民日报》刊文,我就在《文汇报》上回应。这些内容其实都比较抽象。在另一篇文章中,我提出"计工按件"、即小包工还是应该提倡的,因为对提高劳动积极性有好处。由于我在接受批判的同时,还公开发表文章,引起有关部门的注意,遂给各报刊打招呼,不准继续发表我的作品。于是,我的编辑室主任职务被免除,下放奉贤、南汇农村参加"四清"。"四清"半年一期,我参加了两期半,"四清"尚未结束,"文化大革命"就开始了。

"文化大革命"伊始,根据当时市委主要领导人的指示,全市抛出了8个"反动学术权威"。上行下效,人民出版社也在社内搜寻"反动学术权威"。我是一个现成的目标,实属在劫难逃。出版社命我结束"四清",回来接受批判,等待我的是铺天盖地的大字报。给我的新罪名是:反党、反社会主义、反毛泽东思想。我成了"三反分子",被送进了牛棚。被打倒之初,我心情很紧张。根据一个"老运动员"的经验,凡运动之初被打倒者结局大都不妙。而我与8个市级"反动学术权威"几乎是同时被揪出的。但是半年以后,开始反"资产阶级反动路线",斗争矛头直指各级领导干部,即所谓"当权派",从市委宣传部长到市委书记无人幸免。和这些大"走资派"

相比,我只是个"小人物"。我想自己大概不会成为斗争的主要目标了,于是稍稍安心。

当时每个单位的造反派组织都在夺权,人民出版社亦然。我虽然不是当权派,但却是出了名的老右倾、"死老虎",处于靠边站的地位。社里的造反派组织自然不会想到来"结合"我,但也不把我当成主要斗争目标,只是每次批斗社长、总编时,都要拉上我去"陪斗"。我身为"陪斗",倒也没有受到什么皮肉之苦。总之,"文化大革命"期间,我靠边站,还算太平无事。"文化大革命"的走势,无人能够预测,当时如果被"结合"进了什么班子,以后难免要犯错误。我一直靠边,既得不到"解放",也不是重点批斗对象。先被下放到奉贤,在生产队劳动,后又前往"五七"干校。直到1975年,才给我以党内严重警告处分,结束干校生活,未恢复原工资待遇,调至《自然辩证法》杂志。

《自然辩证法》杂志的背景与毛泽东打算继恩格斯之后续写《自然辩证法》有关。姚文元得知毛泽东的想法后,在上海组织了几个班子为此做准备,《自然辩证法》杂志即为其中之一。我因是"戴罪之身",所以只能做点注释工作。后来我离开了,我之所以离开《自然辩证法》,与"批邓"有关。当时开会"批邓",我天南海北说了一通,没有"旗帜鲜明"地加以支持,结果被人汇报上去,就无法在杂志社存身了。

上面想叫我回人民出版社。我没有同意,说自己原本是学工科出身的,想做点与此有关的工作。这样就安排我去了市出版局的科技组从事编辑工作。我在那里半年,编了几本书,其中有一本《桥梁史话》。编辑这本书的初衷是为了呼应"评法批儒",从自然科学史的角度赞扬法家的功绩。为了编辑这本书,我们和同济大学的老师们兵分两路,考察中国古桥。我从上海出发,先到武汉,原来打算再去西安,但是铁路出了事故,于是只得南下重庆,又到了大渡河边,考察泸定桥。那么沉重的铁链是如何抵达对岸的?经过考察,我们发现原来是用箭一段段射向对岸的!每一段铁环上都刻有制作工匠的姓名,如果出了问题,就可找到责任人,可见当时的工程责任制还是很彻底的。后来铁路恢复畅通,我们又到了西安。当我们从西安返回途经郑州时,"四人帮"被粉碎了。《桥梁史话》图文并茂,生动详实,后来在全国科普评奖中荣获三等奖。

三、科学学、领导科学与梯度理论

当时上海人民出版社成立批判组揭批"四人帮",我是骨干。我们的文章经常整版登上《红旗》《人民日报》《解放日报》《文汇报》,陈念云、全一毛等都在我们这个批判组。两个月后,批判组改为出版局理论研究室。当时洪泽同志调任市委宣传部副部长,我也得以第二次回到宣传部。先在理论处,后到理论研究室。

1980年提出了"科学学"的概念,属于新学科。我从党史到哲学,再到自然辩证法。但是我认为哲学、自然辩证法都比较抽象,不太符合我的兴趣。恰在此时,"科学学"问世,正合我意。"科学学"实质是科学管理学,是将科学视为一个部门,探讨它与社会其他部门之间的关系。我觉得它较之自然辩证法更为具体,就参加了"科学学"的活动。1979年我参加了全国第一次"科学学"大会,就此结识了刘吉、冯之浚等。我年纪最长,刘吉比我小 7 岁,冯之浚比我小 8 岁。于是我们一起写文章,除了探讨"科学学",还有其他在改革开放中出现的领导、管理学问题。当时合作很流行,我们渐渐地有了名气。我与刘吉、冯之浚、张念椿合作写文章,他们总是让我署名在先,其实有的创意、观点并不以我为主。我的长处在于马克思主义哲学的素养强一些,此外由于做了多年的编辑,逻辑思维、文字功夫也比较强,最后总是由我来统稿。通过刘吉我们认识了市委组织部长周克。在他的支持下,1980 年上海成立了全国第一个科学学研究所,周克兼任所长,我担任第一副所长。当然我也是兼职。

不久我们开始研究领导科学,写作《领导科学》,这是一个时效性很强的课题。当时商品经济正在全国铺开,而各级干部还处于计划经济的思维状态,也就是习惯于按照上级指示办事,只有管理,没有领导,缺乏经营全局的思维。我们这本书既介绍了国外的相关知识,也糅合了我国传统的经验,在国内是第一部,国外其实也并无类似书籍。因为切实回应了社会需求,所以问世后引起轰动,前后印刷了 14 版,130 余万册。

我们的另一个研究重点是梯度理论,即中国地域辽阔,沿海、内地差别很大,发展应该有一个梯度,逐步转移。梯度理论提出后引起轩然大波,沿海省市赞赏有加,而内地省份则激烈批评。我们秉持学术研究的原则,对于过度指责不予理会。中央对此并未表态,但实际操作中有按梯度理论执行之处。梯度理论的好处显而易见,但也确实进一步拉大了沿海与内地之间的差距。我曾写过报告,内容是关于成立长江三角洲经济区的建议。这份报告提交国家体改委,由时任主任薄一波批转全国,随即讨论筹备组建上海经济区。

四、上海世博会与浦东开发

1984年我出任上海社科院副院长。第一件大事是参与上海发展规划的讨论,但是我并非主要参与者。同年,日本堺屋太一与长崎信用银行访沪,向汪道涵建议上海举办世博会。汪道涵委托我与堺屋太一等就此事保持联系。当时选址考虑三处:浦东、金山、龙华。汪道涵与我都主张将世博会会址定在浦东。因为浦东类似处女地,开发可以带动一片。但是浦东交通不便,过江靠轮渡哪行?于是提出建过江大桥(即南浦大桥)的建议。一度还由市科委进行了可行性研究,但当时上海确实还不具备举办世博会的条件,所以此事暂告停顿。

此后即讨论浦东开发。当时上海的工商企业拥挤在浦西,若要扩大发展,必须进一步扩展市区。扩展的方向有三个选项:南下,即向金山扩展;北上,即向宝山推进;东进,即向浦东扩展。1984年大家就上述三种意见反复进行讨论,一时未有定论。1986年大家的意见趋于一致,即开发浦东。江泽民市长委托汪道涵组织一个浦东研究小组提出方案。1988年6月,在西郊宾馆召开浦东开发国际研讨会,浦东研究小组的方案也提交国务院讨论。关于浦东开发的讨论达到了一个高潮。对于浦东承担何种功能,当时存在两种意见:一种是所谓"三、二、一",即以发展第三产业、金融、服务业为主。汪道涵与我都是这个意见。1986

年我与其他两人一起向市委提出建议：以对外开放、提高效率的原则开发浦东。市委批转了这个建议，曾庆红秘书长还专门约我谈了此事。关于如何开发浦东，国务院内也在争论。另一种意见认为可以将工业企业移往浦东，着重第二产业，为浦西腾出发展空间，即"二、三、一"。两种意见针锋相对。当时上海向中央提出的方案着重"二、三、一"，结果未获通过。于是1988年浦东研究小组解散。1989年春夏政治风波后，为了打破国际封锁，浦东开发重被提及。汪道涵通过杨尚昆直接向邓小平提交了浦东开发报告，得到了邓小平的批准。浦东开放开发迎来了重大转机。此后我担任了《浦东开发》杂志主编，姚锡棠同志为规划浦东开发做了许多工作。

五、全国第一个邓小平理论研究中心的成立

20世纪90年代初，大约从1992年起，我的主要方向转为邓小平理论研究。我是由领导学转向邓小平理论研究的。1992年召开了一次邓小平管理思想研讨会，我在会上作了主题报告，是与李君如合写的《邓小平管理思想与领导艺术》。该文后来获得"五个一"工程奖。那么从梯度理论这个角度出发，我于1994年出版了《邓小平的地区理论思想》一书，阐述了邓小平的地区战略理论，该书也获得了"五个一"工程奖。

哲学所原本有毛泽东思想研究室，1993年成立了邓小平理论研究室，主任李君如。1993年，中宣部在上海召开了一次邓小平理论研讨会。会议结束不久，李君如调往北京，邓小平理论研究室由

哲学所的研究室改为院直属,成为国内首个邓小平理论中心。我与李君如共同担任室主任。中宣部将我们的经验在全国推广,形成了包括上海在内的五大邓小平理论研究中心。但邓小平本人并不同意"邓小平理论"的提法,所以当时"邓小平理论"的正式名称很长:邓小平同志关于建设有中国特色的社会主义理论。但我们是率先成立的,因此全国其他研究中心的名称很长,唯独上海使用了"邓小平理论研究中心"的名称,刊物也定名为《毛泽东思想邓小平理论研究》,这也是全国第一家以邓小平理论冠名的杂志。以上情况,大大提高了上海在全国邓小平理论研究中的地位。我原本是副院长兼邓小平理论研究中心主任,从副院长岗位退下后,担任该中心专职主任,直至1998年离休。

我离休后担任中心顾问。2007年党的十七大召开后,重提"马克思主义中国化",我认为较之邓小平理论更少局限性。中国特色社会主义是在马克思主义指导下进行的,因此研究马克思主义中国化很有必要,我也开始了这方面的研究工作。"马克思主义中国化"是指过程,而结果则是"中国化的马克思主义"。现在我院成立中国马克思主义研究所,是对马克思主义中国化提出了新的理论体系要求。我曾数次提出:现在的马克思主义研究中有碎片化、实用化倾向,即碰到问题,临时从马克思经典中寻找答案、解释。而马克思主义、列宁主义、毛泽东思想、邓小平理论等是一脉相承的,而何为"脉",无人说得清楚。在这种情况下,要建立理论自信无异于空谈。现在年轻人对马克思主义不感兴趣,这种情况比较严重。因此建立马克思主义的系统理论问题尤为重要。我年事已高,但可以做点倡导工作。

六、对社科院的期待

我对现院领导班子提出加强智库建设非常赞成,但仍需坚持"两条腿走路",加强学科建设,能够成为智囊的毕竟是少数。社科院是在夹缝中求生的,若论智库,实在不能与市委、市府研究室、发展研究中心等相比。这些机构在领导身边,信息灵通。若论学科,我们与复旦等高校相比,资金、人才方面也有差距。而社科院能够立足,就是因为两头都有所兼顾。我们在智库建设方面,胜于高校,因为高校有些人对现实比较隔膜;而在理论素养方面,社科院要胜于纯粹的智库。实际上,智库的许多人都是从社科院过去的。我们就是有这种夹缝中求生的优势。因此社科院一定要"两条腿走路",1/10 的人去搞智库,其余的人则从事学术。但学术方向不必太抽象,应以应用学科为主。如此,双方可以互补,社科院方能立足,否则恐难免淘汰的命运。此外,现在教育部认可了社科院的研究生教育,经费充足,可以大有扩展,非常好。我建议应提升中国马克思主义研究所的级别,多引进一些专业人才,这样会有利于马克思主义理论建设。目前上海社科院的情况不错,在全国地方社科院中名列前茅。

七、现状与个人特点

我已 87 岁,但平时注意保持开朗的心态。我其实三年前因结肠癌动过手术,还多年患有严重的胃窦炎。对于胃病,我坚持保守疗法，目前仍然情况良好。我结肠病变，医生开始作为胃病医治，我要求做肠镜检查。果然发现肿块，我坚决要求手术。结果手术成功，愈后良好，无须放疗、化疗，服中药调理即可。我认为心态非常重要，也反对过度治疗。

我的情况很特殊，很难复制，有四大特点：一是自学成才。我出身理工科，文科知识全靠自学，未受过学科系统训练。二是知识面广，兴趣也很广泛。对社会科学、自然科学都很感兴趣，我从1978年开始担任《世界科学》主编，历时30余年，现在是名誉主编。三是研究的问题宏观，综合性强。四是强调合作。这样可以避免自己在学识方面的不足。与我合作的超过百人，多数情况下我是第一作者，从未有过不愉快的情况。

采访对象：徐培均　上海社会科学院文学研究所研究员
采访地点：徐培均研究员寓所
采访时间：2014年12月15日
采访整理：徐涛　上海社会科学院历史研究所副研究员

"社会科学，学问第一"：
徐培均研究员访谈录

被采访者简介：

徐培均　1928年8月出生于江苏盐城（今建湖冈东）。1949年5月上海解放后入解放军华东军政大学学习，获大专学历。抗美援朝战争爆发，入朝参战，荣立三等功。1956年入复旦大学学习；五年制本科后，进入上海戏剧学院，师从著名词学家龙榆生读研究生。1963年入上海越剧院担任编剧，创作《鉴湖碧血》《傲蕾·一兰》等剧本。1982年初，调入上海社会科学院文学研究所，聘为副研究员、研究员，专门从事古代文学研究、教学和创作，任古典文学室主任、上海作协古典组组长，发起创立上海市古典文学研究会（后更名为学会），任副会长,另有社会兼职,如中华诗词学会理事、全国秦少游研究学会会长、李清照辛弃疾学会常务理事等。1991年离休。迄今,共有著作17种,主编并撰写5种,共计25种,约640余万字,可谓著作等身。尤对秦少游、李清照的研究位居全国之首,影响及于海外。代表作有《李清照》《李清照集笺注》《淮海居士长短句校注》《淮海集笺注》《秦少游年谱长编》等。多次获得全国优秀古籍整理最高奖、上海市哲学社会科学著作奖等奖项。

一

我出生于苏北建湖一个贫苦的佃农家庭。小时候家里穷,我在本村的私塾里面插了个"寒学",冬天农闲的时候上学,春夏务农的时候,为了生计,我还要放牛、种田。我的家乡解放得早,因为被后来获得红色教育家的乡村中学校长杨学贤先生看中,有机会进入杨村初中补习团半工半读继续学习。后来上海解放了,我考进了华东军政大学。当时的华东军政大学有几万名学员。时任华东军事干部学校校长的张爱萍将军根据上级指示,从这些毕业生中挑选一批政治素质好、文化水平高的学员,参加一个参谋训练班的培训,共计300多名,我是其中之一。南京军区军事干部学校参谋训练班的学员,不仅需要经过严格的军事训练(几乎所有的枪械都得会用),还需要很多参谋业务方面的培训。1953

年 3 月我毕业时，正值抗美援朝战争酣战之际。经过严格遴选，我成功进入二十四军，赴朝作战。抵达朝鲜后，我正式入编在七十二师二一六团，担任作战训练参谋。一路上冒着敌人的炮火，我们部队前往上甘岭战线前沿。我那时常常骑着马深入战斗第一线，或传达首长指示，或了解战斗情况，或协助制定战略。因为工作很得力，我荣立了三等功一次。军队中的参谋是需要经常动笔杆子的，需要写作战计划和作战总结。我的文字就是在这种实践当中锻炼出来的。

朝鲜战争胜利后，我复员回国。1956 年以第一志愿考进了复旦大学中文系五年制本科，接受了系统的文化教育。复旦大学经过 1952 年的院系调整后，中文系集中了当时江南地区最著名的教授：郭绍虞先生是教《中国文学批评史》的，刘大杰先生是教《中国文学发展史》的，朱东润先生是研究中国传记文学的，其他还有王运熙、赵景深、周谷城、蒋孔阳等一大批学者。

当时的系主任是朱东润先生。他对我非常器重，我读书期间，他给我上《宋代文学史》，讲陆游研究，不仅教授我文学方面的知识，还传授我研究文学的基本方法。

二

朱东润先生后来跟我讲起过，本来想在我毕业后留我在复旦任教的。当时市委宣传部想培养戏曲方面创作和研究的人才，委托上海戏剧学院开办了戏曲创作研究班。除了我，当时研究班调了来自复旦大学、华东师大和上海师院共计 27 个学生，请了很有名望的教授来,其中来自中央戏剧学院著名教授周贻白教我们《戏曲史》,而龙榆生先生教的是词学。

龙榆生先生是词学大家,与夏承焘、唐圭璋并列20世纪中国三大词家。在中国词史上,有词之总集或别集,有论词笔记或随笔,自宋及今,无虑百家,但却没有一本词学期刊。1933年龙先生在上海创办了《词学季刊》,至1937年淞沪会战爆发,共出三卷十二号。后又在南京,于1940年创办《同声月刊》,至1945年停刊,共出四卷三十八期。这两种期刊中,龙先生既是主编,又写论文,在20世纪中叶在团结新老词人、引领词学研究方面致力颇多。据说毛泽东主席在延安时都会看《词学季刊》的。

龙先生当时给我们上了两门课:一门是《唐宋词定格》(日后上海古籍出版社出版时改作《唐宋词格律》),主要讲授的是每一首词的平仄、押韵,怎样立意、怎样构思,培养我们填词的能力,注重基本功的训练;另外一门是《词学十讲》,后来也结辑出书了,主要讲的是词学发展的历史、词的流派、词的理论。出版后,学术界也很重视此书。这两门课,龙先生的讲义都是新写的,一个从理论上讲,一个从技巧上讲,培养新中国的词学人才。当今研究词学,大略要分体制内、外,体制内的研究要求研究者会填词、懂格律;体制外的研究则主要是外行话,不能讲出词的内在规律。如今全上海,乃至全中国也数不出来几个人能够填好词啦。

我作为词学课课代表,时常去龙先生府上(瑞金二路南昌公寓)取来手稿,交付学校油印,又课后收集同学作业等,与先生交往日深。后来,龙先生曾写过一词赠予我:

小　重　山
赠徐培珺培均原名

淮海维扬一俊人，相期珍重苦吟身。词田万顷待耕耘。熏风里，百卉自芳芬。

回首忆彊村，榻前双砚授，意殷殷。韶光催我再传薪。桐花凤，何日遏行云。

（这首词除了介绍我外，主要是希望我在填词作赋的时候不忘保重自己的身体）

最近上海古籍出版社要给龙榆生先生出全集，最终请我写序。开篇我写道："在我一生中，给我传道授业解惑的老师甚多，其中龙榆生老师是最难忘却的一位。是他，引领我走上词学道路，并以此为众神之夜。施恩如海，一言难尽。"这篇长序，我对龙榆生先生词作、词论，以及他在20世纪词坛中的地位做了一个全面的论述。

三

研究生毕业后，我服从组织分配到上海越剧院当编辑。词分豪放、婉约两派，越剧属于比较婉约的。我在当编辑时写作特别注意唱词上面的华美。这段时期，比较重要的创作有：《鉴湖碧血》，写的是鉴湖女侠秋瑾的故事，获得1982年上海市戏剧节创作一等奖；《傲蕾·一兰》，主题是历史上沙俄侵略我国东北，达斡尔族女子傲蕾·一兰奋起率部反抗沙俄侵略军的故事。当时该剧挑选女演员破费了一番周折，在我的努力下，越剧表演艺术家吕瑞英才得由出演该剧;还有一部戏名为《呕心沥血》,是歌颂周总理的。

此外,我一直计划写一部李清照的戏,收集了很多她的资料。李清照是婉约词的代表人物。清王士禛在《花草蒙拾》中评论说:"婉约以易安为宗。豪放幼安称首。"讲的就是辛弃疾是豪放之首,而李清照是婉约之宗。资料刚刚收集完,还未编剧,我先写了一个小册子,题名《李清照》,放在"中国古典文学基本知识丛书"里。这本书的学术价值不高,但影响却很大,出版社多次重印,发行了十几万本。

1979年胡乔木到上海视察,提出上海社会科学院应当成立文学研究所。文学研究所成立后,需要招收科研人员,认为我比较适合做古典文学的科研工作,就报告给市委宣传部,调我进所。1982年2月,我正式从上海越剧院调入上海社会科学院文学所。

到了社科院后,我从一个编剧转行到了科研工作,也一直思索在古典文学领域可否有研究田地值得深入开拓,最终选择了词学研究,作为我的科研阵地。

苏门四学士:黄庭坚、晁补之、张耒和秦观,东坡于四学士中最钟爱少游。他常夸秦观:别人是肚里想的、笔下写不下来,秦观是肚里想的、笔下就能写下来。现在在中国词史上,苏东坡和秦少游分属豪放、婉约两个流派之首。秦观的东西在学术界影响很大。注释秦观,对于继承祖国的文化遗产也有很大意义。我选择秦观作为研究对象。第一本书是上海古籍出版社的《淮海居士长短句校注》(后修订为《淮海居士长短句笺注》),获得了上海市1979—1985年哲学社会科学著作奖,这也是文学研究所所获得的第一个如此重要的奖项。

《淮海居士长短句校注》后,上海古籍出版社希望我将秦观的诗、词、文等全集都注释出来。古人的学问大,引用的典故浩如烟海。不仅典故多,诗、词、文的背景也须一一搞清楚。全集笺注的工作异常艰辛,所以连他老师苏东坡迄今都没有一本全集笺注。秦观全集,学术界本来争论很多,中国只有残本,脱漏、错误很多。在我的朋友北京中华书局总编辑傅璇琮先生、日本东北大学村上哲见教授的帮助下,我用日本内阁文库本(即宋代乾道癸巳高邮学刊本)的胶卷作为底本,避免了很多讹误。我花了几年时间,找出秦观每一个作品创作的年代、创作的背景,以及创作的本思,最终出版成《淮海集笺注》三册。1998年,我在台湾的一次学术研讨会上与香港国学大师饶宗颐相识。他评价《淮海集笺注》:"大著《淮海集笺注》三册,功力湛深,诚邗沟(秦少游)之辅车,足以俯视百代,佩仰曷极。"后来,他还给该书新版题了书名。

经过多年努力,在我退休之前,加之同仁钱鸿瑛同志,文学所的词学研究成为一个强项,比复旦大学、华东师范大学都要强。邱明正副所长曾经讲过:我们文学所有两块招牌:一个是姜彬的民间文学研究,一个就是词学研究。可惜我们现在都少有接班人了。词学要继承不容易,最大的困难是要会填词。

四

我离休以后并未停止自己的科研工作。《淮海集笺注》后,上海古籍出版社约我能否将李清照全集也笺注出来。李清照研究的人比较多,但是我感到他们普遍功力不够,不懂诗词,无法根据诗词格律研究,讲不出所以然。我又花了几年的功夫,出版了《李清照集笺注》。这本书至今重印已8次,是古籍出版社最畅销的书之一。出版十多年间,该书得到了许多国内外专家的好评:如复旦大学王运熙教授说:"这是迄今为止同类著作中材料最齐备、考证最细致的著作。"美国加州大学圣巴巴拉分校艾朗诺(Ronald Egan)教授则以"权威性"的著作许之,并参考本书写了两篇论文和一本研究李清照的专书。

此外,我出版了岁寒居系列文集三本,分别为《岁寒居说词》《岁寒居论丛》《岁寒居吟草》。其中《岁寒居说词》,全书35万字,专门讲词的艺术性,为词学专著,收录有120多篇文章;《岁寒居论丛》,44万多字,是为词学和其他学术有关论文集,收录论文51篇,附录散文5篇,其中《探访王安石故居半山园》入选中国散文学会《中国散文大系》,荣获"当代最佳散文创作奖";《岁寒居吟草》则是我写的诗、词和剧本,共计约500首,27万余字。加拿大籍华裔词学家、英国皇家研究院院士叶嘉莹和我多有学术交往,虽在词学研究上方法理路不尽相同,却是惺惺相惜,她在阅拙作《岁寒居吟草》后,称:"拜读先生大作,深感先生诗情雅意触处生发,钦赏无已。始知先生学术著作《淮海居士长短句笺注》及《李清照集笺注》之得有过人研究成果,固原有极深厚之创作实践功力在也。"

在上海古籍出版社名牌丛书"中国古典文学丛书"中,我的著作共计有三种,仅次于国学大师钱仲联,名列第二,且《淮海集笺注》《李清照集笺注》两种获得国家新闻出版广电总局、全国古籍整理出版规划领导小组颁发的"首届向全国推荐的优秀古籍整理图书奖"。

2014年4月,我与全国人大常委会原副委员长、国务委员、中国社会科学院院长李铁映相约说词,临别前他送我八个字:"社会科学,学问第一!"我做古典文学研究这么多年有一点心得体会,希望与年轻的科研人员分享:第一,要耐得住寂寞,坐得了冷板凳。"板凳敢坐十年冷,文章不写一句空。"冷板凳坐下来,暂时不出成果,受人嘲讽,不要紧的。不要急于出名,慢慢来。第二,一个研究人员必须要有自己的阵地。你在自己的学术领域深入研究下去,取得成就,同行自然而然就承认你、尊重你。不能东抓抓、西抓抓,写的都是学术界一般的东西,人云亦云。这样的研究没有多大价值。第三,科研人员的基本功要扎实。搞古典文学的,古汉语要熟悉;搞诗词研究的,诗词格律要熟悉。没有基本功,写的东西就站不住脚,无法传世。

采访对象：姚锡棠　上海社会科学院原副院长、研究员
采访地点：华东医院
采访时间：2014年6月17日
采访整理：张生　上海社会科学院历史研究所副研究员

与改革开放的上海共成长：
姚锡棠副院长访谈录

被采访者简介：

姚锡棠　生于1934年1月，江苏武进人，1956—1961年在苏联莫斯科工程经济学院攻读动力经济专业，归国后在华东电力设计院工作20年。1981年调入上海社会科学院部门经济研究所从事研究工作，历任工业室主任、部门经济所所长等职。1987年担任上海社会科学院常务副院长，1987年被评为国家级有突出贡献的中青年专家。兼任全国港镇经济研究会副理事长、上海管理学会副理事长、浦东发展研究院院长、美国加州大学洛杉矶分校和日本京都大学客座教授。著有《工业企业的能源利用与管理》《改革形势下的华东能

源问题及其综合对策》《新技术革命与上海经济结构的调整》《上海经济发展战略目标的三种方案比较》《上海"七五"能源规划纲要》等论文和研究报告。论著有《上海经济发展战略研究》《迈向21世纪的上海》《迈向21世纪的浦东》《建立社会主义市场经济体制的成功战略》等。

2014年获上海市第十二届哲学社会科学学术贡献奖,获奖词称其主要学术贡献为:在能源经济、工业经济、城市和区域发展战略研究等领域有着深厚的学术造诣,并在这些学科的应用研究方面取得了突出的成就,为上海经济发展总体战略的形成和推进浦东开发做出了重要贡献;代表作《浦东崛起与长江流域经济发展》。

一、前往莫斯科学习

我生于1934年1月,1948年小学毕业。家在农村比较穷,父母不大想让我进中学读书,让我去一个米店做学徒。那时小学校的章校长到家里来和我父母商量,小学里面成绩前3名的同学去报考中学,来往路费都由小学出,如录取之后,上不上学由你们自己决定。我的家乡在常州,比较出名的有两个学校,一个是江苏省立常州中学,另一个是师范学校,师范学校是不要交学费的,连住宿费也不要。结果我两个学校都考取了。尊重学校的意见,我进入江苏省立常州中学读书。这是江苏省的名牌中学。我从初中直升高中。1954年高中毕业时,国家选拔一批高中毕业生到苏联留学。我们学校里一共100个高中生,选拔了6个人,我是其中之一。

我先到北京读了俄语预备学校。当时受到苏联歌曲的影响,想到遥远的地方(当时有一首歌叫《遥远的地方》)去为国家努力工作,我就选了一个水利工程专业。在莫斯科读了一年之后,国家有关方面认为,国内清华大学是有这个专业的,但缺乏工程经济,从现实需要出发,我前往莫斯科工程经济学院(现改称为莫斯科高级管理学院)学习工程经济。毕业的时候是5分(苏联实行5分制),以工程经济师的名称毕业,不叫学士。学院有各种专业,我的专业叫动力经济学,主要研究电力、煤炭、石油等行业经济,当时称为动力。用现在的话讲,就是能源经济。

1957年冬天,毛主席到莫斯科参加国际共产主义会议,选了一个礼拜天,在莫斯科大学做了一个报告。虽然他讲的是湖南话,但我还是听得懂:

> 当时主席在指出了社会主义新世界的力量超过旧世界之后,对我们说:世界是你们的,也是我们的,但归根结底是你们的。他还亲切地问我们:"你们知道现在正在开着重要的国际会议吗?"我们齐声答道:"知道"……接着毛主席对我们说:"中国人民是有志气赶过帝国主义的。"他恳切地嘱咐我们:未来中国的几个五年计划,改造世界的任务就由你们这一代年轻人担负起来了。他勉励我们说:你们现在学习比我们以前

容易多了。我们是很晚才知道马克思的,开初学的完全是资产阶级的一套。经过了几十年的努力,才改造过来,才慢慢地掌握了马克思主义。要学懂一点东西是不容易的。所以一定要谦虚。他微笑着,亲切地说:你们现在大概很轻松,因为你们还什么也没有干。如果你们当了工程师,当了厂长或是党委书记,就会知道,困难多得很呢!他说着,笑起来。他说:看到你们青年人很高兴,你们朝气蓬勃,正在兴旺时期,好像早晨八、九点钟的太阳。但你们缺乏锻炼,所以,你们必须切切实实地长期锻炼才行,千万别骄傲,别把尾巴竖起来。主席这些语重心长的话,深深使我们感动。这些话是那么深地扣动了我们的心。他对我们的教导是多么亲切!他又是那么深刻地指出了我们年轻人的弱点。我从没有像今天这样感觉到作为新中国青年的肩上的责任是多么重,我们该怎样顽强地努力,才能无愧地担负起改造世界,改造中国的重任啊。[①]

我那时很激动啊,比较喜欢写文章,写了这么一篇《在列宁山会见毛主席》寄给《中国青年》,当年底就发表了。在莫斯科的5年,我们这批年轻人大概有20几个人,分散在各个专业里面,像我们现在院里的部门经济所一样的,有能源、交通、农业等,我们这个专业是2个人。大家应该说是有一种使命感的,毕竟是国家送出来学习的,苏联有先进的教育和科学,学习是非常认真的,希望祖国能够尽快地赶上苏联,礼拜六和礼拜天都是认真地看书,很少去

[①] 姚锡棠:《在列宁山会见毛主席》,《中国青年》1957年第24期。

玩,学习成绩都是不错的。暑假我们参加劳动,到哈萨克斯坦和苏联同学一起在工地劳动过100天,主要是垦荒。我记得那时工地给了我一台小型收割机,我从来没有用过,但是我被教了两天之后就能开了,整整开了100天。那时的劳动还付给工资,用卢布和实物支付,当时我们中国同学都觉得劳动应该是义务的,都是应该的,尽管我们都不富裕,助学金当然是有限的,特别是男生吃得很多(花费大些),但我们都把工资很自然地捐给当地的幼儿园等一些机构。

二、工作在华东电力设计研究院
（1961—1981）

1961年我回国后,分配在华东电力设计研究院工作,约20年。在电力设计研究院,给我成长带来最大的影响,就是参加实际工作。因为电力研究院的设计工作与社科院有所区别,比如我们社科院做一个"黄浦区的十二五规划",将来的工作未必与规划完全一致,只是一个指导性的;而电力规划都是一定要实际做的。我第一次做的项目是苏北地区农村电气化的规划工作,刚大学毕业2个人一组,我年长带队去调查了40天(不像现在做调查,几天就回来了),主要目的是把整个地区的电网情况查清楚:什么地方造电站,什么地方造变电站,什么地方造电网,都要非常具体地把它画出来,规划批准以后要投资实施的。这对我以后到社科院工作影响很大,即工作要非常深入、非常细致。苏北地区几个城市从扬州到淮安、盐城、南通及下面的县市农村,基本上都查得清清楚楚。

因为电力工作是和整个经济非常密切的,所以工作一定要反复弄清楚才能进行。这次工作给我印象非常深。我当时在电力规划室,规划完成后要一级级审查,经过研究室、设计院,院里的总工程师要审查签字。管我们的上级部门叫华东电力局,规划是为电力局做的,当时整个电网是华东电网。苏北地区属于江苏,江苏省的计委也管(这个事情)。从这里我学到很多东西。

1962年正处于三年困难时期,整个电力非常紧张,苏北电网的设计从华东电力局和华东电网的角度讲,都希望保上海电力供应,这个观点当时非常清楚。所以电力局觉得我们规划做得不错,但是否能立刻上马动工仍然是个问号。从江苏省计委角度出发,他们非常直接地支持这项工作,因为苏北地区确实落后并需要电网建设。同样一个规划,我们设计院是中立的,只是把规划做好,但是否实施,华东电力局和江苏省计委各有想法,这些想法都是有道理的。所以我们规划部门除了把规划工作做细致以外,还要了解实际部门的需求(他们的想法),一方面满足华东电力局保上海的需要,又要兼及江苏省计委对于苏北地区发展的想法,我们把规划适当地缩小一点,两方面都满意。所以,研究工作者一方面规划工作业务要很精通,对于实际工作部门的想法也要有所体会。

1973年,我工作了十多年,担任了电力规划室的主任,管理华东六省一市的电力规划,把室里几个人统筹分管,有人管山东、有人管江苏等省的电力规划。我们的业务影响范围很大,比如在江西明年经济增长多少,电力数字增长多少,他们往往来征求我们的意见。省里面也许数字会夸大,我们比较实事求是,相对来讲,我们没有什么直接的利益,是比较客观科学的。

组织上也经常调我到工作需要的地方，1974—1981 年，我到院里办公室担任主任，其间设计院有什么难以处理的工作，我也经常过去协调处理。院里有一个最大的部门叫地质勘察室，工作很艰苦，一出去就几个月，我接任过这个室的主任和支部书记。给我印象比较深的是，一定要和当地搞好关系。有一次，我们在安徽淮南搞一个电厂，主要也是输电给上海。但当地人有些想法，有些地区利益，我们也很苦恼，就提出来我们应该照顾地方利益，一部分电分给地方。一开始上面是不同意的，因为当时电力比较匮乏，从中央的角度出发，一般都是保上海。经过我们的反复说明，上面同意分一部分电力给地方，解决了这个问题。

电力部门是一个强大的部门，除了电力设计院，还有电力公司，工人都是电力系统的，进入地方以后，地方上的人都想能分配到工作，这样就发生了纠纷。但决定权不在我们，我们是设计单位，主要纠纷是电力公司和农民之间，农民要参加工作，但电力公司觉得我们都是技术性的工作，出了质量问题怎么办？我去看了看，提出一个方案，电厂外面的线路让当地农民来做，它不是一个技术性工作，应该没问题。这给我一个启示就是，虽然从事设计性技术工作，但也要考虑到各方面的利益和需求，既考虑到国家利益，也考虑到地方利益，既考虑到电力工作的特性，也考虑到当地农民的需求。这对我以后到社科院工作也很有启发。

"文化大革命"对于设计院的冲击也是有的。1966 年"文化大革命"第一年，设计院抓革命不生产了。我这个人有个习惯就是喜欢研究，实事求是，我在读大学的时候成绩还不错，很想留下来读博士，当时老师也希望我留下来。但当时一方面中苏关系趋于紧张,另一方面国家也需要人才。我当时问老师,当一个工程技术方面的专家,读一个博士需要读哪些书,他当时就给我开了一个书单。书单上有经济学,也有工程技术类,现在多称为技术经济学或工程经济学。到了设计院以后,工作长期在野外,没有时间读书。"文化大革命"开始后,我一看今天没有事,就喜欢到图书馆资料室去。所以虽然我没有读博士,但书我都读过了,我大致上有博士的水平。这一段时间,我重点研究经济,基本上把西方经济学的主要内容(有些有原著,有些只是介绍)做了一些研究。我在苏联的时候是计划经济时代,给我的印象就是,计划经济真的是不灵的。20世纪50年代我去莫斯科之前,到上海来过一次,我觉得我们上海就比莫斯科好,商品供应充足。到了莫斯科以后,什么都是缺的,全国只有一种牙膏,床单也只有一种,水果、蔬菜都是缺乏的。比如一旦来了一种水果,如山东烟台的苹果或者保加利亚的苹果,价格都是固定的,都是2个卢布。苏联的重工业还是不错的,但轻工业产品非常匮乏。所以设计院读了书以后,虽然认识程度未必达到今天的状况,但我觉得市场配置还是有它益处的,计划手段比较单一。我对于按劳分配也有新认识,比如我们勘察室有100多人,有的人非常勤奋,有的人干活很少,但工资却是一样的,我觉得这些情况都是不符合经济发展规律的。所以"文化大革命"给我一个非常好的学习时间和机会。我到了社科院工作以后,当然条件更好了。

三、进入上海社会科学院(1981—2000)

改革开放之后,学术活动多了。社科院和南昌路的科学会堂经常有些经济讨论会,我对经济理论研究比较有兴趣,也经常去参加。我当时是工程师,在经济讨论会上也经常发表意见,大家比较重视。我就认识了社科院的一些研究人员,当时主要是部门所工业室的金行仁、李斗垣;认识之后,那时刚好社科院招人,我就希望到社科院来工作。我在电力设计院工作,恰恰与经济联系密切,对经济部门也有兴趣,实际上部门所工业室也研究这些东西。两方面非常相通,我是喜欢写文章的,也读过理论书。我就来试试,结果院里同意,就直接引进了。

我喜欢研究,在行政工作上没有特别兴趣。我在设计院提出要到社科院时,电力部门不同意,想让我到北京,最后终于同意放人。当时社科院领导也找过我,要不要担任支部书记等工作,但我没有其他想法,就到工业经济室做一名普通的研究人员。到了社科院后,有电力系统规划设计的基础,工作比较容易上手。

1982—1983年,市委让我们做一个上海工业的调查。改革开放初期,上海工业已经遇到了困境,产品老化技术落后,主要调研老工业与技术改造问题,部门所很重视,选了9个人参加调查,基本上都是工业室的骨干,包括现在的厉无畏、左学金、朱金海等都参加了。我发挥了设计院的调查才能,当时分3个小组,我的小组里有左学金、朱金海,我年长,算是小组长吧,分给我们的是冶金工业。当时我们3个人骑了自行车,从社科院一直骑到宝山,当时是7月份,满头大汗,主要考察钢铁厂,因为是市委的重点课题,所以对方接待是很重视的。我对上海工业的了解深入了,钢铁、冶金、纺织等都比较了解了。大家提出,上海工业必须从粗放式、高能耗向技术含量高的集约式方向转变,即向新的"三高三低"方向转变,形成高技术、高附加价值、高劳动生产力,低资源消耗、低污染排放、低生产成本的工业体系。大家推举我写了一个报告,即《上海工业技术改造的几个重要问题》,这个报告得到市委重视和表扬。在一次全国性的会议上也得到广泛的关注。

从此,市里对工业室比较重视,计委又组织我们调查节能问题。在对四大工业做了调查之后,我们提出一个观点,即节能要分两种,直接节能和间接节能都要重视。这是社科院研究的长处,从实际调查中提取理论和概念。技术水平决定能源消耗,技术水平高,单位产品的能耗就低,这就是直接节能。但像上海这种国际大都市要把重点放在产业结构调整上,即要用减少大耗能工业以降低能源消耗的总量,这就是间接节能。我们给市政府写了报告,市政府把这个报告送到中央,当时正好召开全国计划经济会议,报告作为经验报告发给大家,节能不仅要直接节能,而且要重视间接节能。这在当时还是一个新的提法,受到大家的重视和欢迎。会议结束后,报告被中央书记处发给全国各省市。文件发下来以后,院党委都看到,说这么大成绩怎么也没给我们汇报一下。后来报告的主要内容还在《人民日报》上发表。

1984年,我们部门所的陈敏之副所长接到了全国重点研究课题——"上海经济发展战略"。我们社科院的研究相对比较自由,当时我们经常讨论,邀请复旦、财大、师大比较要好的朋友、市里的处长、局长来讨论,也有北京来的学术朋友,这些讨论使研究取得了重大突破。

时任市长汪道涵和计委也在研究上海怎么发展,党的十二大报告提出工农业总值要翻两番。汪市长找到我们,觉得上海工农业生产总值翻两番实在很困难,没有原材料,污染严重,交通又堵塞,要我们组织研究和讨论。从 1983 年开始,讨论了整整两年。当时社科院的研究是走在前面的。我们年轻人,包括厉无畏、左学金、朱金海和孙恒志等都是强有力的,经常发表新的意见。当时在市里形成了两种意见。第一种发展经济主要就是发展工业;但我们逐渐提出,上海除了发展工业之外,也要发展服务业,特别要发展金融等现代服务业,即发展第二产业之外,也要发展第三产业。这是我们在研究了上海的发展历史和国际大都市发展趋势后得出的结论,认为上海在历史上是东亚地区最大的金融贸易中心,有发展金融和贸易的传统和经验,国际上大都市第三产业的比重都已超过第二产业。在过去计划经济时代,金融贸易格局都是统筹的,改革开放后市场逐渐起来了,应该有个金融中心和贸易中心,应该有批发市场、工业品市场和农产品市场。金融起来了,还要有要素市场、资本市场、期货市场这些东西。我们在院里查了很多资料和书,看到世界上主要城市的发展,除了工业之外,服务业都是很发达的。但当时我们的观点被多数人反对,主要有三条理由:一是党的十二大提出来工农业翻两番,并没有提出服务业,你们违背了党的十二大精神;二是服务业、第三产业这个概念是资产阶级的概念;三是北京出了一本《中国经济发展战略》,书里面是批判第三产业的。后来在我们院里开会,我记得是夏禹龙副院长主持,市里主管经济的几个领导也来了,最后要我发言。我就简要说了我们的观点,按照经济发展规律,总归是从第一产业到第二产业再到第三产业,上海也有发展第三产业的历史,上海城市如果只发展工业的话,将会遇到巨大的环境问题和运输问题。发言后引起了震动。

下午的讨论会上,辩论很激烈,多数是反对我们的,少数觉得我们是有道理的。

之后,汪道涵市长组织了一个全国性的讨论会,会上虽然没有明确这两种观点的对立,但对上海工业也提出了建议,比如宝钢应该迁到江苏或者安徽去,那里有丰富的矿产资源,而上海应该集中力量发展服务业,这个对我们的支持是意义重大的。实际上,这不是我们工业室几个人的功劳,上海经济发展到这样一个阶段,资源消耗这么多,加上历史上金融中心的传统,所以不发展第三产业和服务业是不行的。在这之后,我们又写了一些文章,发表在《社会科学》《世界经济导报》上,影响很大,收到很多来信,纷纷追问什么叫第三产业,如何计算?最后算出来,1982年上海第三产业的比重是22%。很多人虽然批判我们,但客观上扩大了我们的影响。这个事情要感谢汪市长。汪市长把这种意见让市委、市政府研究室都报到中央。中央派了一个由马洪领队的考察团,大概有三五十个人,这样成了一个全国性的政策研究,考察团里面有些成员与我们很熟悉,他们有些同情我们的意见。考察报告上去之后,我们还是有些紧张,当时国务院主要领导有个批示,大意是专家们的意见还是对的,城市特别是大城市不能光发展工业,也应该发展服务业。这个批示非常重要。后来上海报了一个《上海经济发展战略提纲》,中央也批了,里面提到上海不能仅仅发展工业,这个问题就解决了。这是上海学者与北京学者共同讨论出来的东西,是理论与实际工作相结合的结果,不是哪一个人或者哪个团队的单独贡献,而我们在其中做了具体工作。从此,上海社科院与我们团队声名大振。在这个成绩的积累下,1985年我担任了工业室的主任,

1986年担任了部门经济所的所长,1987年担任了社科院的常务副院长。当然,这些不是我个人的成就,但提升了我院在市里和全国的影响,也培养了一大批人才。

四、参加浦东开发论证

参与20世纪90年代浦东开发,实际上是我们80年代讨论上海经济发展战略的延续。[①] 浦东发展就是再造了一个上海,历史上的金融贸易、1949年后的工业成果都在浦东的四个开发区体现出来,陆家嘴金融贸易区、金桥工业开发区、外高桥保税区、张江高新技术区,实现了20世纪80年代提出的经济发展战略,把上海的核心优势发挥出来。浦东开发的初期,第三产业只有20%,现在已有60%,工业也已经改头换面,成为国家制造业的高地,从老的工业慢慢变成电子信息、汽车、装备工业、生物医药等。现在基本上服务业和工业是6∶4,结构符合经济发展规律。我院做了一些具体工作,比如金融核心区放在什么地方,很自然大家想到外滩,我们也举行了几次座谈会,邀请了外资及外国银行的代表(多数都是华裔),多数认为应该放在外滩。其中有一个人说,外滩好是好的,但从现代金融业的需求来讲,外滩大楼的体量和现代化程度不能适应现在的需求,我听了以后觉得非常有道理。我们做了调查,觉得应该放在浦东。有一次我到市里开会,当时黄菊市长就问我们,听

[①] 关于此段详见姚锡棠:《90年代我院参加浦东研究的一些珍贵回忆》,《往事掇英——上海社会科学院五十周年回忆录》,上海社会科学院出版社2008年版,第92—96页。

说你们不赞成把金融中心放在外滩？我就把那位华裔高管的看法转述了一下，后来市里采纳了这个意见。之后我们又写了一个报告给徐匡迪，建议把房地产市场、要素市场也应该放到浦东陆家嘴去。

1990年，中央和邓小平提出开发浦东。我们成立了浦东改革发展研究院，由我院和其他大学一些力量组成。当时吴邦国说，不需要到浦东去搞一个社科院那么大的机构，只要一个小型的，以兼职研究为主。20年过去了，我们完成了涉及国家、上海和浦东发展的课题100多项，比较好地完成了组织上托付给我们的任务。

五、社科院的希望

如果说我个人有什么长处，那就是我比较注意向方方面面学习。第一，就是向实际工作者学习，比如建设金融中心、进行技术改造、寻找节能路径等问题，首先总是向第一线的处长、局长和厂长学习，我们再在理论上补充概括形成意见；又比如上海城市经济结构调整，虽然我们起的作用很大，但首先是上海实际发展的要求。第二，重视向周边的同志学习。任何一人只要有一技之长，我就尊重他们，把大家好的意见概括出来，由集体智慧形成好的报告。不仅在我们社科院，就是和各个大学、研究机构在一起的时候，我也注意向各位专家请教，所以当时市里比较欢迎我去主持某项研究工作，因为我善于把他们协调起来。第三，重视调查研究和收集资料。每从事一项研究，都组织大家把国内外相关资料梳理一遍。这样，我组织的课题组，大家关系比较融洽，不管是我们院内的人还是院外的人，容易把他们团结起来。

  社科院的长处在什么地方呢？第一，我们能够集中精力做重要课题的研究，高校需要上课，政府部门要办公，而我们只是做研究的。所以我在社科院主持工作时，比如市里交代一个课题，我会马上想到要组织哪些人来进行攻关。第二，我们社科院的地理位置非常好，就在市中心，举行讨论会请专家来非常方便，常常能成为重要学术讨论的殿堂。总之，只要我们善于尊重别人，发挥他人的长处，善于进行协调和组织工作，在研究中不仅考虑社科院的人才，还可以从全市的层面邀约人才，我们社科院的未来一定是光明无限的。

采访对象：姚祖荫　上海社会科学院原经济、法律、社会咨询中心主任，研究员
采访地点：姚祖荫研究员寓所
采访时间：2014年10月29日
采访整理：张生　上海社会科学院历史研究所副研究员

在咨询中心工作的 20 多年：
姚祖荫研究员访谈录

被采访者简介：

姚祖荫　1927 年生，浙江余杭人。1950 年，毕业于上海沪江大学国际贸易系，主要从事外商投资研究。曾在盈丰华行有限公司工作，后调入上海社会科学院部门经济研究所，1993 年 7 月—1998 年 12 月，任上海社会科学院经济、法律、社会咨询中心主任，研究员。上海市第八届政治协商会议委员，上海市高级职称评审委员会社会科学系列评委，民主建国会上海市委员会委员。享受国务院特殊津贴。1998 年退休。

一、进入咨询中心

我是1950年毕业于上海沪江大学国际贸易专业的,之后一直从事外贸方面的工作,1980年1月进入上海社科院部门经济研究所。1979年12月,除了部门所、法学所、人口所、社会学所,各个所都有代表参与到经济研究所咨询中心来,社会上如果有需要咨询,就由我们利用上海社科院学术专长综合性地为社会服务。中心发展很快,1981年从部门所独立出来了,称上海社会科学院经济、法律、社会咨询中心,是一个独立的机构。院长黄逸峰认为社科院是多学科的,可以联合为社会服务,因此就建立了一个经济咨询部门:

> 黄逸峰院长高瞻远瞩,洞察当时局势的发展与时代需求,率先倡议在社科院创建以经济与法律为主的咨询机构,旨在集合当时院内各所研究力量与知识优势,以咨询部为窗口,对外向以上海为重点的全国政府机构以及各企事业单位提供经济、法律方面在个案和总体上的调查研究、决策厘定、方案编制、实施辅导等方面的咨询工作。经济咨询部经市委批准建立后,黄院长授命吴逸具体筹建,吴逸时任部门经济研究所财贸室副主任。吴逸遂在财贸室抽调徐雯惠和我参与具体工作。咨询部最初办公地点设在院大楼进门处左侧原收发室,面积仅10平方米,未挂招牌,室内放了两张办公桌开始办公。数月后,中心办公室迁至中心大楼左侧,后又改为财务室的大

房间,人员亦逐渐增加,胡明理、姚淑敏、周洪芳、程书乾、张莉萌、宋定昌、李明哲等陆续加入,人气陡增,业务亦逐渐扩展。"咨询"实质就是做"老师"的工作,要当好"老师"先要当好"学生"。咨询中心成员在那段日子,以只争朝夕的精神,迫不及待地学习钻研各种经济法律知识、政策。收集各方面的资料、范例加以吸纳、消化,洋为中用,以求付诸咨询工作的实践。①

当时咨询部承接的第一笔业务是上海金山石化总厂委托我们对该厂转制为公司的研究与规划,就是上海石化想成为企业,要公司化,要改制的问题。

时光虽已流逝了很多年,但现在回忆当初开展业务的情景,犹历历在目。我记得,那天上午金山石化总厂的总会计师、总审计师等五六个人来到我们咨询部,小小 10 来平方米办公室坐得满满的。我们初试锋芒,当时表面从容接待,谈笑自若,实则诚惶诚恐,心里扑扑跳个不停。②

二、咨 询 工 作

中心以后就从事很多利用外资的各方面工作,代表中方进行

---

① 上海社会科学院院庆办公室编:《往事掇英:上海社会科学院五十周年回忆录》,上海社会科学院出版社 2008 年版,第 381 页。
② 上海社会科学院院庆办公室编:《往事掇英:上海社会科学院五十周年回忆录》,上海社会科学院出版社 2008 年版,第 383 页。

可行性研究，从事编写合同和文件等事务。十几年来，有200多家中外合资的企业请我们进行过咨询研究，比如上海大众汽车、德国克鲁伯做的不锈钢的项目，我们的可行性分析是为了最大限度地使企业发展，能够成功。另一方面，最大限度地保护中方的权益，这个合同不是一时的，而是多年的，从长时段的发展中保护中方的权益。

与此同时，利用世界银行的投资项目。对世界银行而言，中国也是一个发展中国家，他们要促进发展中国家包括工业在内的各个方面产业的发展，有很多项目要投资。中方申请世界银行来投资，世界银行就委托我们社科院对这个项目进行评估。这个项目到底需要不需要成立，怎么发展，由我们咨询中心进行评估，提供给世界银行决定。一般而言，我们可行性报告有很多方案的，项目的规模、选址（在上海、苏州还是无锡、北京），生产的产品是什么，用的技术是什么？投资规模多少，人数组织怎么样？今后的发展怎么样？技术从哪个国家引进好？方案不是笼统的，是很详细的方案。这些都需要进行评估。

另外，中心参与第二期上海工业改革项目。改革并不是企业单纯的技术升级，而是整个企业的改革，这个搞了两年多，很辛苦的，一个公司有15本报告。例如，与世界著名咨询机构美国麦肯锡公司合作承担的上海市第二次工业改革项目，受上海市经委委托对上海市4个大型企业进行改革。此项改革不局限于引进一些新技术、升级换代产品，而是从组织制度上全面彻底进行改革，包括上海机电（集团）公司（属下23家企业）、上海四方锅炉厂、上海工具厂、上海玻璃厂等国家一二级大型企业。经一年半努力，取得了良好成果。获市经委及各企业的好评。咨询部借以积累了企业改革的经验,以此为开端,乘胜追击,开拓了一系列的以企业改革、改组、改制等方面的咨询工作,取得了较好发展。①

这些都是利用我们社科院在经济、法律、社会各方面的优势。本来开始只是"经济""法律"两个名称,后来又增加了"社会",因为不只需要考虑经济发展好不好,法律是否健全,对社会的影响怎么样也是要考虑的。所以项目不单有可行性报告,还有社会影响分析,即 social impact。你建了一个项目,不但产品有销路了,产品盈利了,还有对当地的社会所起的影响,我们基本上是从这三个方面进行的。咨询业现在是很发达的,但在当时的上海,基本上是一片空白。我们上海社会科学院经济、法律、社会咨询中心是全国第一家咨询公司,所以黄逸峰院长有远见卓识。

每一个项目牵连到的部门,不是你所了解的,都需要调查、研究、学习,这些都是富有挑战性的工作。在学术研究中,我们写本书出版后就没事了。而项目在投入以后,会挑战你原有的报告结论,考验你当时那个可行性报告,是不是有所欠缺,所以完成项目后,和咨询的公司有很长时间的联系,就是来验证以前的工作对不对。我们在柳州做的项目,前两天还打电话给我了。因为这些都要经过长久的现实的考验。

咨询工作中,也有很多有趣的故事,比如我们那时的工作不像现在每人有一个电脑,那时就一个电脑室,通宵加班的。有一次加班过程中,加班一半,有一个人走路不小心把电源线踢开了,电脑马上

---

① 上海社会科学院院庆办公室编:《往事掇英:上海社会科学院五十周年回忆录》,上海社会科学院出版社 2008 年版,第 382 页。

断掉了,所有的数据都没有了。怎么办? 人家在等我们的报告!

三、我与上海社科院

我的英语是因为经常和外国人交谈,很多外国项目需要会谈。我中学是在英国学校读的,lester①,沪江大学是美国人办的,所以英语基础还可以。我经常到国外去,我去过 30 多个国家,接触的范围广,英语慢慢地还是可以应付的,主要是在工作中磨炼出来的。咨询工作要和不同的行业、人群、国家打交道,接触不同的人很有趣。自贸区是一块实验田,经济本性就是要自由的。香港为什么发展得好,第一个就是自由化,如何更好地让企业得到更好的发展,要尽量减少国家、行政等方面的干预,这也是咨询工作的本质问题。

我 1983 年加入民建,作为无党派的科研人员与党员科研人员角度有所不同,我们民建就对社科院的院务、工作安排等提供很多不同意见,每个月开一次会,畅所欲言。每次都有统战部的人来,从不同的渠道向上面反映。

---

① 即雷士德工学院。雷士德死后,为履行其遗嘱,在他逝世一周年的 1927 年 5 月 14 日,按照他所拟计划,组成了雷士德遗产管理委员会(The Lester Trust),委员会成立以后,即着手按照雷的遗嘱进行筹设医药研究所和工学院的工作。雷士德医药研究所在 1932 年 11 月先行成立(现为上海医药工业研究院)。工学院和附设中专的英文名为 The Lester School and Henry Lester Institute of Technical Education。中文名称原系照英文生硬地译出,其全文为"雷氏德工业职业学校及雷士德工艺专科学校",后来学生们对这中文名称大有意见,就在口头和书面上改用"雷士德工学院"这个比较简洁的名称。学校原只计划提供总额 300 多名学生的设备,任何国籍的学生都收,但主要招华籍学生。后来因经费充足,设备有很大扩充,学生名额也随之增多。

关于咨询中心,现在社科院取消了这个单位,是前年取消的。国家规定事业单位不可以搞附属机构盈利。根据这个精神,中心被取消了。中心主要为社会服务,收取一定的费用,但只是成本费,主要目的还是为社会服务。他们忽略了这一点,把中心取消掉了,我们觉得很可惜。我与同事在咨询中心几十年,我1980年调过去的,1997年退休的,我还被返聘了8年,咨询中心对上海、全国(青岛、大连、重庆)的经济发展起了相当大的作用。忽然被取消了,可惜得很。因为咨询业在世界上是很大的一块,像IBM、通用、微软都要聘请咨询公司,他们需要从没有利害关系的一方聘请顾问指导公司发展。

比如,外资项目需要外资委批准,但外资委是不会去调查的。我们去调查研究,出咨询报告,外资委根据我们的报告同意成立或不同意成立,或者要进行什么样的改进。我们是上海市第一家可以利用外资项目的咨询公司,世界银行、亚洲开发银行、国际金融中心,三个不同的渠道批准的可以承担他们项目的公司,外经贸委批准的可以承担利用外资引进项目的公司,这些连上海财经大学、上海交通大学都没有的。这个单位30年了,说取消就取消了?不考虑在国家、上海的影响,十分可惜。

采访对象：尤俊意　上海社会科学院法学研究所研究员
采访地点：上海社会科学院老干部办公室
采访时间：2014年12月18日
采访整理：徐涛　上海社会科学院历史研究所副研究员

"天生我材必有用"：
尤俊意研究员访谈录

被采访者简介：

尤俊意　1938年出生于浙江省玉环县，中共党员、中国农工民主党党员。1957年就读于复旦大学法律系；1961年，从上海社会科学院政法系毕业后，长期从事基层教育工作。1980年调入上海社会科学院法学研究所工作，先后任法学研究所所长助理、院研究生部主任等职。1992年受聘为研究员。兼任中国法学会法理学研究会会长、上海市监察学会副会长、上海市政治学会秘书长、上海市统一战线研究会常务理事、农工民主党上海市委理论指导小组副组长等职。2001年退休。研究方向为法理学，兼涉政治学、宪法学与行政法学,着重研究马克思主义法学理论、中国社会主义法治理论与实践。专著有《法律纵横谈》(1987)、《精神文明与法制》(1996)、《法治与宪法》(2002)等;合著有《青年法学入门》(1986)、《人权:虚幻与现实》(1992)、《商业法知识》(1987)、《中国特色和谐政党关系论》(2009)等;主编《中国实用法律大全》(1998)、《学法维权丛书》(2003)等多部,发表论文和文章数百篇,共计 300 多万字。论著多次获得全国、上海市两级各类研究成果奖项。此外,还先后获上海市"一五""二五""三五""四五""五五"普及法律常识工作先进个人称号。

一

我 1938 年 12 月出生于浙江省玉环县坎门镇。父亲尤光和民国时毕业于由英国"偕我会"创办的温州"艺文学堂",后担任坎门的国民中心小学校长,是当地有名的孝子和乡绅。家父共有五子,我排行老四。

我的人生很有趣,从否定到否定,可以说是很多偶然因素造成了必然的结果。

受父亲的影响,我自小对音乐有浓厚的兴趣,吹拉弹唱样样都会一点。最初本想考专业的艺术院校,结果因缘际会中还是选择了高级中学继续学业。1954 年我考入温州第一中学。温州第一中学一直是浙江地区最好的中学之一,曾培养了许多名人,如著名科学家谷超豪等。

我是个感性的人,虽然不能继续进修音乐,兴趣转向的还是中文、历史等科目。1957年,我高中毕业参加高考。当时按规定可以填12个志愿,我填了11个,都是文史类。在交表前夕,经人提醒需要补填。我遍寻学校内张贴的广告,看到:"复旦法律系,培养法学家。"于是,就补填了复旦大学法律系,凑足了12个志愿。无心插柳柳成荫,最后填写的复旦大学法律系最终录取了我。

进入复旦后,我才知事情原委。原来这是复旦解放后恢复法律系以来第一次直接从高中生招收学生,也是此后直至新时期改革开放之前最后一届亦是唯一一届的学生。为了保质保量地完成招生任务,凡是填到复旦大学法律系的,够分数线的,不管第几志愿,都按第一志愿标准录取。

那个年代的教育方针是"教育为无产阶级政治服务,教育与生产劳动相结合",加之贯彻中的"左"的倾向,把大部分的专业课小课堂教学都取消了,半天大课可以讨论两三天;还有三天就参加工厂或农村的劳动。我随同新闻系、哲学系、法律系的同学一起到浙江海宁县大荆人民公社参加生产劳动。半年之后返校,恰逢复旦大学法律系(本年级60余人)与华东政法学院(300多人)、上海财经学院、中国科学院上海经济研究所1958年合并,成立上海社会科学院。

虽然离开复旦非本愿,因为五年制改为四年制,少读一年书;60人并入300多人,感到亏了。但不久这种感觉就被浓浓的师生之谊和同窗之情所冲淡。教学体系虽被冲垮,但我毕竟还是学了不少知识,特别是学到了如何自学与如何写作的一些经验,让我终身受益。年轻人因为充满对未来的美丽憧憬,加上我是天生的乐天派,心中充满着希望,所以在社科院的三年大学生涯中,虽然物质生活比较艰辛,但精神生活非常愉快。曾记得,当处女作被第一次印成铅字,发表在由金哲、蒋照义和李良美编辑的《小高炉》上时,我是多么兴奋!大跃进年代提倡民歌体诗作,当我的一篇《渔歌》登上1959年的《新民晚报》,第一次从中山公园旁边的小邮政所里拿到平生第一笔稿费4元钱时,差一点使我误做了一场诗人梦!

二

大学的生活是美好的,但好景不长。就在大学的最后一学年,组织上见我表现突出,找我谈话,劝我入团。在填写入团申请书时,少不更事的我详细写明了父亲1958年时被划入"五类分子"、大哥现在在台湾的家庭情况。其实父亲当时是受人迫害,而大哥1947年随乡人到台湾基隆当学徒时,还是个十几岁的小孩子,大陆解放之后就山水相隔,一去难返,联系不上,生死不明。上级组织看了我厚厚一份入团申请书却皱了眉:家庭与社会关系这么复杂的人怎么能入团?!自此后,我入团的事情便泥牛入海,杳无音讯了。

那是个政治运动的年代。这份入团申请书,是我此后人生一个转折点。不仅影响到我,二哥、三哥也因此受到牵连。有关组织后来将我交代的情况派人通报了有关方面。二哥原已是玉环县县委宣传部副部长,兼任县委党校副校长,后来在玉环并入温岭时被调到乐清县,但不予重用,下派到白象镇的一个初级中学去任校长;三哥本在外地某公安局当机要股长,也因为这个事被调往文教系统工作。

就我而言,最初也是深远的影响就是分配工作问题。此时刚刚经过三年自然灾害,国家处于经济困难时期,到处在精简人员。据说,当时上海为了减轻全国负担,把360多名政法系毕业生统统包下来,留在上海。我的同学中"最好"的1/3到了公检法系统,1/3转行到了外贸进出口公司,最后也是"最差"的1/3到文教系统。除了10多位所谓的右派分子同学被分配到新疆外,我这个"内部控制使用"人员被派到本市最远的崇明岛东边的一所农村初级中学教俄语去了。而没想到的是,这一待就是19年!

从1961年9月份,一直到1980年我重新回到社科院,我在崇明教育系统中,自幼儿班、小学、初中到高中几乎历经所有等级的基层学校,教授了除数理化、政治(我这样的人自然不能教政治)外,俄语、英语、历史、地理、音乐、语文等几乎所有的文科类课程。

我是个很有韧劲的人,不甘就此沉沦。这19年中,我的时间从来没有浪费。那时法学专业被取消,没有法学书刊,我订阅了《文史哲》和《文艺月报》来充实自己;后来又自学广播外语,粗通了四门外语;再后来又以《辞海》及其政法分册为学习工具。因为我坚信"天生我材必有用",自己总有归队的一天。

三

皇天不负有心人,"文化大革命"结束后,我人生再次转折的机会终于来了。1977年8月8日邓小平在全国科学和教育工作座谈会上指出："文科也要有理论研究，用马克思主义观点研究经济、历史、政法、哲学、文学等等。"于是，社会科学的春天来到了，成立了由胡乔木为院长的中国社会科学院，上海也恢复了社会科学院。复院后，情报所的金哲老师花了很大努力，多次向崇明教育局商调，想把我调入情报所，由于对方坚持不放而未果。

1979年3月30日，邓小平又在党的理论工作务虚会上指出："政治学、法学、社会学以及世界政治的研究，我们过去多年忽视了，现在也需要赶快补课。"鉴于社科研究人才的断档，研究生的培养远水救不了近火，经国务院批准，1980年中国社科院向全国各地直接招收科研人员，年纪可以放宽到45岁，本来计划招收3届，因为事涉复杂，后来只招收了一届。我从崇明赶往市区，在报名的最后时刻报了名，按规定交了一篇外语作文，但来不及交一篇专业论文，于是请求报名处老师允许我先取走报名表，一星期内寄回论文。感谢负责报名的夏阳、尤安山念我是社科院出去的人，同意了我的请求。

此时又是"政治"问题差点阻断了我的脚步。负责此次政审的崇明教育局分管副局长起初无论如何也不同意我参加考试。然而这样稍纵即逝、可以改变命运的机会，我一定要拼尽全力争取才能无憾。好在我平时为人忠诚老实，在诸多师友、同事的帮助下，软磨硬泡，我终于如愿拿到了盖好章的报名表。也因为此事，我在崇明教育系统算出了"名"，总有人会以"不安心工作"为名为难我。对我而言，考中社科院、离开崇明的心情也愈发迫切。

考试之后又是漫长的等待。由于一直没有录取的消息，我焦急万分。通过在北京新华社工作的熊铮彦老同学到中国社科院打听消息,是否名落孙山?不料他回信说:"榜上有名"。我喜出望外。再向在市委组织部工作的史德保老同学询问是否因户口问题而搁浅。果然不出所料,他说郊区应考录取的有好几个人,因户口问题比较复杂,要比市区录取的人晚些时候报到。我又忐忑不安起来。过了几个月,突然收到倪正茂同学一封信,第一句话就是:"喜讯! 大喜讯!! 特大喜讯!!!"我记得当时高兴得简直昏过去了。

果不其然,过了几天,上海社科院终于发来公函,让我去拿录取通知单。为什么通知单不寄过来,而要我自己去拿呢?我心中虽然纳闷,但欢喜时没有多想,一路春风来到院里。此时,人事处的工作人员开了一下抽屉让我看了一眼通知书,却又迅速关上抽屉,而要我先到法学研究所去办个手续,再来取通知书。原来社科院"文化大革命"中被解散,房子上交房管系统,本身一无所有,在20世纪80年代的住房困难问题是全市知识分子单位出了名的。我心里想着能进入社科院,离开崇明岛,怎样的要求都不过分,欣然留下了"五年内不要房子,不要求解决夫妻两地分居问题"的字据,终于拿到了梦寐已久的录取通知单。

年底办好一切繁琐的报到手续,1981年1月,天遂人愿,我归队前往法学所报到上班,终于可以从事自己钟爱的法学理论专业研究工作了。

四

最初,我户口报在丈母娘家所在的茂名北路的石库门房子里,与妻弟挤在一处,算是暂且一人安顿了下来。但挤在石库门房子客堂间,跟小舅子睡在一起,给他们带来很大的麻烦和压力,我很过意不去。后来,我曾睡在小舅子一位朋友的"过街楼"上,稳定了半个月。但好景不长,这位朋友的弟弟从插队农村回沪了,我又得赶紧找地方住。

正在苦恼之际,看见院里好几位小青年,包括我们研究室的资料员,晚上都睡在办公室里,我就灵机一动,悄悄地把铺盖搬到办公室里。为了不影响雅观,我晚睡早起,把铺盖塞到几乎看不见的地方,每天把桌子擦干净,把地扫干净,把热水瓶泡满水,自己"识相点",以取得同室老师们的谅解。

直到1983年,儿子户口过来了,鉴于住房实在困难,房管所给岳母家增配了隔壁弄堂一间久无人住、摆放自行车的"灶披间",我和读小学的儿子从此就有了归宿,我也快快乐乐地搬出了办公室。我真感谢房管所那位青年房管员;我真感谢我们室的郑小宏、陆萍,为了改造这间脏乱不堪的斗室,他俩还为我打扫房间,粉刷墙壁;我真感谢那里的邻居们,他们不但不因失去摆放自行车的地方而迁怒于我,而且还同情我、帮助我,关系非常融洽。虽然只有小小的5平方米,对我来说简直是太奢侈了。不但我和读小学的儿子安居在这里,在复旦附中念高中的女儿每逢周末也可来此相聚了,分居的妻子假期也可在此小住了,一家四口一张床,一张小小写字台、一把椅子、一张凳子,全家团圆,其乐融融,快乐无比!我们在这个值得纪念、非常有趣的地方居住了4年,我在这里写出了许多文章,还出了书。朋友们开玩笑说"尤俊意在小房间里写出了大文章"。后来每逢路过茂名北路,我总要顺便看看这里的"旧居",看看这里的老邻居们。

1983年我家发生了两件大事。第一件是：父亲的冤案得到平反。虽然他已于1979年含冤去世，没体验到昭雪的喜悦，令人痛惜，但可以告慰父亲的是，历史证明他是清白的。他的所谓政治问题是别人张冠李戴的结果，终于有一天当事人自己坦白交代了。但戴"帽子"容易，摘"帽子"难。在此我要特别感谢我院党委统战部，他们为我父亲的平反问题出了公函，对问题的最终解决起了促进作用。第二件是：我大哥通过探亲香港表妹来大陆探亲。那天是法学所办公室主任汪洪田来通知我说有长途电话，这是我平生接的第一个境外长途，竟然是我日思夜想的大哥。36年第一次通话，我竟不知如何同他交流了，悲喜交集，热泪流淌在我的脸颊上。70多岁的老母亲、二哥一家、三哥一家都集中到上海来了，我们四兄弟一起睡在岳母家的一个几平方米的阁楼地板上，彻夜畅谈，其乐无穷！我还要感谢我院的外事处，大哥到我院，杜处长还接见他，并用台湾话亲切地交谈起来。这两件事的发生，进一步改变了我的处境。

五

回到上海社科院是我跌宕人生的又一次转折。社科院这么好的环境、遇到这么好的领导，我总是倍加珍惜，时时刻刻不放松自己的科研工作，出了一批研究成果。从20世纪80年代至今，我已发表个人、合作、集体的著作20多种，入编论文集几十种，发表论文和文章数百篇，共计300多万字，并有几十种著作和论文获奖。

其中个人著作《法律纵横谈》，获得国家新闻出版署颁发的"第二届全国(1985—1988年)通俗政治理论读物评选"二等奖；本人主编、两人合著的《青年法学入门》获上海市法学会优秀著作奖，列为上海市1987年振兴中华读书活动推荐书目；参与集体编著《社会科学争鸣大系(1949—1989)》，荣获上海市社联1988—1991年度荣誉性特等奖；主编并作者之一的《我国二十年来政治体制改革与民主法制建设研究》获上海市哲学社会科学优秀成果评奖著作奖。论文获奖更多，其中如《依法治国与行风建设》于2001年1月获国务院纠风办与中国监察杂志社联合举办的纪念纠风工作十周年全国征文比赛的一等奖第一名(从1600多篇论文中评选出5篇一等奖)，是唯一获评委会全票通过的论文。

除了业务上的提高，我最大的收获还有政治上的进步。我先后参加了两个政党：参政党和执政党。许多人问我，为何要加入两个党？是否有投机心理？两边推荐当局级干部都不成功，岂不后悔？其实都误会了。我的入党，充满着偶然和必然的因素。

参加农工党纯属偶然。复旦时大学老师袁行允教授后来与我多有交往。听说我到法学所工作，他介绍他的老朋友、东吴大学毕业生、解放前沪上名律师的姜屏藩教授与我认识。没想到姜教授见面就向我提出：可否愿意加入农工党？面对如此真心实意的老先生，我能说什么呢？何况，我已拜读了1979年邓小平在全国政协的讲话，他指出，民主党派已经成为"为社会主义服务的政治力量"。对此我深信不疑，并认为民主党派虽然并非工人阶级先锋队组织，但它至少是进步的党派，我过去连共青团都不能加入，那么参加民主党派又何尝不可呢？于是就这样加入农工党了。为何说是偶然呢,理由有二:一是正好有人来要我参加,否则我不会主动参加党派,可能至今仍是无党派人士;二是正好是农工党要我参加,如果是别的党派,那就可能变作别的党派成员了。

那么又怎么参加共产党的呢?1984年,我被提拔为所长助理,是当时第一批提拔的全院5个所长助理中年纪最大的。此年,同研究室的刘传琛、潘伯文老师来联系我的入党问题。我颇为忧虑地直言相告,我有家庭问题和社会关系问题,连共青团都不好入,而且现在又加入了民主党派,能加入共产党吗?他们安慰我说,家庭问题不是都解决了嘛,先入民主党派再入共产党是可以的,反过来就不行了。于是在他们和党组织的帮助下,1986年3月我顺利地参加了中国共产党。

中共领导的统一战线和多党合作在我身上得到了和谐的体现。我参加两党的组织生活,交两党的党费,还担任过两党的职务。1991年底,院党委调我担任院研究生部主任,兼任党总支书记;其时我已经是农工党的社科院支部主委。我不知道这样的双重身份是否合适,去请示党委书记严瑾。她告诉我,这有什么不合适呢,你不已经是两党的党员了嘛,既然是党员,担任党内的职务是理所当然的,你放心工作吧。但我总感到身兼两党职务不是最好,于是当将政协委员的吴绍中发展进来,换届选举后,我就通过将农工支部主委的担子撂给他,自己下了台。实践证明我不是一块当领导的料子,而且年近花甲,不能荒废了学术。于是三年后,我又向主管研究生工作的张仲礼院长和严瑾书记辞去职务,回到了法学所,继续我热爱的科研工作。

我衷心感谢执政党和参政党对我的教育、培养和帮助,感谢院所党政领导和农工党市委对我的厚爱。由于参加了农工党,我自觉或不自觉地更多地关注统一战线的理论和实践,先后写了36篇相关文章,其中4篇获得中央统战部和农工党中央的奖项,至今仍忝列农工党市委理论指导小组的副组长,还当了连续四届12年的上海市特约监察员。由于参加了执政党,我从一个原来不太关注政治大局、比较倾心于改变自身及家庭命运、埋头写作、生活比较散漫的人逐渐变为一个关注党和国家命运,要求自己比较严谨的共产党员,学会了如何做论文,更懂得了如何做一名共产党员,是社科院给了我政治生命,我怎能忘怀?我怎能不感恩?

2001年我退休后,承蒙法学所不弃,一直返聘我直到2012年。我心里很感念,之所以一心还扑在科研工作上,其实也有为弥补自己在崇明曾经学业荒废的19年的想法。于今,我虽然还是那个吃得下、说得快、走得快、睡得好的人,却也随着参加追悼会的次数越来越多,时常感慨自己时日无多,希望抓紧时间,多做一些力所能及的事。当前,除了抓紧整理自己法学方面的文集外,我还会在自己有浓厚兴趣的音乐和古典文学领域不断发表一点研究心得。2015年,我将77岁,中国人通常所说的"喜寿"。我不负我的人生,望有自己更多人生感悟得以记录。

采访对象： 俞文华　上海社会科学院部门经济研究所研究员
采访地点： 俞文华研究员寓所
采访时间： 2014年12月2日
采访整理： 赵婧　上海社会科学院历史研究所助理研究员

研究、统战两不误：
俞文华研究员访谈录

被采访者简介：

俞文华　上海社会科学院部门经济研究所研究员，硕士研究生导师。主要从事工业统计和经济统计研究。1930年出生于上海，江苏江阴人。1951年上海财经学院统计系毕业。1952—1955年，中国人民大学工业统计研究生。毕业后回上海财经学院统计系任助教、讲师。1958年调入上海社会科学院。1990年评为研究员。1991年退休。先后在经济研究所、部门经济研究所从事统计研究和教学工作。曾任上海社会科学院部门经济研究所统计理论研究室副主任，党委统战部副部长、部长，侨联会主席、委员；上海统计学会第二、三届常务理事。合著有：《投入产出法入门》《国民经济综合平衡统计学》《国民经济统计学》《工业企业统计学》《经济效益统计学》。工具书合编有：《统计工作手册》《中国经济统计实用大全》《中国企业会计统计全书》。《上海证券年鉴》主编、副主编。曾获"上海市妇女'六好'积极分子"奖状（1981年）、"上海市三八红旗手"称号（1982年、1984年）、"上海市老有所为精英奖"（1996年）。

一

我是江苏江阴人，在上海出生，在上海长大。1947年上海南洋模范中学毕业，1951年上海财经大学毕业，那时候叫上海财经学院。[①] 毕业后就留校了，做助教。当时姚耐院长决定从我们班里招30多个人充实师资力量，我们班总共只有100多人。1952年，财经学院送我到中国人民大学读研究生。1955年我毕业后回到财经学院，1956年就评为讲师。

我一直从事统计专业教学与研究。1958年上海社科院成立，我就进到经济所统计组，从事统计研究。经济所当时大概有150人，[②]地址在陕西北路荣家花园。主要结合当时的形势做些研究，

---

① 1985年9月，上海财经学院更名为上海财经大学。
② 陕西北路186号荣宗敬故居。1959年，经济研究所全所职工人数169人，其中专业科研人员86人。参见《上海社会科学院院史（1958—2008）》，上海社会科学院出版社2008年版，第192页。

比如统计如何为党的中心工作服务;也搞些统计理论研究,比如讨论统计学的研究对象。其间,我也下过厂,理论联系实际嘛。那时候叫作"两参一改三结合"①。社科院很重视理论培训。1962年时,我们读了一年的《资本论》,孙怀仁、王惟中老师教课,大家很认真,要写读书心得。1968年我就到干校去了。从1958年到"文化大革命"开始,除了去工厂调查研究,印象深刻的还有一件事,就是1961年调查上海的重点棚户区。我到上海有名的棚户区番瓜弄、药水弄进行调查,写了调查报告。这项工作是城市组组长徐盼秋同志领导的。我体会到上海的住房问题是急需要解决的。我们社科院既注重理论研究,也注重实际。

1970年"四个面向",②我到崇明东风农场,待了5年,做农场的中小学校长。1975年,又到了农场局干校当老师。1978年,上海社科院复院,我就回来了。那时候经济所分为一所、二所、三所,统计在二所,我到了部门所的统计室,所里人比较少,我们又招了几个人。我先参与写了《投入产出法入门》。③ 投入产出研究当时在国际上已经很普遍了,但是在我国还是新的东西,所以我专门到北京学习,听专家讲投入产出,讲国民经济核算。当时,全国要搞投入产出的试点,先是在山西统计局。在上海,市统计局、社科院、复旦、财大等校也开始试编上海地区1978年度投入产出表。我和

---

① 1960年3月,毛泽东在中共中央批转《鞍山市委关于工业战线上的技术革新和技术革命运动开展情况的报告》的批示中,以苏联经济为鉴,对我国社会主义企业的管理工作做了总结,强调要实行民主管理,实行干部参加劳动、工人参加管理、改革不合理的规章制度,工人群众、领导干部和技术人员三结合,即"两参一改三结合"的制度。
② 即面向农村、面向边疆、面向工矿、面向基层。
③ 柴作揖、孙恒志、俞文华合著,江苏人民出版社1984年版。

工业室的孙恒志带了复旦的 6 个毕业生去纺织部门参加这项试点工作。那时是 1979—1980 年。当时也遇到一些困难，工厂不明白投入产出的概念，而且缺少资料，于是我们就到他们的财务部门找到生产费用表，一项一项研究。我们从仓库拿了很多表格，花费了很长时间整理。孙恒志会用电脑，这帮了很大忙。后来我们写了两篇报告。① 这两篇报告是内部资料，没有出版，但是很重要，以前没有人搞过这个。后来山西统计局要搞试点，中国社科院的张守一、刘英老师在那里试点，给我们写信，认为我们这个报告有参考价值，我们就给他们寄去了。在这个基础上，我们写了《投入产出法入门》这本书。虽然这个研究方法是当时国际上的方法，但我们写得比较普及。我们的特点就是"早"。

第二本书是学科建设方面的，我们研究室写了《国民经济统计学》，获得了上海社科院优秀著作奖。② 当时国家的核算体系正在改变，原来有两种体系，一个是苏联的，一个是美国的。我们原先是沿用苏联的。后来国际上有一个标准，就是 SNA。我们认为原来的那一套体系不适用了，所以搞了新的一套核算体系。"国民经济统计学"这个名称是我们第一个用的，后来用的人就多了。以前我们的经济统计有两种，一种是部门统计的总和，还有一种是综合平衡，而我们是把国民经济统计作为一个整体系统来研究。

后来又编写了一些教材。在刚刚恢复建设的初期，大学里面

---

① 《试算上海一九七八年度投入产出表的情况》《上海纺织部门一九七八年度投入产出表的编制》。
② 上海社会科学院出版社 1989 年版。

缺少教材。教材编审委员会要各个单位赶快写教材。我除了写《国民经济统计学》外,①还跟李展一老师合写了《工业企业统计学》。② 这本书发行量很大,后来再版。以前的企业只管生产,不管销售。我们这本书增加了很多销售方面的内容,而且书的体系比较新颖,比较系统,也比较实用。我也花了3年多时间编写《经济效益统计学》。③ 这本书是为全国高等学校统计专业编写的教材。那个时候我们不知道怎样建立一门经济效益统计学,我们就到北京等地开会,国家统计局、工统研究会的老师也都参加,多次研究讨论,从拟定大纲到最后定稿,历时3年多。此外,我也发表了一些论文,还编了一些工具书,如《统计工作手册》《中国经济统计实用大全》《中国企业会计统计全书》。前一本是合编的,后两本我是副主编。

我1991年12月退休。退休以后,我又从事编写《上海证券年鉴》。1990年11月上海证券交易所成立,为适应上海证券市场的发展需要,我们所与中国人民银行上海市分行、上海证交所决定联合编辑出版《上海证券年鉴》。厉无畏所长与我任主编。这部年鉴也是国内第一部证券年鉴。从1992—2001年,我做了10年主编。所以我对那时的证券市场的发展还是比较了解的。我还做了硕士生导师,我的聘书一直发到2004年,主要讲授统计学、工业统计、经济统计。

---

① 上海人民出版社1991年版。
② 上、下册,李展一、俞文华主编,上海科学普及出版社1987年版。
③ 祖延安、俞文华、吴宣陶合编,中国工业出版社1993年版。

二

1984年10月,我被调到了院统战部工作。到1987年3月,我一直做副部长。这时我又回到了部门所,同时还兼任统战部部长,一直到1988年6月。主要的工作就是贯彻落实党的统战方针政策,做好民主党派和无党派人士、知识分子的工作,以及落实归国侨胞、台湾同胞政策等,如帮助台胞解决住房、职称、子女读书等问题。我们院里有7个民主党派,层次比较高,年龄比较大,人数比较多,还有很多无党派知识分子,我们要重视发挥他们的作用。

上海社科院很重视统战工作,不论哪个领导都告诉我一定要做好统战工作。统战工作如果做得好,对祖国统一、振兴中华将起到非常重要的作用。统战工作与做学问不一样,它的政策性很强,必须要严格执行;而且要做好沟通,处理好各方面的关系。我到统战部工作时职称是副研,于是跟当时院党委组织部长雷德昌说我还想搞科研,他说让我干几年统战工作再根据情况考虑。所以后来回部门所后,我又开始努力搞科研。在统战部时,我是在周末和晚上搞科研的。1990年,我评上了研究员。

从1988年开始,我还做了侨联工作,大概10年。做了3年院侨联主席,后来因为年龄关系,做了7年委员。社科院大概有200多个归侨和侨眷。从1993年3月—2000年3月,我又做了2年退休总支书记、5年总支委员。这些工作我是边做边学习。我服从分配,党叫我做什么我就做什么。我退休后又做了这些工作,而且还继续做科研。1996年,上海市委宣传部给了我"老有所为精英奖"的荣誉。

采访对象：袁恩桢　上海社会科学院经济研究所原所长、研究员
采访地点：袁恩桢所长寓所
采访时间：2014 年 10 月 20 日
采访整理：张生　上海社会科学院历史研究所副研究员

从青春无悔到白发苍苍：
袁恩桢所长访谈录

被采访者简介：

袁恩桢　1938 年 3 月生，1956 年考入上海财经学院，1960 年毕业于上海社会科学院。主要学术专长为理论经济学。曾任上海社会科学院经济研究所所长、学术委员会主任、上海市经济学会会长。俄罗斯社会科学院院士，国家级有突出贡献的中青年专家，享受国务院特殊津贴。主要学术成果有：《市场经济概论》（专著）、《改革十谈》（专著），《社会必要产品论》（合著）、《计划与市场》（合著）、《温州模式与富裕之路》（合著）、《社会主义初级阶段经济问题》（合著）、《双重运行机制论》（合著）、《商品经济与社会主义》（合著）、《公有制的

命运》(合著)、《毛泽东思想大系——经济卷》(合著)、《中国私营经济：现状发展和评估》(合著)、《中国特色社会主义经济》(合著)、《透视浦东、思索浦东》(合著)、《扩大内需论》(合著)、《国有资产管理,运行与监督》(合著)等。

一、经济所与我

我是1956年后留在院里的。1958年上海财经学院与华东政法学院合并,成立上海社会科学院,算是本科毕业,社科院当时是有本科生的,把上海财经学院和政法学院的本科生都接收下来,当时进入经济研究所的我们财经各系有10个人。"文化大革命"以来,最后留在经济所里的还有4个人,6个人都到其他地方去了。到了经济所以后,我直接分到政治经济学研究室,当时主任是雍文远。雍文远是中国第一本《政治经济学》的主编之一。在他领导下,这个室相当活跃,他会用人、信任人。老教授里面,有几个是比较出名的。一个是沈志远,他实际上是1956年经济研究所成立时的第一任所长,1934年写的《新经济学大纲》风行全国,无论是白区还是解放区,都相当有影响,他是留苏学生,在解放初的"三反""五反"当中,在反右整风过程当中,[①]他是被当作大老虎来打的。当时因为总体上面,全国"左"的东西比较盛行。他的个性比较强,相当

---

① 采访者按：袁恩桢教授原话为"文化大革命"当中,此时实为整风"反右"运动。

有特色。

讲一个很风趣的故事。在一次反右斗争大会上,有人当面质问他,怎么连毛主席都晓得你,开除你出党。毛主席为什么要批判你?他的回答是蛮巧妙的。他说不仅毛主席批判我,连斯大林都批判过我,这话一出,整个批斗会都轰动了,大家都像听新闻一样听他说,斯大林是怎么批你的?他说,1947—1948年,他在东北铁道上,因为修筑一条铁路支线去向的问题,与当时铁道兵团的苏联顾问发生意见分歧,不听苏联顾问的意见,后来苏联顾问向苏联专家团的总顾问告状,总顾问就向斯大林告状,刘少奇访问苏联的时候,斯大林就跟刘少奇讲了,你们国内有人反对我们。后来,上面就找到沈志远,问他到底怎么一回事情?沈志远向刘少奇原原本本地解释当时的情况,刘少奇认为沈志远的意见完全是对的,但是不管怎样,一定要向斯大林写检讨。这个事情最后不了了之。但是沈志远由此从铁道兵团调到了上海。

沈志远是经济学大家,1957年被打成右派,但是民革主委很快就将他解放了。1962年他写了一系列文章,其中第一篇是关于《按劳分配的若干问题》,这篇文章在《文汇报》上发表了,是对过去大锅饭体制不按劳分配的批判。这篇文章发表以后,在社会上反映比较好,但是市委的主要领导柯庆施一看到就火了,在全市的干部大会上就批了他,说这样一个人,怎么可能为我们党所重用?所以,以后他的文章就发表不出来了,包括后来的一篇关于社会主义初级阶段的文章。尽管沈志远被批判,但所内人员对他相当好。

还有一个就是王惟中,王惟中教授也相当有特点,他留学德国和奥地利。王惟中是当时在高校里同时开西方经济学、马克思主义经济学包括资本论课的教授,这在国内学者里是少有的。解放以后,还是研究资本论,是国内研究资本论比较有名的学者。20世纪60年代初期的时候,社科院提出"师傅带徒弟",他带了两个学生,这两个人很快公开发表文章。60年代以前,要在上海发表文章是相当难的,社科院没有刊物,只有一个《学术月刊》,还有北京几个刊物。在那个时候,他们两人在王惟中的指导下,发表了有独立思考的文章。当然观点还是王惟中的。

再一个是孙怀仁,他和雍文远的观点比较相似,他是上海经济学家中的多产作家,有大量的文章发表在报纸上,在经济所和社科院里面是比较出名的。一些中青年学者的力量还是比较强的,所以我刚进社科院的时候,真的是觉得压力很大,要在这个环境中站住脚,只有拼命刻苦,努力奋斗。

再说副院长兼所长姚耐,他自己不太写文章,但是组织、提思路都很强,他信任下级、信任下面的研究人员,为研究人员开路,这个工作做得相当好。他特别注意组织科研人员,尤其是中青年科研人员要认真学好基础理论。1959年,那时候还是中国科学院上海经济研究所与上海社科院经济所两块牌子,大跃进时期,对于价值规律的研究十分重视。北京方面的经济研究所跟上海社科院经济研究所,召开全国学界研究价值规律与按劳分配的大会。这是解放以后,经济学界第一次全国性的学术大会。在这次大会上,大家普遍认为,北京经济所基础理论好,上海经济所调查研究好,实际上,这对上海经济研究所提出了某种批评,就是我们的中青年研究人员理论基础不扎实。这种情况刺激了姚耐所长,他下决心要加强中青年的理论学习。组织我们学习凯恩斯的代表作《就业、利息和货币通论》,学了大概两个月吧,更重要的是在1962年,他组织全所的科研人员学习《资本论》三卷,办了《资本论》学习班,其他的研究业务都停下来,请了一些《资本论》研究权威来讲课,经济所的王惟中、孙怀仁(后来是社科院副院长)、雍文远,还有复旦的《资本论》的译者——厦门大学校长王亚南,都是第一流的学者给我们讲课。学习班以授业为主,大组讨论,小组讨论,所以我的《资本论》上面记下了老师主要的讲话和我们学习的心得,我写文章的基础,都是这个学习期间打下的,加上后来"文化大革命"期间,我把主要马列著作、斯大林著作中有关经济的部分都翻了一遍。

1966—1968年,三年干校后回到上海。我到了政治经济学编写组的经济组,我们都是外围,待了两个月就出来了,当时雍文远在这个组里面,搞一些经济调查。

二、复院以后

上海社科院恢复以后,我于1978年底重新回到经济所。当时就有一种激情,希望把"文化大革命"10年当中损失的研究时间补回来,所以相当吃苦和刻苦,写了不少文章,那段时间应该是个高产时期。比如,在社会主义初级阶段大讨论中,《文汇报》总编马达向我约稿,我写了一篇《为什么要讨论社会主义初级阶段》,这篇文章的社会影响比较大,还有一些文章是针对拨乱反正的。同时,我也参加了很多全国性的会议,比如1979年4月在无锡召开的价值规律研讨会。这是经济学界粉碎"四人帮"以后相当重要的会议,关于中国经济体制改革的计划与市场的基本思路就是在这次会议上确定下来的。当时全国主要经济学家都参加了这次会议,发表自己的观点。大家普遍认为,要改革,就要抛弃僵化的计划经济体制,但是在改革的初期,计划经济还是要的,同时需要市场的手段作为补充。我参与的主要是相关政治经济学的分析。

1983年春节以后,中国哲学社会科学规划办要确定规划项目,我参加了这个会议,争取到政治经济学项目立项。当时立项的有5家,代表这5家机构的分别是中国社科院经济研究所许涤新,中央党校政治经济研究室主任,黑龙江大学校长,四川社科院院长,还有一家就是我和雍文远。这个项目争取到以后,我们全力以赴,把政治经济学研究室的骨干全部放进去,一共14人做这个项目,1985年12月结项,拿出了《社会必要产品论》。这本书主要是雍老的观点加上大家的智慧,这在5家承接政治经济学课题的项目组中是第一本。第二年这本书就获得了首届孙冶方经济学著作奖,是中国经济学上的大奖。为什么这本书能够获奖?当时的评价是:结构新颖(实际上我们参考了资本论的结构),以社会必要产品为核心,提出了三种运行机制,提出了社会劳动的基础的问题,是一本有观点的作品。这本书得奖以后,回到上海,我们受到了市委和市政府主要领导芮杏文、江泽民在上海西郊宾馆的接见。这是我第一次进西郊宾馆,当时江泽民坐我旁边。书印出来以后,各方面都来要,我们买了500本书,送给各方面的友好人士。后来,我接到市委研究室主任的一个电话,说陈国栋想看看这本书。于是,我又联系出版社,从他们那里又弄出来一批书。这个项目打响了经济研究所在全国学界的名气。

1986年,我组织了温州模式研究。因为当时对温州经济发展的方向，社会上有很多争论，中央的某些领导甚至说温州模式是资本主义的，所以温州的同志都有些紧张，希望上海理论界为他们做一些公正的评价。他们把所有的材料都提供给我们看，我们下去调查，他们陪同，关键部门和场所一律放行，我们在温州调查了一个月，回来又是一个多月，研究提纲，写成初稿，最后统稿，全部时间加起来三个月，第二年就出书了，名为《温州模式与富裕之路》。书中，我们总结了一条，就是温州经济发展的模式是"以家庭工业、以商品市场为两翼，以个体经济、私营经济为基础"。研究温州模式的人很多，我们这是专著性的第一本，效果很好。这本书正式出版，还在院里开了新闻发布会，课题组 10 个人一个一个上台讲话。院刊、所刊都刊登了有关文章，这个课题时间短，影响是比较大的。所里发了 3 000 元，大伙的住宿费、伙食费全部在这 3 000 元里面，根本谈不上劳务费，所以我们是精打细算地做了这个课题。

从温州模式的项目开始，我们接触到私营经济的课题，之后又承接了一个国家项目。其中还有一个小插曲，就是接触到了上海爱建公司。这个公司的性质是公有的，不拿分红，深入研究了一段时间，认为应该恢复爱建公司私人企业的性质。整个 20 世纪 80 年代，上海民营经济发展相当滞后，从指导思想上也是，上海是国有经济、外资经济的天下，民营经济没有它发展的余地。那么我们提出把爱建公司作为私营企业体制创新出来的话，爱建公司不仅是全国最大的民营企业，而且对上海民营企业发展有帮助。《新闻报》的记者找我，我谈了这个观点，但是学界有所不同，而且爱建公司、政府也不赞同。

上海总归是国有企业最集中的地区，对于国有企业的研究，在我们经济所也是一个重点。对于国有企业的研究,我们做了一系列的调查,提出了一些观点,合乎实际也可操作。我当时讲到,国有经济主要问题是改革滞后,就是国有企业作为市场经济的主体,应当自负盈亏,自主经营,自我运作。这么一个主体地位不能确立,政府还是牢牢控制,上海相当一部分国有企业机制滞后,比如企业的经营者一方面要看着市场,一方面要看着政府,两只眼睛盯着不同的对象的话,这个企业的效益肯定上不去。但这些问题到现在还没有解决。应该说我们经济所在这个问题上做了大量工作,做了充分的研究。

无论是《社会必要产品论》还是温州模式的研究,或者关于国有企业的研究,都是我们自己提出来研究,而后列入国家、市的规划。

三、主持经济所工作

孙怀仁过世后,我就开始主持经济所工作,所里理论研究相对比较到位,但是最大的问题,是所里科研人员太穷,规划课题也很少,《社会必要产品论》当时经费是4万元,全国哲学社科规划是500万元——2公里的高速公路修建费用。一定要解决这个问题。我们发挥自己特长,经济史与经济思想史室,他们是以编厂史出名的,我们就开辟了编写厂史的路子,每本厂史3万—4万元经费,也有贡献。厂史的研究我们不仅请经济史室做,包括理论的也参与,所里提成一点,然后大家分配,增加些收入。

关于研究,要尊重个人劳动,好的研究项目,往往是科研人员自己挖掘出来的，因为其具有研究功底和基础，知道创新价值。不能完全依赖北京和上海的规划。同时，处理好理论研究和决策咨询的关系。地方政府对地方社科院的要求是，你要为我服务；上海社会科学院有全国性的一面，不仅仅研究上海，而且要有中国、国际。在这个过程当中，不能把过多精力放到决策研究上，还是要有基础理论研究。实际上，决策咨询研究也取决于基础理论研究的高低，党和政府部门的决策咨询也很强。

在市场经济大潮里，科研人员如何定位？我最近看了习近平总书记对文艺工作人员的谈话，不能做市场经济的奴隶。我想，这对于文化领域、理论研究领域同样适用，经济研究也同样，保持理论上的信念，理论上的清醒。从我个人来讲，正是因为理论研究上能够有所突破，社会上才能承认。1983年，评为助理研究员；1987年，我被破格评为研究员。在一次大会上面，张仲礼院长就讲了，我们有了一个50岁以下的研究员，这是破格提拔的。他让我讲话，我说虽然我不到50岁，但也有49岁了，我不希望我们的研究人员到了白发苍苍的时候才被评为研究员，让更多年轻的研究人员成长。我一生都在社科院，为社科院奉献了一生，也从社科院得到很多，我的心态是比较平衡。对我影响最大的，不是一个人、两个人，而是社科院经济所这个学术氛围，有竞争、有合作，是一个很重要的成长空间，始终环境相当好。科研人员一定要有自己的科研方向，钻进去，坐得住，社科院包括我们经济所，集体研究能出成果，但一定要在个人研究的基础上。

采访对象： 张开敏 上海社会科学院人口与发展研究所原所长
采访地点： 上海市徐汇区中心医院
采访时间： 2014年12月19日
采访整理： 徐涛 上海社会科学院历史研究所副研究员

学问贵在持之以恒：
张开敏所长访谈录

被采访者简介：

张开敏 1925年生于上海，祖籍江苏南京，中共党员。曾在上海财经学院、上海社会科学院经济研究所任职助教、讲师。1978年底开始从事人口科学研究。1979年到上海社科院部门经济所，时为副研究员，并任人口研究室副主任。1984年创立上海社会科学院人口与社会学研究所，任所长，1987年更名为人口与发展研究所，现名城市与人口发展研究所。1994年3月退休，享受国务院特殊津贴。历任中国人口学会常务理事、中国老年学会理事、上海市老年学会会长、上海市人口学会副会长。张开敏一生致力于中国的人口科学研究工作,是我国最早开展人口老龄化问题研究的学科领头人,主要论文有《记取历史教训、开展人口研究——回忆五十年人口学的一场论战》《控制人口与发展经济》《谈谈老年人口学》等;专著有《上海人口迁移研究》《上海老年人口》《上海流动人口》等,并翻译出版《六十亿人——人口困境和世界对策》等译著。2011年11月,获得中国人口学会颁发的"中国人口学会终身荣誉会员"。[1]

一、"文化大革命"之前的经济所

我1951年毕业于上海光华大学经济系,先是分配进入上海财经学院工作。1958年上海社会科学院合并成立,我当时在浦东参加"万人检查团"的工作,忽然接到通知,叫我到陕西北路186号上海经济研究所报到。我也随之正式成为上海社会科学院的一员。

当时经济研究所的领导是黄逸峰。在20世纪50年代,黄逸峰已是举国闻名,如雷贯耳。我上楼时心中暗想,这一位领导不知是何等威严的人物。赶到办公室时,已有领导在交谈,姜川桂介绍后,黄老态度十分和蔼,问了几句话,大意是原来搞什么专业。因我原在上海财经学院是搞国民经济计划原理和国民经济平衡表工作的,随即分在经济平衡组,与姜川桂、李鸿江、田祥谦

---

[1] 张开敏因病于2017年2月10日在徐汇区中心医院逝世,享年92岁。

在一组。

平衡组不久改为地区组,后又改为城市组。我转入城市组,组长是徐盼秋,这也是一位资深的老革命干部,有着曲折辉煌的革命经历。同组的有邱渊、陈宜宜、洪家敏、俞文华、邵纪泉、孙振坦、蒋克珍、陈松涛等。大家年纪都比较轻,在徐盼秋的带领下,先后做了些调查工作,计有棚户区改造的调查以及上海港码头变迁的调查等。大家深入基层,搜集资料,同时也接受了工人阶级的教育,情绪很高。我们还到上海港务局和海关去查阅外文资料,较具体地了解外国对上海的侵略过程和上海城市发展的历史。最后共同编写了《上海棚户区的变迁》和《上海港码头的变迁》两本小册子,积累了一些历史资料。徐盼秋虽然是一位老干部,身体也不大好,但他对我们这些青年都十分亲切,谈笑风生,相处得十分融洽。我们都亲切地叫他为组长,但有时候,他倒像是一位家长。这些调查都是他出主意,组织安排,给了我们很多具体而切实的指导,使我们得益匪浅。

此外,在老经济所我还不能忘记的是资料室的范平镐老先生。他瘦瘦身材,一副黑边圆框眼镜,彬彬有礼,常带微笑,十分敬业。他对于库存的资料了如指掌,不论中外资料,如有不明之处,有问必答,如数家珍,特别对青年们的帮助很大。当时我最感兴趣的是,可以随时进入书库,随意翻阅图书和资料,得以增加很多知识,得益匪浅。我对这位范老先生也是常念不忘的。

"文化大革命"时期,上海社会科学院解散。我下乡务过农、进厂当过工人。记得有一次在厂里用毛竹搭脚手架。我一个书生,不太会弄,结果搭着搭着,全塌了下来,很是危险。不得不说,当时的工人、农民等劳动人民都很关心我的,一直提醒我要注意安全。

二、进入人口学研究领域

"文化大革命"过后,哲学社会科学重新受到重视,上海社会科学院也正式复院。我被重新召回,不过没有进经济所,而是转入了部门经济所。

我发现中国面临的主要问题之一是"人口问题"。一个国家,这么多人口,即便外国不来打你,你自己吃也就吃穷了。另外,我本来是搞国民经济计划原理研究的,然而没有人口研究作为基础,怎么搞计划呢?我越来越觉得人口问题很值得深入研究下去,遂将自己的全部精力也投入了进去。

这时也有一些老教授、老前辈好心过来劝我:"你怎么跑去搞人口学了呢?人口问题不好搞的!搞不好,有十七八顶帽子好带的。"那时刚刚经历"文化大革命",他们这么认为也是有道理的。但是我认为人口问题是可以搞的,而且会越来越重要,所以就坚持了下来。

1984年,我创立人口与社会学研究所,任所长。当时所里都是年轻人,不过人不多,总共就7个人。人口所的成立与之后的发展,一是要感谢联合国。联合国对我们的支援很大,提供了很多外文资料。这些资料至今还保存在人口所。当时与我交往最多的,一个是加拿大籍的菲律宾人。他自己也没有生育,不过领养了几个不同种族的孩子,一家其乐融融。另一个要感谢中国人民大学人口理论研究所所长刘铮教授。刘教授是人口学领域公认的专家,工作努力,成果等身,当时受到的攻击和非议也很多。我和刘铮教授一直有很愉快的学术合作。

人口的活动无非有两种:一是直线的,即人口繁衍;二是横向的,即人口流动。人不是死的,待在一地不动的。农村人口会向城市流动,城市人口也会因为下放等原因向农村流动。1989年我出版专著《上海人口迁移研究》,讲的就是这个问题。这项研究需要大量的调查工作,幸运的是那时方方面面,如市公安局户籍登记部门、计生委等,都很配合我们的科研工作。

人都是要老的,"老有所养"该怎么办?我也很关注人口老龄化的问题。在《上海老年人口》这本书中,我的主要观点是:既然是国家、社会不让超生,要计划生育,那么人老了以后,国家、社会也要负责任,要推行社会化的养老。

我国的计划生育的人口政策是正确的。20世纪五六十年代,那时我国一个家庭有七八口人很正常,按当时的人口增速,不控制,不得了。即使控制了,现在中国有14亿人口,还是太多了。当年我看到《六十亿人——人口困境和世界对策》这本书,讲的是地球不能再超过60亿人口,以及人口过多所带来的各种问题,认为这本书对中国很有意义,所以翻译了出来,由上海译文出版社出版。那么到底人口多少适宜呢?我认为,这个问题还要看各个国家的社会经济情况,具体问题具体分析。20世纪70年代初周恩来总理提出的"一个不少,二个正好,三个多了"很适合我国国情。我自己也是如此实践的,只有两个孩子,一男一女,而孙辈则只有一个外孙女。

一个研究所，人不在多而贵在精。当时所里科研经费有限，只有一台自动化的油印机，也是国家和联合国赠予的。但是我和所里几个年轻同志的干劲蛮足的。我对所里的年轻科研人员要求，一定要跟上世界人口学的研究进度，对联合国所提供的人口问题研究资料的方法、理论等要吃得透、学得会；另外，一定要熟练掌握电脑和外语。因为人口研究需要大量数据，不是用算盘可以算得出来的。可以说，当时我们人口所在国内是领先的。我记得当时上海市副市长韩哲一有一次要参加一个国际人口大会，需要一篇文章作为发言稿。任务分配下来，复旦大学、华东师范大学的人口所和我们所都各写一篇文章，最终我们所提交的文章被选中了。

我很自豪人口所出了一批人。沈安安当时是副所长，我是所长。后来还有一个左学金。当时联合国给我们所一个名额，到美国去留学读博士，当时有几个人竞争的。我认定说："别人去，不一定会回来，左学金去是一定会回来的。"我看准了这个人，我看人还是看得准的。我能从一个人平常的工作、学习里面看到这个人的品格。

我对年轻人常说："如果你看准了目标，就搞下去！搞学问就是要坚持下去，总会有成功的一天的。不能今年搞搞这个，明年搞搞那个，这样是不行的。"我搞人口研究一辈子，不后悔！

采访对象：张铨　上海社会科学院历史研究所研究员
采访地点：上海社会科学院历史研究所
采访时间：2014 年 11 月 13 日
采访整理：葛涛　上海社会科学院历史研究所研究员

咬定青山不放松的工运史专家：
张铨研究员访谈录

被采访者简介：

张铨　出生于 1934 年，1959 年毕业于华东政法学院，被分配至上海社会科学院历史研究所，从事工运史的研究。"文化大革命"期间先后前往干校、江南造纸厂。"文化大革命"结束后回到上海社会科学院历史研究所，继续从事五卅运动史研究。曾主要参与编、著《五卅运动史料》《五卅运动简史》《现代上海大事记》等，发表论文数十篇。任《史林》副主编、所学术委员会委员，研究员。1994 年退休。退休后继续从事科研，著有《日军在上海的罪行与统治》，并协助创办《烈士与纪念馆研究》。

一、从华东政法学院到历史所

我在历史所前后35年,深刻体会到个人命运与国家政治走向、个人科研成就与努力程度是密切相关的。我1934年出生于江苏省淮阴县,由于祖父是塾师,所以从小受到一定程度的封建文化熏陶。我10岁读小学,1951年毕业于淮阴中学。当时我的家乡已经解放,因家庭经济比较困难,所以没有继续求学,参加了工作。我就职于工农干部文化补习学校。因为解放初期有相当一批工农干部受特殊历史条件影响,文化水平较低,国家为了使这批干部能发挥更大的作用,所以创办了文化补习学校帮助其补习文化知识。文化补习学校是初级班,速成中学要高一层次,再往上就可以进入大学了。当时每个专区有一所工农干部文化补习学校,我在那里工作了4年。

我感到自己还年轻,可以为国家作出更多贡献,于是向单位申请参加全国统一高考。我是作为调干生参加高考的。在填报志愿时,我考虑自己未经过高中系统学习,数理化基础薄弱,所以就填报了华东政法学院,结果被录取了。于是就读华政本科,1959年毕业。华政只有政治法律专业,由于当时不太重视法律,所以毕业生能够对口分配的很少。我被分配到社科院历史所。当时社科院成立不久,除了包括中科院在上海的经济、历史两所,还有华政及财经学院两所高校。社科院实行双轨制,除了科研,还承担教学任务。直至1961年,原华政、财经学院的最后一批毕业生才培养完毕。我们算是第一批。

来到历史所之初,感到所里还是按照科研规律办事的。当时成立了一个研究生班,应该是历史所第一个研究生班了,我也是学员。除了历史所,经济所、哲学所、法学所也都有研究生班。但由于受到国家政治形势的影响,只维持了半年。至于成立研究生班的背景,我后来了解到是因为市委宣传部对社科院几个所的人员构成不甚满意,想输送一些"新鲜血液"。而我原来的专业是政法,属于跨学科;研究生班有助于我这样的人打好基础,提高专业水平,因而感到是尊重科学规律的。当时给研究生班上课的都是名家,如:讲授"中国通史"的是华东师范大学吴泽教授;讲授"经学史"的是周予同教授,他还是历史所副所长;哲学由冯契讲授。研究生班开班半年后,市委宣传部部长杨永直提出年轻一代要作"战士",而不要做"院士",意即走出书斋,走向社会。研究生班就此结束。

那么历史研究怎样才能走向社会呢?当时提倡写"四史",即家史、社史、厂史、村史。我们所就到了国棉二厂,搞厂史工作。之所以选择国棉二厂,是因为该厂在解放前是日本内外棉工厂,具有革命斗争的传统。大革命时期,出过顾正红烈士;解放战争时期,也有好几位同志遭到国民党杀害,斗争一直比较激烈,很有代表性。当时除了国棉二厂外,还选择了原南洋兄弟烟草公司进行研究,由姜沛南、沈以行负责,后来这部厂史得以出版。我们到国棉二厂后,采访了许多参加过革命斗争的老工人,了解他们的工作、斗争、生活情况。我们整理了一个草稿,但最终没有出版。"四清"之前,我们已离开国棉二厂。我与沈以行一起前往中华书局查阅《时事新报》,约有半年时间。中华书局收藏有完整的《时事新报》,

极有价值。所里成立五卅运动组,我就参加了这项工作。当时明确要求整理一套五卅运动的史料书籍。而在此之前,历史所从上海史学科建设的角度出发,已整理出版了一些史料书籍,如关于小刀会起义、五四运动在上海等。有所区别的是:以前出版的史料丛书局限于上海地区,而五卅运动的史料则包括全国。整理五卅运动史料采取"大兵团作战"方式,十几个人一起搞,历时两年多,完成了对基础史料的整理,并按时段、问题进行了初编。"文化大革命"前,五卅运动史料工作就此告一段落。此外,我还写了一篇顾正红传记文章《永不熄灭的怒火》,1961年发表在《解放日报》上。这篇文章由我执笔,署名"上海国棉二厂厂史编写组"。该文获得较高评价,被收入"大红旗稿"。

二、"五七干校"、江南造纸厂与"六连"历史组

1964年历史所参加"四清",业务停顿。一年多后,"文化大革命"爆发。截至1969年,运动主要是在院内开展,搞"斗、批、改""清理阶级队伍",我们参加了市直机关五七干校。社科院编为"六兵团",历史所是"四连"。干校校址在奉贤,现在的旅游专科学校一带,位于海滩,一片荒凉。我们一边劳动,一边"自我改造"。陈丕显、曹荻秋等所谓"大走资派"也曾被带往那所干校,社科院的大小"走资派"、当权派、各类斗争对象,全部集中在干校,一边劳动,一边搞运动。

在此期间,也有个别人因工作需要被抽调至《解放日报》《文汇

报》以及市委写作组。1970年前后,根据毛泽东"四个面向"的指示,一批干部被"解放";一些人被分配至边疆;留在上海的大多前往工厂,去教育单位的很少。当时重新分配工作有一条原则:根据家庭住址就近分配,因此我被分配至江南造纸厂。1970年夏,我来到江南造纸厂"战高温",这其实是对知识分子继续进行改造。1974年,原社科院在"四个面向"的指示下已七零八落,"六兵团"缩编为"六连",下设几个组,其中包括历史组。由于在干校已无事可做,于是"六连"在淮海路设立了办公室,撤离了干校。这个办公室,相当于"文化大革命"后期的上海社科院,与市委写作组有一定关系。我也于当年调回历史组,接受《中国古代发明创造》的写作任务,当时历史组其他人多在从事古籍标点工作。《中国古代发明创造》的署名是"三结合编写组",其中有工人、中学教师,还有丁凤麟与我。我承担了统稿工作。此时"儒法斗争"业已开始,人民出版社编辑一再关照要在书中加入反映"儒法斗争"的内容。1979年社科院恢复后,"六连"人员悉数回到了原单位。组织上还有选择地调回了一些已前往外单位工作的人员,并吸收了一些老专家。

三、真正迎来研究岁月

改革开放以后,我才真正开始了自己的历史研究。我们出版了三卷本的《五卅运动史料》;我与任建树还合著了《五卅运动简史》,在史料的基础上对运动过程进行了描述,初步分析了运动形成的主、客观原因,提出了一些自己的观点,评价了五卅运动在中国工人运动史、中国党史中的里程碑意义。对于《五卅运动史料》，我认为有一个比较可惜之处，就是没有收录各种舆论评价。而我们在搜集史料时，是做了这方面工作的。如果这部分史料还在所里的话，希望妥善保存。将来若有机会，还可出版补编。《五卅运动简史》的执笔，基本是由我独立完成的。我后来还编写了关于五卅运动的大事记。此外，我还参与编写了《现代上海大事记》，还根据自己的兴趣写了十余篇论文。

20世纪80年代末，我担任了《史林》副主编，主要负责工运史、上海史、中国现代史三部分的编辑工作。古代史、近代史、世界史部分由杨善群负责，方诗铭先生担任主编。《史林》主编、副主编署名，就是从我们开始的。《人大复印资料》那时已比较重视《史林》，不少论文被全文转载，后来我当选为所学术委员会委员以及上海中共党史学会常务理事。

退休后，我仍坚持学术研究，主要做了三件事：一是1994年退休后，我应邀来到龙华烈士陵园，帮助整理纪念馆的烈士事迹，以及创办《烈士与纪念馆研究》刊物。历时7年，2001年才离开。纪念馆瓷板画上的文字表述，我全程参与了起草、定稿。我离开前，在《烈士与纪念馆研究》上发表了论文《论纪念馆与纪念文化》。二是2007年，应普陀区文化局之邀，我全程参与协助创办了顾正红纪念馆。三是在中共党史学会组织的"上海抗日战争史丛书"中，负责完成《日军在上海的罪行与统治》一卷。这个领域过去涉及的人不多，也是个突破。现在感觉心有余而力不足，主要是视力大不如前，也不善使用电脑。

四、心得与期待

我总结了"积累、探索、求真、务实"八字方针,供年轻同志参考。第一,我觉得就历史研究工作而言,必须重视积累。不仅积累史料,还要自觉积累理论、知识、科研经验。这是基础工作。如果离开这个基础,研究将难以为继。第二要探索,不能停留在资料积累阶段。只有如此,才能够在前人的基础上迈开新的步伐,或留下一个脚印。我理解探索有三个境界:首先,要尽可能地对研究对象进行客观描述,留下历史全貌,这是解决"是什么";其次,要解决"为什么",即历史上为何会出现此类问题,研究者应进行思考,展开分析研究;再者,要将研究对象置于整个历史链条之中,探索它的历史地位及意义,并提出自己的见解。第三,"求真"非常重要,影射史学会严重歪曲历史。我们研究历史,绝不应受错误导向的影响。第四,我们还要做到务实。将历史与现实相联系,用历史经验指导现实,是历史研究的价值所在。这是我从事学术研究的个人体会。

上海史是具有传世价值的研究课题,历史所作为地方历史学研究机构,应该将此坚持下去。此外,我结合自己退休后的经验,认为研究日本侵华史具有很大的现实意义。我认为研究日本侵华罪行有四大块内容:一是要充分暴露日本侵华战争的恐怖,它是集古今中外战争恐怖之大成。南京大屠杀只是日本军国主义侵华罪行的一小部分。我看到一个数据,日本在战争期间共屠杀我国同胞1 200万。二要痛斥其掠夺罪行。不但是经济资源,还大肆掠夺文化、劳工资源。这方面的研究有待系统化。三要揭露其法西斯统治的实态,这是一种极端残酷的特务统治。四要批判日本侵略者对中国人民的奴化教育。例如,日本在中国各地建立的神社等。深入研究日本侵华历史,我认为至少具有三个重大意义:一是在和平年代,这是很好的和平教育教材;二是若中日交兵,这是很好的动员教材;三是可以使世界人民认清军国主义的面目。我建议历史所可以考虑开展这个课题的研究。

采访对象：郑开琪　上海社会科学院信息研究所原所长、研究员
采访地点：郑开琪所长寓所
采访时间：2014年10月29日
采访整理：张生　上海社会科学院历史研究所副研究员

从《文摘》到情报信息：
郑开琪所长访谈录

被采访者简介：

郑开琪　1929年4月出生，江苏阜宁县人。曾任上海中苏友协翻译，《现代外国哲学社会科学文摘》（简称《文摘》）编辑，爱国中学教师，《外国自然科学摘译》编辑，曾任上海社会科学院信息所所长，研究员，兼任《文摘》总编，社会科学情报学硕士生导师、上海社会科学院学术委员、上海市社会科学研究高级专业技术职务任职资格评委、上海市翻译专业高级职务任职资格评委、中国社会科学情报学会常务理事。学科专长：德语理论语法学和社会科学情报学。专著：《社会科学情报理论与方法》（合著）、《德语名词各格的意义与用

法》《德语介词用法手册》。译著：俄译汉：《瑞典》《七年计划的故事》《人造小太阳》《历史规律客观性》《唯物主义在自然科学中的胜利》《历史唯物主义与现代资产阶级社会哲学》《哲学辞典》《现代资产阶级哲学》；德译汉：《宇宙之谜》《茨威格传奇作品集》《小舟》；英译汉：《水力学中的微分方程及其应用》。主编："当代国外社会科学流派丛书"、《猿猴社会》《上海企业发展史鉴》《当代国外社会科学家辞典》等。

一、《文摘》工作

我从小是个孤儿，是阿姨把我抚养大的。1949年上海解放前，阿姨动员我去香港，我不去，就考取了上海外国语学院。我是格致中学毕业的，工部局的英文教师教读了一个学期，所以我在中学的英文基础还是可以的。1951年毕业于上海外国语学院，我被分配到中苏友好协会做翻译。1955年考入北京外国语学院俄语学院研究生教师班进修，也还算中苏友协系统，毕业时恰逢中苏关系紧张，仍回上海对外文宣部门。市委宣传部部长陈其五老家招两个教师，一个是物理，一个是化学，结果物理老师没去，中苏友协把我派过去了，在那里教外语。教了一个学期，身体不好，很艰苦，没东西吃。我和夫人认识是因为同事关系，一个单位，都在中苏友协，我们就结婚了。我的爱人觉得我的分配是不合理的，向陈其五秘书反映说干部调动，不能这样跨省就一下子过去。他们研究了一下,把我派回来了。回来以后,我就到市委宣传部报到,把我分配到《文摘》编辑部当编辑。当时《文摘》编辑部在社联,社联主要负责协会工作。社联在高安路办公,隔壁两个小洋房,下面是中文杂志编辑部。当时社联和社科院是一个系统,社联主要组织学会,外文学会、语言学会等,工作人员也比较多。1964年,我又到上海外国语学院夜校部德语班学习,直到"文化大革命"开始。

"文化大革命"开始后,中苏友协干部下放到"五七干校",之后有"四个面向",比如工厂、农村、中学和外地,如东北、云南、江西等。那时考虑到我的小孩还小,就把我们分配到上海爱国中学教英语,后来宣传部干部处又把我调回来。当时征求意见,我是想到社科院的,但是最后我还是被分配到文联继续搞《文摘》工作,一直到"四人帮"被打倒。

"四人帮"被粉碎以后,当时蓝瑛同徐盼秋(社联负责同志)谈起,商量还是把《文摘》放在社科院比较好,因为《文摘》是搞国外的学术情报。《文摘》起源于1957年,当时是周煦良负责《文摘》工作,各个语种的人才都需要,我主要是俄语后来又学习了德语。德国总理到中国来,送给毛主席一本《宇宙之谜》,组织一部分人翻译,复旦大学抽调了几个同志,还有农业科学院的老同志,他们弄了一个初稿。我平时主要是搞德语语法,"四人帮"的时候,他们组织了翻译初稿,让我总编、核对《宇宙之谜》这本书。听说毛主席说翻译得不错。[1]

---

[1] 1899年出版的《宇宙之谜》一书,书中不但对19世纪自然科学的巨大成就,特别是生物进化论作了清晰的叙述,而且根据当时的科学水平,对宇宙、地球、生命、物种、人类及其意识的起源和发展,进行了认真的探索,力求用自然科学提供的事实,为人们勾画出一幅唯物主义的世界图景。

二、翻译工作及师友之缘

我后来一直在做德语、俄语的翻译,翻译了一些外国文学作品,共翻译了 3 本德语书、13 本俄语书,后来我主要研究哲学,翻译了很多哲学辞典。我是上海市高级职称德语方面的评委。我 1984 年做信息所副所长,做行政工作,编辑也学了才做的,翻译、校对事情很多。当时信息所党委书记是蓝瑛,我被任命副所长时,出差在汉口,回来以后才知道。收集信息是比较难的,是新的学科,以往只讲情报,是比较抽象的,落实到学术上面,主要是信息如何发挥作用。

蓝瑛对情报所很关心,对我们小一辈的人也很爱护,他经常跟我们讲他如何参加革命的,我们听得津津有味。我的学术成果主要是翻译类和哲学类。改革开放以后,我就提出搞一套国外学术流派丛书,当时做社科研究,国外学术发展究竟如何,大家都不知道,我当时就提出来搞流派,我们社科工作要找对方向,知道朝哪一方面走。我就提出搞 10 个流派。因为看到流派以后可以知道现在社科发展到哪一步。这个工作比较有意义,看到学术流派发展以后,研究人员都有兴趣知道现在学术到了哪一步。在推动社科发展上面起了一定的作用。

我在翻译《宇宙之谜》时有很多感触。这本书里面的材料有很多进化论的东西。翻译时感到非常困难,因为会接触到很多 19 世纪的词,行文与现在完全不同。所以我现在做一本系统的德语语法学科辞典,比如名词,我收集了大量名词,分析名词的规律,还有动词,德语中动词非常有特色。动词分析可以作为德语辞典中领头的部分,把这些都搞全。我以往到上海、北京甚至广州图书馆收集过材料,靠英语研究德语的材料、靠俄语研究德语的材料,预备写一系列的丛书,大概有九大类。

在学术成长中对我帮助最大的师长就是周煦良和张仲礼先生,因为之前《文摘》的很多材料在社联,所有国外的字典也在社联,这是因为周煦良很会买书的,他当时是华东师大外文系的系主任,平时抽空就到社联《文摘》办公室,指导我们每一期刊物,工作很细致。因为上海要搞外国杂志的《文摘》是毛主席提出来的,之后根据中宣部的意见,上海搞的《文摘》一定要是国外的文摘,更好地掌握国外学术进展情况,主要是党中央的意见在引导,做《文摘》工作的同志都信心满满,好好完成中央的任务。

我崇拜张仲礼先生,他是我中学的老师。格致中学第一个学期的时候,他是我的英语老师。张老师是非常好的一位老师,对人处事非常诚恳,在国外得到荣誉回国。我们曾在一个翻译组里,我在张老手下搞翻译,他对我很熟悉,也很关心,是我前进的榜样。我现在身体不太好,社科院有些会议就没法参加。但我感觉现在社科院气象万千,有很多蓬勃发展的新态势。

采访对象：周昌忠　上海社会科学院哲学研究所研究员
采访地点：周昌忠研究员寓所
采访时间：2014 年 10 月 13 日
采访整理：高俊　上海社会科学院历史研究所研究员

探寻科学的哲学基础：
周昌忠研究员访谈录

被采访者简介：

周昌忠　上海社会科学院哲学研究所终身研究员，他自学成才，在哲学研究方面卓有建树，至今已出版个人学术专著 14 部，包括《创造心理学》《科学研究的方法》《西方科学方法论史》《科学思维学》《公孙龙子新论》《马克思主义辩证逻辑基本原理》《西方现代语言哲学》《西方科学的文化精神》《生活圈伦理学》《科学技术社会的伦理学》《中国传统文化的现代转型》《公孙龙子答客问》《先秦名辨学及其科学思想》《科学的哲学基础》等，另有合著 7 本、译著 12 本（包括英文、法文、俄文），校订 4 本；发表论文 30 多篇，其中：《科学哲学导论》

（合著）获国家社科基金项目优秀成果专著类三等奖，上海市哲学社会科学优秀成果著作一等奖；《科学技术社会的伦理学》获上海市哲学社会科学优秀成果著作三等奖；论文《中国传统哲学天人关系理论的环境哲学意义》《后现代科学实在论》获上海市哲学社会科学优秀成果论文三等奖。曾四次被《新华文摘》全文转载相关论文。译著有的被收入商务印书馆"汉译世界学术名著丛书"。还曾担任全国自然辩证法名词审定委员会委员，曾参与国家和市课题，负责院重大课题。2003年，获聘为上海社科院科技哲学特色学科带头人、终身研究员。2006年退休。2010年获聘二级研究员。

一

我1943年出生于上海市，父亲是普通职员，小学就读于徐汇区的培华小学，读小学的时候上海已经解放；1958年升入日晖中学高中部；1959年3月，为发展上海的无线电子工业，日晖中学的高中部被升格为上海无线电工业学校，于是我就成为这所新成立的中专学校的学生。

1961年我从上海无线电工业学校毕业，随即我于当年8月参加中国人民解放军。我所在的部队是驻扎在苏州的27军，当过通讯兵、炮兵和步兵。1965年1月，我从部队复员，此后不久，我转业到了上海机械进出口公司。

"文化大革命"期间,我倒是静下心来读了好几年书,还自学了外语,这段时间是我自学最努力的阶段,当时对于自然辩证法及科学技术哲学特别感兴趣,就集中时间研读这方面的著作。"文化大革命"后期,因市里有个外国哲学著述的翻译工作需要,我参与其中的一些工作,翻译和发表了不少译稿。

二

1978年,"文化大革命"中停止运转的上海社会科学院正在筹备复院工作,哲学所的傅季重先生推荐我来哲学所工作,后来我就在当年进入上海社会科学院工作。当时的哲学所也正处于恢复重建时期,也许是"文化大革命"耽误的时间太久吧,同事们都很热衷学习,我开始将兴趣点集中在逻辑、自然辩证法及科技哲学领域,同时兼及哲学原理的研究。随着哲学所工作走上正轨,学科建设也提上日程。1987年我受聘为哲学所副研究员,1992年受聘为研究员。这一时期,上海社科院哲学所的科研队伍也逐渐壮大起来,并和复旦大学哲学系、华东师范大学哲学系经常联合举办各种类型的学术会议。复旦大学哲学系邀请我担任该系的兼职教授及博士生导师。

现在回想起来,20世纪八九十年代的上海社科院科研氛围真是很端正,老院长很重视国际学术交流,当时还为科研人员开办了外语学习班,免费帮助科研人员提高外语水平。后来这项培训计划被取消了,很可惜。建议新领导能重视科研人员的外语学习,恢复这一培训活动。

我可以说是自学成才,因为时代的因素,我没有就读过正规的大学,但是我觉得来上海社科院工作后,这里就像是一所大学,科研人员不需要坐班,有足够的时间查阅资料,经常还有各种类型的国际学术会议,有助于拓宽知识视野。20世纪90年代后,我陆续担任了哲学研究所科学技术研究室主任、所学术委员会委员、院特色学者、上海市社会科学界联合委员会委员、上海市哲学学会理事、上海自然辩证法研究会理事等学术兼职。我觉得对于学者来说,最重要的是要安于平静,不要轻易受外界干扰,心无旁骛才是治学之道。

三

我从事哲学研究数十年,经常有年轻同志就哲学到底研究什么,哲学和科学的关系是什么等与现实相关的问题与我讨论,我自己也时时思考这个问题,2013年《哲学分析》刊载了一篇我的访谈录,是哲学所郑晓松同志和我的对话,其中就涉及这个问题。最近我在刚刚出版的新书《科学的哲学基础》中,系统地做了回答。

我们说科学的根基系于哲学,厘清科学与哲学的关系,要搞清楚我们在什么语境下才能说自然科学具有哲学基础。如果你对一个普通的科学工作者说,科学的基础是哲学,他肯定讽刺你瞎扯,说两者是风马牛不相及的;但如果在哲学的语境下,这却是再自然不过的论题了,哲学从诞生之初——古希腊的自然哲学时期——一直到今天,科学和哲学的关系问题始终都是哲学家思考的一个重要问题。最后,我们强调科学的哲学基础,并不是标榜自然科学的发展完全依赖于、取决于哲学,也不是要去鼓吹哲学对科学的所谓指导意义,而是站在哲学的层面对自然科学的本性和基础进行宏观的、总体性的审视和反思。

采访对象：费成康　上海社会科学院法学
　　　　　研究所研究员
采访地点：上海社会科学院老干部活动室
采访时间：2015年1月26日
采访整理：高俊　上海社会科学院历史研
　　　　　究所研究员

学术研究的长远意义：
费成康研究员访谈录

被采访人简介：

费成康　曾任上海社会科学院法学研究所宪法研究室主任，研究员，历任上海市第八、九、十届政治协商委员会委员等职，被上海社科院确定为特色学者。主要从事法制史、中国传统文化、港澳台法律比较研究。著有《澳门四百年》(中、英文版)、《中国租界史》《中国的家法族规》《薛福成》《上海路名的沿革》等，其中：《中国租界史》获中国图书奖二等奖，上海市哲学社会科学优秀著作二等奖；《中国的家法族规》及作为主编之一的"祖国大陆与香港、澳门、台湾地区法律法规比较丛书"获上海市哲学社会科学优秀著作三等奖。英文版《澳门四百年》获首届澳门优秀著作奖。

一

我于1949年9月下旬,也就是中华人民共和国成立前几天,生于苏州。7岁的时候来到上海。我父亲是在上海的一家单位工作,50年代的时候曾被评为上海市先进工作者,我当时在读小学,为此感到很光荣。中学的时候,我的成绩还不错,读的是育才中学,是一所重点学校。"文化大革命"的时候,我于1968年从育才中学毕业,然后参加上山下乡运动,来到崇明县的前进农场务农。在农场结识了一些朋友,他们有的原来在华东局机关工作,"文化大革命"爆发后因为某种原因被下放到农场劳动,也有一些出版局来蹲点的同志,从他们那里学习到了一些知识,自己也在劳动之余努力学习。1975年初,从前进农场上调到位于虹口区的上海机模厂工作,厂房就在提篮桥监狱对面。10多年前旧地重游,发现那里已是新建的住宅。

由于在农场工作时认识的出版局同志介绍,1976年初,我得以结识浦增元先生[①],浦先生"文化大革命"前在上海社科院工作,这个时候他在五七干校从事"三国史话"编写组的工作。浦先生觉得

---

① 浦增元(1928—2012年),中国著名的宪法学家。上海嘉定人,中共党员。1947年考入东吴大学法学院,1951年毕业后留校任教。1993年获国务院特殊津贴。曾任上海社科院研究员、硕士生导师,上海社科院法学所宪法室主任、副所长,《政治与法律》杂志副主编、院学术委员会委员,兼任上海市人大常委会立法咨询员、中国法学会宪法学研究会副会长、中国政治学会理事、上海市法学会理事兼宪法学研究会总干事、上海市政治学会副会长等职。

我可以做一些文字工作，就建议我参加这个小组，这样我就来到位于漕溪北路40号的编写组。

"文化大革命"结束后，1978年恢复研究生招生工作，我就报考了华东师范大学中国近代史方向的研究生，当时考研究生需要参加外语考试，这被许多有志于报考者视为畏途。好在我在农场时期就没有放弃学习外语，此后一直比较重视外语学习，所以外语成绩考得特别高，顺利地通过了研究生考试，师从著名史学家陈旭麓先生。

陈旭麓先生对学生特别关心，在读研究生的时候，我曾经从事过薛福成的研究，有一次陈先生还抽空陪我去无锡的薛福成故居进行实地考察。在无锡期间我的提包被偷了，还是陈先生帮助支付了随后的考察费用。陈先生在学术上也非常提携学生，在他的指导下，我们合写了《邹容和陈天华》一书，作为上海人民出版社的"祖国丛书"出版。当时陈先生住在师大二村，距离我们研究生宿舍不远，我们和老师没有隔阂，想去找他随时就过去了，他经常帮我们看稿子耽误了他自己的时间。实际上，不只是他的研究生，系里的中青年教师和一些慕名而来求教的学者他都很热心地接待和帮忙。

1981年年底，我硕士研究生毕业，随之进入上海社会科学院的《上海手册》编辑部工作，原本是打算出版类似"年鉴"的刊物，后来出版了《上海经济1949—1979》，我负责撰写了"上海行政区划的沿革"章节。后来我又参与了上海社科院出版社的筹建工作。

1985年9月，我调到上海社科院法学所，在法学所一直工作到退休。回首这些年所从事的研究，可以说主要有三个方面：第一，有关澳门历史的研究;第二,有关中国租界的研究;第三,关于家法族规的研究。让我感到欣慰的是,这三个方面的研究都得到了学术界同行的肯定。

二

我开始从事澳门历史的研究是在20世纪80年代初期,当时并没有条件去澳门进行实地考察,是在澳门以外看澳门。国内从事澳门研究的老先生,大多外语比较薄弱,我写《澳门四百年》这本书的时候,大量使用了英文资料,而且当时国外学者从事澳门研究的也不少,我在书中对这方面的学术信息也进行了梳理。该书在1987年出版后一段时间内影响很大,曾被澳门大学教授作为教材使用,有澳门朋友说《澳门四百年》这本书在澳门独领风骚10年。澳门回归之前,《葡萄牙如何逐步占领澳门的研究》又获得了国家社科基金的立项。

在致力于澳门历史研究的过程中,我考证、校订了一些常识性的错误。比如在1999年12月澳门回归祖国的前夕,闻一多先生的《七子之歌》传唱一时。该诗的第一节是写"澳门",诗文如下:

> 你可知"妈港"不是我的真名姓?
> 我离开你的襁褓太久了,母亲!
> 但是他们掳去的是我的肉体,
> 你依然保管着我内心的灵魂。
> 三百年来梦寐不忘的生母啊!

请叫儿的乳名,叫我一声"澳门"!

母亲 我要回来,母亲!

这些诗句震撼人心,充满了爱国激情,但也有一个明显错误,就是弄错了澳门被葡萄牙"掳去"即被葡萄牙侵占的时间。由于此诗于1925年7月发表在《现代评论》上,诗中描述澳门已被葡萄牙"掳去"了"三百年",这就表明作者认为澳门于1600年左右便离开了祖国母亲的怀抱。但历史事实表明,1553年中国官府只是允准葡萄牙人在澳门就船贸易。此后直到1840年鸦片战争爆发前夕,中国政府在澳门一直充分地行使着国家主权,在澳的葡萄牙人一直作为中国皇帝的子民才得以在澳门居留、贸易。这是因为当时的葡萄牙只有100余万人口,葡萄牙本土距澳门又有数万里之遥,葡萄牙人自里斯本乘船至少需航行一年半时间才能抵达中国,集结到澳门的葡萄牙人最多只有数千人。而当时的明朝则是个有数百万平方公里疆土、接近一亿人口的大国,葡萄牙人在入居澳门前与明军的几次军事冲突均以惨败告终。在葡萄牙人入居澳门后不久的1580年,葡萄牙本土被西班牙兼并。不久,来到远东的荷兰人、英国人也成了他们强劲的敌手。1630年,荷兰人攻占马六甲后,在澳葡萄牙人几乎断绝了与印度和葡萄牙本土的联系,如同围棋中的一片孤子。过了10年,恢复了独立的葡萄牙在随后的20多年间倾全力与西班牙等国作战,根本无暇顾及在远东的据点。紧接着,中国便进入长达百年的康乾盛世,这就使在澳葡萄牙人更加无法与中国政府对抗。这样,在入居澳门的近300年间,当地的葡萄牙人须服从当地中国官员的管辖,须向中国官府交纳地租银,并须向中国官府纳税。他们如有违反中国法令的意图,就会遭到当地中国官员的痛斥甚至严惩:"尔等在澳居住之人,既在天朝地方,即应遵奉天朝法度";否则,"必重治尔等之罪,不能宽恕"。这些葡萄牙人为了能在澳门继续居留,都尽可能避免与中国官府冲突,甚至尽力博取中国皇帝的欢心,表明他们"世世沐浴圣人化,坚守臣节誓不移"。

中国政府无法在澳门行使国家主权,始自 19 世纪 40 年代。鸦片战争期间,英军于 1840 年 8 月进攻关闸,驻守澳门半岛的中国军队被迫撤离,使中国政府首次失去了对澳门半岛的军事控制。鸦片战争后,清政府畏惧西方列强,澳葡当局特别是于 1846 年初出任澳门总督的亚马留便乘机侵夺中国在澳门的主权。1849 年 8 月 22 日,当地的中国青年刺杀了亚马留。8 月 25 日,澳葡当局发兵攻占关闸,而驻在澳门的中国地方官员香山县丞已于前一天逃回内地。从这一天起,中国政府才无法在澳门行使国家主权,澳门正式被葡萄牙"掳去"。这样,至《七子之歌》问世的 20 世纪 20 年代,澳门离开祖国襁褓的准确时间只有 70 多年。

民国以后,一方面由于有侵略者故意制造的这些误导,另一方面又由于澳门的真实历史情形特别是鸦片战争前澳门的真实状况已鲜为人知,因而葡萄牙侵占澳门已逾 300 年之说就流传开来。闻一多先生并非研究澳门历史的专家,在吟唱《七子之歌》时沿用当时社会对澳门问题的共识就不奇怪。需要指出的是《七子之歌》虽然有此差错,但诗中激扬的爱国热情和高度的艺术成就仍是值得肯定的。

此外,我还参与编纂出版了一些跟澳门历史有关的史料,诸如最早介绍孙中山革命活动的《镜海丛报》。在我的建议之下,并在姜义华等几位先生的支持下,上海社会科学院出版社和澳门基金会合作,将在 1893 年创刊于澳门的《镜海丛报》影印出版。此外,也花费了比较大的力气,从各地图书馆收集清末康有为、梁启超等维新派人士在澳门出版的《知新报》,并也建议上述两个机构再次合作,影印出版了这一史料。这些史料的整理出版,方便研究者查阅,对于推进澳门历史的研究有着一定的学术意义。现在的年轻学者知识面都很广,有的还懂葡萄牙语,相信在澳门史研究方面会取得更多更好的成果。

三

我的第二个研究重点是近代中国历史上的租界问题,这也是我第一次获得国家社科基金立项资助的课题,时间是在 1990 年。我对租界的研究兴趣一直持续到现在。

从事租界研究多年,我觉得厘清了不少问题。首先,中国到底有多少个租界?一直以来,学术界并没有统一的说法。主要的争议在于营口英租界以及沙市、厦门、福州日租界究竟是否形成。在营口,19 世纪 60 年代明确划出一片土地作为英租界,但是到后来并没有设立市政机构,当地人士也不承认这片土地是英国人的租界。在 19 世纪末中、日订立过开辟厦门、福州、沙市日租界的条约,划出过租界的界址,但是日本人并没有去经营,有的甚至没有去租地,如在厦门虽然议定了界址,但是根本没有去实地丈量。所以福州、厦门的本地人士从来不认为他们那里存在过日租界。这四个租界并未发展为由外国领事以及由外国侨民管理的"国中之国",因而还是将它们作为未形成的租界较为妥当。再如,大多数租界的市政机构,英语叫做 Municipal Council,意即市政委员会,在法语、德语和意大利语中,也使用了类似的词汇,华人则称之为"工部局"。将这一委员会称作"工部局董事会",一直到20世纪初期才流行开来,市政委员会委员也被称为工部局董事。工部局、工部局董事会,是同一机构的两个译名。查阅现今译成中文的租界档案或外文的相关著作还会发现一个很有意思的现象,就是在中文译文中,工部局和工部局董事会常被轮替使用,而在对应的外文记载中则都是 Municipal Council。了解了这一来龙去脉,就会发现在一些以老上海租界时代为背景的影视作品中,往往把工部局董事会作为工部局的领导机构,这是不正确的。将租界的市政委员会称作工部局或工部局董事会都可以,但不能认为工部局即市政委员会还设有董事会,董事会是工部局的领导机构。

从事租界研究让我难忘的是搜集资料。记得在1988年、1989年的时候,我经常去外地搜集租界资料。当时的科研经费很紧张,但是所长齐乃宽还是非常支持我的研究,他特批了500元作为差旅费。有一次我去芜湖,从图书馆出来已经傍晚,为了省去住宿费,决定直接搭乘开往九江的轮船,在船上凑合一晚。但是当时连五等舱票都已经售罄,只有站票了,无奈就在船上一站到半夜,直到后半夜有人下船腾出空位才坐了会儿。还有一次是从杭州到莫干山,到了莫干山所在的德清县站是在中午时分,得知到莫干山的汽车还要大约两个小时才开车,看看不远处有座山,以为就是莫干山,为了节省时间,就决定走过去,这一走就是很久,看着不见尽头的样子我开始有些着急,问路人说是沿着公路走还得好长时间,就沿着对方指点的一条小道翻山越岭上了山。到下午 4 时半在莫干山的招待所办理入住手续时,接待人员都感到不可思议。在搜集租界史料的几年中,我先后去过三四十个地方,几乎实地考察了当年所有租界及类似租界的所在地,行程约 4 万余里,现在讲上万公里不算什么,飞机几个小时就到了,但是在当时基本上都是长途汽车和火车坐票,出差是件很辛苦的事。

从 2005 年开始,我承担了国家清史的项目《租界志》卷的编撰。2009 年,我去了法国的巴黎、南特、埃克斯等地,在法国外交部的海外档案中心等处搜集资料;2010 年又去了英国的国家档案馆,这次的收获非常大,发现了许多过去不为人所知的原始资料。目前,《中国租界史》的修订版也已经基本定稿,内容相比以前又有了很大的改进。

四

我从事的第三项研究是家法族规方面。在 1991 年的时候,这项研究获得了国家社科基金的立项。我是在法学所工作,就要推进法制史的研究,在我涉足这个领域之前,学术界对家法族规的研究并不多。

在中国历史上,家法与族规实际上并无明确的分野,大量约束整个宗族的规范,即族规,也被叫作家法、家规、家训之类。这是因为当时的人们认为,合族之人本是同一祖先的后裔,宗族是家庭的扩展,是众多小家庭组成的大家庭,因而族规与家规并无实质性的差异。同时,家法族规中常见得很多条款,诸如禁止子弟赌博、吸毒、宿娼、欺诈、偷窃、抢劫等,无论在家法还是在族规中都是完全相同的,如果仅依据这些条款,也根本无法区分何为家法、何为族规。不过,如果不是从名称来看,而是依据这些规范实际约束的范围来研判,则确实可将家法族规分为家法与族规两大类。首先是家法,即是家规。家法生效的范围是本家庭,其主要内容是规范家人及家庭依附者的日常行为。它们约束的对象是本家庭的成员,以及附属于该家庭的奴婢等人。家规的数量较少,只有一部分叫做"家规""家训""遗训"之类的规范才是真正的家规。家规基本上都是涉及家庭生活各方面的综合性规范。其次是族规。族规生效的范围是本宗族,约束的对象主要是同一祖先传下的同姓后裔,这些后裔组成了众多的家庭。族规既约束族内各个成员及各个家庭的日常行为,也规范合族的各种公共事务。它们通常不将异姓的奴婢等列入约束的范围。不过,有些奴仆成群的名门大族的族规,也涉及奴婢等人。部分族规还实行综合管辖,将管辖的范围扩大到相关的族外人士,如受聘在族学里授课的教师,潜入宗祠聚赌的外来赌徒,途经本族聚居地的行人、商贩,由改嫁的母亲带至本族抚养的儿童,等等。族规数量众多,凡是带有"族""宗""祠"等字的家法族规皆是族规。部分"家规""家训"等带"家"字的规范也是族规。它们之中有综合性规范,也有专门调整族内某一方面关系的单一性规范。

除了约束的范围外,家法和族规还有若干方面的差异。家法的订立者一般是家长本人。族规的订立者则可能是始迁祖,也可能是族长,或是数位族尊,甚至是重金聘请的他族的文人学士,到清末民初还可能是族会、族议会等族内特设的机构。由于家庭人数有限，能够制订家法的一家之长一般都有足够的权威，可任意惩治不肖子弟，因而家法通常不需详细规定惩罚办法及惩罚强度。族规则不一样。尽管不少族规也只是简单地规定要处罚违犯者，但是如无具体规定，要任意处罚弱小者尚可，要处罚有头有脸的人物就会遇上一定的麻烦。因此，订立及修订于清代中后期的族规多订明对某种过错将予以何种性质和何种强度的惩罚。同时，"虎毒不食子"，除极个别的例外，再凶横的家长对子女总还有点舐犊之情。因此，家法中的惩罚办法通常较为温和，以叱责、罚跪、笞杖等为主，只有少数家法中有逼迫当时最玷辱门楣的所谓"淫乱"妇女自尽的规定。此外，几乎看不到因其他缘故而要致家人于死地。而在宗族中，族人间的血缘关系有时已很疏远，族人间的亲情已经淡薄，特别是有些土豪劣绅力图借家法族规来号令全族，更是要以苛繁的惩罚，直至以活埋、沉潭等残酷的处死方式，来迫使族众就范。最后，家法与族规在内容方面也有一定的差异。家法主要规范的是家庭日常生活和儿孙的教育之类，一般不涉及族中事务；有些族规则只涉及族中之事，如宗祠祭祀、族谱纂修等等，并不涉及各家庭的家事；另一些则在对族内各种事务作出规范的同时，也规范了各个家庭的家事，并还涉及与外族和政府的不少事务。因此，家法涉及的内容较为狭窄，族规调整的范围要广泛得多。

由于家法族规之间有着一些本质差别，因而目前有些著作将它们统称为"宗族法"，似有可商榷之处。如果将"宗族法"这一概念涵盖家法族规两部分，当然未尝不可。不过，既称之为"宗族法"，从字面来看，仅指族规，不包含家法，使家法部分无所归依。

如果将它们称为"家族法",似可兼容两者。但是,在法学界,"家族法"历来是指调整家庭内部秩序的法律,诸如有关婚姻、继承之类的法律。因此,称这些规约为中国历史上的"家族法"虽说是相当正确的,但两个不同的概念用了同一名称,在使用时容易混淆。同时,家法族规虽是种准法律,毕竟还不是真正的法律,因而似也不必冠之为"法"。鉴于这些情形,对于这些由家庭或宗族制订的规章,似以沿用历来的名称,仍称之为"家法族规"为宜。

回首数十年的科研生涯,我觉得从事社会科学研究,总是离不开为现实服务的一面,具体到研究兴趣的培养和课题选择方面,一定要有超前的预见,有些课题也许目前并不受人们关注,但是长远看是具有学术意义的,因此要提前准备,多加留意。比如,我选择澳门历史研究是在 20 世纪 80 年代,当时并没有多少人关注这个方向,前人成果较少,但这恰恰有了拓展的空间,随着澳门回归日程的临近,越来越多领域需要了解和宣传这方面的知识,这个课题的重要性就随之彰显出来。另外,我觉得从事学术研究,一定要有踏实认真的精神,要耐得住寂寞,多做些资料搜集方面的工作,打好基础,在此基础上再进行理论的总结及提升。

采访对象：卢汉龙　上海社会科学院社会学所原所长、研究员
采访地点：上海社会科学院老干部活动室
采访时间：2015年1月26日
采访整理：高俊　上海社会科学院历史研究所研究员

迎接社会学研究的春天：
卢汉龙所长访谈录

被采访者简介：

卢汉龙　上海社会科学院社会学研究所研究员，曾任该所所长，中国社会学会副会长，学术专长为应用社会学理论、社会统计与社会调查。在社会指标与生活质量、现代化与社会结构变迁、就业与社会阶层、消费文化，以及都市与社区理论方面均有建树，并在组织社会抽样调查、将社会学实证研究方法推广于决策研究等方面有积极贡献，在国内外社会学界和决策咨询方面享有声誉。也曾担任上海社会科学院"社会转型与社会发展"的重点学科建设带头人，主编上海社会发展蓝皮书报告，兼任英国社会学会《社会学》（Sociology）杂

志国际编委,中国城市研究全球网络中心理事和顾问(美国 UCRN),香港中文大学《中国评论》(China Review)编委,香港人文社会科学研究所执行理事等世界性学术职务。卢先生曾在美国纽约州立大学奥本尼分校进修社会学(1987—1988),并先后在美国杜克大学(1991—1992)、明尼苏达大学(1993—1994)、康内尔大学(1996)、耶鲁大学(1997/1999/2000)、布朗大学(2013)以及英国社会发展研究所(2002)等国际院校讲学访问和客座研究。

一

我是抗战胜利后出生于上海,中学就读于静安区的时代中学,1963年高中毕业。我在中学就读时成绩优异,基本上一直是全年级数一数二,但是由于家庭等因素,没能进入大学就读。高中毕业后,我先是成了几年"社会青年",1966年10月"文化大革命"开始不久,我到奉贤的农场工作,1974年上调回城,在那里待了8年。从社会青年到农场的10年多里,我一直坚持自学,虽然对自然科学很感兴趣,但是待业在家和在农场不可能有专业训练和实验设备条件,而文科知识则可通过业余阅读获得,这样我就自修英语、高等数学,并大量阅读所能得到的社会人文科学方面的书籍,包括马列原著。

我进入上海社会科学院工作是在1980年,当时遇到了中国社会科学院暨地方社会科学院联合招收社会科学研究人员的机会。记得那是1979年年底《人民日报》曾在头版头条以新闻形式刊登了这个消息。当年是没有"广告"的,只能用新闻形式向全社会发布,受到了广泛的关注。现在回想起来,这件事的来龙去脉还是比较有意思的,1978年党的十一届三中全会后不久,1979年3月召开了全国"两会",在此期间,胡乔木向邓小平汇报思想理论工作的一些情况,邓小平提到要恢复停顿多年的政治学、法学、社会学、国际关系学等学科的建设,要在这些方面赶快"补课"。此后,胡乔木遵循小平的指示精神,着手组建社科研究队伍。

由于当时恢复高考不久,最早的77级大学生尚在高校就读,短时间内不可能进入科研队伍中来,而且相关的学科也并不在大学培养系科之内,胡乔木等人就决定向社会招聘相关研究人员,于是就有了在《人民日报》头版头条登广告之举。当时招聘的岗位分助理研究员和副研究员两档,专业方向除了邓小平谈话中提及的社会学、法学等学科之外,又增加了人口学、统计学等,这些都是社会科学研究领域中人才比较稀缺的。我就是在这样的一个背景下参加招聘考试,得以选拔录用为上海社会科学院的研究人员的。在我看来,当年这件面向社会公开招聘社科工作者之举是值得大书特书的,因为当时"文化大革命"刚刚结束后不久,一般单位的人员流动都是需要经过有关组织严格审批,由组织调配的。而这次人才招聘是经国务院特批,用现在的术语说就是以市场的方式进行的。记得那次招聘的条件是申请者需具有大学以上或者"同等学历"(现在已经很少用这个概念),报考者需要提供专业代表作一篇及英文写作一篇,经审核获得报名资格以后参加四门统一考试,即外语、政治、社会科学基本理论,以及一门专业学科。可以说,"同等学历"的这一规定就给不拘一格用人才得以变通,受到社会的肯定。1980年时,我已从农场上调到本市的一家住宅公司工作,当初做的是木工和施工场地管理工作,后来单位领导觉得我体质比较文弱,加之喜欢阅读写作,就让我以工代干,做一些工人技术培训工作,同时在读同济大学工业民用建筑方向的函授本科。我提出想参加上海社科院招聘考试的时候,单位领导也一口答应,给盖了图章。这样我就在1980年5月参加了中国社科院和地方社科院科研人员的统一招聘考试,并获得顺利通过,安排进上海社会科学院工作,当年通过这一考试进入上海社科院的总共有27人,如今都已经是各自科研领域内出类拔萃的学者,比如包括后来担任中央党校副校长的李君如,著名学者和政府参事瞿世镜、张泓铭等。可以说我们这些人的"入行"也证明了市场配置资源的合理性和取得的最大化效率。

我一直觉得,像我这样草根出身的社科工作者,尽管没能有机会接受60年代的文科高等教育,但或许并不完全是坏事,也会有自己的优势。因为我个人认为,我国五六十年代的文科教育总体上算不上成功,当时除了把社会学等一些学科排除在外不说,同时拿历史唯物主义这些意识形态理论完全取代了人文学科,而且这些理论大多还是被斯大林时代扭曲过后的舶来教条。所以我觉得自己能独立地学习、思考,自由地汲取知识,反而更可能接近科学,更能领悟马克思主义的真谛。从这个意义上说,我没有上过"大学"谈不上有什么特别可惜,反倒可能是一件幸事。

我之所以选择报考社会学专业,除了自己对社会学的科学性情有独钟以外,更是因为当时的招募考试规定,报考社会学需要加试高等数学和统计,这正是扬我的所长。因为我不但中学的数理化成绩优秀,而且自学高等数学,在同济函授又完成了工科基础的训练,所以我的应考成绩优秀,得以被录用。

二

说起上海社科院的社会学研究,可以说,它的起步非常之早,这里不得不从中华人民共和国成立后立即组建中国科学院说起。中国科学院既有民国时期中央研究院的传统,又糅合了苏联科学院的特征,是把社会科学视为和自然科学同类的现代科学。1953年的时候,中国科学院明确6个部,其中就有人文社会科学学部。1956年,情况发生了一些变化,当年钱伟长和其他5位学部委员就社会科学的研究提出了一些建议,其中关于文科发展提出了几点意见:其一,不要把解放前的社会科学看得一无是处,就当时的历史背景而言,还是做了一些贡献的;其二,不要认为党政各部门和机关制定的政策都是正确的,要经过实践来检验。这些观点其实都是很符合辩证唯物主义的,但在当时就被错误地认为是反党反社会主义言论,钱伟长等6人(所谓"六君子")都被戴上了"右派"分子的帽子。

1957年6月,反右斗争深入展开,为加强党的领导,7月中国科学院成立哲学社会科学部分党组,并建议学术思想方面的问题由中共中央宣传部直接领导;8月,中宣部批复同意。随着政治运动的不断升级,以及中国科学院投入"两弹一星"等重大科技攻关任务的加强,哲学社会学部逐步从中国科学院分离出来。1960年,正式划归中宣部直接领导,中共中央并要求社会科学的研究机构要和党的政府机关进行联合,务必保持高度一致。随着社会科学研究和自然科学研究的逐渐分离,1958年,上海率先成立了独立建制的社会科学院,这也是中华人民共和国成立后的第一所社会科学院,比1977年成立的中国社会科学院早了20年。

我进入上海社科院社会学所工作后不久,适逢国家计划进行第三次全国人口普查,1981年初,单位安排我去河北大学进行了一段时间的人口统计培训,这次人口普查完全采用联合国制定的一系列国际标准,并在河北大学按照这套标准办了一个培训班。当时一起参加培训的学员有的现在已经是国家统计领域的权威专家。市委宣传部对此次人口普查也非常重视,要求上海社科院出一个人到市人口普查办公室协助工作,组织上后来就选派了我去市里工作,大概工作了一年半的时间,直到1983年才回到社会学所。

三

严格意义上讲,社会学是一门建立在西方文化基础上的学问,它强调以科学的理性来认识"人"的社会性现象。关注人类本性特点和人文追求是社会学的一个重要的学术使命。社会学研究也一直将马克思作为最重要的经典理论家,马克思的理论不仅建立在大量的实证研究和调查资料的基础上,更是站在对人类命运的关注和对贫困弱者同情的基础上的,具有科学的批判性。从1986年开始,我们就和市政府研究室多次合作,就城市社会发展中遇到的各种问题,诸如住房、医疗、就业等问题展开一系列课题研究,力图将学术研究和社会发展问题结合起来,为民众福利的改善做些具体的事情。

1987年的时候,我去美国纽约州立大学访问交流了一年时间,交流的主旨是社会结构变迁和生活质量之间的关系。这次访学对我的学术研究影响很大。近年来,我在研究中一直在思考与之类似的一个问题:如何在探索中国特色社会主义发展模式的过程中,构建和谐社会和高质量的生活。因为构建和谐社会是中国共产党从全面建设小康社会的全局出发对中国实现现代化发展提出的新要求,它标志着中国对发展观的认识已经从发展的工具理性层面上升到了价值理性层面,科学发展的价值目标在于和谐。实现社会和谐的关键是消除社会不平等,保证公平,为此,必须切实贯彻社会主义的公共性原则。用真正适合中国国情的"社会主义"来构建和谐社会,把构建和谐社会体现为中国特色的社会主义建设,这必将对世界社会主义发展模式的探索作出贡献。党中央把"社会和谐"作为中国特色社会主义的本质属性来认识,就把三个关键性概念联系在一起,即:"社会和谐"—"中国特色"—"社会主义"。"和谐社会"翻译成英文的对应词是"harmonious society",意指一个协调与融洽的社会;而在中西文明交流的历史上,"harmonious society"与中文"大同社会"的含义相近。不难理解,中国"大同社会"理想追求的是"天下为公",这与来自西方的"共产主义"和"社会主义"思想异曲同工。不仅如此,"大同"与"小康"之间也有紧密的理论联系,"大同"最早出自西汉时期的《礼记·礼运》。事实上,和谐社会就是中国人文思想所表达的在现实小康社会的基础上对"大同"理想的追求,这是一个充满中国特色的政治话语。我认为,"小康"发展目标具有把中国的人文传统与当代的马克思主义结合起来的重大理论意义,是中国特色的现代化发展模式。20世纪最后10年的发展实践证明,"小康"思想对"私人"原则的重视很好地和现代市场经济制度的"私人"原则结合在一起,使中国经济成功走出指令性计划的模式并最终实现了市场化转型。但是,20世纪末的"整体"实现小康与21世纪的"全面"建设小康社会有一个重要差别,即后者比前者对"整体"小康中发展不均衡的结构性差别问题给予了更多的关注,这些差别问题存在于城乡、地区、不同阶层乃至国家与国家以及人与自然之间。

1993年,我刚刚结束了一次在美国访问的计划回国,院里推选我担任人大代表,不久,社会学所丁水木所长退休,组织上又决定让我负责社会学所的工作,并于1994年正式任命我担任所长职务。由于我是无党派人士,从来没有过担任领导职务的想法,这样一下子感觉肩上的担子重了许多。我担任所长后不久,办了一个全国性的社会学理论与方法的培训班,邀请了台湾地区和美国的学者来讲学,旨在推动国际学术交流合作,现在全国各地不少高校和社科院的研究骨干和领导当年就在我们这个班学习过。在我担任所领导的10多年间,院党委对我的工作是非常支持的,社会学所的党总支班子也积极配合我的工作。现在回想起来,尽管我的工作可能还有许多不尽如人意的地方,但毕竟我在努力地做事,也得到了同志们的认可。2006年,我被市政府聘请为参事。我现在虽然已经退休了,但是我一直心系社会学研究,心系社会学所,心系上海社科院。我衷心希望社科院在学术科研和智库建设方面能更上一层楼,成为一所具有国际影响力的学术机构。

采访对象：潘大渭　上海社会科学院社会学所原副所长、研究员
采访地点：上海社会科学院社会学所
采访时间：2015年1月26日
采访整理：高俊　上海社会科学院历史研究所研究员

"大船必能远航"：
潘大渭副所长访谈录

被采访者简介：

潘大渭　曾任上海社会科学院社会学研究所副所长、研究员，主要从事苏联与俄罗斯社会学发展史、俄罗斯社会转型研究，以及相关的社会学和俄罗斯问题研究。曾先后参加与主持"七五""九五"国家社科基金课题，主持上海社会科学院俄罗斯研究中心暨社会学所与俄罗斯科学院社会学所合作研究课题"转型期中俄社会结构与社会认同比较研究"以及上海市和市委宣传部专项课题研究。曾发表《50年代苏联社会思想对中国社会学理论发展的影响》《俄国民粹主义社会学》《俄罗斯的社会专项——从浪漫回归现实》等多篇论文。曾

获得2001年上海市决策咨询成果二等奖。2008年3月受聘俄罗斯科学院社会学研究所荣誉教授,2008年11月被授予俄罗斯科学院"俄罗斯科学贡献银质奖"。

一

我1946年出生于云南昆明市,祖籍浙江绍兴。1964年我从上海教育学院俄语系毕业,然后进入中学做老师,主要从事外语教学工作。"文化大革命"结束后,上海社会科学院准备复院,其中一项主要工作就是筹建社会学研究所。社会学研究在20世纪50年代被认为是一门资产阶级学科,1952年高等学校院系调整时社会学的教学和研究被取消。"文化大革命"结束后,在1979年3月全国哲学社会科学规划会议筹备处召开有60余人参加的座谈会,胡乔木代表党中央为社会学这门学科恢复了名誉。当时由于社会学的教学和研究在中国中断了20多年,我们的社会学研究基础很差。鉴于当时的情况,学术界提出要了解国外社会学的情况,除了了解欧美发达国家的社会学发展状况外,还要了解苏联及东欧国家的情况。后者尽管在当时跟我国有一些意识形态方面的分歧,但是也有很多可借鉴之处。所以,在社会学所筹建过程中,希望能招聘到既懂俄语也愿意从事社会学研究的人士。在这样的一个背景下,我于1980年9月来到上海社会科学院社会学所工作。

进入社会学所工作之初,我主要从事一些有关苏联社会学理论的研究和介绍工作。当时主持社会学所工作的黄彩英同志安排了3个人从事国外社会学研究介绍的工作,另两位是费娟红和王颖,分别从事英美社会学和日本社会学的研究和介绍。我们3个人作为一个团队,专门介绍和研究国外社会学发展的情况。当时,我国社会学领域的前辈费孝通先生非常重视国外社会学研究动态,他从各地抽了一部分人集中起来到北京开了一次会,我参加了这次会议。费老在谈到社会学研究的重要性时,专门强调了城市社会学的发展,因为会议是分组讨论的,他给了我们这个组一个任务,就是总结城市发展到底应该有哪些规律。会后,我们就着手关于国外城市社会学研究的资料搜集和整理工作,在费老和中国社科院领导的重视和支持下,我们在北京工作了一段时间,顺利完成了这项任务。该工作结束后不久,我又参加了《中国大百科全书》中"社会学卷"的编撰工作,这是改革开放之初我国社会科学研究的一件大事。我主要承担了与苏联和东欧相关的辞条编写工作。

这两项工作结束后,我们这个团队的3位同志进行了一番阶段性的总结,我们认为,从社会学学科建设来看,我们从事的这些介绍性质的工作是必要的,但是我们还应该深入开展一些专题研究,我们于是决定再设计一个课题,把各种社会学研究的流派梳理一遍,特别是把一些有重要影响的学派的观点及其代表作进行摘录,分篇整理,争取出版。所里领导对我们的这个计划也很支持,工作进行得还算顺利,但是因为出版社的原因,这个书稿一直未能付梓,现在想来还觉得颇为遗憾。

我是俄语专业,进入社会学所后一直面临一个专业学习的问题,而这也是"文化大革命"结束后恢复社会学学科过程中遇到的一个人才断层现象。后来,在中国社会学学会和中国社会科学院的牵头下,举办了几期讲习班,从全国的各家高校及研究所抽调社会学工作者集中进行理论学习,我参加了在武汉举办的第三期讲习班。这次培训让是我有机会系统地学习了一遍社会学的理论知识。

二

我非常感念我们社会学所的老领导王彩英同志,她是一个优秀的科研工作管理者,为人正直、无私。她对我们都很关心,我们进所后她与我们每一个人谈话,帮助我们确定科研方向。曾经有一次谈话我记得很清楚,那是在 1986 年夏天,她建议我从自己的特长和研究领域出发,应该去研究对象国学习一段时间。在社科院领导的支持和帮助下,我得到了国家教委的一个出国进修名额。1988 年,我赴苏联列宁格勒大学哲学系进修,到列宁格勒后,我提出希望能师从苏联著名社会学家 В. А. 亚多夫教授学习。当时,В. А. 亚多夫已离开莫斯科的苏联科学院社会学研究所,回到列宁格勒(现在的圣彼得堡),在苏联科学院自然科学与技术史研究所从事社会学研究。列宁格勒大学哲学系负责指导我的 В. Г. 马拉霍夫教授帮我联系上了亚多夫教授。我对亚多夫教授仰慕已久,出国前就已经读过他的不少著述,和他初次见面就有一见如故之感。他对我非常友好,在了解到我对苏联及十月革命以前俄罗斯社会史有兴趣之后,帮我介绍了一个当时苏联研究十月革命之前的俄罗斯社会学最主要的学者 И. А. 戈洛先科,又帮我介绍了一位当时在列宁格勒非常活跃的社会学家 Б. З. 多克托洛夫。自此,我与 B. A. 亚多夫教授的交往和私人友谊一直延续至今。

三

按规定,我在苏联的进修期限到1989年9月结束。亚多夫教授在得知我不得不结束学业回国的消息后,非常惋惜,他认为我应该再多待一些时间,把苏联社会学的研究理论和方法完整地学习一遍。为此,他建议我从进修生的身份转为研究生,由他亲自来指导我,这样也就有适当的理由继续留下来学习。

我理解亚多夫教授的一片好意,但是我自己不能做主,于是就去了中国驻苏联大使馆咨询。大使馆教育处负责人答复我说,在以前,只要申请者所在单位同意,而且交流方接受,更改身份是没有问题的。但是,现在国内发生了政治风波,根据中央的相关规定,所有国家公派人员一律不能更改身份,而且必须按期归国。虽然,我申请在苏联就读研究生一事已经得到所领导和张仲礼院长的同意,社科院的领导对我们在国外攻读学位非常支持。大使馆教育处的同志在看过我随身携带的单位证明材料后,说这些材料没有任何问题,只是现在情况有些特殊。他建议我先回国,等局势平复一些了再申请回来继续学业。这样,我就在1989年9月按期回国了。

回到社科院后我继续在社会学所工作,1992年的时候,接到亚多夫教授的来信。当时他已经调到莫斯科工作,担任俄罗斯科学院社会学所所长。他在信中表示,他的年龄已经很大了,希望我尽快过去读研究生。我就把这件事向所领导做了汇报,所领导又跟院里协商。院所两级领导均支持我赴莫斯科,攻读俄罗斯科学院社会学研究所的研究生。但是,当时科研经费比较紧张,院里表示我本人也得自负部分费用,亚多夫教授知道我这里的情况后,尽管当时苏联解体后科研经费也很紧张,但还是想方设法帮我争取到一些奖学金。

1993年5月,我再一次来到俄罗斯,这个时候苏联已经解体,普通百姓的生活与之前相比非常艰辛,我亲眼目睹了这场历史巨变给一个昔日的超级大国带来的深刻影响。民众心态、国家经济以及社会秩序无不经历着创巨痛深。

俄罗斯科学院社会学所是一个大所,有400多个编制,是科学院的重点研究所之一。根据社会学研究生的培养计划,我需要修读哲学、社会学专业课程及俄语课。由于我的俄语基础比较好,上了3个月课后经考试,就获许免修。一年后通过资格考试,进入论文写作阶段。1994年,我的家里发生一点变故,父亲在美国逝世,父母就我一个儿子,我必须回国一趟安置父亲的骨灰。导师亚多夫教授对此表示理解,他也要求我在处理家事的同时,论文方面不要松懈,争取早日完成。

回到上海后,我从1995年开始集中时间撰写论文,因为根据俄罗斯的研究生培养计划,按期不能完成论文写作还得重新再参加一次资格考试。1996年,我的论文初稿基本完成,我把论文寄回到莫斯科请亚多夫教授审阅。导师看过初稿后表示基本满意,要求我再回去准备答辩,这样我就又回到了莫斯科。在这里,我想再一次对上海社科院的老领导表示诚挚的感谢,在我攻读学位这件事上,院领导自始至终非常支持,给了我多种方式的鼓励。这次回去参加答辩,院党委书记严瑾和外事处处长李轶海一如既往地予以支持和帮助。

这次回到莫斯科后,让我觉得有些诧异的是,亚多夫先生一改先前蔼然长者的态度,对我的答辩事宜完全一副公事公办的样子。此后,在他的指导下,我把论文又做了一些修改,然后按程序进行预答辩。预答辩是由我学习所在的研究室主持,结果预答辩评价很好,亚多夫教授也很高兴。就在预答辩通过的当天中午,亚多夫教授让他的秘书找我,要我和他一起去参加戈尔巴乔夫的报告会。再次见到他,他已完全恢复到了先前的友善。事后我感悟到,亚多夫先生之所以在我预答辩前一脸严肃,就是不让我有侥幸想法,要靠自己努力获得同行的认可。

四

在我顺利通过正式答辩后,根据俄罗斯教育部门的规定,所有答辩材料和记录均需上报俄罗斯最高学位委员会审定,审核结束后方可统一授予学位,所有高校和研究所都没有权力自行颁发学位。这个周期至少需要 3 个月到半年。但是我的情况有些特殊。来莫斯科之前,社科院领导已经跟我说过,为了支持我回来参加答辩,外事处把当年和俄罗斯方面交流的额度全都给了我,但也要求我必须顺利获得学位,回国后拿学位证明作为经费报销凭证。亚多夫教授知道后,就打报告到最高学位委员会,就此进行说明并希望予以特别协助。在他们的帮助下,我在答辩结束后仅两个星期,就顺利拿到了学位证和毕业证。上午 10 点钟拿到文凭,晚上飞机就回到了上海。

在俄罗斯留学多年，可以说，俄罗斯学者对学生的关心，以及在研究中的认真和严格，给我留下了非常深刻的印象。

1998年刚刚回国的时候，台湾地区的淡江大学需要一位可以讲授俄罗斯社会问题的学者，条件是必须在俄罗斯获得博士学位。因为我刚刚回国，对俄罗斯情况还比较熟悉，根据有关部门的安排，我就到了淡江大学俄罗斯研究所担任了一个学期的客座教授。从台湾回来后，我主要从事一些国内问题的研究，比如城市社会问题的调查、白皮书的写作等。

2002年，组织上任命我担任社会学所副所长。我觉得作为研究机构的领导，主要是给科研人员创造研究条件，搭建学术平台，特别是要给青年科研人员尽可能多的帮助，让他们迅速成长。我当时就提出一个孵化机制，在当时科研经费很紧张的情况下，鼓励年轻科研人员自主选择一个研究课题，由所里提供一定的经费支持。后来我们院里在市委宣传部争取到了一个专项资金，关于上海市社会生活的调查，我组织了所里大部分年轻科研人员来承担这一课题的研究。一转眼到了2006年，我已经到了退休年龄，院领导专门找我谈了一次话，希望我能到正在筹建中的俄罗斯研究中心工作，继续从事俄罗斯研究。

我到俄罗斯研究中心后，决定通过课题合作的方式，把自己手头的与俄罗斯研究相关的学术资源传递给年轻的同志。我们和俄罗斯方面联合开展了一项"转型期中俄社会结构与社会认同比较研究"的课题。这个课题进展得非常顺利，得到了学术界的好评。课题曾在莫斯科新闻中心召开中期成果联合发布会，包括新华社驻莫斯科记者站在内的和其他7家俄罗斯境内和境外的媒体都前来采访。在新闻发布会上,用中俄两国学者实地调查取得的数据,向外界展示了中国改革开放给中国带来的进步和成就。结束后,大使馆科技处处长很高兴地说,这样的合作项目既是有价值的科研项目,也是对外宣传有积极意义的一项工作,用实际数字和建立在事实基础上的科学结论向外界介绍中国。当他知道我们中间有些人是第一次到莫斯科,为了表示感谢和支持,邀请我们去大使馆做客。我们回来后,大使馆科技处还专门给院党委发来明码电报,予以表彰。这项合作不仅是中俄两国社会学界第一个真正意义上的社会学比较研究项目,对我来说,更重要是通过这个合作项目的研究,我把手中关于俄罗斯社会学界的主要资源都转给了社会学所年青一代科研人员。现在,社会学所与俄罗斯科学院社会学所、俄罗斯科学院圣彼得堡分院社会学研究所,都有合作研究项目,上海社科院社会学所成为中俄两国社会学界交流的一个主要平台。

就我这些年从事国际学术交流的一点心得而言,国际交流一定要通过课题合作的方式进行,课题就是一个载体,可以把双方科研人员结合起来。现在社会学所和俄罗斯方面的交流合作已经非常机制化,彼此相得益彰,我感到很欣慰。2013年3月,习近平主席在访问俄罗斯时,引用俄罗斯谚语"大船必能远航"来形容不断发展的中俄关系,我想拿这句话来寄语两国间的学术交流也非常贴切,通过双方学者的共同努力,搭建更高的平台,两国间学术交流和合作必将继续乘风破浪、扬帆远航。

采访对象：芮传明　上海社会科学院历史研究所原副所长、研究员
采访地点：上海社会科学院历史研究所
采访时间：2015年1月27日
采访整理：高俊　上海社会科学院历史研究所研究员

陷在了摩尼教研究的"汪洋大海"里：芮传明副所长访谈录

被采访者简介：

芮传明　曾担任上海社会科学院历史研究所副所长、党总支书记，主要从事古代中外关系史、中央欧亚史、古代宗教文化的研究。曾承担和主持"古突厥碑铭研究""中西艺术纹饰的比较研究""摩尼教东方文书译释与研究"等国家哲学社会科学规划办的项目。个人撰写《蒙古征服时期的基督教和东西文化交流》《粟特人在东西交通中的作用》《六世纪下半叶突厥与中原王朝战争原因探讨》《早期突厥与中原王朝"绢马交易"质疑》《西域图记中的"北道"考》《摩尼教"平等王"与"轮回"考》等涉及古代中外关系、丝绸之路、北方民族等论

文70余篇,其中《摩尼教"平等王"与"轮回"考》获上海社会科学优秀成果论文三等奖。专著有《大唐西域记全译(详注)》《东西纹饰比较》(第一作者)、《中国与中亚文化交流志》《古突厥碑铭研究》《东方摩尼教研究》《摩尼教敦煌吐鲁番文书译释与研究》,其中《古突厥碑铭研究》和《东方摩尼教研究》获得上海市哲学科学优秀成果著作三等奖。译著有《巫术的兴衰》《宗教生活的基本形式》《上海歹土》《中亚文明史》第一卷等。

一

我1947年9月生于苏州,父亲一代居住上海,可以说是书香门第吧。母亲出身苏州潘氏,当地的大族之一,旧宅在苏州富仁坊巷。我出生前两个月,父亲就前赴法国公费留学,从此再也没回过家乡。我的母亲虽然出身"名门",但是这样的家庭自民国以降,其实一直处于衰落之中。我外公去世时,母亲才10岁,于是,整个家庭全靠外婆的积蓄和少量房租度日。母亲带着我们3个儿女回到苏州娘家后,除了她菲薄的普通工人薪金外,便是外婆和其他亲戚、朋友的少量接济,勉强度过了我的少年时代。因此,我与哥哥、姐姐始终由母亲抚养,寄居在苏州的外婆家。直到1980年,我赴上海攻读复旦大学历史系研究生才离开苏州。

出于十分现实的考虑,我在初中毕业时,尽管学习成绩能列入全班的第一阵营,却毅然放弃了所有的普通高中志愿,只想能进入中专或技校，以便3年后有个工作，减轻母亲的经济负担。母亲对尚是少年的我给予了充分的信任，不但同意我放弃所有的普高志愿（其中当然包括人人都羡慕的"重点中学"），还在我最终仍然"不幸地"收到普高录取通知书后，支持我不去入学，而等待工作机会。她的信任和支持，使我暗下决心，日后决不辜负她的期望！

后来的事实表明，我的这个决定及母亲的充分支持是"卓有见识"的。因为我辍学半年之后（这段时间对我而言，是一段异常艰难和辛酸的经历），考进了新成立的苏州技工学校。所以，当3年后"文化大革命"开始，我的那些就读于普通高中的初中同学全部成为知青，奔赴农村接受再教育时，我却由政府分配工作，进入了苏州肥皂厂，成了"光荣的工人阶级"的一分子。

尽管这段经历带有偶然性，不无"因祸得福"的味道，但是事实上，这也不失为"曲线读书"的策略。因为我的家庭教育使我明白，真要"求学"，可以在任何地方，而不一定在学校。事实上，我也是这样做的：在半工半读的三年技校生活期间，我主动自学英语；在10年"文化大革命"期间，我也没有放弃争取求学的机会。所以，我母亲与我的这一最终获得较好结果的决定，其实是颇有道理的。

家庭环境对个人成长的影响是巨大的。我见到过许多所谓的"大人家"，他们的后人生活得并不好，可能主要是因为家庭条件比较优裕，从而小辈缺乏生存竞争能力的缘故。但是，有一点是应该肯定的，那就是"书香门第"有着天然的以读书为荣的传统，即使在严厉批判"万般皆下品，唯有读书高"的"文化大革命"中，我们的家庭也并不真的以读书为耻。

记得在读小学时,有一次,几个相好的同学聚在一起,有人问我长大后想做什么工作时,我不假思索地脱口而出:"我嘛,就想写写弄弄吧。"意思是指要吃"笔杆子饭"。众人都大笑起来,因为当时儿童们最流行的"理想"就是当工人、农民、解放军等。我这另类的心里话倒不易为人所接受了。然而,我丝毫未受这类笑声的影响,嗣后,也始终没有放弃这"写写弄弄"的理想。初中三年,我们班级修的是俄语,我便向英语班同学借书,自学英语;技校三年,不设外语课,但我仍然在自学"ABCD",以致"文化大革命"开始时,被人贴大字报,说我想"叛国"之类。所以,现在想来,"求学"一事,只要自己坚持,倒不一定要花钱的。

我记得似乎是在1972年,教育部门允许民众自由学习外语了,但是,当时官办的"业余大学"只允许开设"科技外语",而人文学科的外语是不设的。当时,我在业余大学结识的一位好朋友余太山很有思想,他非常重视外语和其他知识的学习,并善于用"毛泽东思想"阐述这些观点。于是,我与他,及其他几位朋友一起搞了个"苏州市工人业余翻译组",挂靠在市科协下面,以苏州图书馆的一位专职人员沈先生为首。

这个翻译组的成员最多时达到100多人,绝大部分是工人,但又极想利用自己的知识和学问改变自己的工作、生活境遇的青年人。虽然公开的宣传是"为革命而翻译",但是我们私下里的目标却是"把名字变铅字",亦即将我们的成果印刷出版。这种略显"隐晦"的求学和奋斗方式,最终取得了很好的效果:据我所知,在"文化大革命"结束,并恢复高考后,翻译组中几乎所有的成员都改变了身份,成了正式的"知识分子"。

二

"文化大革命"结束后的1977年,苏州轻工研究所向社会公开招聘科技英语翻译人员,我得益于历年来的自学成果而被录取,遂开始步入我的"文字生涯"。三年之后,即1980年,我在朋友们的鼓励下,以同等学历的资格报考复旦大学历史系的硕士生,终于以30余岁的"高龄"、"自学成才",进入了梦寐以求的大学之门。

我的导师是章巽,他当时指导的专业是中西交通史,亦即古代的中外关系史。导师对我们的要求很严格,特别是外语方面。因为他认为,涉及这一专业的文献纷杂,语种繁多;而历年来有关该领域的研究著述也包括英、法、德、日、俄等外语,所以,我们应该掌握尽可能多的语种,以利于学术研究。于是,我由于自学过德语、日语,故第一学期就同时进修第一外语(英语)和第二外语(德语)。第二年,别的同学开始进修第二外语时,我已经进修第三外语(日语)了。此后,导师还特意邀请上海外国语学院的阿拉伯语老师到复旦来给我们几个师弟兄讲授阿拉伯语。这样的外语学习,压力固然很大,但是日后能够或多或少地将它们作为"武器"使用,想来还是十分值得的。

章巽先生为人正直,品德高尚,他对我们的学习既要求严格,又关怀备至,尽可能提供各种方便,特别是书籍资料、解疑答问。他当然很希望我毕业后能留在复旦,继承他的"衣钵"。但是,由于当时的政策关系,我因家属在苏州而无法留校。这样,1983年研究生毕业后,就到苏州铁道师范学院任教。

两年后，导师高兴地通知我，他已获得招博资格，让我再考博士，重返复旦。当时复旦历史系有资格招收博士生的，也就周谷城、谭其骧等少数几位。我知道，这是导师特意为我提供的机会，因为其他两位上海籍的师弟已经留在复旦任教了，所以我特别感激。然而，在此稍前，铁道师院从铁道部获得一个公费留学美国的名额，经外语考试，我排名第一，因此这个名额理应归我。不过，我如果去了美国，就将对导师毁诺。于是，经过反复考虑和斟酌，我决定主动让出这个公费留学名额。这一决定在当时颇让领导和同事不解。1987年，我再次回到复旦大学，跟随章先生攻读博士学位，并于1990年获得历史学博士学位。博士毕业当年，来到上海社会科学院历史研究所工作，先后在副研究员、研究员岗位上从事科研工作。

三

我来历史所之初在古代史研究室工作，当时老所长方诗铭先生的科研编制也是在古代史室。我刚来的时候请教他，是否要求我参加什么"集体项目"，方先生很诚恳地答道："不需要，你原来研究什么专题，现在还继续研究吧！"这样，我就获得了很好的研究环境，继续博士阶段的古突厥碑铭及中央欧亚史方面的研究。这方面非常感谢领导和前辈的支持。从1997年至今，我主要从事摩尼教研究，之所以对这个研究有兴趣，说起来也是个"偶然性"。我的师弟马小鹤在哈佛大学燕京学院工作，他兴趣广泛，手头关于摩尼教的资料也很丰富，他曾对我说："摩尼教很有趣，我们来研究摩尼教吧!"我答道:"好啊!"这样就开始了这项研究。1997年,我正好有机会赴荷兰的莱登作学术访问,趁着那3个月的时间,几乎花尽了我的所有津贴,放弃了任何旅游,带回来了有关摩尼教研究的基本资料。从此就"陷"进去了,至今脱身不得。

可以说,摩尼教是一个世界宗教,起源于西亚,后曾向西传播至欧洲、埃及,向东传播至中亚、中国等地。而我研究摩尼教,完全没有脱离中外关系史的范畴,只不过是更深入和专门一些,从宗教的视角去观察和研究古代中外交往的问题。近年来,如中国社科院余太山先生倡导的"中央欧亚研究"理念,以及复旦大学葛兆光先生倡导的"从西域到东海""从周边看中国""交错的文化史"等理念,其实也都是从更广阔的视野,或者跨学科的方式来探讨数千年来的东、西方交流或中外关系。

科研工作之外,从1995年开始,组织上安排我担任历史所党总支副书记一职。此后,我和熊月之研究员搭档多年,他作为历史所一把手,对我的工作非常支持,我记得以前去院里开会,有的研究所的党总支副书记背后抱怨,说是自己的工作得不到主要领导的理解,而我在历史所则没有经历过这样的问题,熊月之研究员在工作中非常民主,对我的工作很尊重,经常还帮我出一些主意。现在回头想想,当年历史所的工作经常受到院里的表彰和肯定,所里的科研取得不错的成就,和我们这个班子的相互支持和团结一致是分不开的。

我现在虽然退休了,但是我对历史所的发展一如既往地关注,看到近年来历史所的青年科研人员在学术上日益成熟,我感到很欣慰。希望历史所能抓住历史契机,在各个方面都能更上一层楼。

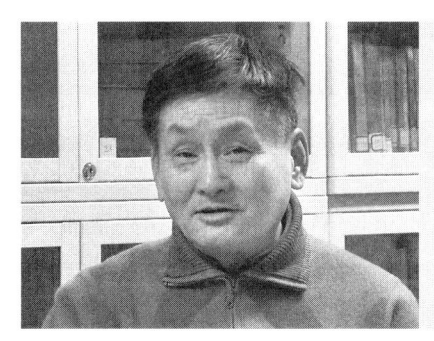

采访对象：叶辛　上海社会科学院文学研究所原所长
采访地点：上海社会科学院文学研究所
采访时间：2015 年 1 月 27 日
采访整理：高俊　上海社会科学院历史研究所研究员

我的知青生涯与文学岁月：叶辛所长访谈录

被采访者简介：

叶辛　当代著名作家，自 1977 年发表处女作《高高的苗岭》，30 多年来，已出版 90 余部书籍。其代表作有长篇小说《蹉跎岁月》《家教》《孽债》《恐怖的飓风》《三年五载》等。短篇小说《塌方》获国际青年优秀作品一等奖；中篇小说《家教》获《十月》文学奖；长篇小说《孽债》获全国优秀长篇小说奖；长篇小说《基石》获贵州省优秀作品奖。根据长篇小说《蹉跎岁月》《家教》《孽债》改编的电视连续剧，三次荣获全国优秀电视剧奖。担任中国作家协会副主席，上海市作家协会副主席、上海市文联副主席，上海市人大常委。曾任上海社科院文学研究所所长、上海大学文学院院长、复旦大学中文系教授、全国青联常委等职务。1985年被评为全国优秀文艺工作者,获全国首届五一劳动奖章。并撰有《论中国大地上的知识青年上山下乡运动》《中国知青运动的落幕》《龙场驿与阳明学说形成的关系》等学术论文多篇。

一

我来上海社会科学院文学所工作是在2005年的夏天,适逢暑假将至,在文学所担任所长职务6个年头,直到2011年夏天。在社科院文学所的这段工作经历可以说是我人生的倒数第二站,因为在我卸任所长职务后,组织上又安排我到市人大常委会上了几年班。我想当初之所以安排我到文学所来工作,可能还是因为我是作家。说到我的作家生涯,还得从我在"文化大革命"期间的插队落户生活说起,这也是我们这一代人的共同经历和集体记忆。

不久前,上海电视台给我做了一档节目,叫"叶辛和他的知青史诗",这部片子属于上海影像工作室制作的《我们的知青生活》系列。电视台为制作这档节目,一共选了5位经历"突出"的知青,分集播出后,社会反响非常好。这里说的突出,并不是这5个人取得了多大的社会成就,而是他们的故事最能体现当年知青的方方面面。比如方国平,他曾经在东北插队落户,回到上海后,他致力于搜集上山下乡运动结束后去世的知青事迹,把这些人的人生经历和共和国的发展历程连接,撰写了诸如《寻找亡灵》等感人至深、深受社会各界好评的著述。再如王小鹰,她高中毕业后到安徽的黄山茶林场务农,亲身经历了1969年震惊全国的一场灾难,死难的11位烈士中就有她最要好的朋友,而她本人因为参加文艺演出外出,阴差阳错逃过一劫,同宿舍的几位好友却都死于救灾。昔日吃住都在一起的姐妹,转眼就天人永隔,当年的那些惨痛镜头现在已经成为她脑海里挥之不去的记忆。选我制作这档节目可能是我身上的知青色彩更浓一些,包括现在上海成立知识青年历史文化研究会,也找我做副会长。

我觉得"知识青年"这四个字,已经成为历史专有名词。一般我们说到知识青年,首先想到是受过良好教育的青年人,但是当年的知青现在大多已经60开外,跟青年完全不搭界,可是社会上还是一直称呼这个群体为知青,我们自己也习惯这样自称。前些年,我去北美、欧洲、南亚的斯里兰卡等国访问,经常在使领馆遇到和我年纪相仿的一些外交官,他们一见到我就说自己也做过知青。所以,只要当年曾经上山下乡过,不管多久,10年也好,1年也好,甚至几个月,只要经历过那段岁月,知青生涯就成为一代人的集体记忆。

我自己倒是实实在在做过10年又7个月的知青。1969年3月31日,我搭乘火车离开上海,赴贵州插队落户;1979年10月31日,调到贵州省作家协会工作;1990年8月31日,我调回上海工作。1995年我出版四卷本的《叶辛文集》的时候,在书中特别提到了这三个我人生中难忘的31日。

二

改革开放以来,有过插队落户经历的知识青年全国有 2 000 多万,上海有 110 多万,年年都会有人搞纪念活动,以回眸那段难忘的人生经历。当年的知青,有的后来成为优秀的外交官、解放军军官、企业家或是教授研究员等等,有人做过统计,国务院各部委领导有一半以上就做过知青,这些人在他们的人生中有过许多很出彩的画面,有的打过胜仗、有的攻坚过科学项目、有的参与重大国际事件,但是你去和他们交谈,他们往往不愿意谈太多此类话题,反而一聊到早年的知青经历,话匣子会一下子打开。再以不久前的 10 月 15 日,中共中央在中南海召开文艺座谈会为例,轮到我发言的时候,我谈到有关知青研究的话题,习近平总书记非常感兴趣,主动回应起来,讲了很长一大段话。从这可以看到,知青岁月对于一代青年人的影响是多么刻骨铭心。

35 年前,我创作了长篇小说《蹉跎岁月》,当时是一部畅销书,在电视剧没有播出之前,就已经印了 37 万册,在电视剧播出后的一年间,又增印了 100 万册。当时中国青年出版社的总编辑给我打电话,说他们的出版工作已经满足不了社会各界的阅读需求了,如此畅销的现象他从来没有遇到过。从那时起,这部小说年年再版,就是今年还要继续再版,多的时候一年印 9 000 多册,少的时候有 3 000 多册。1991 年前后的《孽债》也很畅销,电视剧播出后再版了 50 多万册,以后也是年年会有再版。对于这个现象,我后来进行了一番思考,为什么知青题材的作品一直会有读者关注?在这些知青作品中为什么又对《蹉跎岁月》《孽债》情有独钟？我认为，是因为我在创作中体现了我们这一代人共同的思想特征，就是比较虔诚，比较盲目，在一定程度上可以说比较狂热。我们所受的教育就是要听党的话，"文化大革命"之前我们就已经接受了诸如"边疆处处赛江南""好儿女志在四方""把一切献给党"之类的宣传，渴望有朝一日到农村去，到边疆去，让青春在祖国的大地上熠熠闪光。报纸、广播、纪录片也天天宣传一批批知识青年在基层战天斗地的英雄事迹，等到毛主席发出知识青年到农村去，接受贫下中农再教育的号召，全国各地一呼百应，有的人主动写决心书，把有机会到农村去视作无上光荣，几年间就有 2 000 万知识青年到农村插队落户，当时在报道上山下乡运动时经常用"轰轰烈烈""波澜壮阔"这两个词。可以说，当时青年人的这种热情大多是发自内心的。我的一个同学由于患有肺结核，组织上怕他有传染，不同意他的申请，他还非常委屈，觉得自己沦为落后分子。在当时，我们所秉持的信念就是，知识青年也有两只手，不但能养活自己，还要反资反修，敢叫日月换新天。

三

1969 年 3 月底，我们坐了三天两夜硬板火车，又坐了整整一天的卡车来到山寨插队落户，在我们热心地扛着锄头出工参加农业劳动时，我们到来时热情地涌到寨子门口欢迎我们的农民们就纷纷问我们："你们上海是不是粮食不够吃？要跑这么远的路来我们这里争粮？我们寨子上的口粮已经很紧张了。"问得我们瞠目结舌。我们几个只得用上山下乡的革命大道理来回答他们,老乡们当然是不相信的。我相信农民们讲的是实话。他们涌到寨门口欢迎我们,是听毛主席的话,是出于真心。他们问出的话,也是真话。说出的是他们的真实感受,只不过我们不理解罢了。

农民不欢迎,其实就是农民不满意。农民不满意,那么知识青年们满意吗?知识青年们也不满意。一件事情,抱着不满意的心态去实践,其结果是可想而知的。从这一实际情况出发,知识青年上山下乡,究竟是大有作为,还是有所作为、无所作为,就能看得清清楚楚了。

无论是在南方和北方,山区和平原,无论是男知青还是女知青,由城市来到乡村以后,第一位的仍然是生活本身,是过日子本身。口号喊得再响亮,豪言壮语再动听,到了农村,每天睁开眼醒来,都得洗脸刷牙备早饭,一天当中,吃、喝、拉、撒、睡都和城里不一样。而柴米油盐酱醋茶,开门七件事,也必须得知青个人一一安排好。有人要说了,你在城里生活,不照样有开门七件事嘛。是的,城里这些东西全是现成的,花钱就能买到。而在乡村,柴(煤炭)是要你自己去砍、去挖来的;米得挑着谷去机房打来的,而米机房呢,有的村庄有,有的村庄没有,有时候为打一挑米,就得挑着担子早晨出去晚上才能回来;油是买不到的,因为你是农村户口,吃油是靠收获了油菜籽自己压的。我插队落户 10 年,一共分到过 3 次油菜籽,其余年份,吃油就得靠上海带,而上海远在 5 000 里之外哪;盐巴当然能买到,那也要等到赶场天,走 10 多里山路出去,才能买回来;至于酱油和醋,比盐巴还要难买一些,一旦店里有了,知青们互相之间是要当作喜讯奔走相告的。吃、喝、拉、撒、睡我就不一一细说了,只讲一个上厕所吧,别说每上一趟厕所女知青就提心吊胆,就是像我这样的男知青,都是在下乡以后第三年,才适应了乡村厕所的恶臭。这上厕所,什么人能避免?

插队落户时间长了,久居农村的知青们改天换地的斗志消失了,务农光荣的口号也叫不出来了,扎根一辈子对于他们来说已是一件畏惧的事。他们联想到自己的人生之路,看不到前途和希望,不知还要在农村这样的环境中待多久,于是最初下乡时的狂热和虔诚逐渐被沮丧和消沉所代替,这种消沉里还包含着怀疑、困惑、不解。

更主要的是,随着"文化大革命"的不断深入,社会上大刮"走后门之风",从最初偷偷摸摸地走后门,找关系,发展到堂而皇之地开后门,没有后门办不成事。参军开后门,进工矿开后门,读书开后门,"学好数、理、化,不如有个好爸爸"的顺口溜,传遍了全中国。以致疯狂的开后门现象逼得中共中央在1972年5月1日发出《关于杜绝高等学校招生工作中"开后门"现象的通知》。这一现象不是发展到了不可收拾的地步,引起了全国人民的强烈不满,中共中央能在批林批孔批得那么热火朝天的时候专门发出通知吗?

但是,这个通知发出之后,开后门现象不但没有杜绝得了,相反后门风愈演愈烈,到了无孔不入的地步。在知识青年们的心目中,党和政府的威信急剧下降,腐败现象也由此开始公开,哪个再用豪言壮语说什么扎根、消灭三大差别之类的话,就会遭到公开的嘲笑和谩骂,一度神圣的理想从此消失。我们不能再上当了。

记得那一年我生活在偏远的山乡,一边在耕读小学教书,一边潜心写自己的小说。赶场回来的老乡都把听来的顺口溜讲给我听,说是现在这社会:大官是送上门,中官去开后门,小官满世界找后门,平头老百姓没头苍蝇找不到门。你这家伙连找也不出去找,憨乎乎地埋头在乡旮旯里写,非写出个疯子来不可。

一句顺口溜,都传到山也遥远、水也遥远、路途更为遥远的偏僻寨子里来了!

知识青年要成为社会主义的新农民,总得要有个住处吧。和我一起上山下乡的知青,到了农村之后,绝大多数都居住在生产队的保管房和社员暂时腾出的房间里,几乎没几个队是建好新房的。经过一而再、再而三的反映,有的知青干脆就在老乡家里、专门腾出的保管房里长期住下去了,还有的队确实也用干打垒的方式建了知青屋,但新建的房往往质量很差,潮气甚重。农民们说,一般来说,泥墙茅草屋,建好了总得晾很长一段时间,至少是一个季节,才能往里搬。我插队落户整整10年,起先是和知青们一起住破败的保管房,山洪把保管房冲倒以后,我就借住在老乡家里。长期住下去也不是办法啊,实在没地方住了,老乡就把土地庙砌上墙,安了一扇门,让我住进去。10年里搬了七八次家,始终也没有一个安定的住处。我问过许多老知青,他们的情况和我大同小异,还说,也习惯了。问老乡,为什么总也不给我们建房呢,老乡笑着说:你们不都要走的嘛,建了干啥?

扎根农村干革命,艰苦奋斗60年!曾经是上山下乡知青的口号,我插队寨子的泥墙上,就在我们抵达山寨的那一天书写着这么一条大幅标语。可见这是当年极力提倡的。而晚恋、晚婚、晚育,更是我们这一代人中一个敏感的话题。初初下乡时,如果过早地谈情说爱,是要遭受众人非议甚至遭到攻击和批判教育的。但是,要鼓励知青扎根,在农村生活一辈子,不能让人家都当和尚尼姑,就要允许知青恋爱、结婚。一旦允许恋爱结婚,正值青春年华的知青们,很快就激起了爱情的浪花,从无性或羞于谈性,发展到乱性,仿佛只是一步之遥的事情,有的知青还很快地产生了爱情的结晶。这就迫使一些知青要成家。而真要成家立业,一系列更为现实的问题也就随之产生了。

扎根和知青婚姻的矛盾,也就摆在了面前。

一些刚下乡头两年表现积极的先进知青,在日复一日的劳动中,其政治热情也在逐渐减弱。一来你表现得过分积极,周围的大多数知青都会觉得你是在做假,为大多数人反感;二来你既然喜欢唱高调,那么你就处处带头好了,真正地扎下根来好了。而大多数先进知青,之所以表现积极,心底深处是想早一天离开农村,真要他把一生扎在农村,他是做不到的。

在长达10年的插队落户生涯里,因为探亲和改稿,我一共回过4次上海。实事求是地说,这4次是不能算多的。可是,我永远也不会忘记这一次又一次坐长途火车的经历,每一趟旅途,从买车票开始,就犹如进入临战状态,而每次上车,就像是一场战斗。直到坐上了火车,待在座位上,抬起头来,整节车厢里,过道上,座位旁,车厢接头处,到处都是人。其中不少是逃票、躲票的。难怪啊,上千万知青,寒冬腊月农闲时节要回城市去探亲,三四月份农忙了又要到农村抓春耕。其他的不说,光是火车拖着这么多的人来回跑,要浪费多多少少的运力啊。从"文化大革命"10年中过来的人,谁不曾对列车的晚点有过深刻的印像。运力紧张,运力紧张,在10年里一直是个热门话题。算一算经济账,这里头给国家造成的损失该有多少?

四

席卷全国的上山下乡运动落幕后,1979年,我进入贵州省作家协会,随着几部引起社会广泛关注的知青题材作品的出版,我收到了来自全国各地数千封知青的来信。每次展读他们的来信,给我最强烈的一个感受是,他们的青春,在知青岁月里荒废了。荒废了青春,在某种程度上来说,就是荒废了人生。

我是一个作家,从一个知青来说,算是幸运的。我们国家还有一个知青作家群。但是,我也同样不无遗憾地看到,在我的同时代知青中,虽然其中不少人回城以后挤进了大学,拿到了大学毕业的文凭,似乎是补上了一课。但是,在我们这整整一代人中,却很少涌现出杰出的科学家,为全国人民所熟知的大化学家、物理学家、医学家等。

这是什么原因呢?

很简单,那就是苦难艰辛可以造就作家,而科学家则是需要循序渐进地学习,充分地打好基本功才能造就的。

从贵州省作协到调回上海作协,尽管环境发生了变化,但是工作性质是一样的,主要就是进行小说创作。2005年我到上海社科院文学所工作,这对我来说,是一个全新的领域,也是一个全新的挑战,我也学习着写了几篇论文,发表后反响都还不错。当然我也自知,文学研究不是我的专长,作为一个研究机构的负责人,我到文学所后,和所有的同志都沟通过一遍,了解到他们都在从事哪些方面的研究。我认为对于一个研究机构而言,一定要有一套完善的规章制度,我在这上面花了很多心思。让我感到欣慰的事,在文学所同志的理解和支持下,我们经过学术委员会和所务委员会协商,建立了相关职称评定及科研奖励的条例,而且还得到了社科院领导的肯定。

2011年,我从文学所所长的位子上退了下来。文学所的工作经历是难忘的,也是有意义的。现在虽然退休了,但是我还会一直关注文学所的发展,看到最近两年文学所的科研所取得的好成绩,我由衷感到高兴。希望文学所的未来更加美好。

采访对象：俞宣孟　上海社会科学院哲学研究所研究员
采访地点：上海社会科学院中山西路分部
采访时间：2015年1月27日
采访整理：高俊　上海社会科学院历史研究所研究员

要弄明白我不懂的东西：
俞宣孟研究员访谈录

被采访者简介：

俞宣孟　主要从事外国哲学研究，兼及中西哲学的比较研究等。曾承担国家社科基金项目"中西哲学形态比较研究"，承担上海市级课题"本体论研究"。个人专著有：《本体论研究》获上海市哲学社会科学优秀成果著作一等奖；《现代西方的超越思考——海德格尔哲学》获上海市哲学社会科学优秀成果著作三等奖；为《探根寻源——新一轮中西哲学比较研究论文集》主编之一；参与集体项目《东西方哲学比较研究》《存在主义哲学》。个人译著7部，另有用英语发表的论文及编辑的论集多部。撰写论文数十篇，其中，《Ontology(本体论)与语言问题》获上海市哲学社会科学优秀成果三等奖,《西方哲学中"是"的意义及其思想方式》及《两种不同形态的形而上学》分别获上海市哲学社会科学优秀成果三等奖。《马克思主义哲学与本体论研究》一文被译成俄语发表在2007年第5期《哲学问题》上。

一

我1948年生于上海,读中学的时候适逢"文化大革命"爆发,就跟随上山下乡的大潮到了苏北的大丰农场,从农场回来后教过书,也在机关待过。"文化大革命"结束后,我在1979年直接考入复旦大学哲学系攻读研究生。我在入校就读后才知道,我是这一届研究生招生中外语成绩的第一名。1982年,我研究生毕业,获得硕士学位,同年来到上海社会科学院哲学所工作,所以我并没有经历过本科阶段的学习,包括我的外语都是自学的。

我之所以报考哲学专业,主要是因为"文化大革命"期间几乎没有书看,但是可以看马恩列斯毛的著作,我又很喜欢看书,就把这些书籍置于床头,每天晚上都要翻阅一阵子才会睡觉。印象最深的是列宁的《黑格尔〈逻辑学〉一书摘要》,读了很久也没读懂,尽管有些段落甚至能背诵。不过对我来说,越是不懂的东西它对我的吸引力就越大,我总想有一天我是能够弄明白它的。

要弄明白我不懂的东西,这个想法从一开始就伴随着我学习哲学的全过程。1979年我正式进入复旦哲学系攻读外国哲学专业课程，根据老师的指导从古希腊哲学一直读下来，读到近代存在主义哲学，才知道其中有一位叫海德格尔的哲学家，然而他写在书上的话是我完全不懂的。他使用的术语译成汉语很奇怪，比如，通常译作"存在"的 being，在他这里成了"在"或"在者"，又有什么"亲在"(Dasein)这样的术语。国内关于海德格尔哲学的介绍评述也没有。我想，我已经读到了外国哲学专业当时最高的学历，对于这样有声望的哲学家居然一点不懂，岂不是耻辱吗？有了这种想法，从来没有因为困难而生退缩的念头，就想方设法去找材料，主要是从北京复印了一部分当时已经译成英语的海德格尔著作。经过三四个月的研读，我初步明白，原来海德格尔哲学之所以难懂，是因为对于传统哲学而言，他的哲学是一次改弦更张，所以，不能用理解传统哲学的方式去理解海德格尔。1982年初，我完成了硕士论文《论海德格尔的基本本体论》，当年就发表在《复旦学报》上。专门研究西方现代哲学的刘放桐老师一直对我很鼓励，他认为我的论文在当时达到了国内一流水平。受到了这样的鼓励，我就继续努力，在分配到上海社科院后决定重新深入研究海德格尔，结果就在1986年写成了《现代西方哲学的超越思考——海德格尔的哲学》一书。由于当时出版社经营困难，一直到1989年年底才出版。

这部书是中国大陆出版的关于海德格尔研究的第一部专著。后来我知道，那年年初台湾地区也出版了一部取名为《海德格尔》的书，作者为项退结，是付伟勋和韦政通主编的"世界哲学家丛书"中的一种。1993年初，我在费城拜访过付伟勋先生。一见面他就考问我对海德格尔哲学的了解情况，没谈几句他就说，"你对海德格尔是真懂的，早知道那本专著就请你写了。"后来我才知道，付伟勋先生开始研究海德格尔不迟于60年代,而项退结先生出版他的这部专著时已经在课堂上讲授海德格尔15年了。

从海德格尔入手开始我的学术生涯,这看似完全偶然,其实也有原因可寻,这与我凡事喜欢究根问底的性格有点关系。当时是因为看不懂海德格尔哲学,带着探个究竟的想法一头扎进去,等看出了一点名堂,才真正明白,原来一种真正有创见的哲学一定是对传统有所突破的哲学,如果固守自己已知的立场,就不容易接受新的尤其是有深度的思想。由于海德格尔想得比传统哲学深,通过对他的研究,我对整个西方哲学的理解也大大深入了。这个体验使我形成了自己在学问道路上的一个见解,即,求学问历来有博和深两个要求,我侧重的是深。因为博是无限的,以有限的个人生命是不可能达到的;深指的是当下时代自己从事的这个学术领域达到的深度,相对来说这是可以达到的,而进入深度所需的知识背景就是"博"的范围。我做学问就是这个态度。

二

回想自己在西方哲学乃至一般的哲学领域里思考过、论说过的问题主要是三点:一是关于西方哲学一个常用术语的翻译问题;二是关于西方哲学精髓问题;三是在中西哲学比较的基础上对哲学的一般看法。

第一,关于术语问题。有一个术语的翻译对于理解西方哲学关系极大,这个术语即being,过去一向被译成"存在"。中文"存在"的意思指的是时空中实有其事的东西,所以"无"不能"存在"。

但是 being 作为哲学概念可以泛指一切,不论是实际存在的还是仅仅是思想上想得到的东西都可以称作 being,或者换一种说法,只要能在语言中提及的一切都是 being,于是,"无"也可以是一种 being。西方哲学之所以能作成这样一个超出中国人所谓"万物"的观念,与他们使用的语言的特征有关。Being 原来是一个系词,相当于汉语的"是",是语言中表述任何东西(不管其存在还是不存在)的格式。汉语中译作"是"或"是者"才可以表达可以想到、可以形诸语言的一切东西,这样就看出了西方关于世界的哲学知识受语言形式的强制,可以在思想上建立起普遍到特殊的等级区分,产生出观念运作时的逻辑的要求,直至现代西方把哲学问题归结为语言分析问题。把 being 译成"是",西方哲学的上述种种特征才比较能够显示出来。过去,除了极少数学者在翻译柏拉图和亚里士多德哲学时用过"是"这个译名,占压倒优势流行着的译名是"存在"。1984年我参加一次全国西方现代哲学学术会议时,提交了一篇论文,题目是《海德格尔关于"是"的意义问题》(载《现代西方哲学研究辑刊》第7辑,人民出版社1986年版)。会上当即就对"是"这个译名展开了激烈的争论,此后围绕这个问题的讨论经久不息,到2000年左右,有人据此编选了一部100万字的论文集,也仅是见诸刊物的部分论文。虽然目前学界还没有全部采用"是"这个译名,但是至少这场讨论已经松动了原来板结的土地,为进一步的理解提供了可能的途径。

第二,关于西方哲学的精髓。中国学界要了解、把握西方哲学,其意义自不必说。但是,历时2 000余年,西方哲学学派林立,观点繁杂,真如汪洋大海。中国人要了解西方哲学,总是要从一个一个哲学家的研究开始,到了一定程度也要进行总结概括。我读书的时候发现,许多西方大哲学家都把自己最基本、最重要的哲学观点表达在所谓"本体论"中,西方哲学的分类中"本体论"也被当做哲学的哲学,纯粹原理。但是,流行的教科书给人的印象似乎是,本体论是一门关于世界之基本组成物的理论,或者含含糊糊地认为是关于世界本体或本质的学问。其实,这门学问的原文 ontology,字面上就表明是关于 on 即 being 的学问,与"本体"无涉。这里的 being 即"是者"是思想上形成和把握的关于世界的普遍范畴,这些范畴的组合产生出来的就是第一哲学原理。了解西方哲学最重要的就是把握这部分理论,其他分支都是这个理论的运用,或者是这个理论的延伸和展开,如认识论。为了把握这种形态和特征的西方哲学,只能结合西方哲学的语言表述的特征,依次追索其从古希腊产生的原因、其发展的过程中遇到的挑战和暴露的问题、从本体论中发展出认识论的必然性,以及最后在黑格尔《逻辑学》一书中达到的典型性。我化了大约 10 年时间,对以上问题做了思考整理,写成了《本体论研究》。这次出版一点也没有耽搁,1999 年 4 月中旬书稿送出版社,7 月初书已上架。

前面两项工作对于学习研究西方哲学史的同事们也许会有帮助。

第三,以上两项研究使我对西方哲学的形态及其宗旨有了较深入的了解,随之也对哲学这门学问的理解也有所深入。对以本体论为核心的西方哲学的研究显示,产生和发展在其语言文化背景中的西方哲学是一种特殊形态的哲学,中国文化背景不可能产生那样的哲学,中西哲学是两种不同形态的哲学。西方哲学的宗旨是求得有关世界的普遍知识(真理),中国哲学的宗旨在于获得生命的自觉。形态和宗旨的不同导致从事哲学活动的途径的不同,西方哲学为追求所谓知识的客观性,发展出了认识论和逻辑,中国哲学的途径则在于人格修养。以上诸点未见于前人,究其原因,首先是对本体论(站在中国传统哲学的角度去看而造成)的误解,使西方哲学的特殊形态及其宗旨不能得到准确的揭示;于是,还进一步以西方哲学为一般哲学的标准去整理和勾勒中国哲学,这样势必改变了中国传统哲学的面貌;最后又拿依西方哲学勾勒出来的中国哲学去与西方哲学作比较,其去真相之远,可想而知。我在职最后10年的工作主要集中在这个方面,除了我自己的研究,也想唤起更多人的关注。于是,策划召开过一些学术会议,与何锡蓉一起编辑的论集《探根寻源》就是这方面工作留下的一个痕迹。

三

让我对自己的工作做一个评价,我最满意的还是在职最后10年的工作,即围绕中西哲学比较研究所做的工作。以往的研究尽管得到过一些奖状,但是那些研究充其量是对西方哲学的研究,是讲人家家里事。我得出中国哲学在于获得生命的自觉这个结论,这是我自己读书的心得,在这个方向上可以开启出许多新的景象,这些新的景象不再是悬空在外的高谈阔论——那是哲学常给人的印象,而都是与自己、社团乃至国家民族的生存息息相关的。举其要而言之,现代社会很注重各种法律法规建设,法律法规无论怎样完整，它期望的秩序总是要通过生活在其中的人的贯彻执行才能实现，从制定到执行法律法规，都需要人们对自己生命的自觉。人的本质究竟在于个性还是社会性，对这两个不同答案的各执一词在组织社会生活中造成的差异极大，且造成了严重的冲突。其实人的本质的个性和社会性，在自觉的生命活动中根本就是根据实际情况的一种调节，是人能够协调的。中国古代关于生命自觉已经有了许多论述，现在的任务是要根据新的情况加以发展。所谓新的情况，主要是指人类发展到了现代化的阶段运用科学技术所导致的一切积极和消极后果，它们在前所未有的规模上对能量的开发利用，一方面改善了人类的生活，另一方面也造成了生态环境的污染、制造出了大规模杀伤性武器，这两种情况都使人类有了自己毁灭自己的可能。唤醒和提高生命的自觉性将有助于人类克服生活所面临的挑战，建设起未来更加合理的生活。为此，有许多问题可以研究，例如，如何根据现代生命科学的发展，对生命现象作哲学的描述？怎样从生命自觉的高度评述现代社会各种景象？中国古代对于生命自觉有过哪些论述？把争取生命自觉看做中国哲学的宗旨，那么如何看待西方哲学？或者是否有端倪说，生命自觉也应当是西方哲学未来发展的方向？

  问题有很多，但是我已经年迈，把问题提在这里，也许有人会做下去。

采访对象：张新华　上海社会科学院信息研究所研究员
采访地点：上海社会科学院老干部活动室
采访时间：2016 年 11 月 4 日
采访整理：张生　上海社会科学院历史研究所副研究员

从舰船设计到信息安全研究：
张新华研究员访谈录

被访者简介：

张新华　上海社会科学院信息研究所研究员，曾连任第七、八、九届上海市政协委员。代表著作：《信息安全：威胁与战略》。在网络安全、信息情报学领域享有学术声望，为上海市翻译界泰斗人物。

一

我 1967 年毕业于南京大学。大学时期学的是外国语言文学系英美文学专业，对于专业非常喜欢。中学时代读了大量相关读物,基本包含各类典籍,做了很多知识上的铺垫。到了大学汉语写作课上,老师是武汉大学毕业的,看我文学功底十分不错,就问我为什么不读中文,而选择英美文学专业。我当时回答说中文还需要到大学来读吗？实际表达的意思是中文完全可以自学的。所以大学时期的导向就重在英语文学,记得在大三时期我就写过一篇《威尼斯和莎士比亚的人文思想》的论文。当时系主任陈嘉是全国二级教授,有很大的学术影响力,看了我这篇论文非常赞赏,专门在南京召集专家为我开了一个报告会。当时我还是一个本科学生。后来他将这篇文章送到中国唯一的《文学评论》杂志社,并和北大教授商榷,认为这样一篇关于外国古代文学研究文章刊登在《文学评论》上或许有些不妥,就建议我投到《光明日报》的"文化遗产"专栏里。不久之后就批判"海瑞罢官",刊登文章的事情也就不了了之。

最早写的文章都是关于文学批评的,但这个时候"文化大革命"开始了,我当时感到搞文学批评很有可能无法继续下去,就整天泡在图书馆里,什么样观点的书都接触,做好各方面的准备。到毕业分配工作的时候,我有几个选择:新华社、中国科学院、国防科委。当时自己填报志愿的时候,我填写的是中国科学院。后来就任南京大学副校长的于绍义,当时他是研究俄罗斯文学的一个专家,和我私人关系比较密切,当时对我说我的思想变化不及时,不应继续考虑待在科学院,建议我还是去基层。但我认为不管什么时候,都是需要科学研究的。国防科委当时也想要我去,最后选择去的国防科委。这段经历说明我一直以来都是以学术研究为导向的,如果不能从事学术研究会是非常遗憾的。

刚到国防科委的时候,由于特殊年代,当时都需要到部队农场锻炼,我去的是二十军部队下属的马鞍山当涂的丹阳湖农场。当时的院长是刘华清,管理人员和我聊天说,全国一共20多个所,问我希望到哪个所,我说最喜欢去上海。他就说上海有个708研究所,原来的军舰船舶研究所,建议我过去。后来我也就来到了708研究所。农场锻炼的时候,1968—1969年的冬天十分寒冷,雪还下得很大。当时每天我锻炼完的时候,回到宿舍拉上蚊帐,在床上读书做笔记,我记得那个时间段写了很厚的一沓各个学科的读书笔记,包括文史类、西洋文学、哲学、语言学的,总之各个学科都比较杂。

二

部队锻炼结束后,1970年初回到上海。当时还在外滩的708所,单位接收不少刚毕业的华东地区的大学生,比如华东化工、上海交大、南京大学的学生。我到了这个所之后,感到所有人的资历、水平都在我之上,所以我第二天就去了图书馆看书学习,幸运的是708所的图书馆在当时这个系统之内是最系统、最完备的,还订了相当多的杂志。因此我的学习转换速度非常快,以前我是学语言文学的,这个时候迅速转到该所聚焦的关于流体力学、舰船总设计领域。

虽然说在读书时期对这个领域没有什么兴趣,但是面对当时社会的快速变化,只能在这里工作,并且其他地方还不允许我"跳出来"。所以我还是抓紧学习新事物来适应工作,一些流体力学的东西趁着年轻学得很快。当时还和所里的老教授笑谈,我说所里很多课本、专著还是用苏联的,大部分都是比较过时的四五十年代的知识,而我接触到的很多力学领域的都是最新领域的研究。所以我进研究所没多久,科研处的科长当时正好做情报工作,还是很赏识我的,很多工作就交由我来完成,我的语言功底比较扎实,因此一本《气垫船的空气动力学》的译著就交由我来完成。

后来和总工程师袁随善一起合作共事。他是从海外归来的,当时他是副总工程师,我们一起进行很多翻译工作,起码有100万字的规模。在708所工作期间,参加了很多相关项目,第一个是和远望号总工程师许学彦一起合作发表过文章。远望号(当时叫导弹卫星测量跟踪船)是我国在航天、导弹领域最基础的工程。我写了一份情报分析报告,分析国外尤其是美国在这方面最先进的研究动态。第二个项目是和北京714所进行的一个关于坦克登陆舰的合作项目,我主要做情报支持的工作,最后这个项目得到了科学大会奖,我的名字也赫然其中。第三个项目是关于中苏黑龙江—乌苏里江边界争端地区研发的"喷水推进快艇"。在"喷水推进"方面的很多研究是我和袁随善及相关研究所的人员一起搞的,后来这个项目获得了上海科技进步奖。

到了改革开放之后,外国访问人员数量增多。一次美国海军访问团来华访问,都是安排我做相关的翻译,领导笑着说我的表现可以打85分,意在激励我继续努力做好相关工作。从此以后,在整个气垫船系统,包括南京海军学院做的海军航行补给的研究,就是我们现在讲的补给舰,做的相关研究都发表在《舰船杂志》上了。海军学院的人专门到上海跟我讨论这方面问题;在上海海事会议以及北京人民大会堂一系列会议中,我担任首席翻译。

随后不久,在改革开放恢复评职称的时候,708所负责全国高级工程师的筛选工作。当时我还在708所工作,并在上海翻译技巧班做培训,许多部门、过去的大学生都在这个培训班学习,因此这些人员英语水平的审核,没有我的签名是不被认可的,我尽力做到公平公正,没有丝毫偏袒。回顾整个在708所工作学习,我学会了怎么克服困难、如何适应性的问题,并且在此基础之上做出了应有的成绩和贡献。

在1984年有个小插曲,当时恢复研究生考试招生,老科长建议我去考研究生。市外办也想调我走,说我要去的话人生可能就会发生大的改变,给我的工作任务主要是处理领导往来的函件、元首来访的翻译。当时我很愿意去,同时征询几个好朋友。他们建议我不要去,因为觉得我个性比较强,同时技术功底比较强,到政府部门受不了这个委屈。后来,我也觉得自己是不能去的。当然,那个时候上海社科院也要我,一个俄语专业的校友为我牵线搭桥,当时社科院正准备成立一个情报研究所。我最终决定来上海社科院,因为我个性较强,思想比较开放,适合社科院的氛围。

三

到上海社科院之后发现非常适合我,给我提供一个新的舞台。在708所的工程技术部门待了16年,主要从事方案认证、学术分析、情报设计,也涉及技术相关的东西。当时我除了高等数学不懂,其他相关的物理表达式我都能理解,我觉得这些知识对我到社科院今后的工作研究是个很好的铺垫，一套科学的思维和一套严密的科学方法非常重要。我刚来的时候被告知过去的研究成果暂时不予计算，要从头开始，我觉得这都无所谓。

我到社科院两个星期之后，领导交给我一个任务，说市委组织部做一个知识分子研究，聚焦于知识分子定义这一问题。之前没有人研究，但这一问题又是必须要做的，就交给我来做。当时我想，这是在检验我的功力，同时再给我一些工作上的压力。我表示没问题，我就写了一个关于知识分子定义的文章。后来组织部开会，在这之前几篇文章都评过了，我这篇文章是最后送审的，被评为优秀，后来还被编入一本研究《知识分子》的文集中。组织部很看重这项研究，还让我做后续的一些研究。

到了曾庆红、赵启正担任组织部部长、副部长的时候，我是当时20多个特邀研究员之一，社科院就是我和沈国明两个人，此外还有当时还没有调到北京的王沪宁。那时我住在武康路一间条件很一般的公寓里。组织部的同志看到之后，觉得有必要向上级反映一下，我说完全没必要。

在社科院除了做一些翻译工作外，主要是做信息学、情报学研究。做的第一份课题是《情报学理论流派研究纲要》。这本书出版之前有一本在香港商务印书馆出版的《信息学概论》，而在内地还没有出版。华东师大做情报学的老师是将此书作为经典著作研读的。基于我的外语基础很不错，还做很多会议的同传翻译，尤其是江道涵时期做翻译的次数更多。

在1989年的时候，有机会去香港做干部培训课的翻译，在结识了香港中文大学的潘光迥教授（潘光旦的弟弟）。他原来是国民党交通部的副部长,之后担任校董。由他牵线拿到唐翔千的资金支持,建立与上海交通大学合作办学的干部培训班。在这里曾受到潘光迥教授的赏识,想请我到香港审阅一本《管理学词汇》辞典。这本书是潘光迥和台湾的梁实秋两个人合作完成的,后来通过潘先生和汪道涵的朋友关系,以及外事处的大力支持使我顺利到香港,帮潘光迥先生审阅《管理学词汇》辞典。在香港期间人脉关系也得以拓展,一些银行、金融领域的管理者得以结识,例如香港汇丰银行的行长。

之后在1989年年底通过考试到加拿大,在移民局办理相关手续的时候,移民局的人告知我说:"你要想留在加拿大,只要在离开加拿大国境前你要是想办理,我们立刻能给你办理。"当时我表示拒绝,没有接受这个"劝告"。当时在约克大学和多伦多大学的联合亚太研究中心,一个在北京做参赞的研究人员正主持一个项目,与我交流之后感觉我的想法很好,想让我帮助他做一个PHD的方案以及帮助他完成一个名为"Paradigm of change and implication of The China-Canada relations"(国际范式的变化及对加中关系的影响)的项目。我的观点非常大胆,很多加拿大人很不理解,但是之后几年他们随着来中国游历和更深入了解中国之后都逐步理解我的观点。我在文中阐释中国的变化以及国家关系变化对中国未来的前途影响,而这种变化会对加中关系产生积极影响,而且我提出很多具体的建议。当时多伦多大学的情报学比较有名,邀请我做半年的学术课程主讲。我说可以,但是此次前来属于两国政府间的协议,我还是需要按时回国,之后加方要是希望我继续前来,我可以申请再来。当时选择按时回国还有一个原因,就是住房问题需要及时解决,虽然分房轮不到我,但是买房可以凭借自己的能力来买,需要及时回国办理相关手续。

回国后不久,党委推荐我做政协委员,可能从各方面了解我的种种表现,并表示了积极肯定。之后我连续做了三届一共15年的上海市政协委员。当时觉得做政协委员可以实现我的政治抱负,因此在政协委员的职位上表现得十分卖力,很多调研、文件及提案都是我来做的,比如:连续三年提出上海应该建设成为一个"智慧港"(Smartport),就是现在说的"信息港";上海应建成全球各生产要素的枢纽港,这些都是相当前沿的议案。之后上海"信息港"成立的时候,基础报告之一——上海信息办主持的上海建设信息港的建议书也是我起草的。

四

这段时间也负责一些海外交流的事情,我建议成立上海社科院战略与政策研究中心,这个中心一直由我负责,每年都会举办国际会议。市里的相关领导在每次会议都能请到。最难能可贵的是,会议花费没有用国内的一分钱,都是用外国基金会的钱。在2000年我申请国家重点项目,名称为"信息安全、网络监管与中国的信息立法",全国当时获批的只有5个,上海只有我一个。做完这个项目还出版了一本40余万字的专著《信息安全:威胁与战略》,将报告当中的主要观点总结到这本著作里。当时国家要起草关于信息安全的报告,由上海、深圳多个部委共同写报告,初稿写完之后直接发给我,由我审阅之后发到国家信息办主持的一个信息安全务虚会。会议接受了由我提起的关于"网络安全"的概念。国务院信息办的一个负责人给我来电,让我再写几篇相关的论文、报告供他们参考。站到今天的视角来看,该领域所有发生过的趋势、问题基本没有超出我这本书的范畴。

美国外交部多年以前在英国想开个国际信息安全的会议,让中国来参加。中国当时找的人就是我,在那之后我参加了每一届峰会,一直到2014年。前几年斯诺登事件发生之后,我在大会上做的相关演讲就是关于网络信息安全,不少国外的专家夸奖我说这个报告应该让奥巴马来听听。

关于网络信息安全的会议还有很多。比如几年前在慕尼黑的安全会议,当时中国第一个去参加并以红毯贵宾身份参加会议的,是德国巴伐利亚州的州长邀请我前去参加的,还做了一个"全球金融危机当中的中国道路选择"的演讲。还有一个OECD会议,与柏林科学院院长结识,曾在柏林一次国际圆桌会议上讨论国际安全问题,当时美国小布什总统的夫人劳拉也来参加。还有几个印象比较深刻的国际会议,如比利时欧盟的代表团来浦东干部学院,要求我做一个英文报告。欧盟的专家非常赞赏,说在比利时欧盟要召开一个会议,请我专门去做个专题演讲。当时我欣然同意,说欧盟方面只需发个相关邀请函就好。当时这个会议还想邀请克林顿前去参加,克林顿对会议的出场费要价是25万美元,欧盟问我有没有条件。我说我没有什么条件,能去对于我个人、国家都会是受益者,唯一的条件是我和夫人一起去。这些条件欧盟都可以满足,所以我就顺利前去。当时会议成果还出版了一本书,英文和中文版本同步出版,英文版由牛津大学出版社出版,名为《Handbook of

Organizational Learning and Knowledge Management》,还获得奔驰基金会的大力支持;中国由上海人民出版社出版了中文版。我是组织者之一。如果没有我及团队的努力,中文版很难同步出版。

我还和宝马公司合作,召开关于中国清洁能源产业发展的国际研讨会,当时邀请还在同济大学的万钢(当时他还是国家863计划的首席科学家)来做报告。每做一个相关课题,都出一本相应的书籍,当时我还是作为国务院国家路线图专家组15个首席专家之一,其他的都是来自高校和科学院的,就只有我一个来自社科院的。

同时还和卢森堡基金会大力合作。德国宪法有规定,相关资金按照党的目标加以运用。认识两个在德国的中方外事人员,他们刚获得一笔资金,但不知道如何更好地利用,就问我怎么花？我就给他们建议,现在世界在不断融合,中国已经是世界的一部分,德国也在促进中国的发展,如果能建立一个培养中国领导干部的课程班,能让他们认识全球化的大趋势,并沿着这个思路使得中国和外国在理念上的认同获得发展,这些资金也会用到与中国关系比较好的国家和国际组织上面。我给他们设计了一个项目连做多年,3年为一期,每期都有不同的问题。我做的相关主题有:中国的可持续性管理的理论和实践、培训和实践("可持续性管理"也就是现在提到的"可持续发展观"),每一期从头到尾都是由我起草书写,德国经贸部做最后批准。我做的那部分当中没有发现任何问题。在上海、浙江、云南、安徽、江苏、新疆各地与当地组织部合作,并邀请海内外专家调研,整个过程十分高效,也会出版相应的书籍;之后还有"城市化和中国社区发展"的课题;等等。

除了信息领域相关的研究,我在企业管理、企业应用领域也做出了一定贡献,很长时间担任外国公司,如西门子、奔驰的战略顾问,以及担任中国集团公司的战略顾问、总裁。在奔驰公司做过"Leadership of the China"("中国式领导")的报告,内容是"怎样领导中国的企业"。

对于社科院未来的发展,我觉得最根本的还在于人。所以应该培养好的人,培养有能力、有水平的人才。政治导向本身重要,因为这是一个最基础的出发点,我本身也是有正确的政治导向。但从社科院的发展来说,最重要的还是学术,我感觉社科院的学风还是需要提高的,我在担任政协委员的时候就指出社科院的学风需要改进。另外,我觉得社科院需要限制部分投机取巧的人,而应该让一些有真才实学、认真耕耘的人能够扎根学术,尽管这些人没有必要投身行政岗位。对于我来说,在社科院比较遗憾的是,在我创建社科院信息研究所的时候,就提出要搞信息研究、信息文明研究、信息安全研究,在我每年的报告计划里面,都写了这些内容,而且都有详细的计划,但是长期无人支持和受理。回想自己在2004年的时候,我还做了第二个国家重点项目《知识创新的理论与机制》。这个项目做了好几年,结项的时候出版了百万字的报告,当时评审被评为"优秀"。现在社科院的各种课题能得到这种"优秀"级别的非常之少。对于我自己的学术之路而言,我博览群书的特点在于应对多学科研究而言有相当大的优势,做任何一个项目我都要求自己要有哲学深度、要有历史视角,还要有文化内涵。所以做"知识创新"项目需要几年才能完成,就是要将所有哲学领域相关的内容掌握,许多学者的研究需要吃透,学科角度从认知心理学、神经心理学、神经行为学到生理学,最后到文化生态,需要将这些学科融为一炉,最终做出的理论体系结构是前所未见的。很多专家看到之后都感到非常吃惊。这两年我没有再接收相关的项目,就是想自己再好好思考一下之前还尚未解决的理论问题,之后再完善一下。我觉得基本的学术研究过程最起码需要这样来做。

采访对象： 陈招顺　上海社会科学院研究员，《社会科学报》总编
采访地点： 上海社会科学院老干部活动室
采访时间： 2016年10月13日
采访整理： 张生　上海社会科学院历史研究所副研究员

从经济理论到世界经济研究：
陈招顺研究员访谈录

被采访者简介：

陈招顺　上海社会科学院《社会科学》杂志社社长兼主编；《社会科学报》总编，研究员。主要从事理论经济与世界经济研究。

——

我是1952年进入上海财经学院的国民经济系学习，当时本科四年提前一年毕业，也就是三年制学习，但毕业后也享受大学四年制的待遇。毕业之后留校，继续待在财经学院政治经济学教研室当助教。印象最深的是王惟中老师,他当时是二级教授,资历最深,他对我有很多的培养和关照。

当时三年本科学制,主要是国家考虑当时人才数量有限,需要大量人才尽快进入到生产工作一线。在学校期间我的成绩还算很不错的,毕业时自己满怀热情,非常愿意响应祖国的号召,"到最艰苦的地方,到祖国最需要的地方去",不过最后还是分配留校担任助教。从1955年毕业到1958年调整到上海社科院这三年任助教期间,主要的工作任务是做学生的辅导工作,为他们答疑解惑。不过中间也会出现很多我不明白的问题,需要及时向老教授们请教,这对自身水平的提高有很大益处。1957年下半年,我们教研室有很多老师下放农村锻炼,我也到宝山农村锻炼了一年。由于小时候没有在农村生活过,因此这一年的基层锻炼的印象十分深刻,一些不懂的农活也是从零基础学着干。1958年返城,回来的时候恰逢财经学院与华东政法学院部分院系合并,组成上海社会科学院,我就从财经学院的政治经济教研室调任上海社科院财政经济教研室。当时编写了一部分教材,我在其中写了两章。

二

1961—1963年,我在上海社科院攻读西方经济学说史研究生,跟着王惟中老师,也是他亲自挑选的研究生,只有两个学生,一个是我,还有现在在天津大学的李石泉老师。王老师虽然不是党员但很正派,同时具有强烈的同情心,对党也十分忠诚。他按照外国科学院培养学生的方式教育我们,要求我们看很多的书,尤其有大量英文著作。在我当时英文基础不是很好的情况下,还教我们英文。老师的英文水平很高,当时一个美国教授来院里访问,他能够完全用英文交流。我经常到他家里做客,对我们学习过程中遇到的问题都能及时反馈,例如:经济发展过程当中,国家干预跟自由市场经济到底关系如何?为什么说自由经济是资本主义国家特有的?等等。

这段学习期间,整个专业班就只有我们两个学生,当时也没有其他相关专业,是完全的"师傅带徒弟"。还为我们开辟了一个单独学习的小房间。这段时间是真正为我未来的研究打下了基础,我的成果也在这个时期是水平最高的。我写过一篇《政治学的对象问题》论文,研究的是资本主义的生产方式及其生产关系,这个问题对于当时的学者而言有很多的疑问,表示并不理解。过去将生产方式视为生产力和生产关系的统一体,那么我在老师的启示下,认为生产方式是生产关系的方式方法问题,是人和物如何组织、怎样组织起来的问题。这篇文章还发表在《学术月刊》上,现在很多这方面领域的研究都会参考我当时所做的研究和论点。在整个学术生涯,我大致有近一两百篇论文。在经济所里面,应该说成果算相当多的了。

1961—1965年政治氛围已经有些紧张了,因此大的政治环境对于经济所的研究定下的基调就是"扫除资本主义的尾巴",自由市场一定不能要。王惟中先生不声响,但他觉得这个提法不对,他是反对的,没有商品流通经济搞不上去的,没有灵活性的。他只在我们面前提到过。我们对西方经济学说史方面的研究就是发掘西方经济学说的一些精华,而为中国所用。比如凯恩斯,也有一定的道理。这是一个大前提。所以后来做院刊主编的时候,就强调四项基本原则是无论如何不能破坏的。比如说资本利用的思想,如何把人力资源整合加以利用,就完全可以为我们所用。所以支部书记经常告诫我们,不要忘记学习的目的何在。老师对于学术研究认为,评选职称这个过程还是蛮重要的,它能激发人努力的动力。而当时很长一段时间是没有职称评选的活动。

1966年"文化大革命"之后,经济所的工作大部分都停止了,很多事情讲起来都难以置信,虽然当时也是要"农业学大寨",但是我们没有公开化的用激烈的政治话语去表达,我也从来没有参加这样的活动。有些研究是组织上安排的,比如李平心论生产力的系列文章,组织上安排到社联听报告,听完就要写,政治任务啊。沈志远教授,他一直受到批判,好像柯庆施对他蛮有意见。他当时发表了三篇文章,一篇是关于"按劳分配"的,后来即便遭到批判,但是一直认为思想还是很右。受到批判之后,他就基本不做学问了。所以他的学术思想一直都没有被客观评价。

当时"文化大革命"岁月里面,我才30多岁,但我觉得自己作为年轻的研究人员,还是需要好好锻炼一下,尤其是在思想改造领域。对于极左时期号召知识分子下到基层的活动,我也积极参与,在1971—1972年下到化工厂去锻炼。化工厂日子很难熬的,味道很重,体力消耗比较大。到了1973年去了齿库材料厂,工作比较轻松了。1973年,国际问题研究所调我回去了,当时隶属于社科院。在国际问题研究所待了5年,当时叫国际资料编辑室。内部资料比较多、国外资料比较多,融会贯通。我们4个人合作写过一本关于中东的书。

三

"文化大革命"结束之后,1978年正式恢复上海社科院,我来到了社科院世界经济研究所。照理我应该到经济所去,这对我一生是一个很大的遗憾。我的研究兴趣主要在经济理论上。

我对经济所的感情很好,当时经济所顺应时代的发展分为三个所。改革开放之后中国要和世界各国接轨,需要了解各国的国情,无论是发达国家还是发展中国家,他们的制度、理念都是值得详细了解的。国民经济研究所应该研究农业经济、工业经济、国民经济,专业性需要提高,所以要扩充研究的力量。我当时去世界经济研究所,1978年开始评职称,当时很谦虚表示只要评一个助理研究员就可以了,而当时跟我同一个水平的都是副研究员,所以我当时有一定情绪,但是并没有公开表示。在这之后,自己感觉最满意的论文有《论生产方式及其含义》《政治经济学研究对象》,这几篇文章理论有创新性,也有较好的评价。

由于自己对政治经济学非常感兴趣,在60年代并没有参与内部政治经济学教材的编写。非常遗憾的是当时自己不是党员,因此没有资格参加当时全国教材的编著。过去我们国家政治经济学的理论范式一直学习苏联,之后有些突破。尤其是改革开放之后,联系实际情况有些改动,比如按劳分配跟国家税收的调节之间的关系。但是如何将各种现实的资料上升到理论高度却是一件不容易的事情,如何进一步为我国制定更加科学的政策提供依据,需要花费很大的力气。

90年代之后，我开始分管《社会科学》杂志和《上海社会科学院学术季刊》，这个季刊比较遗憾，已经停办了。我办杂志的理念主要是调动编辑的积极性，这是基于编辑们本身参差不齐的特点而定的。对于杂志发表的文章，除了坚持四项基本原则之外，能够提供丰富资料佐证的、有一定创新性和理论贡献的，我都欢迎来稿，不论作者具体的身份和职称。所以在我当主编的时候，上海评选优秀杂志的时候，就有我担任主编的《社会科学》杂志。

回顾在社科院学习工作的岁月，我是满满地感激社科院对我的培养，并且锻炼了我的很多工作、管理能力，诸多学习、生活上的老师、同志对我的关心深表感激。不过我一直没有带过学生的经历，也源于那个时代研究生培养机制还不健全，研究生数量十分有限，很快我也离开了经济所和世界经济所，但也参加过研究生导师制的创建工作。在生活养生方面，觉得良好的心态以及正常的作息，尤其是休息睡眠的保持是非常重要的。对于我来说，午睡作为一个习惯，长时间坚持，每天都神清气爽。我现在老了，平时还在研究一些医药养生问题。

采访对象：周振华　上海社会科学院经济研究所研究员
采访地点：上海社会科学院老干部活动室
采访时间：2016年10月13日
采访整理：张生　上海社会科学院历史研究所副研究员

决策咨询工作中的经济学研究：周振华研究员访谈录

被采访者简介：

周振华　1954年生，浙江上虞人。1990年毕业于中国人民大学经济研究所，获博士学位，研究员。国家人事部突出贡献中青年专家，国家百千万人才，国家社科领军人才，享受国务院特殊津贴专家。长期从事宏观经济学、产业经济学等的研究和教学工作，对中国经济体制改革、长三角区域经济发展等问题有深入研究，先后在《经济研究》等学术期刊上发表学术论文500余篇，出版著作20多部，承担省部级以上课题50余项，获省部级以上科研成果20余项。先后被评为国家人事部突出贡献中青年专家；中共中央宣传部、组织部、国家人事部等国家社科领军人才；享受国务院特殊津贴专家。曾任上海社会科学院经济研究所副所长，上海市人民政府发展研究中心主任、党组书记。现为上海经济学会会长，上海市政协经济委员会常务副主任。专著：《体制变革与经济增长》《增长方式转变》《现代经济增长中的结构效应》《产业政策的经济理论系统分析》《产业结构优化论》《中国迈向现代企业制度思索》《积极推进经济结构调整和优化》；主编："上海经济发展丛书"12卷本、《中国经济分析》年度系列报告；合著：《社会主义市场系统分析》《市场经济模式选择》等8部。其作品曾获得中国图书二等奖、华东地区优秀理论读物一等奖、上海市哲学社会科学优秀成果奖、北京市哲学社会科学优秀成果奖等多种奖项。

一

我是1976年上山下乡到黑龙江去，一直到恢复高考，成为"文化大革命"后第一届的大学生。大学四年毕业之后，又到福建师范大学攻读硕士研究生，三年之后的1985年我被分配到南京大学经济学系当老师，当时评为讲师。两年之后的1987年到中国人民大学攻读经济学的博士学位。那个时候人大是免试入学的，所以特别幸运。在博士期间，我两年半就结束了博士学习，在1990年春就到了上海社会科学院。

我读硕士和博士虽然搞的都是经济学,但小方向有些差异,读硕士期间主要是《资本论》研究,导师陈真也是这个领域的著名专家,我在这个阶段通读了《资本论》5遍,并且还通读了其他相关领域的名著,比如黑格尔的《小逻辑》,硕士论文是关于商品流通方面的。进入人大攻读博士学位的时候,当时叫国民经济与管理,涉及宏观经济,那时候就比较多地涉及西方宏观经济学,我特别对产业政策、产业结构感兴趣,博士论文就是研究这个领域的。

80年代末,国内对于产业政策、产业结构的理论研究还是很薄弱的,也和当时国内的专业设置相关。当时国内没有产业经济学这门学科,这也是从国外引进的。特别是日本,当时已经有产业结构理论、产业政策分析,并有做这个领域的研究。基于中国这样一个后发展国家,它有很明显的二元结构,特别是经过传统计划经济体制,所以使我们的产业结构非常失衡,造成大量经济产品短缺。所以改革开放之后很大的一个问题,特别是发展经济的过程中,怎么调整产业结构,怎么使产业结构合理化,在合理化基础上面,使产业结构能够逐步更替、高度化?我发现这是当时中国现实经济改革当中一个重要问题。所以做了这样的选题,后来这个研究作为博士论文出了一本专著,由中国人民大学出版社作为第一批优秀博士论文出版。在这个过程当中,由于研究的范围很广,还陆续出了两本书。一本是《产业结构优化论》,上海人民出版社出版的;还有一本是《现代经济增长中的结构效益》,是上海三联出版社作为"当代经济学丛书"出版的。所以当时研究的成果在国内还是比较超前的,对后期学术生涯还是有深远影响的。

以后基本的研究都是沿着产业结构、产业政策和宏观经济研究深化扩展的,包括 90 年代末和 21 世纪之后,看到当时信息化浪潮,联系到信息化对产业结构影响问题。当时我研究的结论是,它对促进产业融合的作用很大,会带来革命性变化,它使得很多产业在同一个技术平台上,使用同一种信号,有同样的有线、无线传输渠道,这个过程导致很多业务交叉,市场也出现交叉,包括企业的组织发生交叉和渗透,这种融合现象带来了明显的效果是产业分工更加细化、多样化;它还形成了一些新的形态,比如一些新的产业,它不是传统的产业直接替代化,就比如今天既可以看电子书,但也可以有纸质书可以看,可以在网上看电视,也可以在电视机上看电视,它使得产业的分工细化,同时更具丰富性和多样化。

针对这个趋势,我当时已在上海社科院写《信息化与产业融合》这本专著。从之后的历程来看,特别是身居上海之后,特别注意要研究城市的产业结构问题。上海具有很大的代表性,城市产业结构的研究就扩大到了全球城市的研究。当时在经济所任副所长的时候,也组织了很多次关于全球城市的国际会议、论坛,邀请了当时很多这方面的一流专家,一起进行交流讨论。关于全球城市经济的研究在全球学术界的研究时间也不是很长,都是从 20 世纪 90 年代陆续兴起的,但是马上就成为人们关注的重点。因为这些全球城市在经济全球化的过程中发挥了独特的作用,甚至在某种程度上,它代表了国家在参与国际竞争。

二

像中国经济规模的扩大,一定会有一系列全球城市崛起,参与全球竞争。上海肯定是最有竞争力的。对于我来讲，对于全球城市的研究，更多地还是从产业结构的角度进行研究，这点不同于很多西方学者，他们侧重于从全球城市的社会结构、集化效应来研究。因为我认为全球化是全球城市的驱动力。之后我组织翻译了沙森所著的《全球城市》，他主要比较了纽约、伦敦、东京这三座城市的状况。在这个基础上面，我们经济所也参与编著一些全球城市研究的论文集，我个人也出版了一些专著，主要是《崛起中的全球城市》。相比之下西方学者主要关注西方世界的全球城市，并以此为蓝本提出他的一系列观点、范畴、理论。对于新兴经济体，后发展的全球城市他们关注得较少，他们也不是很熟悉。而我们中国学者本身生活在中国崛起的环境当中，工作生活在上海，对于上海作为一个全球城市的崛起有更深刻的体验，特别是我2006年离开社科院，到上海市人民政府发展研究中心去做主任，更有机会参与市里面很多关于城市发展、城市管理、城市建设等一些重大的决策和重大项目的推进，因此在理论的基础之上又增加了很多现实的感悟。

在此基础之上，我推进了崛起中的全球城市的研究，特别是以上海为蓝本，它有什么特点？有什么特别的发展路径？未来可能在发展过程中应该采取什么样的战略定位和路径选择？因此而撰写的专著《崛起中的全球城市》出版之后，获得了社科一等奖。后来宣传部还要求在这个基础之上出版《上海报告：全球城市崛起的国家战略与地方行动》小册子，并上报中央领导，比较精炼地阐述了上海应该怎么样推进全球城市的发展。更有幸的是，在发展研究中心工作的后期能够通过给领导建议，使得研究思考能够更加长远。例如,"十三五"规划当中提出 2020 年上海基本建成全球城市之后,接下来该怎么走?由此提出要研究面向未来 30 年上海发展战略问题,即将上海建设成为卓越的全球城市。这也得到市委、市政府领导的高度支持,然后在全市推开;针对如何在原先的四个中心基础上升级到卓越的全球城市这一发展战略,作为 2050 年上海的一个发展目标。这个研究现在还在深化过程当中,但是中期的一些研究成果,市委、市政府已经开始采用了,所以国家在长三角城市群规划里面,就明确提出上海作为全球城市应该在长三角城市群当中发挥怎样的核心作用?在现在上海的城市规划修编过程中,从 2020—2040 年城市规划修编中,将"全球城市"作为上海城市发展的一个最终目标定位。令我们感到欣慰的是,以前曾是理论研究的一部分现在逐步地转变成为规划、政策的一部分。

沿着这个学术研究的主线,也涉及企业结构设计、经济形势的分析,包括一些上海发展的研究。在社科院经济所曾主持编著一套上海城市发展的研究丛书,一共有 10 本,对于改革开放以来上海发展的经验、状况进行表述。到发展研究中心以后也组织了一套时间跨度更长的三卷本丛书,分为从 1949 年到改革开放的 30 年、改革开放至今的 30 多年、未来 30 年的上海这样的三卷。同时对于世界经济和国家经济的发展,也是长期关注的一个焦点。1992 年联合北京的学者一起编著中国经济风险的专著,之后就以上海的专家为主,一直持续出版到现在。一般是 1—2 年出一本,每本都以一个重要的选题为主,所以宏观经济形势也会加以研究。

三

我的一个学术研究的体会是理论研究和实践,特别是一些政策研究、咨询如何相结合。在这方面我比较注重,尽量使研究成果能够在政府的决策当中被吸纳并加以运用。以前上海曾有相关争论,究竟优先发展第二产业还是优先发展第三产业。当提出产业融合理论之后意见就相对统一,不要将二产和三产对立起来,二产里面也有服务化的趋势,三产由于信息化的发展也有二产生产的趋势,对于上海来说产业融合最有基础,也最有可能更好地融合。

我博士毕业属于重新分配工作,但在地方的选择上面,考虑老家在上海,毕业之后回老家是个选择。但具体到上海社科院来也有特别的原因。上海社科院表现出对人才最大的尊重和吸引人才的最实际有效的措施,我至今依然很感激社科院这一点。在1990年的时候,租房子依然十分困难,我父母只有一套房子,并且我也有孩子了。住房问题是当时重点考虑的一个问题,当时社科院整体住房都十分困难,在这个条件之下,社科院当时破天荒地做出一个决定,我一来就分给我一套两间卧室的房子,地点也很不错,尽管是老房子,厨房共用的,两间卧室相隔一个走廊,在当时的上海也可以说是相当不错的。社科院有很好的学术氛围,老中青三代人之间能够有效结合。另外,社科院有一个非常好的优点,就是它不排外,这也是社科院非常好的一个特点。当时社科院自己也开始招博士研究生了,如经济研究所的雍文远老师、杨建文、周建民、沈祖炜老师。而且当时学术风气也很正,不是以关系来进行评价,主要以学术水平、科研能力。我对此的印象非常深刻。我之前在南京大学做讲师时出版的多本专著(一本就是关于社会主义市场体系的书),加之我在读博士期间在国家顶级刊物如《经济研究》发表多篇文章、我的博士论文专著,以及到上海之后编写的两本专著,在1991年年底实现"双跳"就被评为研究员。在当时跳一级的研究人员还有少量存在,而像我这样连跳两级的,在我之后就没有这样的案例了。这样高水平选拔人才也反映出当时社科院的风气非常之好。

当时连跳两级之后我也没有太多额外的压力,因为当时院里、所里的老同志对我们年轻学者非常照顾。在经济所、部门经济所工作生活与以前在南京大学期间,一个很不一样的体验是理论研究和实际研究之间的联系是十分紧密的。姚院长作为当时社科院的常务副院长,当时还兼任改革研究中心领导人,我也参与其中,经常研究长三角的经济发展问题,因此常与江苏、浙江的学者相交流,共同产生一些学术成果。经济所里的袁恩桢老师给我的印象也很深刻,他与企业有广泛的联系,而且带我们去企业不是蜻蜓点水地了解,而是直接参与企业运营管理,当时企业正面临集体改制的浪潮,我们也参与其中。比如白光公司、中西药业公司,我们都是跟着老师到企业里面根据改制的实际参与改革方案、企业管理的方案,所以给我的帮助十分巨大。

总的来说,到上海社科院之后,我的待遇提升得很快,除了在社科院一年多的时间就已经"双跳"获得研究员之外,在1992年就获得国务院特殊津贴,1993年获得博士生导师资格,1994年获得国务院中青年特殊贡献专家,1995年就被列入"国家跨世纪人才",1996年当经济所副所长。在任副所长时,分管科研和《上海经济研究》杂志。

在我就任经济所副所长前期,袁恩桢任所长,我和沈祖炜任副所长。不久之后沈祖炜就调任黄浦区做副区长,因此很长一段时间就是我任副所长,同时袁老师对后辈非常宽容,很多所里面的事情都让我来做。比如,每个星期学术活动都是由我来组织的;一个集体的项目《上海经济发展丛书》是与几位部门经济所研究房地产的专家学者合作写就的。我召集大家一起讨论、一起选题,将大家的力量凝聚起来。当时经济所很多老的研究人员都退休了,进来很多青年同志,通过这套丛书,使很多青年学者迅速成长起来,也是通过这套丛书,很多青年学者评上副研究员,也为之后的研究生涯奠定了基础。在这套丛书的基础上,又聚焦在一个新的主题进行研究,面对西方经济学的冲击以及90年代末的社会发展现实,我们关注点转向政治经济学方向的收入分配问题,不是从传统的马克思主义的"按劳分配、按生产要素分配"来研究,而是从"权力"和"权益"的角度来研究社会分配问题。这个理论框架更显张力,研究视角也相对前沿。直到今日,我依然认为要从这个视角来研究收入分配问题。

20世纪90年代末在社科院第一次组织编撰《上海经济蓝皮书》《上海社会蓝皮书》《上海文化蓝皮书》,之后每年出版一本,随后纳入中国社科院的皮书系列,影响与日俱增。另外,我们将经济所的《上海经济研究》学术刊物的水平提高到一个新高度,原来是一般的双月刊,随后改成单月刊,较早进入核心期刊的行列。

在接手这本刊物的时候,财务还处于亏损状态,之前预算每年只有两万元,连印刷费用都不够。我在办这个刊物的时候,还需要解决财务问题,与白光印刷公司广泛合作,给我们的财务支持从之前每年5万元提高到之后的10万元;与市经委合作进行工业经济发展的研究,市经委也提供一些经费支持;更多的经费来源于当时组织的各种培训班,不仅解决刊物的资金问题,还为所里提供了相应的财政支持。

在上海市政府发展研究中心工作的时候,由于工作性质的变化使得在社科院时期积累的学术成果如何转化成科学的决策成为关键所在。一个关于上海二三产业的发展问题,学者之间存在两种不同的发展路径选择问题,究竟是继续发展工业、制造业,还是站在发展大都市的目标之下大力发展第三产业?我当时就提出了"产业融合"的观点,并将一些机理性的问题,如"为什么应该融合?怎样进行产业融合"的问题并结合上海的实际、国外的发展经验通过通俗易懂的语言介绍给领导。

另一个在发展研究中心着重参与的重要问题是产业转型,在上海"十二五"规划发展中明确提出"创新驱动,转型发展"作为上海发展的总线和总方针。在这之前也有一些学术积累,2007年次贷危机发生,上半年中央担心经济过冷,上海上半年经济发展指标下滑,就需要在这个时候做出一个判断。俞书记在这个时候曾叫发改委主任、统计局局长和我叫到他的办公室,邀请我们对这个问题做个研判。当时我就提出上海对外部冲击相当敏感,但更重要的问题在于上海本身,它处于一个政策转折的关键点。我拿出一套数据来说明这个问题,之前10多年上海的经济发展速度一直快于全国两个百分点,并且都在两位数增长,但从 2006 年开始就发现上海有 8 个经济指标低于全国平均速度,不仅是 GDP 增速,还有固定资产投资增速、工业投资增速、城镇居民收入增速等。我当时判断上海的经济发展方式面临一个拐点,提出应该主动转型。如何转型的问题,研究中心提出"创新驱动,转型发展"作为上海"十二五"发展的目标。但领导还比较担心,从中央来看并未提出经济转型升级的问题,上海首先来提是否合适,另外经济转型还会面临很大风险,比如像就业、财政收入问题。就这些问题我也组织一些专家对纽约、东京、伦敦、巴黎这样的全球城市在 20 世纪 80 年代城市转型升级,在由工业城市向服务业城市转型过程当中是什么情况,其中有哪些经验教训?从中发现,经历经济转型需要 15—20 年,并且面对经济增速严重放缓、大量企业倒闭、人口和劳动力大量外流,而且都出现过城市的财政赤字,但后来它们都通过培育新的经济增长点和服务经济的增长最终挺过来了。由此得出的结论告诉领导,上海的转型已经属于风险低、形势较好的案例,只需要控制几条底线就可以。第一条是企业破产和工人失业的底线;第二条是财政收入的速度不能太快;第三条是城镇居民的收入不能有太大的波动。这也进一步坚定领导对上海经济转型的信心,也得到中央的大力肯定。胡锦涛总书记对上海提出的 8 字方针给予充分肯定,习近平总书记在出席全国两会上海代表团审议的时候也对其大力肯定。

在政协的时候,主要的工作还是给上海市委、市政府做决策咨询,因此整体上和在发展研究中心所做的活动差别不大。围绕市委、市政府一些重点工作,通过大量社会调研,发现一些问题和民意情况。在经济委员会同样要对经济形势作一定研究分析,作为"十三五"规划的专家顾问提出一些"十三五"需要关注的重点,同时兼任上海城市发展研究所所长的职务,还组织大家对国际经验、上海科创中心的创建、机制和配套的政策进行研究,也对此提出相应的决策咨询意见,也对上海自贸区建立、规划进行直接参与,尤其对制度创新应从哪个方面加以推进、投资贸易便利化、负面清单模式下的事中事后监管、金融服务领域的进一步开放,在这个领域要进行评估,也要做一些案例的分析。2016年还承担完成国家哲社办关于上海科创中心经验总结的课题,其他具体政策实施过程当中需要加以改进的问题,上海科研成果如何产业化、信息如何对称、有更好的服务配套,提出上海应该重新调整金融交易所,不仅作为拥有交易的功能,还应配套各种专利技术的价值评估,这也得到韩正书记和杨雄市长的大力肯定。相比研究中心转到政协之后,参加的会议数量减少,调研的数量增多。

四

我认为政府研究的机构和社科院的研究应该错位发展,相互促进。作为政府政策直接的研究部门,它提供相应的智力支持的速率会比较快,但是同时也带来一个问题,对某些问题相应的研究深度不够,特别是缺乏足够理论架构支持的时候,它的特点就是"短、平、快",但是深度、广度则是弱项。我觉得社科院在"短、平、快"是赶不上的,因为获得的很多信息都是滞后的,等到做出决策的时候，领导的兴趣点早就转移到其他地方了，再提政策意见就跟不上领导的政策需要了。但是社科院可以将政策咨询的问题可以做得更深一些，因此对于研究选题来说，不宜选择太小的问题，但对中期可能存在的问题，也必须花大力研究。在知识结构领域和工作方式上，两者差别也很大。发展研究需要承担很多政府的研究问题，光靠自身是很难完成的。所以我在研究中心的时候，主要就是搭建一个平台，创建一个枢纽，将高校、社科院、研究院整合起来创建一个工作室和研究基地，一共创建了20多个。很多东西借助于外力，原始素材很多来源于高校，研究中心将其二次加工，包括我们还搞了国际智库交流中心，将上海的国际咨询公司组成联盟，提供一些初步的素材。社科院不一定做这样的平台，不必拥有各种学科各种方向的研究，应该着重研究深度和国际比较，发挥社科院智库的特征。

在当前中国，研究经济学，既需要研究经济学理论问题，也需要结合中国的具体问题。这不同于西方世界，因为他们已经发展到了一个稳态的发展阶段，没有太多新的变化。中国改革开放以来变化实在太大，因此只扎根书本没有结合现实，很大程度上是跟不上时代的发展。因此理论和实际加以结合是最为需要的，也只有这样在构建中国特色社会主义政治经济学才是有最大帮助的。西方的整个学科特色、路数都是不一样，可以挖掘借鉴，但是有它的局限性。具体到上海的环境，上海具有代表性，对中国社会主义政治经济学理论构建是有帮助的。最近有个比较大的项目，上海到2018年的改革开放40年，以史实为基础，以议论为重点来论述上海在哪些方面、哪些决策在什么背景之下作为改革开放的排头兵、先行者体现出来的？对于未来又会产生什么影响？在这个基础上对未来进行展望，制度的成熟度是怎样提高的？我想从这个基础上提炼出一些理论观点，这些理论观点通过整理、抽象可以作为中国特色社会主义政治经济学的一部分。

采访对象：卢秀璋　上海社会科学院原党委副书记、研究员
采访地点：上海社会科学院老干部活动室
采访时间：2016年5月11日（第一次）；2016年10月（第二次）
采访整理：施恬逸　上海社会科学院历史研究所《史林》杂志编务；
张生　上海社会科学院历史研究所副研究员

奋战在西藏与上海的社科战线上：卢秀璋副书记访谈录

被采访者简介：

卢秀璋　上海人，1940年生。1964年毕业于上海师范学院中文系，留校任教。1970年支援西藏建设，赴西藏自治区那曲地区那曲县工作。先后任那曲县干部，那曲地区党校教员、副校长、副书记，那曲地委副书记，西藏自治区党校副校长，西藏自治区党委宣传部副部长，西藏自治区社会科学院党委书记兼副院长等。1995年10月调任上海社会科学院党委副书记，2000年11月退休。长期从事西藏问题研究，曾主持国家"八五"社科规划重点课题"中国西藏现代化发展道路研究"，为该项目前中期主题负责人。著作有《美国对华战略和"西藏问题"》《论西姆拉会议》《清末民初藏事资料选编》等,在《西藏研究》《上海社会科学院学术季刊》《社会科学》《中国西藏》等刊物发表论文多篇。

一

我出生在一个很一般的家庭,解放前读过私塾。解放后,向明中学是我母校,中学毕业后保送到上海市第四师范学校,后来又保送到上海师范学院中文系。我读书全靠国家,因此一直想当老师。师院毕业后就留校了。1965年底,已经乱得无法上课。"文化大革命"开始,上海师院的"红三师"很有名,每到周末学生就打得一塌糊涂。我当时是1963级8班的班主任,看到同学们分成对立两派,心里不大舒服。正好这个时候,我去参观了在上海自然博物馆举办的西藏阶级教育展览会,感到西藏非常需要人,就主动提出要去西藏工作。1970年9月正式到西藏那曲县工作。

那曲县位于西藏北部,靠近青海,地广人稀,45万平方公里土地上,当时只有12万人口。我去西藏后,一开始派到地方工作组。当时党校系统已经在"文化大革命"中被摧毁,地区领导要重建干部学校,就把我调过去。我1971年调入那曲党校,一边做教务工作,一边帮助西北民族大学的一个同志和一个藏族同志编教材,开始是编写藏、汉、拼音对照的文化教材,后来又编写马列教材。我之前在上海参与过编写中小学教材,有一点经验。当时上课用的《共产党宣言》都是藏文本,我上课前要先在一部分学生中讲一讲,听得懂就上,听不懂要修改讲义。上课前还要把相关名词对照的汉文、藏文写在黑板上,上政治课要先上文化课。

1980年我直接从教师被提拔为那曲党校副校长。当时党校人少,主要由我主持工作。我给来党校学习的同志上课,主要是政治课,上逻辑学、写作课,文化课也要上。我是从上海来的,深知图书资料工作的重要性,把党校图书馆从无到有建立起来。当时只要书店里有民族、宗教、历史方面的书,我都买回来。上海书店出版社出版的全套《申报》影印本,西藏自治区只有两套,西藏社科院买了一套,另一套就在我们党校。我们还和北京的中国书店联系,凡是北京机关要处理报纸杂志,党校都要来。《今日电讯》《新观察》等,上面有不少和西藏有关的消息,党校都有全套。商务印书馆出版的各国概况,也基本买全了。我还尽量给所有老师配备了《辞海》等工具书。

1986年,本来要把我调到拉萨的西藏自治区党校工作,最后去了那曲地委当副书记。后来因为我的身体不太好,不能再待在海拔比较高的那曲,正好西藏自治区党校要人,我就调到了拉萨。1989年年底任西藏自治区宣传部副部长,1992年又调任西藏社科院党委书记兼副院长。

我在宣传部时重点分管理论工作。1991年苏东剧变后,西藏的干部群众都很担心,思想比较混乱,各单位强烈要求宣传部组织讲师团给群众讲解形势政策。我们组织了讲师团到60多个单位讲课,自己还编写了哲学读本,受到群众欢迎。我刚刚熟悉了宣传部工作,就调到西藏自治区社科院。我在西藏社科院一是担任了国家"八五"社科规划重点课题"中国西藏现代化发展道路研究"前中期的负责人,收集了一些资料;另一个工作也是图书馆工作。我请四川社科院图书馆馆长来培训我们的工作人员用中图分类法分类整理图书,培训了一批人。

我在1995年回到上海。1970年决定去西藏和当时的思考相关,觉得学历史不能总在学校课堂里面啃书本,要身临其境去实践,加上当时"文化大革命"原因,我就去了西藏,并且坚守下来20几年。1995年刚开完第三次西藏工作会议,我查出陈旧性心梗,经党委研究决定,调至上海社会科学院任党委副书记,分管宣传工作,到2000年60岁退休。

回上海分配到宣传部,但长期在边疆加之上海发展速度快,很多方面我都不是十分熟悉,很多事情还做不了。金明华同志问我回来有什么要求,我就说我离开太长时间,虽然能干一些事情,但是基层很多事情都不熟悉。来社科院之后,几个老领导很关心我,与我沟通做哪个方面的研究,我反复思考认为还是做西藏问题研究,一是很重要,二是长期在西藏生活过,领导也表示支持。后来我将《论西姆拉会议——兼析民国时期西藏地方的法律地位》的论文重新修订出版。

二

我在去西藏工作以前,对西藏的兴趣主要在文学上,凡是提到西藏民歌、民族文学等作品,我都有收集,抄了很厚的一本子。注意西藏的历史是我到西藏工作后。50年代,美蒋特务经常派人到那曲地区空飘、空投宣传材料,还派遣特工,当时我不很理解为什么他们要重视这么偏僻的地方。在党校给干部上课,讲解政治经济学、生产力生产关系、上层建筑等,我注意到要结合藏族的政治历史才能讲好,也去调查询问藏民互助生产等情况。这样逐渐对西藏的历史产生了兴趣,了解了西藏的地缘政治重要性。

1985年,西藏那曲地区文化局庆祝西藏自治区成立20周年,办了一本内部刊物《羌塘》。我写了一篇《那曲史话》发表在这本刊物上。这是我发表的第一篇有关西藏历史的文章,后来将文章改写后投给《西藏党校》(发表于1986年第2期)。

调到西藏自治区党校后,我参与撰写过中央党校编撰的《中国省情市情县情大典》[①]中那曲地区的章节,并负责西藏自治区部分的组稿统稿。在西藏自治区社科院时,我参加了西南民族协会,到亚东地区考察,回来写了一篇《从西藏边贸和亚东口岸的历史与现状看我国与南亚各国贸易发展的前景》,发表在1994年第3期的《西藏研究》上。当时还就90年代的藏独活动写了《深入开展反分裂斗争坚决维护祖国统一》等文章,发表在内部刊物上。

到上海社科院工作后,姚锡棠同志让我不要放弃科研,可以参与上海社科院浦东开放等科研项目,但是我还是想继续西藏研究。我继续注意西藏研究的动态,一直订阅《西藏日报》,《中国藏学》《西藏研究》也一直给我寄杂志。一些研究西藏的机构,如四川省藏学研究所、四川省民族研究所等,持续向我提供《国外藏人动态》《国外藏人研究》等内部资料。

我在上海社科院期间只申请过一个项目,就是西姆拉会议研

---

① 兵器工业出版社1997年版。

究,批了1万元经费。我考虑做历史研究必须全面掌握资料,而民国的外交档案又在台湾地区。我的台湾朋友黄耀湘先生曾将全套档案目录给我复印寄来,我挑出需要的请他复印;另外,因我是西南民族协会成员,有几位四川省的老同志与冯明珠(台北故宫博物院前院长)相识,给我牵线搭桥,她为我寄来1912—1914年间"西藏议约案"的详细目录及部分档案的复印件,后来又寄来台北"国史馆"收藏的"西姆拉会议"的档案,还将她的著作《近代中英西藏交涉与川藏边情——从廓尔喀之役到华盛顿会议》赠送给我。2003年,中国藏学出版社出版了我的《论西姆拉会议——兼析民国时期西藏的法律地位》。那本专著运用台湾的档案比较多,资料更显充实。在北京经过统战部和其他一些专家评审,一直到我退休那本书才得以出版。但这本书中留下了一些遗憾。一是当时很多档案没有看到全文,转引的是别人的著述。二是西姆拉会议上麦克马洪的秘书有记录,我弄来了这批资料后,先请《社会科学报》的同志帮我翻译,但因为他们对西藏的历史不熟悉,翻译得不太理想,我并未引用;后来我又请了西藏外办的曲吉卓玛同志翻译,这次在修订版中吸收了这些档案成果。此书已在2014年出版修订版。

2005年起,我在上海社会科学院和中国藏学研究中心的关心与支持下开始了"美国对华战略和'西藏问题'(1959—1991)"的专题研究,作为中国藏学研究中心"中国共产党西藏政策研究"的子课题。我多年来一直生活、工作在反分裂的第一线,有两个问题一直在脑海中萦绕:一是西藏问题的深刻根源究竟是什么?二是以美国为首的西方为什么对中国的西藏如此关注,为什么公然支持

"藏独"的分裂活动,"藏独"逆流的起伏与以美国为首的西方对华战略之间究竟有什么关系?我的这一研究成果反映在《美国对华战略和"西藏问题"》一书中(中国藏学出版社 2009 年版)。华东师范大学编写的《美国对华情报解密档案(1948—1976)》中,关于西藏的一些论述,是有硬伤的。其实这方面出版过不少著作,印度也出过几本,我感到加强这方面的研究是有必要的。

2004 年我在第 3、4 期《社会科学》上发表了《甘、青、川、滇藏区历史沿革初考——兼析所谓"大藏区"的历史真相》一文,这可以说是目前我撰写准备出版的书的一个大纲。日本、欧美等国家都出版了大量关于大藏区的历史研究,但很多内容歪曲了历史,目的是说西藏是独立的,和中国中央政府没有关系。吐蕃在唐朝时占领了现在中国很多地方,被占领的地方反复开展反侵略,并没有形成有效统治,但为什么在现在青海、甘肃、云南、四川等地,藏传佛教影响很大?这就需要进一步研究。

三

我多年来工作在反分裂斗争的第一线,感到知识分子应该做一些对国家社会有用的事情,而不应浪费时间精力在一些肤浅的东西上。现在中国四面包围,美国的文化侵略很强势,但很多人感受不到。80 年代我休假时到徐家汇藏书楼看了许多 20 世纪 30 年代出版的边疆民族杂志,民国时期对边疆史地是很重视的,但感觉现在上海不太关心边疆问题,这方面应该引导。以前中国藏学中心希望与上海社科院合作,在华东地区设立一个研究平台,黄仁伟同志很热心,汪道涵同志曾专门召集我、潘光、黄仁伟、俞新天等,搞一个西藏小组,但后来也没有搞起来。

现在藏学在国际上是显学,很热门,但初初涉猎就想做出轰动性的成果不现实。首先是语言不通,有人说要去西藏调查寺庙,但既不和西藏社科院联系,又不会藏语,思想准备不足,是无法做藏学的。另外,研究藏学,要准备坐几年冷板凳。国际问题研究中心曾经想派一个同志跟着我学习,我说要给她落实政策,要允许几年不出成果,如果每年要求发表多少文章,是无法做好学问的。

在1997年的时候,市委宣传部、统战部跟我谈话,问我能否愿意去方志办,希望返沪之后职务上有所调整。后来我思考,到当时的年龄,熟悉没多久就要退休了,而在院里的同志已经相当熟悉了。因此回复他们说,希望能选择年轻同志吧,我就在原来的职务上继续做就可以了。我觉得院里的合作不错,当时文学所、亚太所、国关所、经济所的人员对我帮助十分巨大,一起讨论报刊,我也看了他们的稿件学到很多东西;他们也很无私,有关西藏的信息及时与我分享,觉得社科院的学术氛围非常好。按照我自己的学术方向,在民族、宗教、边疆、统战等领域能够很快上手,现在那本《论西姆拉会议》打算二稿修订,再把《美国战略与西藏问题》出版,后面这本书虽然国内很多人都有写过,但是我觉得他们写的很多内容有很多问题,主要因为他们没有西藏生活的经历,很多问题仅从资料入手,所以感受与我是大不一样的,很多重要性的问题未能准确把握。所以我决定要写这个问题,虽然做这个决定的时候我已经退休,时间比较紧张,但还是觉得需要去做。

除此之外,院里还承担过一个援藏任务。西藏社科院的研究人员去美国国会博物馆复印了一批美国涉及西藏部分的档案,当时组织全国社科人员组织翻译,但是后来他们希望对1877—1965年这个时段国内关于西藏的内容加以整理编成目录,后来市委宣传部牵头,组织整合图书馆、历史所的人员加以整理,这样后来就出版了一套《清末民初藏事资料选编(1877—1919)》,当时我任主编,图书馆一个工作人员任副主编,另外科研处很多同志也大力参与,让我们这套丛书按时出版。一些内容因为敏感,就是否修改还存在一定争议,后来我建议还是原封不动地加以呈现,历史档案本身就是需要真实性。上海出版社的同志就比较犹豫,不愿意出版。之后拿到北京评审,北京的专家觉得还是应该出版的,《西藏通史》作为他们的课题,这套书作为资料部分的丛刊纳入这个部分,在他们努力下还是顺利出版了。

西藏社科院面临的一个问题就是人员太少,部分原因是西藏人口少,各方面的发展都很不容易。我到西藏社科院的时候,最开始做宣传部部长,后来下到基层,加上我只有7个汉族人,剩下七八十人都是藏族同志。藏族同志当然也到内地培训,也想到内地更好地深造,但是因为人少,还是离不开。在第三次中央西藏工作会议之后,采取对口支援的方式,这个效果就很好了。中国社科院和其他相关的社科人员调过去不少,队伍得以充实,发展到今日人员上升到150人,主要是民族研究所、宗教研究所专门研究藏传佛教,藏语言研究所,这两年增加了马列研究所,还有把研究中心并到社科院成立经济研究所,还成立了当代西藏研究中心。最近看他们的研究成果也陆续出版,尤其是对藏传佛教各个教派的研究。另外,近年还做了很多学术翻译的工作,西藏大学和西藏师范大学也成立藏学研究中心,同样在中央的部署下成立了南亚研究所。

边疆问题确实重要,民国学者当时谓之"边政学",不畏艰苦去寻找资料。深觉我们对西藏问题把握得还是不够深入,一出问题之后觉得措手不及,特别新疆发生问题之后更显急迫。因此我觉得我们是非常需要"边疆学"的。我希望中国社科院作为领军机构来做一下这个边疆学,它也有边疆史地研究中心这样的机构,黑龙江教育出版社专门出边疆研究的书籍。所以我觉得上海社科院作为全国最大的地方社科院,这一领域也应该考虑做一些应有的贡献。

在社科院退休以前主要的工作任务就是组织学习、日常刊物审阅。当时给我分配的宣传工作、代管院内的报刊(包括内部刊物、外部刊物、《消息报》),当时很多院里的刊物在全国都很有影响力,像《史林》《世界经济》排名都很高,一些内部刊物,如《宗教研究》《社会学》《法学研究》评价也都不错。刚开始不是很熟悉,因为很长一段时间我的研究重点在边疆、民族这方面,旁及一些宗教、社会发展,主要是从统战的角度出发,既然领导给我的任务还是想好好做,要对这么多学科专业的刊物把好关,任务量很大。同时我感觉领导们都很重视,各个所成立报刊委员会,决定定期评选一下,这样使得刊物学术水平不降低,另外方向也不要出问题。还有一个《社会科学报》,涉及产业、教育等敏感问题,基本上在我管理的时候没有发生这样的问题。院刊也在全国有一定影响力。在图书馆管理上,发现院里港台的书目相对比较多,这里面就会存在一些问题,所以业余时间会专门去看看。

在建设国家高端智库中心的背景下,如果关注点还是只在长三角、上海这一块是远远不够的。所以理论建设不能局限地方,必须升华到整个国家视角、世界视角。当然做边疆问题的学问还面临语言问题,比如,西北边疆需要研究人员专门精通西北少数民族的语言,研究西藏也必须懂得藏语。另一个问题就是青年研究人员的资历、职称、待遇问题,若像今日需要每年上交多少篇成果、论文,他们是拿不出来的,熟悉情况都需要很长一段时间,不仅仅是看资料就能解决的,还需要思考,因此怎样让年轻学者安下心做边疆领域的研究就需要特殊政策加以保障。

　　对于社科院的长远发展,我觉得需要职责分明。我当初在西藏社科院的时候,就强调做学术研究的就在研究的岗位上,做行政工作的就在行政的岗位上。对于很多研究者而言,自己所做的研究也不要太过于急着发声,可以沉住气再多多思考一下。

采访对象：林其锬　上海社会科学院亚太
　　　　　所研究员
采访地点：林其锬研究员寓所
采访时间：2017年10月
采访整理：张生　上海社会科学院历史研
　　　　　究所副研究员

"杂"而后"通"：
林其锬研究员访谈录

被采访者简介：

林其锬　1935年生，福建闽侯人，历任上海社会科学院经济研究所助理研究员、副研究员；亚洲太平洋研究所副研究员、研究员、研究室主任，上海五缘文化研究所所长，在经济思想史研究、《文心雕龙》《刘子》及刘勰研究、华人社会经济文化研究三个领域均颇有建树。已出版的主要著作有（含合著）：《刘子集校（附作者考辨）》《敦煌遗书刘子残卷辑录》《敦煌遗书文心雕龙残卷集校（附宋本〈太平御览〉引〈文心雕龙〉辑校）》《元至正本文心雕龙汇校》《唐宋元文心雕龙集校合编》《增订文心雕龙集校合编》《刘子集校合编（上、下）》《五缘文化论》《五缘文化概论》《中国古代大同思想研究》《秦汉经济思想史》《中国近代经济思想史》等。执行主编《文心雕龙学综览》,主编"五缘文化与中华文明"系列丛书(五卷本)、《五缘文化:寻根与开拓》《五缘文化与中华民族复兴》等。1989年提出"五缘文化"学说,是"五缘文化"理论的创立者和运用推行者。

一、曲折的早年经历与跨界杂学

我小时候因家里穷,很想读书,但读小学就三次辍学,因父亲身体不好,便跟母亲种田砍柴挑米,做小工,什么都做。1951年,考进福建省福州第一中学,就靠丙等助学金维持生计,每月40斤大米,读了两年半就提前毕业,被保送到国防工业学校上海航空工业学校学飞机制造。1955年毕业,我和同学们一起分配到沈阳,由苏联援建的飞机总装厂。鬼使神差,我快走时又被借调到上海市高等教育局,工作半年后回航校;之后又遇上"大发展",上海航校要一分为三,到西北新建两个学校,我就受命不再去沈阳,而留在上海工作,先后干过团总支干事、学生辅导员、政治课教师,"文化大革命"中又以"修正主义苗子""顽固执行刘邓资产阶级反动路线"的罪名,被揪斗批判,留下腰椎错位,左脚肌肉萎缩后遗症,并且不堪漫画凌辱,起过自杀念头。"文化大革命"结束,被调上海市委工作队任正副队长进驻过两个中型厂,因为工作不错,还被任命为一个厂的副职,但被我拒绝接受。工作队撤出后让我在上海电机工业公司待命,未打招呼,被任命为办公室主任,干了两年。因为通过"文化大革命",我认识到自己的性格,不能应对风云变幻的官场,下定决心搞同书本打交道的学术工作。几经曲折,终于在1980年10月进入上海社会科学院。在临报到前的9月29日,我还写了一首《心归曲》,

心归,心归,百折千回。心归,心归,鸟向林飞。
心归,心归,一线光辉。心归,心归,期有所为。

世上大概有一个心理现象,越是想得到又不能得到的东西,越感到可贵。从小羡慕人家上学读书,而自己却往往没有机会读书,因此就特别想读书。在小学期间几次失学,自己劳作之余,就借人家读过的课本读,不仅读课本,而且凡能借到的评话话本、山歌唱本、武侠小说,似懂非懂,囫囵吞枣,什么都读。因为家穷,经常受人白眼、欺侮,那时对武艺高强、仗义敢为、除暴安良的武侠、神仙,特别喜欢、崇拜。什么《七侠五义》《薛仁贵征东》《薛丁山征西》《水浒传》等都津津有味。进了中学,读《钢铁是怎样炼成的》《日日夜夜》《卓雅和舒拉的故事》,那就印象更深了。我得承认,《钢铁是怎样炼成的》作者奥斯特洛夫斯基和他塑造的保尔·柯察金的形象,对我有深刻的影响。

工作后,专业转向是大转弯,特别后来调到政治学科教三门课,自知底子薄、功力差。当时航校是准军事单位,上下都是部队干部当家,他们有句口头禅:"战场练兵,边学边干;活着干,死了算。"开头教学是老教员带我师徒式的现炒现卖,但我也不甘于此,抓住一切机会拼命学。1956年我参加了上海高教局为高校教师组织的华东师范大学马克思主义业余大学,听了一年由冯契教授主讲的"唯物辩证法和认识过程辩证法"。1956年10月5日我买了郭大力、王亚南翻译的马克思《资本论》1—3卷,花了5年半时间通读,中间还参加在复旦大学由王亚南、漆琪生等著名学者讲授的资本论系列讲座。在阅读中不仅认真做了笔记,还以自己的理解绘制了资本论第一卷结构图。与此同时,还以《资本论》的方法论为重点,参读了苏联罗森塔尔和我国姜丕之的《资本论辩证法》等有关的书。此外,我还到上海教师进修学院学习《中国现代革命史》和《国家与法》。1958年秋天,华东师范大学函授班招生我报名参加了,尽管中间经历了各种运动,"自然灾害"患了肝炎,但我坚持了6年半,终于在1964年12月,学完规定的所有课程,并经过考试全部合格,其中除了一门课的成绩得了3分(中)外,其他全是4分(良)和5分(优),最终获得由校长孟宪承签发的华东师范大学中国语言文学系毕业证书。在"文化大革命"批斗我的时候,造反派提出,看我是不是与"修正主义路线""划清界限",逼我交出毕业证书并当众烧毁。我认为,这是我坚持6年半艰苦得来的成果,学习何罪?所以死不从命,因此多挨了几场批斗。我在挨批斗之余,利用可以允许阅读的书籍,认真通读了《鲁迅全集》10卷,并做了三本近20万字笔记,还通读了《毛泽东选集》四卷和其他马列主义经典著作,暗地里我还偷偷精研《文心雕龙》,分门别类做了700多张卡片,编成"刘勰《文心雕龙》资料集",这都为我后来的研究打下了基础。

总之,由于我前半生经历曲折,学习也杂而多端,所以我尊师而无常师,这样的知识积累过程,其利其弊都对我后来的学术研究产生影响,故有朋友戏称我为"现代杂家"。

二、中国经济思想史与管理思想研究

进入上海社会科学院经济研究所,开始主要是协助资料室主任张仲礼编辑《经济学术资料》(内部刊物)每月一期。我的态度是:在其位当谋其政,完成组织交给的任务是应尽的本分。在编辑之余,领导还叫我参加所里国内外学者来访学术交流活动和上海市经济双周座谈会,为刊物编写学术动态。1981年,所里根据全国工交会议抓名牌产品的精神,组织科研人员对上海部分名牌产品和传统名牌产品做调查,成果就陆续在《经济学术资料》上发表,这个活动我也参加了。所以,我虽然是协助编刊物,实际在1981年就参与了科研工作,发表了两篇调查报告和一篇论文(与室里一位同志合写)。1981年下半年,所里规划的《秦汉经济思想史》(陈正炎主编),要增补两汉农业与农家经济思想,张仲礼主任问我是否愿意承担?我说试试看。我费了两个多月时间,可谓是日夜兼程,撰成初稿,交给张仲礼先生。他看后说,看来你能够搞研究。当年秋天,中国经济思想史学会首届年会在上海财经学院举行,陈正炎先生叫我一起去参加,我写了一篇题为《略论农家源流及其在中国经济思想史中的地位》的论文提交会议。这篇论文是对胡寄窗先生《中国经济思想史》"对农家思想的总考察"中的一个断语,"农家遗留下来的多系有关农业生产技术的发展问题,而这个问题又非经济思想史的研究对象"而阐发的。因为我是学工科技术出身,我对生产技术管理,特别对工艺管理是有体会的。在飞机制造生产过程中,工艺管理某个环节,稍有失误,严重的便会造成机毁人亡的恶果。我也种过田,在种植庄稼过程中,如果技术管理不善,也会造成减产甚至绝收的。所以农家及其包含农业技术的农书,怎么不应该作为经济思想史研究的对象呢?我在撰写《两汉农业与农家经济思想》时,也读了许多中国古代农书,形成了自己的一点看法:古代农家及其著作与其他学派比较,有个鲜明的特点,就是,融农业技术、管理、政策于一炉,既然农业是整个古代世界的决定性生产部门,而今天"生产力经济学"也已经确定,那么,古代农家及其著作怎么不能成为中国经济思想史的研究对象呢?我的论文没有点名,但明眼人一看便知,因为胡老先生是中国经济思想史学科的奠基人,公认的权威,也是创会会长。我是初涉学术研究,真不知深浅,在写论文时脑子根本没有想得这么多,只是认为有不同看法就提出,但我出于对胡老的敬重,没公开点名,基本上是从正面阐述自己的看法。真想不到,在讨论时除中国人民大学赵基凯教授一人支持外,所有发言者都对我提出了批评。会后,我一不做,二不休,继续钻研,撰成《融技术、管理、政策于一炉——简论中国古代农家学派管理思想的特点》,在《学术季刊》1987年第4期发表,得到中国古代农书研究专家著名学者胡道静先生的肯定。他评论说:"大稿得出'农家学派融农业技术、农业经济、农业政策于一炉之结论,诚为卓见,允为不刊之论'"。我在农家研究中还发现,世界最早的生产成本计算,当属于我国两汉时期的《氾胜之书》。我刚踏进学术领域就惹出一场麻烦,后来随着社会对管理越来越重视,对技术管理也愈益突出,这个争论也在实践中迎刃而解了。

我在经济所资料室编了两年刊物,于 1982 年 10 月调入经济思想史研究室。在这之前还发生了一场误会:因为我一心想搞《文心雕龙》研究,文学所成立后,我提出希望转到文学所去,领导上误以为我是因为没有官帽而不安心,因此经过党委及所务会议研究,正式任命我为刊物主编。当向我宣布这一任命时,我当场表示"不接受"!弄得他们很尴尬。我对他们说:我投奔社科院的目的是搞科研,而不是要什么"官帽"。为此,被称为"难弄的人"。去文学所,所里不放,就让我到经济思想史研究室去,虽然退求其次,但我也很高兴。因为进入研究室承担课题,可以自由支配自己的时间,这是最大的有利条件。所以,我在得到调动通知当天,即 1982 年 10 月 8 日,填了一首《恋芳春——调经济思想史研究室》:"黄浦江边,寂寞大院,几多枯叶飘扬?恰遇天高气爽,窗透阳光,乍寒时带来一丝温暖,使得人顿生力量。暗思量,山山水水路长,难关再闯。"

我在经济思想史研究室待了 6 年,加上前面资料室两年,在经济所共 8 年。回顾这 8 年,当时自觉底子薄,起步晚,需要抢时间,因此获得时间自由支配权之后,可以说是分秒必争,每天工作都在 12 小时以上,连星期天节假日全用上了。正因如此,盘点这 8 年成果,我不仅完成了院所规划内的集体项目,《秦汉经济思想史》、上海市"八五"重点项目《中国近代经济思想史》分配给我的课题,以及研究室组织承担的《经济大辞典》条目和《中国古代管理思想》等的撰稿任务,而且在规划外参加了由马洪、孙尚清主编的《经济社会管理知识全书》第一卷,"中国经济思想史"部分 16 篇撰稿,参加了由叶世昌主编的《中国经济思想论文集》的编辑和出版。还同陈正炎、郑韶一起,以"成启绍"(陈其韶)的笔名,在《上海工业经济报》开辟"中国古代管理史话"专栏,从1985年4月4日—1986年8月26日,我个人撰写发表了26篇;又以我个人笔名"子木"的名义,在《上海机械报》先后开辟了"上下求索"(从1987年1月1日—1988年2月1日)"管理拾英"(1988年4月4日—1993年1月7日)两个专栏,共撰写发表117篇管理文章,在机电行业产生了一定的影响,人称"子木先生"。1986年,我还和陈正炎先生在上海人民出版社出版了《中国古代大同思想研究》,得到社会好评,1988年获上海社科院优秀著作奖。1988年1月,由我进行修订(陈正炎先生已逝世),由香港中华书局作为"中华学术丛书系列"之一在香港出版;1989年5月由韩国汉城大学李成珪教授译成韩文,作为《汉城大学东洋史讲义丛书》之一,在汉城出版。此外,因我在《中国古代大同思想研究》一书中,撰写了许多涉及道家和道教人物的篇章,因此受老一辈学者和上海道教协会之邀,作为7个创办人之一,创办了《上海道教》杂志,并兼任编委达20年之久。为此开始中国道教研究,并发表数十篇论文。我是在1983年8月评为助理研究员的,依照规定,要5年后即1988年8月才参加副高评定,但由于这阶段我的学术成果较丰,从评上助研后到1987年1月,累计学术成果已达到75万字,而且《刘子集校(附作者考辨)》,获院1985年度科研成果奖、上海市1979—1985年哲学社会科学著作奖,因此作为"突破对象",提前1年8个月,于1987年1月评上副研究员。

三、《文心雕龙》与《刘子》研究

我对《文心雕龙》的研究可以追溯到1960年。因为从1959年开始,以《光明日报》"文学遗产"和《文艺报》等为核心的期刊,对刘勰《文心雕龙》展开了广泛讨论,一直延续到1964年。这场大争鸣大讨论引起了我极大的兴趣,我在学校图书馆、在上海图书馆,寻找我所能找到的有关文章进行阅读,还延伸阅读《文心雕龙》研究专著及《中国文学史》有关章节,达15种之多,并对156篇报刊文章做了摘要笔记四大本40多万字。1962年8月,我购买了范文澜注《文心雕龙》上下册,阅读争鸣文章,对照范著原文,在比较不同观点中,也产生了自己的一些想法。只是感到《文心雕龙》博大精深,自己学力未逮,不敢造次,因而停留于资料积累。"文化大革命"期间被批斗之余仍偷偷钻研,把《文心雕龙》分门别类摘录,做了700多张卡片,然后按文学"起源论""文体论""文史论""创作论""批评论""作家论"六大部类,中间再加细分,编辑成"刘勰《文心雕龙》资料集",本来还计划利用阅读报刊文章摘录资料,按专题再编"刘勰《文心雕龙》争鸣集",但因工作较多,而搁置下来。所以我投奔上海社科院,想进文学所搞《文心雕龙》是有积累和准备的。

1981年下半年,我在经济所接受"秦汉经济思想史"课题,介入中国经济思想研究,在图书馆查农书目录的版本也顺带查刘勰《文心雕龙》版本目录时惊奇地发现竟有不少《刘子》,梁东莞刘勰著的版本。这是我从未见过的,因而引起了高度关注和兴趣。一读原书,发现其中经济思想、人才管理思想颇丰,特别是此书提出把经济《贵农》置于政治《爱民》之前作为安邦治国首策,这在改革开放初期更有实际意义。不过也发现该书版本众多,作者也有署"北齐刘昼"的,因此萌发从整理文本、考辨作者入手进行研究,提出申报课题,但提了几次都未获批准。由于同刘勰《文心雕龙》有关,想探个究竟的强烈愿望,驱使自己下定决心,不能立项就业余搞。这样一无经费,二不能出去调查版本,三时间紧张,集中起来就是一个字"苦"。怎么办?也只有一个字"挤":挤开销,挤时间,我自己无法出去,我夫人陈凤金牺牲自己写小说的时间,利用《上海文学》编辑每年有一个月的创作假条件,帮我到北京、南京等地搞版本资料。从1982—1985年10月,经4年努力,终于撰成《刘子集校(附作者考辨)》,在上海古籍出版社出版,中间历尽艰辛,但也得到学术界前辈顾廷龙、李希沁、马伯煌的关怀和帮助。

《刘子集校(附作者考辨)》出版后,得到社会好评,在国内外产生了较大影响。国务院古籍整理出版规划领导小组,将其作为1985年古籍出版质量较高的四本书之一,排列第二,并加评语云:"上海古籍出版社出版的《刘子集校(附作者考辨)》,囊括了该书既有的所有善本,包括敦煌残卷多种,宋刻本一种,明刻明钞十多种,搜罗广博,考校详审,所取得的成果大大超过前人。"因此获得上海社会科学院1985年度科研成果奖,1986年,又获上海市1979—1985年哲学社会科学著作奖。国务院古籍整理出版规划领导小组组长李一氓,还特地将此书介绍给中国文心雕龙学会会长、著名诗人兼文艺理论家张光年。张光年阅读之后给予充分肯定,特地到上海约同时任中国文心雕龙副会长、中共上海市委宣传部部长的王元化和上海作协副主席茹志娟,找我和陈凤金谈话,了解此书的整理研究情况,并当场邀请我和陈凤金,参加于同年4月在安徽屯溪举办的中国文心雕龙学会第二届年会。但经济所领导不同意我去参加会议,说是不务正业,我就请事假自费前往参加。我在大会上就《刘子集校(附作者考辨)》作了发言。张光年在开幕式上主要讲了自己阅读《刘子集校(附作者考辨)》的看法,认为"其观点、感情、文风,与《文心雕龙》惊人相似,我偏重于接受刘子即刘勰的见解";"研究《刘子》,对于深入研究《文心雕龙》,研究刘勰时代和刘勰思想,定会有很大的帮助"。会后,他将讲话整理以《〈刘子集校〉值得一读》为题,在《文艺报》公开发表。会上,张光年还题诗勉励我们:

题赠林其锬,陈凤金同志

骐骥跨层峦,志在千里外,放眼花果山,登临成一快。

附记:林、陈夫妇以四年业余时间,成《刘子集校》一书,我深佩其用力之勤,考订之精。题赠俚句,祝他俩在学术研究上取得更大成功。

张光年一九八六年四月十八日屯溪。

张光年赠诗,也于1985年8月在《诗刊》公开发表。安徽屯溪会议,由于张光年的发言,新华社发了电讯,国内外报刊纷纷报道,使得自南宋以降因作者不断被质疑乃被打入伪书之列、埋没了千年的《刘子》重见天日,得到学术界的广泛关注,也引起了对《刘子》作者谁属的广泛而长达30多年的争鸣,确实推动了《刘子》和《文心雕龙》的研究。就我个人而言,也是学术历程的转折点,通过此会,我和陈凤金都被吸纳为中国文心雕龙学会会员,后来我还先后被选为《文心雕龙学综览》执行副主编,中国文心雕龙学会理事、常务理事,副秘书长,副会长,我的《文心雕龙》研究也获得新的契机,逐渐开创了新的局面。

1985年,王元化先生乘我院经济所王志平研究员作为英国牛津大学访问学者之机,委托他到伦敦大英博物馆东方图书室摄回早年被斯坦因劫走的敦煌遗书唐写本《文心雕龙》残卷,连同其他海外友人赠送的有关资料一起,交给我整理。我抓住这一难得机会,以伦敦藏唐写本为底本,参照日本和台湾、香港地区学者资料,以元至正本(系今藏孤本)和清黄叔琳本为对勘本,吸收10个名家校勘成果,费了近半年时间进行集校,撰成《敦煌遗书〈文心雕龙〉残卷集校》,约10万字,在《中华文史论丛》发表,又恰值中国文心雕龙学会在同年11月于广州举办"文心雕龙88国际研讨会",王元化先生提议,由《中华文史论丛》出抽印本,分送国际研讨会与会者,他还亲自为"抽印本"写序。因为这是大陆首次为唐写本《文心雕龙》残卷集校本,因此得到与会者的充分肯定。在研讨会上,由王元化倡议,编辑出版《文心雕龙年鉴》后改名《文心雕龙学综览》,得到国内外学者赞同,成立由日本、瑞典、苏联、意大利、中国及香港地区22位学者组成的编委会,我被推选为副主编,后又被确认为执行副主编兼国际学者联络人,于是开始了这部学术性和工具性的综合大型综览的编撰工作。由于主编杨明照先生年事已高,他申明只能挂名,所以整个编撰过程是在副会长王元化先生的指导下进行的。经过大家努力,也历尽艰辛,费了7年半时间,有7个国家和地区70多位学者参加编撰,总字数达70万字的《文心雕龙学综览》,于1995年6月终于在上海书店出版社出版了。这是《文心雕龙》研究史上从未有过的,出版之后获得国内外《文心雕龙》学界的欢迎和肯定,有人称之为"《文心雕龙》小百科"。而我在编撰此书过程中也得到了锻炼,扩大了国际联系,拓宽了视野,尤其是在同王元化先生密切往来中学到了很多书本上难以得到的东西,他的人品、学识,潜移默化对我产生了重要影响,所以受益无穷。1993年3月4日,王元化特地写了《关于〈文心雕龙学综览〉》短笺。全文如下:

> 1988年,文心雕龙学会主办在广州召开国际研讨会,由我倡议创办一份《文心雕龙年鉴》,由杨明照挂主编名,林其锬为执行副主编,肖华荣为副主编,编委由国内外二十二人组成。我是其中之一。后因种种原因改出《文心雕龙[学]综览》(按:原稿缺,据标题补,特加[]表示)。编委中因我是倡议者,为此书出版筹划经济等问题,并关心出版方面其他问题,所以对编辑过程,从头到尾是完全清楚的。我可证明书的编辑出版几乎全由林其锬一人承担。杨明照远居四川,年事已高,仅挂名而已。对书的内容、体例、读稿、审稿,编排版式等经林其锬将重大问题函件汇报请示,但从未得杨老只言片语意见。杨老任主编初,即在会上宣告只能挂名,只有偏劳林其锬同志了。后来事实亦如此,至于肖华荣同志教书任务繁重,亦过问甚少。所以全书编成出版,主要应归功于林其锬。至于关于此书的学术价值,我认为是一部很有用的好书,是学术性和工具性的综合读物。书出版后在海内外均获得一定影响。这只要从各报刊上发表的评介和评论就可以知道了。
>
> 王元化(盖王元化阳文章)
>
> 一九九九年三月四日

短笺共两张25行共计384字,写在无台头的双行线稿纸上,中间五处涂改的地方都加盖"王元化"阳文章,可见他的慎重和认真。他写好后特地把我叫去,说给社科院领导写了一封短笺,叫我带回去交给院领导。我看了后心存感激,非常激动,但是我回来后并未遵照他的交代上交,而是作为珍贵文件保藏了下来,一直对他隐瞒,直至他逝世。这是我同王元化先生交往20多年唯一未按他意见办并对他隐瞒的一件事。之所以这样做,因为我不愿意被人误解,借助权威以扬己。直到2011年,此时我已退休16年,王先生已逝世三年,华东师大出版社要出版我的《增订文心雕龙集校合编》,建议选编师友题录、书简作为"承教录"附后,恰好中国文心雕龙学会副会长涂光社教授来访谈及,他非常严肃地批评我:"你隐没王先生的文字是犯罪!"我才决定在书的"承教录"中影印公布。

由于学术界诸如李一氓、张光年、王元化、顾廷龙、李希泌等前辈的关怀、提携、勉励,使我始终不敢懈怠,30多年对《文心雕龙》和《刘子》的研究从未间断,因此先后出版了《刘子集校(附作者考辨)》(1986年)、《敦煌遗书刘子残卷集录》(1988年)、《刘子集校合编》(2012年)、《敦煌遗书刘子残卷》(2012年);《敦煌遗书文心雕龙残卷集校》(抽印本,1988年)、《敦煌遗书文心雕龙残卷集校(附〈太平御览〉引〈文心雕龙〉辑校)》(1991年)、《元至正本文心雕龙汇校》(2001年)、《新校白文文心雕龙》(2001年)、《唐写本、宋〈御览〉、元刊本文心雕龙集校合编》(2002年)、《增订文心雕龙集校合编》(2011年)、《新校白文文心雕龙(修订本)》(2017年);此外,除前述执行副主编《文心雕龙学综览》外,还参加了《文心雕龙荟萃》和《文心司南》的编撰,前后发表《刘子》《文心雕龙》研究论文55

篇。在成果中,《刘子集校(附作者考辨)》获上海社科院1985年度科研成果奖,1986年获上海市1979—1985年哲学社会科学著作奖;《敦煌遗书文心雕龙残卷集校(附〈太平御览〉引〈文心雕龙辑校〉)》1993年获上海社科院1991—1992年度著作奖,《刘子集校合编》获2012年全国优秀古籍图书二等奖。2002年,江苏镇江市政府在南山风景区文苑公园,建立文心雕龙国际学术研讨会纪念碑,《敦煌遗书文心雕龙集校》被选同元刊本《文心雕龙》一起作为纪念碑的碑体,《增订文心雕龙集校合编》和《刘子集校合编》全部手稿,为中国文化名人手稿馆收藏,2012年获"妙笔贡献奖"和"妙笔青铜像"一尊。

在《文心雕龙》和《刘子》研究领域,由于天时、地利、人和条件,得以遂愿,完全是凭借众力积渐而成的。所以我在2012年中国文化名人手稿馆和华东师大出版社、上海五缘文化研究所联合举办,有四个省市学者参加的《刘子集校合编》出版首发暨手稿捐赠座谈会上,我曾撰写三首俚语表达心情:

(一)

《刘子》《文心》三十年,搜奇选妙喜空前;
"三孤""九残""五卷本",往圣绝学汇一编。
注:"三孤":《文心雕龙》唐、宋、元三大孤本
"九残":《刘子》敦煌九种残卷。
"五卷本":《刘子》五卷本在我国明清之际已佚,而在日本尚存宝历年刊(相当我国清乾隆年间)五卷本《刘子》,得友人之助引回,弥补了版本空白。

（二）

曲折崎岖路险艰，翻山越岭赖众贤；

《合编》三卷聊相报，身沐雨露思缠绵。

注：《合编》三卷：《增订文心雕龙集校合编》90万字；《刘子集校合编》上下卷130万字。

（三）

人生似水水东流，一片白云去悠悠；

瓜熟时节花已谢，"悲欣交集"喜复愁。

注："悲欣交集"：弘一法师圆寂留笔，借用其句。

四、"五缘文化"说的提出与研究的展开

以亲缘、地缘、神缘、业缘和物缘为内涵的"五缘文化"说，酝酿于20世纪80年代中期，第一篇论文发表是在1989年。

1982年10月，我正式调入经济思想史研究室，参加由室主任马伯煌先生主持的上海市哲学社会科学六五计划重点项目"中国近代经济思想史"课题，到福建侨乡进行课题调查。恰好遇上东南沿海率先对外开放，利用雄厚的海外三胞，即侨胞、台胞、港澳胞，华人资源；运用三引进，即引进资金、引进技术、引进现代管理办法，推动地方经济发展，因此社会经济很快发生了明显的变化。这一现象引起我的注意和思考：同样的天，同样的地，同样的人，为什么一对外开放就有如此迅速的变化？因此我把课题对华侨历史的调查同对外开放结合起来，通过侨联、"三胞办"及经济部门进行了解。经过调查，形成一个概念，变化的重要原因就是实行改革开放

方针之后,沿海历史产生的海外固有资源恢复了沟通渠道,犹如人体被人为切断的血脉又重新接上,新鲜血液又源源不断流进,社会经济肌体又恢复了生机。至于如何恢复和发展固有联系,各地干部根据本地情况,各显神通,各有千秋,我在调查基础上,将其归纳为:亲缘、地缘、神缘、业缘和物缘五根纽带、五座桥梁,统称"五缘文化"。当然五缘文化说的提出,也同我当时研究中国管理的科学化与民族化关系的思考有关。因为我在这个领域已形成了一个理念,即引进世界被实践已经证明是科学的普遍管理原则时,还必须考虑运行机制的文化环境,所以对沿海各地结合实际发掘传统文化资源,文化搭台、经济唱戏,文化与经济互动,易于理解和接受。

五缘文化说在脑中逐步形成后,数年间不敢公开提出,因为很多朋友反对,认为那都是过去曾作为"封资修"批判过的东西,有朋友还善意劝告,"不要踩地雷,自我爆炸"。直到 1989 年,我调入亚太所任社会经济文化研究室(之前叫综合研究室)主任,确定以海外华侨华人社会经济文化作为主要研究任务,又恰逢福建省漳州市邀请我参加"纪念吴夲诞辰 1010 周年学术讨论会"(吴夲乃宋代名医,医德高尚,医术精湛,因采药堕岩而逝,被百姓纪念、神化被朝廷敕封为"保生大帝",在台湾地区及东南亚庙宇神祇中有巨大影响)。接到邀请,正犹豫不决之际,时任亚太所所长的金行仁同志一句点拨:"你就把酝酿多时的五缘文化抛出去,探探'气候'"!于是撰成第一篇论文《五缘文化与纪念吴夲》。研讨会是由漳州市政协主办,不仅有福建省各地和北京、上海等地学者参加,而且台湾保生大帝宫庙、团体、学者也首次组团前来参加,所以福建省领导颇为重视。会议于 1989 年 4 月 17 日上午开幕,开幕式后大会发言，我被排在第三个。说实在，上台发言时我心里是不踏实的，是福是祸没有底。因此在发言时照本宣科，不敢离开稿纸一个字。当我稿子念得差不多时，突然有个人走上台站在讲台的旁边，我有点心慌，想大概出问题了，说不定是来抓我的。可是当我刚念完稿子，这个人迎着我伸出手，要同我握手，并要同我交换名片（我当时还没有印名片）。接着他走向讲台，作即席评论，开头一段话我至今记忆犹新，他说："刚才林先生发言提出'五缘文化'，我听了很高兴，现在两岸都在讲统一，我们那边（指台湾，蒋经国当政）主张'三民主义统一中国'，这边（指大陆）不赞成；这边强调四个坚持（指坚持社会主义道路、坚持无产阶级专政、坚持共产党领导、坚持马列主义毛泽东思想），我们那边也不同意。要'统一'，首先要有共同语言，林先生提出的'五缘文化'说，你们赞同，我们也会同意。"我看着他给我的名片，上面署的是，台湾省宗教咨询委员会委员，玉泉宫管理委员会主任委员，旭东测量公司董事长李炳南（赐南）。所以对"五缘文化"说亮相得到首个评论的是来自台湾的朋友。下午讨论可以说是一边倒肯定"五缘文化"的理念，有人甚至形象地说"五缘文化"可以成为凌驾海峡两岸大桥上的五座桥墩。讨论会结束后，漳州市统战部部长、政协副主席等一帮人，特地到我住的房间表示慰问，感谢我给会议提供了一篇好论文。晚上，解放军海峡之声广播电台，一帮人带着设备，对我做了录音采访，第二天凌晨就对外广播了。"五缘文化"说这样喜剧性的登台，这是我做梦也没能料到的。能有这样的结果，我非常振奋。

漳州会议归来，所长金行仁也非常高兴。恰巧，此时北京来了一位国务院侨务办公室处长，为举办"全国首届侨务工作研究论文评选",金行仁向他推介"五缘文化",并把我介绍给他。他向我了解了情况之后,约我撰文参加评选活动。金行仁同志对我说,这下你可以敞开写了,把多年酝酿的东西都写出来,于是我用了两个月时间撰成17 000字的《"五缘文化"与未来的挑战》交了上去。这时在海军系统一个企业担任厂长的福建同乡,正好他们上级也想在上海搞个管理研究所,希望我能给予帮助,我提及"五缘文化"研究,他给了3 000元作为课题资助。我向金所长汇报了,他自然也非常高兴。可是不久,"春夏政治风波"发生,交上去参评的论文杳无音讯,资助也中断了。到了1990年5月,突然接到院办通知,转给我一封国务院侨办的信函:

> 林其锬同志,您的论文《五缘文化与未来的挑战》在我办1989年举办的第一届全国侨务工作研究评选中获二等奖,特发给证书与奖金(另寄),以资鼓励。
> 此致
> 敬礼
>
> 国务院侨务办公室政研室(章),
> 一九九〇年五月

过了几天我收到盖国务院侨务办公室章的获奖证书和300元奖金及一本《侨务工作研究论文集(一)》,其中汇编了全国第一届侨务工作研究论文评选论文38篇:一等奖空缺,二等奖11篇,三等奖21篇,其他6篇;上海地区仅我一篇。说实在,在我看来,证书奖金都不重要,最重要的是对五缘文化肯定的信息。这表明,

"五缘文化"说,如果讲漳州会议是得到民间的认可,而此次得奖也算是得到了官方的肯定,我多年悬在心上的石头总算落地了。事实也的确如此,"五缘文化"说提出之后,虽然也有人批评是害侨祸侨的理论,会削弱以党为核心的凝聚力,因此应作为"清除之列"等,但许多地方干部却很欢迎,不过他们每每邀请我去做报告时,总要问上面态度怎么样?1996年9月5日,《人民日报》华东新闻社会文化版,用一整版篇幅,用《五缘文化华人纽带——亲缘、地缘、神缘、业缘、物缘文化在华东》作通栏标题发表了我和其他四位学者分述"五缘"的文章,并加编辑手记加以肯定。每当地方干部提出上述疑问时,我就给他们看《人民日报》,他们一看就说:"《人民日报》都表态了,没有问题的。"由此可见一斑。

《五缘文化与未来的挑战》获奖之后,院《学术季刊》要发表,但要压缩篇幅,因此改写成《五缘文化与亚洲的未来》在1990年第2期刊出,全文被《新华文摘》于同年第9期转载;1993年3月,《五缘文化与未来的挑战》又获上海市哲学社会科学联合会1988—1991年度优秀学术成果奖,同时还被上海市华侨历史学会和新加坡南洋学会联合编印的《华侨华人问题学术研讨会暨姚楠教授从事东南亚研究60周年文集》收录。1993年《华商世界》第1期、第2期全文发表。1992年被翻译成英文,收入《SASS PAPER(4)》,于同年7月出版。我申报的《五缘文化与对外开放》也被批准列入上海市"八五"社科研究重点项目。五缘文化研究也就此起步了。

五缘文化说面世之后,初期有"三缘""五缘""六缘""十缘"之争,五缘内涵也有不同的见解,也有如前述全面的否定,但在海内外总体上是肯定和欢迎的。1991年《上海改革》第1期署名文章评论:"五缘文化说可以作为一种理论型智慧型的文化产品,它给我国经济拓展与海外华人的经济合作,提供重要的参照系。"加拿大《大汉公报》1991年8月6日署名文章肯定:"五缘(亲缘、地缘、神缘、业缘、物缘)文化依然是当今和未来华人心灵联络的一座坚固桥梁,是世界华人聚合的坚韧纽带,并且将在发展世界华人的经济联系中起到重要作用。"新疆自治区政府机关报《新疆经济报》1985年5月13日发表题为《新疆需要倡导五缘文化》,评论中说:"五缘文化理论在新疆有极大的现实意义。一,新疆是多民族地区,'五缘'关系纵横交织,形成巨大的网络,汉族和其他兄弟民族之间存在的多头'五缘'关系,当我们用'五缘'观点来观察这种关系时,就能发现许许多多的网,对于强化民族间的情感联系非常有好处。"1997年11月17日,台湾《联合报》刊登海协会会长汪道涵同台湾新同盟会会长许历农《谈话纪要》,汪道涵说:"海峡两岸共有五种缘……因而更应共同迈向统一。"1998年,全国人大常委会副委员长、民革中央主席何鲁丽,为"东方五缘文化摄影展"撰写的《前言》中也肯定:"亲缘、地缘、神缘、业缘、物缘为内涵的'五缘文化',对于发展海峡两岸关系,实现中国和平统一,促进中华民族大团结起着桥梁和纽带作用。"

1992年4月,由联合国环境发展署和国务院发展研究中心联合主办,有21个国家(地区)和国际组织代表参加的"环境与经济同步发展国际会议"在上海贵都饭店举行,我应邀参加,在会上发表《追求和谐:人—社会—自然——东西方人天观比较与人类现代化道路的选择》论文,得到美国等国际友人的肯定,也引起了国务院发展研究中心主任、著名经济学家马洪的关注,会后应约参加他召集的小型座谈会。当我汇报了五缘文化的提出与研究后,他说:"五缘文化研究很有意义,应该深入下去,我们要搞四个现代化,很重要的一块资源在海外。"他走后,国务院发展研究中心在上海的分支机构——国务院发展研究中心国际技术经济研究所上海分所所长朱荣林就找我,要筹备成立五缘文化与华人经济研究室。经过数月的筹备,我找了社科院世经所、历史所、宗教所、华师大、上师大、市统战部《浦江同舟》(那时叫《上海统一战线》)编辑部等单位,共10位科研、编辑同道参加,于同年10月6日正式成立。我被聘为兼任室主任,五缘文化由个人走向了有组织的团队研究,研究成果增多,影响也进一步扩大,研究成果不仅多项获奖,而且还被《人民日报》总编室选为《内部参阅》上报给中央领导。有鉴于此,国务院发展研究中心国际技术经济研究所上海分所便决定将五缘文化与华人经济研究室扩大,单独划出成立研究所。恰好有一企业感兴趣,愿意给予经费支持、合作,经过筹备,1995年12月9日正式宣布成立上海五缘文化研究所,我被聘为所长兼法人,马洪、孙尚清、王元化、张仲礼、顾廷龙、徐中玉、邓旭初、朱荣林担任顾问,后来又增聘了钱谷融、夏禹龙、林炳秋、邓伟志担任顾问,同时举办了有全国各地学者参加的"五缘文化与对外开放"学术研讨会,上海电视台、报纸以及北京、福建等地10多家新闻媒体,包括中央统战部《内部简讯》都做了报道。受上海影响,由福建省社科联筹备并直属领导的福建省五缘文化研究会也于次年成立(1996年11月),同时举办了"五缘文化与对外开放学术研讨会"。尽管道路曲折,困难多多(特别是上海五缘文化研究所由于国务院发展研究中心体制改革,中断了隶属关系,而支持、合作的企业仅一年也退出),但沪闽两地成立的五缘文化研究机构仍然坚持下来,至今犹在。

20多年来,由于沪闽两地学者紧密合作,五缘文化研究成果甚丰硕,已经出版的专著、论文集有《五缘文化论》(林其锬著,1994年版)、《五缘文化与对外开放》(上海五缘文化研究所编,1997年版)、《五缘文化与市场营销》(林有成著,1997年版)《五缘文化力研究》(吕良弼主编,2000年版)、《五缘文化的概论》(林其锬、吕良弼主编,2003年版)、《海峡两岸五缘论》(吕良弼主编,2003年版)、《物缘文化研究》(林建华著2004年版)、《五缘文化:寻根与开拓》(林其锬、武心波主编,2010年版)、"五缘文化与现代文明"系列丛书5本(林其锬、施炎平主编,2014年版)、《五缘文化与中华精神》(施炎平著)、《五缘文化与心理研究》(蒋杰等著)、《五缘民俗学》(郑士友等著)、《五缘性华人社团研究》(赵红英、宁一著)、《五缘文化:中华民族的软实力》(施忠连著)],此外还有《五缘文化与榕台民俗》(赵麟斌著,2014年版)、《五缘文化与中华民族凝聚力研究》(胡克森著,2008年版)以及由上海社会科学院编印的《中国传统文化的现代价值:"五缘"研究成果选集》。除了出书,上海五缘文化研究所,还不定期出版《五缘文化研究》,迄今已出22期;福建省五缘文化研究会也不定期编印《五缘文化》,刊出"缘文化文章"达数百篇。在国内外100多家报刊发表的五缘文化研究文章数以千计。正由于此,"五缘文化"在海内外产生了较大影响,美国洛杉矶由加州大学华人学者吴琦幸教授发起,于2009年10月注册成立了美国五缘文化协会(Five Yuan Culture Association in USA)。五缘文化说,已被文化学、社会学、华侨华人学、民族学、民俗学、宗教学、心理学、管理学、营销学等诸多学科所援引,在实践方面也为侨务工作、统战工作、社区建设、企业管理、市场营销、外资人才管理引进、海外联谊、两岸关系等运用。2010年3月,全国政协十一届三次会议,接受上海等四省市委员联署的《加强五缘文化研究》提案正式立案;中共上海市委于同年9月14日发出《对政协十一届全国委员会第三次会议第1433号提案的答复》肯定:"五缘文化发源于上海,由林其锬教授最早提出,现已在全国部分省市乃至海外华人世界有较大影响",并且就关于"五缘文化的保护、研究、宣传"和关于"五缘文化的实际应用"两个方面提出具体意见。同年9月,国家工商总局商标局向上海五缘文化研究所颁发了"五缘文化"和"所徽"注册证书,2012年11月又颁发了"五缘"商标证书。

2015年7月,上海市第十一次侨代会召开,由上海市侨务办公室、上海市归侨联合会授予我"侨界先进个人"称号,并颁发"侨界先进个人奖章"。我的《五缘文化论》和"五缘文化与现代文明系列丛书"《总序》的手稿,也为中国文化名人馆所收藏。

当然,"五缘文化"作为社会实践中形成的一个学说,虽经众多学者、实际工作者28年的努力取得了不少成绩,但仍然处在初创阶段,学科建设任重而道远。我在2009年12月12日由上海市侨办和上海社科院联合主办的"纪念五缘文化研究20周年暨华人社会学术研讨会"上致答谢词时,曾以自填的《蝶恋花—五缘路》抒怀:

寻寻觅觅五缘路,走遍天涯,期与同道遇。崎岖曲折无说处,梦中梦醒几回误。

欲尽此情书尺素,托与雁鱼,翔游找仙居。有朝四海成通衢,潜龙跃起擎天柱。

五缘文化的提出、研究,之所以能取得现在的结果,首先是拜改革开放时代之所赐;二是靠诸多社会贤达和一批不计名利同道的关怀、帮助、参与,还有就是有关部门和领导的支持。没有这些,一直处于缺乏经济和物质资源的民间研究,是很难坚持的。我在2013年10月6日"纪念五缘文化"与华人经济研究室成立20周年时,曾即兴写一俚句形容历尽艰难一起走过来的团队:"问道不嫌贫,只求学理真,书生情何寄?送怀民族兴。"这大概就是最深层的原因。

结 束 语

1 500多年前著名的文论家、思想家刘勰在《文心雕龙·序志》中说:"岁月飘忽,性灵不居","形甚草木之脆";又在《刘子·惜时》中说:"人之短生,犹如石火,炯然以过。"的确,个体生命相对于绵邈宇宙,实在是太渺小、太短促、太脆弱了。转瞬之间,我已步入耄耋之年。回顾平生,前半生拘于环境,曲折崎岖,蹉跎岁月;后半生赶上改革开放时代,紧抓机遇,不敢懈怠,在经济思想史、《文心雕龙》与《刘子》、"五缘文化"三个领域做了努力,获得一些成果,但也是微不足道的。因此在过80岁生日时,有一俚句自寿:

人到八十尽天年,弹指韶光似云烟;愧对苍生少作为,空螳梁黍暗自惭。

采访对象：许明　上海社会科学院研究员，
　　　　　《上海思想界》主编
采访地点：上海市社联
采访时间：2016年10月13日
采访整理：张生　上海社会科学院历史研
　　　　　究所副研究员

做一个开放与变革的马克思主义理论家：许明研究员访谈录

被采访者简介：

许明　1949年10月生，江苏无锡人，中国社会科学院博士，研究员。主要学术专长为美学理论，当代意识形态理论研究。1988年起在中国社科院文学所工作。后转往上海社会科学院工作，曾任《社会科学报》社长兼总编，上海社科院思想文化研究中心主任，上海社科院思想文化研究重点学科带头人，现为《上海思想界》主编。

我是1969年从上海读完高一到东北上山下乡，一年半之后就上大学了，当时叫吉林师范大学中文系，算第一批工农兵学员。很幸运在那个动乱的年代里,能进入高校,接触了高校的老师、高校的氛围和高校的图书馆,在不提倡读书的年代里,我读了不少书。大学三年毕业以后,我在吉林市工作,在一个大厂里当中学老师。这期间也让我积累了很多的学习经验,主要是自学。当时"文化大革命"后期"批林批孔",出于自己的本能和上海知青的爱好,找了很多书,天天在读,这就给我在1978年恢复招考研究生的时候提供了一次机会,我一下就考进了中国社科院。当时招生非常困难,是500多人报名,我们导师只招生5个人。我很荣幸地被录取,1%的录取率,可称之为"百里挑一"。从此以后基本就在中国社科院学习、工作、读书。一共学习22年,其中短暂地回到上海市委党校工作两年。

  进入吉林师范大学之前,我看了很多书,但图书资源毕竟有限,很多哲学、经济学、马克思主义的一些书很难找到;在入吉林师范大学之后,中文系资料室资料十分丰富,"文化大革命"之前出版的书基本都有,文学图书馆的老师跟我的私交非常好,他很喜欢爱读书的学生。我当时才21岁,他允许我进入师大图书馆,等于对我开了小灶,当时禁闭的书我都看了,比如西方哲学史、西方哲学原著、苏联作家敦尼克的五大卷哲学史,如《红与黑》、屠格涅夫、托尔斯泰的小说我都看完了。在21—23岁的几年时间里,我虽然作为工农兵大学生,课程对我并不重要,重要的是我自学。非常幸运地在这样一个环境里,还能看到1971—1973年师大图书馆不开放的禁书,我一个人在里面看书,而且通通都借出来了,真的是幸运。因为这些老师饱受"文化大革命"的摧残,他们喜欢读书的人、喜欢读书的孩子。这三年时间里大量阅读了哲学类的书,中西哲学、文学类的书。所以为我 1978 年一次考上中国社科院奠定了非常好的基础。从此，我的命运发生了根本性的改变。

进入中国社科院文学所是我的第一志愿，进到所里学习之后，就对基础理论、哲学、哲学史、思想史感兴趣。我的导师蔡仪也是哲学系出身的，东京帝大毕业，30 年代开始成名的思想家，所以环境非常好。蔡仪老师第一次给我们上课：马克思的 1844 年经济学哲学手稿。凭良心说当时我根本不知道这个手稿。为什么第一堂课就要学手稿呢？这就是导师。所以我后来一直感慨高质量、高水平的导师是多么重要，他是领路人，他一下把你推到制高点。读手稿的课程持续 3 个月，异化、自然的人化、自然的本质面向，马克思的早期、中期、晚期思想、成熟阶段与不成熟阶段，一下子接触到了美学研究的前沿领域。之后逐步体会到这是和普通老师不一样的，是终生受用的。还有要求每位同学准备一个德国哲学家的著作，比如我准备的是康德美学和黑格尔哲学、苏联美学等。导师也不要求我讲现代美学，而要求讲古典美学，要研究康德的著作和康德的哲学体系、康德的《判断力批判》。这些内容十分难啃，我持续了一年多，以读中文本为主，辅助用英文对照，大半年都不知道读了什么，完全看不懂，不能进入康德的思想。正如一个日本研究康德的学者讲的："我整整读了一年康德，不知道他说了什么"。我和他有同样的感觉。当时我二十七八岁，说明自己的哲学系统训练还不够，第二年逐步进入状态，硕士论文做的是康德，还获得了优秀论文奖。这就是导师的重要性。我认为这段时间的训练对于未来的学习受益无穷。这么艰苦的思维逻辑训练，了解人类思想创作的复杂源头，受益无穷、印象深刻。

我的导师还有一位钱中文先生,文艺理论界很著名的学者,苏联留学回来的,精通俄文,研究中外比较文学思想。高水平的导师群体对我的思想追求、学术研究有极大的启发。整个中国社科院的训练当中,我硕士、博士6年,然后再到副研究员、研究员,一直到我51岁的时候,由于偶然的机会,到上海社科院来工作。

硕士毕业之后工作三年,其中曾在中国社科院研究生院当老师一年、在上海市委党校工作两年;由于两地分居调到上海来,之后回中国社科院读博士,读完博士又留在中国社科院。博士论文的选题是美学的基本原理、美的认知结构。博士期间做了很多事情,在文学所获得了两个很重要的方向。一个方向是我的专业本位:美学的基本原理,就是用美的基本原理去研究美是什么,人类的活动、人类的心理是什么,很基本的研究和探讨。这个过程十分艰苦,对美的基本原理上要有所突破。

对于美学研究突破点而言,西方美学界是从哲学出发,自己建构一个哲学体系解释美是什么,人类活动是什么,比较少的人从自己民族的、群体的审美实践出发来进行理论创造和理论发现。中国美学界有两个趋向:一个趋向是完全模仿西方,从现象学、美学、哲学出发,用西方的哲学基础来解释美学理论,基本点上没有什么独创;另一个趋向是中国的美学传统是四大派,即蔡仪、李泽厚、朱光潜、高尔泰,在"美是什么"的问题上进行争论。李泽厚认为美是人的本质力量的对象化。月亮为什么美呢?因为将人把自己的感情投放进去,月亮有人的社会性。朱光潜认为美产生于主体和客体的互动。在当时我思考我能做什么,我能贡献和突破什么。对于四大派讨论"美是什么"这是个大问题,因为"美"本身就在争议,

"美是什么"就更有争议了。美是客观的、美是主观的，美是客观和主观的统一体。美的对象都没搞明白，再讲"美是什么"，那当然是各讲各话，怎么解释都没有结论。我实际上采用了还原法，采用苏联哲学家关于认识论的哲学思考以及现代社会心理学的一些基本原理，寻找一个思考的底线。底线就是不论哪个学术流派，都不能否认某个基本观点，才能进行接下来的学术讨论。比如旁边这个茶杯，就只能说它是茶杯不能说它是水壶。运用到美学领域，我就认为人要回归到一个基本的审美活动领域，即在没有任何理论和解释面前，审美活动已经存在了。我们进行的理论解释、学术研究都要基于这个审美活动的解剖和认知，这个审美活动是人类不断发展当中从劳动领域分化出来的，在有人类文明和文字产生之前大约一万年前就已经产生了。这很接近马克思的观点，只是马克思的经济学手稿没这样讲而已。我想我跟李泽厚、高尔泰、朱光潜对话应该都不会否认这一点。至于"活动"，可以由认识论专家、哲学家、美学家、思想文化专家进行分析。人的活动的概念是主体和客体的关系，主客体构成了人类的基本活动、认识活动、审美活动，我们研究的就是主体和客体之间特殊的审美活动。这个基本出发点构成了我的博士论文，达 36 万字。我本来定的题目叫《审美活动论》，后来在导师的意见下变更为《美的认知结构》，实际偏重的还是审美活动论，后来还获得了中国社会科学院优秀论文一等奖，十分不容易。现在我想将其改写一下，将来在出版社出版，变成三卷本。

审美活动论怎么考察它的合理性呢？审美活动是主体和客体之间的关系，两者之间的桥梁是什么呢？第一条基本线索是人对客体的认知过程,认知心理学给了我极大的启示。60年代产生的认知心理学,我80年代写论文才20多年,认知主体、人的思维、人的感知它们是如何发生的,我做了一套完整的结构,将认知心理学和其他心理学的研究成果都概括到里头,美的认知关系、审美的认知关系,这就是科学研究。现在很多年轻人体会不到社会科学研究,写作的过程是思考的结果而已,但是有时候写作的过程是思考的过程。36万字的论文3年时间里一天没停歇地去写,而且所有的引文都是我后来补进去的。按照已经形成的逻辑构架一章一章思考与表述。我的思考,我的写作就是表述我的思考,整个逻辑链十分完备,这个创作过程是十分激动和愉快的。感到审美活动的秘密由于认知科学的介入变得逐步清晰,而在80年代以前是没有人关注审美活动和认知科学之间的关系。认知心理学打开了行为主体和客体之间的某种秘密。而用我的这个视角,美学的各个流派及其细节都能够进行解释,而且把四大流派都纳入到恰当的位置。比如蔡仪先生重视美的客体,审美有审美的对象,客体一定有某种特殊性,那么就需要研究什么样美的客体能够引起人类美的认知和审美判断呢?对象本身的特殊性就契合了蔡仪先生的合理性。李泽厚先生的合理性也蕴含其中,他强调人的社会性,审美对象和人发生关系的时候,人是社会的人,其他因素和情绪与认知性、背景与人发生了关系。比如贝多芬的音乐,没有经过音乐训练的人他是听不懂的,无法产生审美感知。朱光潜认为人的思想的产生有直觉,正如蔡仪讲的有准备的思想才是直觉,高尔泰的思想也在里面,审美过程中由于人的主观介入。博士论文答辩时答辩老师都连声称赞,而蔡仪老师直言看不懂。后来在百花文艺出版社出版，我认为直至今日，美学界还没有人超过我的思考。现在的美学研究变成现成的思想体系的一个再解释、延伸，这样是没有前途的，而应该去研究原创本身，研究的过程用什么思想是研究者的选择。我很高兴自己在美学研究领域做了自己的贡献。

中国近 20 年来的美学研究完全忽视了中国人的审美世界，不在中国人的审美实践当中提炼理论。而太多的学者、学生都是在重复，理论到理论、解释到解释，到头来一辈子没有做出什么理论贡献，而我强调的一个基本出发点就是要创新，这应该是社科院科研人员的态度和义务。而就我所在的社科院系统而言，很多人并不理解科研的态度，也不理解科研的本质，他们以为科研就是写文章、评职称，缺少神圣感、使命感、担当感和责任感。

在美学研究领域上，之后我还主编参与写作了《华夏审美风尚史》，国家"九五"重点课题，一共 11 卷本，当时经费 7 万元，放到现在肯定是 100 万元了，从 1996 年开始，2001 年完成，动员了 11 个人，包括我在内，每人负责一卷。这个研究可以视作我的基本理论的演绎，获得第五届国家图书奖。我在美学研究领域的两部标志性著作都得到了国家奖。在审美活动理论不断推进的情况下，我感到以前美学都是文人的言论史，知识分子的理论史，因此很多人想怎么说就怎么说，美学理论史或许可以这样说。而我所做的《华夏审美风尚史》重在还原，并不是在现有的历史文本的基础上编辑语录。美学史应当展示人类、民族的审美实践，如此大的工程固然很难，我抓一个主题：审美风尚，即浮在表面、标记性质的审美风貌变化，以此构成历史。具体来说，我做的第一卷——导论卷，上半卷是理论，在此部分还提供全球视野，美学实践的分化、中西美学实践比较等；下半卷是史前部分。接下来每卷考察一个特定时代的人的审美活动，要求每卷主编不需要深刻的理论，将每个时段的审美实践分门别类地排列好，通过文字的阅读进入博物馆。一个反思的方面：审美实践与主流史学的朝代史为何相关，但很多方面两者又不相关？这时就需要将审美风尚、制度、习俗、人的其他社会属性分离出来，发现审美风尚是最不容易发生变化的，但又在慢慢变化当中产生了时代的特征，研究多层次的文化合流作用。

我想我的经验有两个标志性成果。一是在经验研究上，思想比技术重要，思考比成果重要，两部著作获奖全部源于思想与构思，以及不同的思考。我到了现在这个年纪，思想趋向于成熟，越发感觉到自己的观念是对的。很多年轻同伴包括一些中老年学者也不一定知道这点，所有的资料都是不完备的，都是为研究者的逻辑架构服务的，所以穷尽资料是不可能的，选择的资料就是逻辑表达。从这点出发，一篇论文是否有好的构想最为重要，所有的材料都是对你的逻辑证明而已，所以构造思想、磨练思想是多么重要！做学问首先选择思想！

我一生做的科研是两条线索。另一个感兴趣的领域是当代意识形态研究。1986年撰写博士毕业论文的时候，由于思考马克思主义美学的前途，就遇到很棘手的问题。当代马克思主义意识形态理论，涉及当代意识形态、新马克思主义及其基本问题，和我的美学基本问题密切相关。所以在搞完美学研究之后继续向下走，如果不解决哲学、意识形态、马克思主义理论的研究，美学研究也无法继续进行下去。所以在20世纪90年代完成《华夏审美风尚史》之后，在1998年接到李铁映在中国社科院的一系列与当代政治研究相关的项目。过去一系列关于认识论的问题、意识形态问题，包括马克思主义的认识实践问题、物质关系的问题，这些问题激发我思考当代中国需要一个理论重建，于是我把研究领域扩大了。关于意识形态那一章是我撰写的，有两个基本观点：一个基本观点就是传统的社会主义观必须重新思考，要建立新社会主义观，是建立在市场经济条件下的社会主义观，不是阶级斗争为纲领的社会主义观；另一个是1997年所讲的当前社会主义面临的危机，当时不被理解和认可，现在基本上全部被证明是正确的。其中一些比较前沿的问题，比如中国可持续发展问题、环境污染问题、粮食问题、海洋战略发展问题都涉及了，被誉为新时代的"公车上书"。遗憾的是，当时没有被国家行政部门积极采纳。

回到上海也是一个非常偶然的因素。就上述这个研究议题召开了一次座谈会，当时上海社科院的主要领导都不认识，但在开完座谈会之后，都希望我能留到上海社科院。尹院长还专门派人或亲自去中国社科院好几次，我很受感动。而我认为上海社科院虽然比中国社科院规模略小一些，但是在文学所可以继续将我的学术事业发扬光大，另外觉得在做科研的同时办报也是一件非常重要的事情，在社科院可以实现，所以就决定来上海社科院。一来就是10多年直到退休。

原来我认为上海社科院有一个相对的劣势，相较于中国社科院视野、研究的问题不够宏大。但是"无心插柳柳成荫"，我在美学和文学艺术理论方面获得了长足的进步，在《社会科学报》得以充分发挥。我最开始在报上阐述我的主张，影响力逐步扩大。办报的思想原则是"主流改革、推进发展、不左不右、排除极端思想"，我接手之后发展了12年,成为现在的风格。第二个思想领域方面的研究,也和《社会科学报》相关,中宣部刚好也有舆情直报点,我也就关注当代意识形态的发展,在上海社科院完成了《当代文化的发展》这本专著,对当代意识形态的鸟瞰,在上海社会科学院获得一等奖;还完成了《马克思主义文艺发展史》,同时参与编写意识形态领域的专报,持续了10多年,每年大约50篇左右,现在依然在领导审阅专报,等于是大智库和意识形态分析,每年都有最高领导批示,10多年的积累大约有几十万字,虽然这些内容不能发表,但是对自己而言是个思想磨炼。

  后来做《上海思想家》的主编,社联的想法是办一份关于引领全国思潮变化的思想性的杂志。这个目标基本达成。我感觉这里更能施展我的思想内涵,比《社会科学报》还要大。目标是希望每个著名社会科学家每期都要收藏。很多人觉得这个很难做大做强。我认为是不客观的,当然其中会将一些不顾中国的现实的极端思想屏蔽,而主流思想界的争辩会继续做下去。要思考什么思想对于中国是最有意义的? 我会从中进行选择。中国的思想要符合中国的国情,与西方、美国、俄罗斯、北非都不一样。做学术没有年龄限制,我下一步的愿望是做社会主义意识形态与中国发展的可能性研究。现在社会主义的理论必须基于现在发展的阶段和问题加以阐释。在这个岗位上,我也成了一个思想领域、意识形态专家。站在北京的中国社会科学院的角度看,学术前沿、自身的学术增长是其优势所在,因此上海社科院未来应在基本的学术思考、学术训练上下大功夫。不仅要提倡工匠精神,也要提倡思想家精神,希望在研究思想界有一群年轻学者,力争做国家社科领域的"巡洋舰"。

我的学术生涯有两个志向,一个是美学和文艺学,另一个是思想意识形态和政治学。我感到两个志向完全达成的可能性基本没有。如果不在文艺学学科领域研究,就很难有学术话语权;至于思想意识形态领域,上海社科院给我的平台达到了上海最充分的条件了,平时接受行政事务也比较少,也对做行政不感兴趣,更感兴趣的是思想研究,因此我平时做事也非常简单直接。几次做行政岗位的机会都放弃了,第一次是硕士毕业后,蔡先生想让我留下来继续做他的博士,1981年第一批改革开放之后的硕士研究生毕业,本来可以分配到中央编译局做局长,但之后放弃了。第二次是1983年来上海市委党校的时候,接到中央书记处的调令,可以去研究室,两份调令都在手上。当时向蔡先生咨询意见,他的意见是继续在党校,第二年还可以考博考回来。因此后来选择读博就放弃了这次机会。第三次是博士毕业之后,同时接到华东师大中文系和中国社科院留院的两份调令,最后决定留在中国社科院做科学研究,也切合我的兴趣点。我的学术理想是做理论家,做个卢卡奇这样的人物、做一个开放的变革的马克思主义理论家,我现在的学术实践都是这样子的,所以做事情是需要理想主义的。

对于举国体制下的社科院发展问题,我认为地方社科院对政府做智库应是第一大作用,其他高校、研究院所多是应用型智库,做的是短期和当下的问题;而社科院应做战略性智库,做一些15—20年的中长期规划发展研究。90年代我写《深圳农村转制过程当中与资本的构建》的时候,我就敏感地感觉到这个问题太重要了,就接下来加以关注和研究。而高校的学科体制和学科发展做不好这样的中长期规划发展的事情。社科院做的第二大板块应是学科的基础理论,绝不能放弃。学科发展就要搞创新,大有用武之地,也不要害怕竞争,引导创新关键是课题设置。例如,历史所应该将近代史这块阵地得以抓住,其中一部分做上海史,上海史离不开中国近代史;经济所应该将宏观经济专业做大,在经济学界有对话权。

采访对象：王志平　上海社会科学院东欧中西亚研究所原所长、研究员
采访地点：王志平所长寓所
采访时间：2014年12月3日
采访整理：赵婧　上海社会科学院历史研究所助理研究员

实事求是是科学的灵魂：
王志平所长访谈录

被采访者简介：

王志平　上海社会科学院东欧中西亚研究所研究员。主要从事国民经济与苏联问题研究。1928年出生，河南孟津人。1952年自南京大学毕业后，任教于华东政法学院。1958年进入上海社会科学院经济研究所工作，历任经济研究所政治经济研究室副主任、政治经济研究二室主任、东欧中西亚研究所（原苏联东欧研究所）所长。曾任上海国际问题研究中心秘书长。1993年离休。主要著述有：《国民经济综合平衡》《大转变时代：后垄断资本与世界和平》《工资理论与工资改革》（主编）、《上海经济（1949—1983）》（获上海市学术

一等奖)、《简明社会主义政治经济学》(主编)、《资本论辞典》(参与编写)、《苏联经济20年(1953—1973)》(主编)、《苏联共产党历史(1961年)》(翻校)等。

一

1948年我转到中央大学读法律，1952年从南京大学毕业。从1948年开始一直到毕业，我都在搞学生运动。1948年4月发动我们班的同学，要求国民党释放被逮捕的华彬清等3个学生。1949年3月16日参加地下党，动员和带领同学参加党领导的"四一"学生运动，反对国民党反动派搞"假和平、真内战"。

当时我是法学院学生会主席，接党的指示参加"护校斗争"。由于中央大学是国民党的重点学校，它的经费占到所有大学的一半，因此，国民党要将它迁到广州，再迁到台湾，我们就组织护校斗争，反对迁校。主要是组织纠察队，反对国民党特务的破坏。4月十七八日，我们得到指示，到"首都"警察厅去拿枪；门口站了个警察，他不管，还告诉我们枪在哪里。20日我们就带上枪保护学校。23日解放军进城，我们在街上看到他们感到很高兴，很激动。

解放后，第一个任务是接管。中央大学的地下党把地下党员和积极分子组织起来，接管学校。秋天，根据军管委的指示，带领部分同学参加下乡工作队，下乡宣传党的政策。南京郊区由于国民党长期渗透，势力很强大。我到了尧化门东流镇，帮助镇公所做宣传，帮助建立政权。大概过了三四个月，返回学校搞思想改造。

思想改造运动结束后,我们进行了课程改革,把原来课程中资产阶级的一套取消掉,请南京市政府和军管会的干部来做报告,课程名字就叫"政策法令"。后来,朝鲜战争爆发。我们学生到各个居民点宣传,还动员学生"参干"。我身体条件很好,特别是视力很好,本来要到空军去。准备走的时候,接到组织命令,说我是学生会主席,不能走。所以我就留了下来。

抗美援朝开始后,安徽皖北提前"土改",因为要巩固后方。南京大学与其他很多大学一样,根据华东局的指示,派学生去参加土改。我带了南京大学法学院的土改队到淮北涡阳县参加土改。

1952年春,我回到学校准备毕业。毕业生都要开民主生活会,那时候叫"做鉴定",然后再分配工作。这个鉴定做得还是比较好的。但"文化大革命"中间,好多函件寄到我这里来调查,认为这些人上中央大学就是个历史问题。我就回信说,这根本不是政治问题。1951年中华人民共和国教育部正式将中央大学改为南京大学。[①] 有些人在中央大学前加"伪",教育部批评这样的做法,"中央"不过是重点的意思。

我毕业时,遇上华东军政委员会根据中央规定要在政法部门进行改革,那时叫做"废除伪法统"。中央决定成立华东政法学院,把华东一些大学中政治系、法律系的学生集中到华东政法学院学习;教师中助教一级的可以到政法学院工作。南京大学、复旦大学、厦门大学召集学生代表及有关党政部门人员成立华东政法学院筹备委员会。学校通知我到上海华东教育部开会,我和复旦大

---

① 1949年8月8日,国立中央大学更名为"国立南京大学"。1950年10月10日,接华东军政委员会教育部通知,国立南京大学校名去掉"国立"两字,称"南京大学"。

学的叶绍基到了徐家汇的立信会计学校,被告知为筹备委员。大概过了一个月,政法学院正式成立,①通知我把相关学生的档案都带去。我到华东局组织部,把档案交给了组织部部长胡立教。我们这批学生被分到政法学院、华东师大、复旦、上海化工学院等各个学校。

我到了华东政法学院后当上助教,教政治经济学。1955年左右,我升为讲师;到社科院时,我是8级讲师。

二

上海社科院是1958年夏天成立的。当时上海市委书记柯庆施建议,将华东政法学院、上海财经学院、复旦大学法律系以及中国科学院的经济研究所、历史研究所合并为一个科研机构;现有的学生毕业就不再招生。我在政法学院教了6年书,1958年进入了社科院的经济研究所。最初两年里,经济研究所挂两个牌子——中国科学院上海经济研究所、上海社科院经济研究所。我在经济所的政治经济学研究组任副组长,上海著名经济学家雍文远是组长。我们组里大概有30个人,财经学院来的教员比较多。

经济所里的人大多都是教书的,没有搞研究的。教书照着讲义讲就可以,搞研究要写东西。1958年时,刚好赶上"三面红

---

① 华东政法学院正式成立于1952年6月,由原圣约翰大学、复旦大学、南京大学、东吴大学、厦门大学、沪江大学、安徽大学、上海学院、震旦大学9所院校的法律系、政治系和社会系合并组建。

旗"——大跃进、总路线和人民公社。于是,我们到人民公社去调查学习,去了河南嵖岈山,靠近遂平县,是最早成立的一个公社。回来以后,由雍文远带头,我和其他调查人员一起写文章歌颂人民公社:人民公社就是好呀,合作社已经不行了,已经产生了生产力和生产关系的矛盾;要把合作社统一起来变成集体所有制;公社既等同于乡政府,也等同于集体农庄。这个公社"放了一颗卫星":一亩地打3 000斤麦子!那时候不放卫星就是落后,干部就要写检讨。钱学森写了一篇文章讨论光照与亩产量的关系,认为一亩地产3 000斤麦子不成问题。既然科学家都这样说了,中央一些首长提出粮食吃不完了怎么办?大家都不敢不相信,但实际上没有那么多粮食。1958年气候很好,丰收,大家就放开来吃。1959年收成不好,加上高征购,结果好多地方没有吃的。安徽最严重。三年自然灾害,一直到1962年情况才好转。

苏共二十大后,赫鲁晓夫上台,批判斯大林,斯大林提拔上来的那些东欧各国领导干部统统被赶下台,唯独中国没有,所以苏联一直想搞中国。我们中国就开始批判苏联修正主义。表面上是批南斯拉夫的修正主义,实际上是"批苏修"。上海以柯庆施为首,组织内部的批修领导小组。这个小组表面上以柯庆施为组长,实际上有两个副组长,即张春桥和石西民负责,要求上海社科院、《解放日报》、市委党校、作协等机构一定要来一个负责人(老同志)带一个笔杆子(年轻人),"老将带新兵"。社科院经济所就是姚耐带我去的,另外还有哲学所和历史所。我们经常到康平路开会,柯庆施把内部文件给我们看,我们年轻人就写批修文章。

三

1979年春,我想离开社科院。黄逸峰找我谈话,问我我们国家现在这个样子怎么办?我说抓住两件大事就行:生产关系方面就是要搞市场经济,生产力就是抓科学技术。他说,现在要开一个全国经济理论讨论会,要我给他写篇文章,讲商品经济、商品生产。我就写了题为《大力发展商品经济与改革经济管理体制》的论文,后来刊登在《学术月刊》1979年第7期上。当时他看了以后说:"可以发表,一个字都不用改,但是必须加上我的名字,因为按照这样的观点,你想在外面发表是很困难的。"

黄逸峰在社科院有一个创新,就是双周座谈会。[1] 请来一些上海市局长以上的干部每两周来社科院开一次会。黄逸峰有威望,可以把他们都请来。这个座谈会的目的就是让大家自由地谈我们过去的经济制度哪些合理,哪些不合理,如何改;会后将材料整理好送到市里。双周座谈会一直开到黄逸峰过世就停止了。

张仲礼做院长后,社科院有了很大进步,很开放,与国外学术机构打开联系,经常有人员往来;学术空气比较活跃。后面的几位院长尽管我不是很了解,但是我从刊物上看到,社科院的气氛很活跃,而且可以给市里出出主意,这很好。我在院里面工作时间比较少,在汪道涵那里工作时间比较多。

---

[1] 经济双周座谈会,自1979年7月开始举办,主题为上海经济建设中的重要理论问题。由上海社科院、上海市计委主办,1982年起增加市经委、市科协、上海经济研究中心、市人大行政经济委员会、市政协经济委员会、社联等机构。参见《上海社会科学院院史(1958—2008)》,上海社会科学院出版社2008年版,第135—136页。

四

　　社科院从学术研究的角度来看,需要吸取一些教训。我曾经写过一篇文章,题目是《实事求是,是科学的灵魂》。没有实事求是,就没有科学。"大跃进"缺乏的就是实事求是。我就很后悔写吹捧人民公社的文章。我的中心观点就是:社科科学也是科学,尽管它与自然科学不同,担负着帮助制订和宣传解释国家和党的政策的任务,但是,还是要从科学的角度来研究问题。学术研究与政治宣传既要有所区别,也要有所联系。学术研究也可以宣传国家政策,但是要从理论层次上、从历史发展过程的角度、从总结经验的高度上进行正确认识的探索。社会科学的研究要比自然科学复杂得多。

　　学术研究要不怕被批判,只要立足点是为了中华民族的振兴与富强,是允许犯错误的,允许必要的时间与实践验证。持极端思想的毕竟是少数,可以在不触犯法律的情况下讨论。因此,我总结:学术讨论有自由,写文章(对外宣传)要有纪律。纵向来看,社会科学需要时间的检验,要从长远的历史来看。著名经济学家孙冶方很早就提出要注重价值规律,但是被批判得很厉害。但是现在我们不还是要尊重价值规律吗?没有市场经济,我们怎么会发展这么快?可以讲,我是上海较早提出用商品经济进行改革的人,也有两次差点被批判。我到英国牛津大学做了8个月的访问学者,看了大量资料,写了一篇关于现代资本主义和中产阶层的文章,被当时中宣部部长王忍之批判为资产阶级自由化。姚锡棠找到我谈话,我说:"我不写检讨。王忍之可以在报纸上写文章,我们来争论,看谁最后离马克思近。不要剥夺我的反批评权利。"后来汪道涵也问我这件事,我说:"有这么回事。还是那句话,让王忍之公开写文章,我们讨论。我相信最后是我离马克思更近!"现在看来,我们国家的发展不是促进中产阶层的壮大吗?横向来看,社会科学不是某地而是全国、全世界的规律。

另外,我认为还有一条要注意。我们搞研究的人有两种:一种是坐冷板凳的;一种是抄的,水平低一点的抄中国人,水平高一点的抄外国人。这个风气值得注意。外国的东西可以借鉴,但不能照搬,还是要扎根到中国的土地上来。

采访对象：俞新天　上海社会科学院原副院长、研究员
采访地点：上海国际问题研究院
采访时间：2016年10月17日
采访整理：赵婧　上海社会科学院历史研究所助理研究员

潜心学海，奉献国家：
俞新天副院长访谈录

被采访者简介：

俞新天　上海国际问题研究院咨询委员会主任，研究员，国务院特殊津贴专家。曾任上海社会科学院亚太研究所所长，上海社会科学院副院长，上海国际问题研究所所长、党组书记（后改为上海国际问题研究院）。曾兼任中国国际关系学会副会长、上海国际关系学会会长、上海台湾研究会会长等。上海市政协委员，上海市政协对外友好委员会副主任，上海市政协学习指导委员会副主任等。1990—1991年为美国约翰·霍普金斯大学高级国际研究学院和加州伯克利大学东亚研究所访问学者；1997年参加美国艾森豪威尔交流成员

项目。主要研究领域：亚太地区国际关系、中国对外战略、国际关系中的文化、涉台外交等。著作有：《机会和限制：发展中国家现代化的条件和比较》《走自己的路：对中国现代化的总体设计》《世界南方潮：发展中国家对国际关系的影响》《强大的无形力量——国际关系中文化的作用》等。主编：《在和平、发展、合作的旗帜下——中国战略机遇期的战略纵论》《国际关系中的文化：类型、作用与命运》《Cultural Impact on International Relations》《Cultural Factors in International Relations》等。发表《经济全球化背景下的文化问题思考》《认识和避免当今的冲突和战争》《中国统一的国际因素》等一批论文。

一、前辈领导助我成才

我是1982年12月30日进入上海社科院工作的，一直到2000年调任上海国际问题研究所所长。这18年是我一生中最重要的时期，社科院把我从学术新人培养成学术专家，从普通研究人员培养成领导干部。

对我影响最为深刻的人就是张仲礼老院长，他一直提携后进，关爱后人。1988年，我写的关于纪念党的十一届三中全会十周年的论文获了奖，1989年我被评为"上海市三八红旗手"，张院长当时在京开"两会"，回到上海后特意祝贺我。我作为一个普通的科研人员,得到院长的支持和肯定,当时感到很荣幸。后来社科院给了我们出国深造的机会,并且开办了英语强化班,班里除了我还有沈祖炜、陈燮君等人。强化训练还没结束时,我就赴美做访问学者了。归国后,院里又任命我为亚太所所长,我也得到了张院长非常多的鼓励和支持。他并没有当面对我赞扬,而是其他同志告诉我在多次会议上,张院长表扬了我,说经常在外文阅览室见到我阅读外文书籍。他还把他的《中国绅士》赠送给我。我读了以后很震撼,我们现在做研究所用到的方法如计量史学等,他在40年代就已经成功运用,写成经典。

1994年我担任社科院副院长后,院里又继续培养我。美国的艾森豪威尔交流成员项目旨在培养各国中青年领导者,使他们成为能够在世界舞台上交流、代表自己国家发言的人。这项目经江泽民总书记和老布什总统达成协议,才开始在中国实施。张院长利用他的国际联系,从福特基金会那里得到一个名额,于是推荐我去参加面试,结果我通过了面试。最后有不到20位成员赴美参加项目,其中女性只有3位。这项目很成功。张院长在每一个阶梯上都扶助我们,让我们走到更高的舞台上去。1993年,张院长特地组织了一个由几位中青年组成的团队,除了我以外,还有欧亚所的潘光、世经所的黄仁伟、外事处的李轶海等。张院长带领我们走遍美国的重要智库,而且让我们演讲自己的课题。在哈佛大学东亚研究中心,我讲了中国现代化与东亚现代化的比较。张院长非常高兴,拉着我在演讲告示板前合影留念。我曾经问过张院长:"在美国当时这么好的条件下,您为什么要回到中国?"他回答说:"我从来都没有想过不回来。当时回到新中国阻力重重,我毫不犹豫地变卖房子汽车,坚决回来。"我想,当一个人发自内心地爱祖国爱人民、要奉献国家时,他并不需要讲什么豪言壮语。所以,张院长是我人生的榜样、学术上的先辈,也是像慈父般关心我的人。如果没有社科院领导的培养,就没有今天的我。

在进入亚太所工作之前,我在历史所工作了整整10年。历史所对我的帮助也非常大。历史所大部分同志是搞中国史研究的,但沈以行所长非常有眼光,他发展了一个世界史研究室,他当时就已经看到研究中国史必须把世界也放进来一起研究。后来这个研究室又发展成世界史所,再后来在改革中合并进欧亚所。

历史所给了我许多宝贵的治学财富。第一是要有严谨的学风,不浮躁,"板凳要坐十年冷,文章不写一句空"。邓小平提出要建设"四个现代化",可什么是"现代化"呢?中国当时没有这样的论述,所以我选择做现代化比较研究。我花了整整两年时间,读了大量英文原著,同时读完了48卷《马恩全集》,做了10万多字的笔记,涉及欧洲国家的现代化、亚细亚模式等,我对这些做了深入研究。后来我写了一篇论文《马克思主义与社会主义现代化》,讨论马克思主义是怎么看待社会主义现代化的,这是前人没有研究过的课题。我写完论文时,刚好李华兴所长询问有没有人提交关于纪念党的十一届三中全会十周年的征文,我就把这篇文章交上去了。我们被通知到院里打擂台,陈述自己的论文。当时严瑾书记对我说:"我听了一天的陈述,16个人里面只有你一个是女性,我觉得你讲得最好。"后来院里送了5篇文章去参选,其中3篇文章获奖,有李君如、陈峰,还有我。我们追求的不是获奖,而是为社科事业做出更大的贡献。即使没有获奖,也要潜下心去做学问,要宠辱不惊,这就是我在历史所学到的。

第二就是历史所很开放,主张思想的碰撞。中国史的同志和世界史的同志经常切磋琢磨,很多问题会互相启发。我们那时候碰到一起就讨论学术,学术风气很浓厚,很活跃。

二、学术重镇优势突出

上海社科院是全国公认的学术重镇,学科众多,人才济济,另外还具有一些特别的优势,是当时其他研究单位难以企及的。

第一是勇于改革,制度领先。在1992年、1993年前后,社科院进行了一次重大的改革,这次改革在全市、在宣传系统都是领先的。学术单位要适应改革开放时代新的要求,打破大锅饭,打破计划经济的束缚,走向机制的革新。当时院里压力很大,对改革有来自各方面不同的声音,但院里很有决心。我们制度建设走在前面,裁减了冗员,建立了激励机制、奖勤罚懒机制、考核机制、评比机制等。这些机制创新的效果显著,促进了人才的成长、科研成果的提升,使社科院有了新的景象。

第二是鼓励学术创新,占据前沿。社科院在大理论大战略研究上曾经走在全国前沿。在全国社科院或理论研究机构中,上海社科院是第一个建立邓小平理论研究中心的。这引起了领导的关注,后来把它推广到全国。而且我们的研究对"邓小平理论"的提出起了很大作用。社科院领导认为邓小平理论研究是一个跨学科、多学科的研究,应该集中所有优势一起来做,所以当时让我也参与进去,并担任邓小平理论研究中心的副主任。主任是夏禹龙副院长。大家认为我做的现代化比较研究可以进行理论提升,因此我后来写了《走自己的路:对中国现代化的总体设计》。这本书是邓小平理论与实践研究丛书的一部分,这套丛书获得了"五个一工程奖"。在党的十六大召开前后,有一个争议问题就是要不要吸收企业家入党。我代表我院邓小平理论研究中心到中组部开会,中组部交给我们的任务是从理论上研究企业家入党问题。我回来后向院领导汇报,组织了经济研究所、部门经济研究所等各所专家一起参与,从马克思恩格斯、列宁、毛泽东、邓小平理论脉络延续来看待这个问题。后来市委书记黄菊还特意打电话来请我和两位专家去汇报。我们还写了这方面的报告送到中央。我们的研究不仅有学术含量,而且对国家的战略决策也起到很大的作用。我们还申请到了国家重大课题,是关于邓小平开放理论的,以便回应中国加入世贸组织、融入世界体系的挑战。除此以外,我院对基础学科的研究也不放弃,比如历史所的上海史研究、哲学所的关于中西本体论的比较研究,这些研究对未来中国文化研究起重大作用。占据前沿后,许多学术成果能够成为传世之作。

第三是全面开放,中外互鉴。过去学术研究往往闭门造车。改革开放后,社科院依托上海优势,既向欧美发达国家开放,也向发展中国家开放。我们请进来,走出去,与各个国家的专家学者交往。学术思想的碰撞,使我们产生了更丰富多彩的学术成果。我曾跟随夏禹龙副院长访问越南。当时中越关系很微妙,而且中国同东盟的关系正在兴起。夏副院长在越南做了很多报告,讲他的梯度发展理论,还有邓小平的改革开放理论,他有自己的独到见解。他还让我讲了现代化中的教育发展、对外政策。新加坡东亚研究所所长王赓武先生曾跟我说，以前他是不订阅中国的期刊的，认为中国没有学术，后来他到中国访问了中国社科院、上海社科院等地，回去后他说中国的学术发展迅速，我们得订阅他们的刊物。

第四是综合培养，爱护人才。社科院对每个人才都非常关注爱护和培养，只要稍有进步就给予鼓励，特别是中青年。在人才引进方面，社科院也非常重视、非常谨慎。有时候最后的面试，院里会让我来做，其实就是前辈院长们在培养我，让我知道怎样看人，怎样提携中青年，一代代传承下去。讲到传承，我还要讲到姚锡棠副院长。我在做亚太所所长时，姚院长分管我们所。我从他身上学到的第一个就是效率，说干就干，毫不拖沓。每当遇到问题时，姚副院长就说我们马上出发，到那里去调研。第二是务实。当时院里要实施改革，我向他汇报说大家对某某问题可能还有些疑虑。姚院长马上说，我们可不可以换一种方法，可能我们退半步，结果就做成了。后来我做了副院长，是接夏禹龙副院长的班，他对我说："你现在走上了领导岗位了，要读一些管理学的书。以前你作为普通研究人员、所长是可以的，但是现在做了副院长，要学会管理方法。"所以我就读了一些管理学的书，再根据工作需要运用这些方法。所以，上海社科院的优良传统是我们永远的财富。

三、寄望未来寄语后人

岁月匆匆，我已从研究新人变为成熟学者。看到社科院里满是青春的面容和身影，我心中高兴欣慰。江山代有人才出。我想对中青年学者提出几点希望。

第一,要坚持正确的方向。社科院是在风浪中前进的。社科院在改革开放以后,一直处在风口浪尖,但坚持了正确的方向——就是国家要走改革开放的道路,要坚持社会主义制度不能乱,现代化才能更上层楼。当时尽管有很多干扰,但是我们最终克服了,既引导研究人员走向正确的方向,又让他们发挥了最大的积极性。现在国内外都有收买利诱专家学者的情况,研究者必须站稳贡献国家、服务人民的立场,绝不动摇。

第二,要贡献国家,选择对于社会更有意义的课题。我做现代化比较研究,得到了很多的认可。后来,我又选择了一个比较前沿的课题,就是国际关系中的文化作用。我可能是国内的国际问题专家中最早关注文化的。过去在研究国际问题时比较关注的是power(力量、实力)或interests(利益),但是我觉得今天和未来更要关注的是文化、软实力、公共外交等问题。我在美国参加艾森豪威尔交流成员项目时选择这个课题,见过很多这方面的专家,比如亨廷顿。我回国后也申请了一个国家社科的重点课题,不仅发表理论专著和论文,也给国家提了很多建议。国家提出"建设国家文化软实力",我也是参与其中的。尽管学者各有专攻,有的从事基础学科,有的从事应用研究,但是最优秀的学者可以把这些综合起来,既可取得很强的理论研究成果,也可以对国家的战略和政策提出建议。我对年轻学者的建议就是要争取做第一流的人才,你努力的目标越高,你取得的成果就会越大。

第三,做学问要沉潜下去,耐得住寂寞,经得起诱惑。目前学术界风气有些浮躁,甚至抄袭剽窃,社会上的歪风邪气也侵入学术殿堂。真正优秀的人才必定是扎实苦干,长期积累,博采众长,最后方能自成一家。虚浮的东西也许可以一时迷惑人,终将被大浪淘沙。

现在全国都在深化改革,社科院在创新机制方面还可以有所作为:

第一,进一步发挥多学科、跨学科研究的优势。每一个学科都可以自己发展,每一个专家都会自己找研究课题,为什么还需要社科院呢?因为需要科研的组织把大家凝聚起来。怎么凝聚大家呢?就是要做些前沿课题,而这些课题往往是跨学科的、多学科的。世界和国家现在面临的问题都需要跨学科、多学科来解决。从这个方面来说,我们现在不是课题做得太多,而是课题做得太少,还有很多课题没有引起重视。不少外国学者对我说,中国改革开放经济发展如此快速,任何一种国际经济理论都不能解释,如果中国的专家能够深入研究与总结,将来的诺贝尔经济奖应该属于你们。虽然我们不一定是要拿奖,但是我们一定要回答好历史和人民给我们提出的问题,交出我们最好的成果。

第二,对年轻人的综合培养。现在社科院引进的年轻人都有非常好的素质,但是人才成长不可能一蹴而就,而是需要多方面的综合培养。不仅要培养研究的能力,也要培养观察事物的能力、分析事物的能力、国际交流的能力、增加话语权的能力等综合能力。如果综合能力提高了,就可以成为更优秀的人才。

采访对象: 罗苏文 上海社会科学院历史研究所原副所长、研究员
采访地点: 上海社会科学院老干部活动室
采访时间: 2016年10月17日
采访整理: 赵婧 上海社会科学院历史研究所助理研究员

踏入上海史、女性史探索之门:
罗苏文副所长访谈录

被采访者简介:

罗苏文 1949年12月出生,1975年毕业于复旦大学历史学系。1978年进入上海社会科学院历史研究所工作。2009年退休。主要研究中国现代史、上海史、中国妇女史、城市史等。著有《石库门:寻常人家》《女性与近代中国社会》《上海传奇:文明嬗变的侧影(1553—1949)》《沪滨闲影》《近代上海:都市社会与生活》《高郎桥纪事:近代上海一个棉纺织工业区的兴起与终结(1700—2000)》等;参与撰写《近代上海城市研究》《东南沿海城市与中国近代化》《长江沿岸城市与中国近代化》等书籍。

我是 1966 年从上海第二女子中学（今第二中学）初中毕业，1968 年被分配到上海工矿上班。1972 年经单位推荐，进入复旦大学历史系学习。1975 年毕业的作业是参加江西函授期间关于一起重修祠堂事件的调查报告。根据当时"社来社去"政策，[①]我回到原单位做政宣工作。1978 年 11 月，上海社科院恢复重建，我经过组织调动进入上海社科院历史所，工作证编号是 126 号，先后在学秘室、中国现代史室工作，一直到 2009 年正式退休。

一、岗位变动：从学秘到科研

我刚进历史所时，上海史研究已是所的重点课题，为了让同志们更好地利用书库的有关资料，所里书库中有关上海史的书籍被调出，集中放在唐振常先生（上海史研究室主任）办公室的玻璃书橱里。我接手的第一项具体工作就是保管这些图书，办理借阅登记。

1979 年春天，主持所里日常工作的沈以行副所长安排我到学术秘书室工作，主要是抄写公务文稿、联系资料打印、分发《历史所简报》等事务性工作。后来黄芷君同志调任历史所学秘室负责人，我就跟着她一起工作（后来学秘室一般有三四位人员）。当时老沈

---

① 所谓"社来社去"，是指从哪个公社上大学的，毕业后就回到哪个公社。1965 年 1 月，毛泽东在卫生部党组呈送的报告中批示："这样的学生，可以从城市来，也可以从公社来，回公社去，拿公社工分，不由国家发薪。"因此"社来社去"的毕业生和统一招生规定毕业后到农村去参加生产劳动的学生，就应该一律按办学部门原来的规定到农村去，同原社队去当社员，拿公社工分，国家不发工资。"社来社去"最典型的是，学员入学时不转户口，只转临时的粮食关系，这便为学员毕业返回农村开辟了一条最顺畅的通道。由于同时还有工厂、部队的学员，所以在一些场合又叫"那来那去"。

要求我们分头联系研究室,了解科研进度,协助老沈编写《历史所简报》(提供所学术报告会简况初稿、校对、分发),接待来访学者,情况调查等(如对所聘特约研究人员进行家访,了解他们的工作情况)。这对我逐步了解所的科研工作概况、熟悉同事都很有帮助。

当时我没有承担科研任务,只是凭兴趣写过一些短篇历史人物的文章。1979年为纪念五四运动六十周年,所里要求大家写文章。当时我对近代中国女性解放史比较感兴趣,近代史室的老师或许也知道。一次汤志钧先生告诉我,康有为的女儿康同璧曾在《中国妇女》杂志上发表过一篇文章,回忆戊戌变法时期康梁两家的家眷在上海办不缠足会的经历。我很高兴,到所图书室一本本查目录,找到这篇文章。我又到上海图书馆特藏部,查阅她们办的《女学报》及参与创办女校的经元善的文集等,写了一篇短文《近代中国第一所自办女学》(上海社科院《社会科学》1981年第2期)。这篇仅一页纸的短文是我进所后发表的第一篇文字,听到吴乾兑老师笑着对我鼓励一番,我不免心动,一时涌起继续走下去的愿望。

但严格意义上的史学研究我当时还没有做过,对于学术论文应该怎么写、我应该怎样努力,我并没有明确、紧迫的意识。逐步意识到这个弱点是参加两次学术会议之后。

1981年秋在武汉召开了规模空前的纪念辛亥革命七十周年讨论会。投稿的人很多,但限于会场,很多青年学者未能参会。于是当年冬天又在长沙召开了全国青年辛亥革命学术讨论会,还要评奖。所里派了近代史研究室的吴桂龙和我两个人去参加。我本想写一篇《同盟会成立前后的留日女学生》,但由于估计不足、资料有限,最后只能改动题目写成《同盟会成立前的留日女学生》,文章仍较单薄。这次会议的冲击是始料未及的,参会代表大部分是硕士研究生,他们的论文多是硕士论文的一部分;晚上,主办方安排厦门大学的罗耀九老师对获奖论文逐一点评。罗老师讲解了论文的选题与构架、资料的运用与筛选、文字推敲等,是我意外的大收获,受益匪浅。吴桂龙同志的论文荣获二等奖,为所争光。这件事情也使我明白自己的努力方向:学习写学术论文。1983年夏,我如愿调入中国现代史研究室,从科辅人员转为科研人员,严峻的挑战也随之到来。

1984年中国现代史室出版新著《五卅运动史料选辑》第一卷。这部五卅运动在上海的大型史料汇编书在"文化大革命"以前就开始进行了,共三卷,每卷上百万字。所里决定1985年5月召开纪念五卅运动六十周年的国内学术讨论会,这也是1978年历史所恢复后第一次召开全国学术讨论会。室主任任建树老师要求我们每人都要写论文。我准备对五卅时期戴季陶主义的由来、基本观点以及共产党对戴季陶主义的批判作一初步梳理。我曾多次拿着10余页修改、抄写好的大稿纸到老任的办公室请他审阅。他针对我文章中的某处想法、表述提出疑问。我一听就意识到,我的表述明显有漏洞、不能成立,就立刻站起来不好意思地说,我再去改。如此改稿、抄稿反复多次。我的另一篇文章是《五卅时期的上海总商会初探》。最后室里完成的会议论文送至院印刷厂排版单篇印刷。会后,我的两篇文章发表在上海的《党史资料丛刊》上。[①] 这两篇文

[①] 《五卅时期的戴季陶主义》,《党史资料丛刊》1985年第1辑,上海人民出版社1985年版,第35—44页;《五卅时期的上海总商会初探》,《党史资料丛刊》1985年第3辑,第85—96页。

章是我学习写学术论文的第一份作业。我感到写论文真是不容易,看材料、定题目、写初稿、反复修改、请老师提意见到最后发表,写一篇论文大概要半年时间。

二、加入上海史研究团队

1988年,现代史室接受了上海市哲学社会科学的一个重点规划项目,编写《现代上海大事记(1919—1949)》,它是近代史室编的《近代上海大事记(1840—1918)》的姐妹篇。任建树先生担任主编。两本书利用《申报》影印本为基本线索,再补充相关资料。我承担的是1941—1945年这一段。没过多久,我们又参与承担全国哲学社会科学的重点规划项目:"近代上海城市研究(近代中国的城市史研究:上海、天津、武汉、重庆)",由张仲礼院长牵头,经济所和历史所分别承担经济篇、社会政治篇,我承担的是市民群体研究一章。机遇和挑战也即在眼前。

1988年秋召开的"近代上海城市研究国际学术讨论会",是我第一次以代表身份参加国际学术讨论会。令我印象深刻的是美国学者大多会讲汉语,我也没想到近代上海史研究竟有这么多海外知音。

我的论文《1920—1927年国共两党在上海的政治影响》分在"学生运动与党派之争"专题组,评论人是任建树老师。他对我的文章进行细致分析,提出中肯的意见。并举例指出我对史料的解读忽略了特定的时段,论述欠周密等,给予我很多的鼓励。这次会议论文在《上海研究论丛》分两辑发表,各组评论人的评论也予刊出，[1]成为我参加会议的重大收获之一。从此我的研究重心转到近代上海社会史研究领域的市民群体研究。

为纪念上海建城700周年(1292—1992)，上海地方志办公室策划出一套通俗读物《大上海丛书》。我研究近代上海市民群体，石库门也是必进之门，于是有幸承担了这本书的写作任务。刚接受这个任务时，我对石库门仅有的模糊印象只是中学时去同学家玩的记忆。于是我开始查阅资料，主要引用了上海史室编撰的《上海滩与上海人丛书》中的沪谚、竹枝词、笔记等资料，还实地走访石库门，拍了一些照片，也查阅了报刊、小说等资料。于是，《石库门：寻常人家》[2]成为我写的第一本书。这套书的名誉主编是唐振常先生，他曾对我说："你这本写得好。"几年后，一位在新加坡工作的男青年到所里找我，他原是同济大学毕业生，读了我的这本书后对亭子间很有兴趣，来找我聊聊，没想到我是位女性。尽管这只是一本8万字的小册子，但它是我尝试写一本书迈出的第一步。

1991年秋，上海史室陈正书先生向我转达经济所老专家丁日初先生的口信，想让我为他主编的《上海近代经济史》(1895—1927)第二卷写一章："近代上海经济发展的社会影响"。我当即愉快地答应了。考虑到1992年我还另有任务，便写出三节初稿："教育、科学、文化事业的拓展""里弄与市民社会""郊区市镇的变化"。大约在1992年2月初，我将该章的初稿请陈正书先生转交丁先生审阅。1992年深秋，我应约到丁先生家中听取对初稿的修改意见。

---

[1] 任建树的《评论》见《上海：通往世界之桥》(下)，《上海研究论丛》第4辑，上海社会科学院出版社1989年版，第173—175页。
[2] 上海人民出版社1991年版。

丁先生微笑着说:"你是第一个交稿的作者,"还风趣地表示"让你写一章,是想使经济史书的内容丰富一些,能放些'异彩'。"(大意)边说还轻轻做着将5个手指捏住、放开的手势。这让初次上门难免拘束的我顿时也轻松起来。他对文章的修改意见很具体,诸如提法不当、资料有疑点、表述含糊等,均在文稿中逐条划出,并向我一一说明需要修改的理由。我既感激更惭愧,事后按照丁先生的意见进行修改。有幸得到丁先生的当面赐教,是我可遇不可求的学习良机。该书副主编、历史所近代史室的徐元基先生也对我的文稿提出不少意见和细致的加工,对文稿中一些专业术语、图表说明等作规范处理,所有数据逐一核实等。经济史学者扎实、严谨的学风使我受益匪浅。1997年丁日初主编的《上海近代经济史》第二卷(1895—1927)问世。[①]

参与我院近代上海城市研究团队的课题研究,使我的研究视野得以拓宽,结识许多学界前辈、学友,近代上海都市社会史就成为我个人研究的主要领域。

三、女性史研究

我以往的研究课题也多少与自己的经历、特有的情结有关,如女性情结、共和国情结、国企情结。在承担近代上海城市研究课题的时候,自然也会偏重于女性史研究。华东师范大学的陈旭麓教授在20世纪80年代中期曾策划出一套近代中国社会史丛书,他

[①] 上海人民出版社1997版。罗苏文:第12章"近代上海经济发展的社会影响",第415—452页。

知道我对近代中国女性研究有兴趣,曾表示女性的这本就让我写。这项任务对我是莫大的鞭策,于是写出"女性与近代中国社会"就成为我必须认真准备独自完成的大项目。"近代上海城市研究国际学术讨论会"结束后,美国学者申请了卢斯基金,中美双方学者合作研究近代上海城市史。我有幸作为成员之一,并于1992年赴美国做学术访问。我也利用这个机会在美国搜集与近代中国女性史相关的资料,如有一些民国初期女子学校的课本等。《女性与近代中国社会》①这本书探讨传统社会不同步的近代转型过程对女性群体的影响。1996年这本书的出版是我此前15年在近代中国女性史领域摸索学习所得的一个小结。它在中国妇联组织的优秀妇女读物的评选中获得了二等奖。一位美国学者对我说,以前他们看到的近代中国妇女史研究都是以革命史为线索,我的这本书提供了另外一个视角。1999年为了配合世界妇女大会在中国召开,中央电视台开设了"半边天"栏目,节目组计划制作一部10集专题片,最初设想要找50位精英女性访谈,作为对世界妇女大会的献礼。节目组看了我的书后,采用亲历者女性口述访谈的形式再现了百年中国妇女群体的变化历程,让我也担任顾问之一。后来我把这套节目的VCD作为资料送给国内外的女性史研究者与学友,颇受好评。

  1968年我被分配进入国企工作——卢湾区电车三场,其前身是法租界水电煤公交公司;1972年我进复旦历史系,曾到高郎桥边的国棉31厂"开门办学",与女工"三同"(同吃、同住、同劳动)半

---

① 上海人民出版社1996年版。

年,这些经历也促成我任职期间最后的一本书的问世——《高郎桥纪事:近代上海一个棉纺织工厂区的兴起与终结(1700—2000)》[1],其记录了沪东高郎桥地区300年间从传统的植棉—土布产销地,到近代上海棉纺织工厂区之一;企业经历私营厂、公私合营厂、国营厂到1996年关闭(终结);居民构成经历了在高郎桥地区的本地农户、外乡难民到进纱厂做工,家庭成员代代相传,街区"下只角"的百年延续的进程,揭示了一个都市工业社区、主导产业、居民择业三者间紧密联系的形成、演变过程。这本书是我在历史所的最后一个研究课题,直到退休后两年才完成。其间,我有幸利用20多位亲历者的口述。承蒙经济所顾光青老师介绍我到纺织博物馆参观,并与馆领导认识,使我能充分利用馆藏的珍贵历史照片;得益于哲学所陈超南研究员的指点、帮助,我有幸接触到近代中国木刻版画界先驱者陈烟桥先生等的木刻作品,尤其是那些生动展示1930—1940年代上海工厂区的特定场景、人物关系、劳动者的生活、感受等,为上海工业区背后的大片空白——工人群体留下珍贵的身影。这些画作既在画展亮相,也成为高郎桥一书最亮眼的插图,与历史照片同为展示近代上海工业区不可多得的证物。另外,经朋友协助,我搜集到即将被销毁的工厂档案资料(评选劳模的资料、工会档案、信访记录等)。如此四合一的信息资源组合单凭我一己之力是可望不可及的。2011年高郎桥书稿获得了国家社科后期项目资助出版,2013年本书入选国家新闻出版广电总局第四届"三个一百"原创图书出版工程。

---

[1] 上海人民出版社2011年版。

社科研究是既艰苦、寂寞，又是自由、自娱的职业。我选择的课题都是我喜欢的，做的过程虽然会有种种麻烦，但我的感觉是如果不去做它，我会更难受，放不下；一旦完成了，就会有一种充实、轻松的感觉。无以替代，仅此足矣。回想我从小就对历史故事感兴趣，但仅凭兴趣或许是做不长的，在我史坛耕耘的起步期，我有幸得到诸多前辈学者的指教、鼓励，他们的身教更是鼓舞我努力学习的榜样，如本所的汤志钧、沈以行、任建树，经济所的丁日初，老院长张仲礼，以及院外、海外的前辈、朋友们等，没有他们的引领、提携、鼓励、帮助，我可能难以坚持下来，顺利完成自己喜欢的课题。所以我非常庆幸自己的史学研究生涯是在上海社科院度过的。我永远铭记、感恩前辈们、朋友们的教诲、帮助，也将自己发表的所有研究成果都视为敬献他们的微薄回报。

采访对象: 沈国明　上海社会科学院原副院长、研究员
采访地点: 上海社会科学院老干部办公室
采访时间: 2016年12月15日
采访整理: 徐涛　上海社会科学院历史研究所副研究员;吴芳洲　上海社会科学院历史研究所硕士研究生

"大人不华,君子务实":
沈国明副院长访谈录

被采访者简介:

沈国明　江苏常州人,1952年生于上海,著名法学专家。1977年就读于华东师范大学历史系,1979年考入上海社会科学院研究生部。曾任上海社会科学院法学研究所副所长、信息研究所所长、副院长,上海市人大常委会法制工作委员会主任,上海市社会科学界联合会党组书记、专职副主席等,华东政法大学博士生导师、上海交通大学凯原法学院讲席教授,中国法学会立法学研究会常务副会长、学术委员会委员、法理学研究会副会长。撰有《土地使用权研究》《人权:虚幻与现实》(合著)、《渐进的法治》《知青回眸引龙河》等,主编

《40年学术争鸣大系·政治学法学卷》《二十一世纪中国社会科学·法学卷》《国外社会科学前沿》《新视角看世界》《世界经济改革潮》《国外环保概览》《21世纪的选择：中国生态经济的可持续发展》《城市安全学》等著作。在学术项目成果上，曾担任1987年国家社科基金项目"土地使用权转让中的法律问题"负责人，参与上海市法制办项目"上海市地方经济法规规章体系框架研究"、上海市社科基金重点项目"20世纪法学理论发展历程的回顾"、上海市社科规划办重点项目"影响社会稳定的主要问题及对策研究"，其中《论我国实现法治的基础》获1992—1993上海市哲学社会科学优秀论文二等奖、《建立比较完善的上海地方经济法规规章体系框架研究》获1995年上海市人民政府首届决策咨询研究成果一等奖。

一

我是1952年8月出生的，到今年就快65岁了。65已是近古稀之年，确实是可以经常回首往事，做一些人生总结了。

我是常州人。我父亲20世纪30年代从常州到上海，在工厂里工作，还做过私方厂长，一直奔波于工作，所以我们这些小孩他从来不管的。我们家子女多，我有8个兄弟姐妹，大的对小的都有很大影响，我排行老六。江南人特别重视读书，我父亲的愿望就是要把我们8个小孩全部培养成大学生,这个大学还必须是全职大学,不是业余、自修这样的概念。说起来很自豪,我们家前三个都是在"文化大革命"前进入大学的。但是"文化大革命"开始的时候,老三大学还没毕业,老四高一,老五初三,我初一,三个"老三届"。我五哥是1966届,我姐姐和我是1968届,响应上山下乡一片红,三个人都到了黑龙江兵团。到我妹妹就是按家里成分进行分配,我们家那时候是三公三农,所以我妹妹是去崇明东方农场,弟弟进了农场,我们家只有头和尾在上海市区。每年春节,8个孩子能不能都回家就变成一个很重要的通信内容。在我下乡的这8年里,全部人只聚齐过两三次。那时的交通工具是绿皮火车,在上面一待就是三天两夜或是三夜两天,从东北到上海一来一回,会累得脚都肿起来。那时我们要回家的时候,国家会开临时的班车,就像现在有专门的农民工列车一样。我所在的引龙河农场,要坐到中国最北的一个火车车站:龙镇(小说《征途》有写过这个车站),从这里下来转坐汽车去的。我曾主编过一本书叫《知青回眸引龙河》,是我们那批知青的集体回忆录,黄仁伟也是知青,他所在的逊克县要比我更北边一些。

我下乡的工作主要是在大田野干农活。1969年农场发生大面积的痢疾,几乎所有人都有非常严重的腹泻,一天二三十次,我根本都不敢离开厕所。现在回想起来还有些后怕。当时门上、屋里的炕席到处都是那种粉红色的液体。我直到现在肠胃都不好,是那时落下的病根。查出痢疾是由于饮食不卫生后,分场领导就决定更换炊事员,交给我们上海知青去接管食堂,保证卫生的清洁。我在后勤几乎做到知青结束,磨过豆浆、做过豆腐,还杀过猪,手上有杀猪时被切的很深的伤痕,一根手指此后都是弯不下去的。手受伤当天的记忆迄今依然清晰,我跑到卫生室时,卫生员正在吃饭。他问我什么事,我说我手破了。他就问要紧吗？我就让他吃完饭再看吧。当他看到伤口时被吓到了,说医务室没有针,就从兽医室拿了一根又长又宽的针。事后想想真是很蠢,拿缝衣针都要比这种针效果好得多,缝针失败导致手上的神经割断了。可我要比死去的知青幸运多了。《新民晚报》登过我的一篇文章《知青梁钿》。这是个真实的故事,是我身边一个知青,因流行病出血死掉了。文章发表之后影响很大,我收到了二三十条短信,包括外交部长王毅都给了很高评价,鼓励我继续写下去。可惜我时间精力有限,没有办法实现。院老干办小范的哥哥和我在一个农场,他哥哥是统计,本可以不去干农活的,但当时的知青们都很单纯,愿意大家一起干活,他便加入我们铲地（锄草）。黑龙江的地是漫坡,不是高原,也不是山林,是高低起伏的坡。城市里的人不会知道晴天霹雳,乡下却亲眼见得到,可能正打着篮球,突然一个雷下来,地就冒烟了。那天天气很好,阳光灿烂,他铲地铲到高处,突然一个晴天霹雳把我们7个人打倒在地,我们6个人清醒过来,而他（小范的哥哥）就这么死了。做知青下乡那几年,经历了太多太多,我认为自己对中国的基本认识、对现实与书本距离的认知,就是在那里决定的。甚至可以说我的价值观,主要就是在那个阶段形成的。

二

我是最后一届工农兵学员,是由大家投票推选出来的。因为政审要很长时间,所以我直到1977年2月才知道自己成为工农兵学员。这是最后一届,接下来邓小平就重启高考制度了。拿到工农兵学员的通知书时,我思绪万千,眼泪打湿枕巾,一晚上都没睡着。我一直在农场继续干活到2月底,才回到上海报到。我深知教育机会的来之不易,更是几倍的努力。从来到学校的第一天起,我就每天早上起来跑步,下雨天也从不间断,最后学校1500米比赛上曾拿过两届第一名。常有人说我"经打",这跟我下乡以及大学的锻炼很有关系。我那个时候学习很苦,每天晚上11点钟回宿舍很正常。在历史系读书时,我是这个年级全系两个全优生之一。1979年读了两年书后,在校生可以考研究生了。有个同学就一直鼓动我和他一起报考研究生,我去翻了翻目录,发现考试内容,包括参考书,都是我有读过的,加上那时自觉学业比较突出,关于家庭私有制、国家起源所写的文章,系里老师给过很高评价,还曾在同学间传阅过,所以我觉得我可以试一试。我当时其实很想读历史地理的,但是这个专业第一年招过了,就是葛剑雄他们那届。我这样比较务实的人,就去考虑哪个专业考上的可能性更大,最后选择了上海社科院国家与法的理论专业。

报名后,我开始了没日没夜读书的日子。可以说,我这一辈子最轻松读书的时候就是那段时间了。因为我有很多课,如政治经济学,还没学过,要靠自己自学。到考前几个月,我连课都不去上了,天天在图书馆待着。王新奎(后来的上海市政协副主席)、历史所的郑祖安,就是那时在图书馆每天遇见的。他们俩人对我影响很大,给了我太多鼓励和支持。我是工农兵学员,没有考过试,也不知道自己到底实力如何。在很多人眼里,我是"癞蛤蟆想吃天鹅肉"。我很怕听到这样的论调，更加不自信。王新奎就跟我说："让他们说好了，说三个月就不说了，你还可以说他们连考都不敢考呢。"郑祖安更直接跟我说："你不考是傻子啊，现在有考的你不考，你是猪啊。"当年指导员跟我说华师大、上师大要分开了，他要去上师大工作，也希望我可以去上师大留校做老师。这是个十拿九稳的好未来，更增加了我心中的忐忑。只是箭在弦上不得不发，总不能到最后缩回去。最终76、77、78三届学生都有人考上研究生，76级是我、77级考上10个人、78级考上5个人，共计16个人提前离校，历史系在全校一时间风光极了。这考出去的16个人，后来的方向五花八门，我去了法学专业，有人学历史，有人学文学，王新奎做了经济学研究。

  我算是最早到上海社科院的一批人，是复院一年后考入的。我到上海社科院总部报名时，骑的是自行车，淮海路不能停，就停在了附近路上，结果下了车一路走过了头，都到重庆路上了，才发现不对，又折回来。找到地方后，要在走廊上领表格，领完表格后，我连社科院的大楼都不敢进，觉得那里太神圣了。第二次再来就是考试，考场在小礼堂，共考四场。应考时，每人单坐在一个长条凳上，前面坐一排老师，门口一个人站着监考，气氛非常肃穆，小礼堂坐得满满的。考试三天，我又是连大楼都没进去过。每场考试，我都写很多，到第三天甚至觉得连笔都拿不起来了。当时在校生报名研究生需要系里开证明，以证明平时学习成绩的。所以研究生考试考完后，我又赶紧回学校，复习期末考试。很多功课都没有时间复习，最后成绩出来，我居然还是考得不错。

  期末考试考完，我就安安心心地等上海社科院的通知。当时既发录取通知,也发不录取通知,先发录取通知,但报纸上不登名字的。等到发放录取通知那天,我在家里一直不停地看信箱,等了一整天没来。第二天是发不录取通知,正在灰心丧气之际,同宿舍同学在下午找到我家,送来我的录取通知。原来是因为我填通知发放地址时填的是学校,我自己都给忘记了,还是辅导员先看到的,赶紧叫这位同学给我送过来。我特别开心,同学一走,马上骑自行车跑到虹口,跟同学分享这个我眼里极大的喜讯。其实人家根本不像我这么激动。那个时候,很多人还不知道什么是研究生,觉得大学生就不得了了,并没有研究生这个概念。我的大学本科生活临近尾声,市里发通知说76级考上研究生的全部补发毕业证书,华师大通知我去领取毕业证书。这个毕业证书上标明"因考取研究生,提前毕业",只是看着这几个字,我心里的自豪感就油然而生。

这几年发奋读书,我等于把"文化大革命"耽误的10年大部分时间追回来了。在上海社科院念书时,我遇到太多优秀的人,后来都是全国人大代表、市人大代表、市政协委员,对我帮助非常大。我们当时有各种活动,学习与交流的风气很好。黄逸峰等老领导隔三差五地在大礼堂给我们研究生开会,听取大家意见。那时是严冬,大礼堂上面的窗户被冻住,关不上,便全部装上用棉毯做的窗帘,再发给我们稻草做的垫子。在上海社科院读书的三年其实蛮艰苦的,但也收获巨大。我们法学所4个人和历史所4个人住在一个宿舍,他们基本都成家了,不怎么住在宿舍。法学所4人中岁数最大的叫祝嘉汉,他现在人在美国,是"文化大革命"之后首位华人律师,也是首位律师事务所的合伙人。做过美国驻华大使的骆家辉就曾进入他合伙的律师事务所工作。我的导师是 1924 年的共产党员,是第一次国共合作时中国国民党浙江省委组织部部长。

三

1982 年毕业之后,我留在了法学所工作。那时候全国上下都"要革命化、知识化、年轻化"。"文化大革命"之后,我们干部梯队有脱节的状况,也正因如此,上海社科院把我作为第三梯队青年干部成员重点培养,1986 年就提拔我为法学所副所长。那时候我才 34 岁,差不多属于院里最年轻的局级干部。我在副所长的岗位一干就是 9 年。1987 年,中国开始兴起出国热。直到 1992 年日本国际交流基金给了上海社科院一个名额,为期一年,院领导决定派我出国,但因为局级干部的关系,审批只给了我半年时间,却也是已经破例了。那时日本驻沪领事馆的面试筛选也很严格,上海只去了两个人,一个是我、另一个是樊勇明。上海社科院公派出国那时是不让带家属,因为担心人去了国外就不肯回来了。但是院里对我还比较信任的,放寒假的时候,破例答应了我所提出的让家属过来的请求。这次前往日本做访问学者,对我有很大帮助。出国的实践,给我建立了一个参照系,让我能够超越书本知识,真正了解了外国大体的状况。我在日本的导师人很好,对中国也很友好,对我影响很大。他说"你不能用电脑看我们这个法律了,现实当中和这个不一样的",所以安排我到实地去考察。现在很多青年学者写各国法律的文章时,我看就时常忽略了法律文本和实际作用不一样的道理。

回国之后不久,碰到不少人主张上海社科院把研究生部关掉。张仲礼院长压力很大,召开了一次院长办公会,让各研究所的所长们都参加。我在会上说:"谁把研究生部关掉,谁就是社科院历史罪人。"张院长心里也绝不愿意在自己手上把研究生部关停,就希望下面有得力的人来做这个事。当时左学金副院长分管研究生部工作,也非常希望我来接他的班。可我本身事务繁多,并不十分愿意兼任这件差事。后来,在他的再三请求下,我最终同意兼任了研究生部主任。在兼任期间,我找了自己新闻界和法律界的一些朋友,请他们帮忙找一些热心高等教育事业的人,用募捐所得的 40 万元设立两个奖学金,而我本人也在 5 楼给学生开第二外语课,后来研究生部重新焕发了生机。

1995 年 11 月,院里决定调任我到信息研究所任所长。我当时想自己是法学专业人员,怎么能去信息所?心里是抗拒的。但院里的决定,我还是服从的。1996 年,我不仅担任了信息所所长,还兼任院图书馆馆长。当时不少同事、朋友劝我不要兼任图书馆馆长,说是"会毁了你一世英名""这个地方做不好的,任何人去都身败名裂"。我倒是有信心、不信邪,能做好这份工作的。院图书馆从华东政法学院整体搬迁至中山西路上海社科院分部,就是我兼任馆长之时。当馆长时,我每个礼拜都开会,会上对工作人员要求还蛮严格的。我要求这 100 多万册图书,全部要打包出来,从华政那边拉到中山西路,而且全部要上架,不能遗失、上错一本一册。工作很辛苦,我自己却倒是无所谓的。我家家风如此,兄弟姐妹都是工作很拼命的,不怕累,也都很优秀。我母亲常说:"人嘛,力气出完了,睡一觉明天就又有力气了。"包括我老婆(易静)也是上海市劳模,她科研工作也做得很好,是二级教授,在上海交大医学院很有名气。上海市教委还把我家评为"比翼双飞"家庭,也是恰当。虽然工作很拼,但是担任信息所所长、兼任图书馆馆长后,研究生部的工作我实在是分身乏术了。我向张院长推荐沈祖炜接任我作研究生部主任。这时研究生部已经变了,变成大家都想去的地方。沈祖炜也很务实,后来的研究生部在他的领导下也确实是越来越好。我到信息所时,那里连所长室都没有,只有一个沙发。我首先更新了办公桌、资料柜等设施,并将其搬迁到了中山西路新盖的分部大楼里,做到了每人配一台电脑。院庆 40 周年大型展览和纪念画册,就是我带着信息所同仁做的。那时做画册、做展览,搜集资料工作就已很难,又有许多印刷细节工作,实在是花了很多心血。现在上海社科院的院徽,也是我找人设计的。当时院徽曾向全市征集了很多方案,但都不尽如人意。我设法和中央工艺美院合作,请他们帮忙设计,很快就画出了让大家都满意的设计方案。院里所挂的江泽民总书记题词的内容,有幸也是我选的第一条。

1998 年,我任上海社科院副院长,同时尹继佐上任院长。我主要负责社会、法律工作。当时上海市委宣传部下属的上海市印刷六厂要搬迁至郊区,顺昌路厂房需要处理。本来有一家温州老板是想买的,但协议最终没有达成。市委宣传部问社科院的意见,对方开价 670 万元。尹院长派我过去考察这个项目。那个厂房的确很破旧,改造起来比较困难,但我认为作为一笔资产仍有很大的投资潜力,所以回来就劝说尹院长下定决心拿下这块场地。尹院长并非没有犹豫,但我一直在鼓动,并亲力亲为与各方关系协调,最终上报发改委立项成功了。

1999年,在中央党校学习半年后,我就离开了上海社科院,调任上海市人大常委会法制工作委员会。我提出,去人大法工委后,希望可以保留我社科院的学术身份。组织上同意了我请求,所以我任法工委主任时,社科院副院长、信息所所长也全部都保留着,直到2010年又调任上海市社会科学界联合会后,这些职务才全部免掉。当时市里面做名册,我的职务最多:人大法制委员会副主任委员,法制工作委员会主任、上海社科院副院长、信息所所长,共计4个头衔。市领导有时候碰到我,会开玩笑说:数你的头衔最多!我其实也请辞过信息所所长,可惜组织并没有批准。

四

我其实此前跟政府工作接触不多,与人大工作接触就更少,但我也不是纯粹的书呆子学者。这次又回到了所热爱的法律工作老本行,我全身心投入到人大工作中去,在化解棘手矛盾上起了不少作用。政府部门之间协调是很难的,往往一件小事都要市长出来协调,我所在岗位常常处在矛盾焦点之中。

我印象最深的一件事,上海市政府推行"双增双减"政策,双增就是增加公共绿地、增加公共活动空间,双减是减容积率、减高层。这个方案提出来之后遇到了一系列问题,房地产开发商纷纷找上门来,说造多少容积合同都已签好,现在却要违约,等等。我当时是法学会会长,于是就把上海法学界关于合同方面比较有权威的、有社会影响的法学家们召集在一起,又把规划局局长请来给大家介绍情况。我在会上希望学术界配合政府工作,最终圆满帮助政府将这项政策推行了下去。还有很多次,我总是能"死路里走一条活路"来,所以同事开玩笑后来就叫我"智多星"。

很多人评价我很务实。我觉得这种务实就是在人大工作养成的,因为虚的根本解决不了问题,只有"实"才能把很多政策变成实际可操作的行动。我认为,只埋头做成事情,大话空话少说,是很重要的品质。我在上海市社联工作时风格也是如此,不提新口号,只做目标导向,把事情做出来。几年下来,不仅上海市社联的工作环境有极大改观,它在学术界的影响、作用亦有所提升。尤其是在我卸任之后,市委宣传部长给我的工作予以高度评价,使我十分欣慰。

在上海市人大工作时,化解矛盾既需要智慧,更要有扎实的专业基础,我现在依然是中国立法学会常务副会长。现在我退休后,上海交通大学依然给我该校人文学科的最高荣誉,聘我为凯原法学院讲席教授,就是对我这么多年坚持法学研究工作的肯定。

当初去上海市社联工作时,就有谣传说是我不愿回上海社科院。但这其实都非事实,我是上海社科院培养出来的,对院里有很深的感情。如果院里需要我,我当然一定会回来。现在院里在大力推动智库建设,我个人觉得智库建设一定需要有夯实的学科基础,才能脱颖而出。非常诚挚地希望上海社科院日益发达,在全国社科界保持领先地位。

采访对象：陈圣来　上海社会科学院文学研究所原所长
采访地点：上海社会科学院分部918室
采访时间：2016年11月29日
采访整理：徐涛　上海社会科学院历史研究所副研究员

仰望星空，脚踏实地：
陈圣来所长访谈录

被采访者简介：

陈圣来　1952年出生于上海，北京大学、复旦大学特约研究员，美国加州州立大学奇科分校荣誉教授、上海师范大学、西南大学、复旦大学视觉学院等客座教授，中国对外文化交流协会常务理事，中国上海国际艺术节组委会副秘书长，上海海外联谊会顾问，宋庆龄基金会理事，中国作家协会会员，中国戏剧家协会会员。1992年创办上海东方广播电台并担任台长、总编辑，在华东地区掀起"东广旋风"，被中国广播电视学会主持人研究会授予"杰出贡献奖"。2000年受命组建中国上海国际艺术节中心并担任总裁，策划运作了当今中国最高规格、最大规模的中国上海国际艺术节,成功举办了12届,被国际节庆协会授予杰出人物贡献奖。2010年当选亚洲艺术节联盟主席,2011年6月任上海社会科学院文学研究所所长。被评为"改革开放30年影响中国节庆产业30人""建国60周年中国节庆风云人物""中国节庆金手指产业贡献奖""杰出策划人奖"等。在多个有影响力的期刊发表文章,著有《生命的诱惑》(1991)、《广播沉思录》(1999)、《晨曲短论》(2000)、《品味艺术》(2009)等专著,并策划主编了《中国百家广播电视台·东广卷》《东方旋风》《世界艺术节地图》《中国节庆地图》《艺术屐痕》等书籍。

一

我是"四人帮"粉碎之后第一届高考的考生,受惠于邓小平拨乱反正恢复高考的国家政策,这是对我们国家走向正规、走向知识化极有力的推动。即使多年过去,我依旧满怀感激。

1952年,我出生在上海,从小学开始便比同龄人上学要早些。"文化大革命"改变了我的人生轨迹。我是67届的,在读到初二时,学校就停课了。我一直没有下乡,到一个街道工厂做了工人。我业余喜欢写作,参加了当时南市区的一个创作组,是其中的活跃分子。因为我在创作方面的才华,被出版社的老师看中,在恢复高考前两年,就把我从街道工厂借调到了出版社工作。文艺出版社前身是上海人民出版社文艺编辑室。文艺出版社或者说文艺编辑室的第一任社长,就是我现在就职的文学研究所的第一任所长——姜彬。我那个时候就认识他,没有想到几十年后我接任了文学研究所的所长,说来也是命中注定和文学研究所有冥冥之中的缘分。不过,这些都是后话了。

十年蹉跎恍若一梦。恢复高考的消息如平地惊雷,相当于只有初二学历的我,当即决定报名高考。这是我积压了 10 年的梦想,也是一个可能新生的机会。我的关系在街道工厂,虽然长期借调到上海文艺出版社当编辑,但街道工厂是集体所有制单位,文艺出版社是全民所有制单位,单位性质截然不同,我因为不是出版社的正式在编人员,社里是将我的工资发给我编制所在的街道工厂,然后再由工厂发放给我的。当时能由工厂直接进入出版社或是报社工作的人,不能说没有,却也是凤毛麟角。这需要上海市革委会的批准才能实现。这两者之间有道不可逾越的鸿沟。对于老百姓而言,只有考大学或是参军这两条路好走。我白天工作,晚上自学数学,拼命复习,事后得知我是全上海市语文单科成绩第二名,95 分,当时全市最高是 96 分,感觉不是很好的数学竟也考得不差。当时刚刚恢复高考,考生蜂涌而至,年龄差别很大。我的同学中,年纪高者已经是两个孩子的爸爸了,年龄小的是应届毕业生。我最终毕业于上海师范学院(后改为上海师范大学)中文系。说来是命运,也是遗憾,我当时的第一志愿是复旦大学,第二志愿是华东师范大学,因为自己成绩高于复旦大学录取线 30 多分,很是自信,也确听说复旦大学中文系是想招我进去的,但是最终因为我是"病休、病退青年"的关系,医务室反对,未果,而此时一来二去,录取工作也已结束。

这次高考来之不易,进入高校对我而言是无比欣喜的,未能考入复旦大学虽然也算是一个不大不小的挫折,无论如何,我自小的大学梦总算是实现了。

二

大学毕业后,文艺出版社指名要我过去工作,但那时大学生都是国家分配的,我被分配到当时刚刚成为上海市市重点中学——大境中学,当一名语文老师。不可否认的是,一所市重点中学已经是很好的分配结果,但自己志向不在教书,内心还是希望有朝一日能够进入新闻出版系统工作。在大境中学工作不到一年,我等来了上海市广播电视局的一次向社会公开招聘的机会。

与几年前的高考一样,我很快报了名,虽说没有千军万马过独木桥,但也算披荆斩棘,通过笔试、两次面试、体检,最终考取。偏偏好事多磨,南市区教育局和大境中学都不肯放人,几方僵持不下,无人破局。在此,我要感谢一位改变了我人生轨迹的人——吴蕴姗。她当时是上海电台的台长秘书长,距离考取已然三四个月,我还没有办法报到,一般人都已经放弃了,而她为了调我的事情先后7次到我学校和区教育局商量,始终没有放弃。因为她曾经做过《支部生活》杂志的记者,吴蕴姗得缘认识当时上海市南市区区委书记周波,不得已直接请他帮忙。周波听她讲了情况后,叫他的秘书陪着吴蕴姗一道去了区教育局,区教育局才终于同意放我走。

到了梦想中的电台工作后,我首先被安排进了文艺部,做编辑、记者。三四年后,我升任至文艺部副主任。是时,龚学平是上海市广播电视局局长,他在1987年推行了第一次改革,将我们的电台分为三台:一个是新闻台、一是经济台、一是文艺台;电视台一分为二:一是电视一台、一是电视二台。当时中国社会时兴承包制,我们文艺台就是在整个广播电视局中率先搞起了承包制。这次改革,简而言之就是设定指标,节目由台里负责,自负盈亏,带有一定独立法人性质的改革,自己对经费、节目、人员负责。我随着此次改革,被任命为文艺台副台长的,继而台长。

邓小平南方讲话后,中国吹响了浦东开放开发的号角。1992年,上级决定在浦东新区成立一家新电视台、一家新电台,配合上海浦东开放开发的进程,与原有上海电视台、电台享受同一级别的待遇,而这家新电台台长一职也要采用向社会公开招聘的方式。仅我所在电台,当时就有10几个人参与了此次招聘。上级党委组成了一个8人的评委班子来审核、答辩新台台长,我最终通过答辩胜出,被任命为浦东新电台的第一任台长。这个电台的所有副台长和部主任都由我一个人提名、任命。我当时提出的口号是"让世人瞩目东方"!关于电台的名字,当时统一的看法是叫浦东台,可我觉得格局太小,不如起名叫"东方",比上海还要大嘛。不过自己还是担心领导不会批准,幸运的是龚学平听到"东方"这个名字后也表示了支持。当时正值党的十四大召开之际,龚学平是十四大代表,他在北京期间就把"东方"这个名字上报给了党的总书记江泽民,并请他题字。江泽民横着一条、竖着一条写了两条"东方电台"。拿到江总书记的题字后,龚学平非常高兴,立即打电话给我。接完电话,我们整个编辑部都高兴得跳了起来。有了总书记的题字,我们的台名就正式确立了。

经过紧张的"组阁"和筹备,1992年10月28日,东方电台在浦东开播,新台一开播就引起巨大的社会反响。

我提出办节目的改革思路,要遵循"信息性、服务性和参与性",以此指导电台所有节目的制作,改变过去"播音员"的老旧模式,建立以"主持人为中心"的工作模式,所有的电台编辑为主持人服务。我第一次将电台由传统的苏联模式、录播节目,改作为全天24小时的直播电台;并引进了听众的评判机制和感受机制,听众在新闻节目、社会节目和娱乐节目收听过程中可以打电话进来与主持人交流;增加新闻节目的体量,改为3个小时,要求主持人学习境外主持人口播的速度,由原来每分钟播出160个字,提高到每分钟播出200个字,伴随节奏很快的背景音乐,给人一种朝气蓬勃的感觉;节目内容要求信息量要大,不要死板地按照中央新闻、上海新闻、国外新闻的格式,打乱这个格局,按照新闻重要性与否安排播出内容的先后次序和体量。

这些改革得到了广大听众的欢迎,我们后来有一本报告文学《东方旋风》,给每一位东方台的主持人作了一篇报道,我写了序言。当时在上海最大的书店——南京东路新华书店签名售书。活动下午1点半开始,上午8点钟就已经有人在书店排队。临近活动开始,书店里面已经是人山人海,没有任何空间了。当时是6月天,人们都是汗流浃背,但热情高涨。我看到这种情景,害怕出现什么意外情况,临时决定换地方。果不其然,这家书店的玻璃橱窗,因为人太多,挤碎了5个。后来武警、巡警和特警全部出动,不允许新到人员再进入,才控制住了局面。我至今记得一个妇女抱着一个生病的儿子,都是东方台的忠实拥趸,当时玻璃划破了她的腿,鲜血流出来满地,但是为了要得到签名还是不愿离去。我当时赶紧安排她先签名,然后送到医院去。广播主持人那么受欢迎,比那些韩流明星还要红,就说明了听众对你节目的认可。我当时对编辑、记者和主持人就讲,不能辜负听众的喜爱,要求所有的来电,有问必答,认真对待。

在整个体制、机制和播音方法改革了之后,东方台在上海,整个华东地区,甚至是全国范围都引起了强烈反响,每天收到的听众来信都是用麻袋装的。有一个老同志来信说,我每天早晨都是听着你们东方电台醒来,每天晚上枕着你们东方台睡去,我愿意哪天伴随你们东方台的声音离去,我看了之后相当感动。东方台之于我,我之于东方,在那段时日相生相依。当时有人评价东方台的开播,刮起了一股"东广旋风"。

三

2000年,上海大步迈入21新世纪,"上海国际艺术节"像东方台一样,对于我而言又是一个全新的机构,又是一次白手起家。

1999年末,上海举办了第一届艺术节,后来上海市委书记黄菊、副书记龚学平、副市长周慕尧、宣传部长金炳华4人来找过我,征求我的意见。2000年3月,我正式接手艺术节的事务。"中国国际艺术节中心"(也就是后来的"中国上海国际艺术节")揭牌的时候,时任文化部第一副部长李源潮和龚学平一起来的。李源潮和我讲:"圣来,这个任务很重,希望您能够用十年的时间将这个国际艺术节打造成为世界十大艺术节。"10年后，也就是2010年，文化部部长孙家正来参加我们十周年的开幕式，他对我说："艺术节已经打造成为中国对外文化交流的标志性工程，成为世界著名的艺术节之一，世界的知名品牌。"孙家正部长的话最为权威，他的肯定也使我觉得，我终于不负使命完成了任务。在担任艺术节总裁的12年间，我还和其他亚洲国家筹办了"亚洲艺术节联盟"，在我离开的前一年（2010），还被选为"亚洲艺术节联盟"主席。世界节庆协会也两次（2005年、2007年）授予我"中国杰出人物奖"。

  这个艺术节我办得蛮艰苦的。这是中国当时最高规格、最大规模的艺术节，如何得到世界范围认可，之前没有先例。或许是我做事比较严苛，追求完美主义，人家办节就是办节，我在办节时时刻注意归纳、提炼出一套艺术节的理论，类似一个宗旨、两面旗帜、三个目标等。我经常去世界各地讲授我这套艺术节的理论。这个理论方面的总结和提升，让我后来进入上海社会科学院文学研究所工作做了很好的铺垫。到所里之后，我作为课题负责人，整理写出了一本40万字的《艺术节与城市文化》。我在艺术节工作期间，到了世界上七八十个国家，考察各地艺术节的情况，所以对世界范围整个艺术圈的了解、对世界艺术的了解，有很好的积累。人们常说"读万卷书、行万里路"，老话说"学海无涯苦作舟"，我反倒觉得"读万卷书"其实还容易做到，反而是"行万里路"并不容易实现。如果没有这个工作的机会，我也很难做到"行万里路"。而且我这些行程与普通的旅行还有区别，我所接触、了解到的都是各国各地艺术高层的圈子，如文化部长、博物馆长和歌剧院院长等。也是这段"长途旅程"，让我觉得上海这座城市，要始终处于生生不息的文化生态环境之中,才能培育出产生艺术、集纳艺术的环境。有很多刚刚在世界舞台崭露头角的优秀演出,我都要求艺术节立马引进,有的甚至要在上海艺术节全球首演,如瑞士洛桑贝嘉芭蕾舞团《生命的诱惑》、蒙特卡罗芭蕾舞团《男人眼中女人舞》、阿根廷音乐舞剧《探戈女郎》、法国多媒体喜歌剧《游侠骑士》、澳大利亚现代芭蕾《钢琴别恋》、加拿大多媒体话剧《震颤》等。办艺术节,就要赋予上海这个城市灵魂、张力和感染力。

四

我和上海社会科学院很多老师的经历有所不同,他们很多坚守在这个岗位上几十年,而我相对比较晚到。2011年6月,在我近60岁时,正式调任上海社会科学院文学研究所。

我大学时期学的是文学,当时也是中国作家协会会员,所以对这一行很是熟悉。文学研究所(简称文学所)实际上是一个文学和文化跨界的研究机构。我人生之前两个单位都是新生机构,我是创业者。不同的是,文学所是个老单位,有原来的规矩和方法,由我这种爱"第一个吃螃蟹"的人来担任所长,既要有磨合,又希望以我特殊的经历,为所里带来一些新的气象。我到文学所给自己定了个计划,比较大的目标有五项,而在我卸任的时候,我认为已经完成了其中四项。

第一项,成立"国家对外文化交流研究基地"。我因为长期从事国际交流方面的工作,来到文学所后我就计划着建立一个相关方面的文化研究集地。我将这个想法形成报告,上报给文化部,文化部为此派专人到社科院考察,最终于 2012 年 10 月,文化部党组讨论通过了我拟将建立国家对外文化交流研究基地的想法,正式下文,抄送市委宣传部。这样国家级别的基地设立,是过去上海社会科学院没有过的事情。2013 年,中共中央政治局委员、上海市委书记韩正到我院视察工作,我当面和韩正书记报告了这个研究基地的来龙去脉,希望韩正书记给基地揭牌。韩正书记当即答应,和我一起做了揭牌仪式。2013 年 6 月,研究基地举行启动仪式,并召开了国内第一次名为"中国特色的文化外交:理论与实践研讨会"。"文化外交"作为一个学术研讨的品牌推出,国内也是我们敢为人先的。

第二项,实现了国家重大课题零的突破。我来文学所之前,这里最高的国家社科基金项目是蒯大申的国家社科重点课题。2012 年,我动员了花建、蔡丰明,连我在内的所里三个研究员一同提交了国家重大课题的申请,结果我和蔡丰明同时获选立项。当时整个上海社科院仅就我们文学所两位获得。潘世伟书记曾半开玩笑地对我说:"圣来,一个所一下子拿到两个国家重大课题,以后我对你没有要求了!"2013 年,花建也获得了国家重大课题。这样,文学所两年连续获得三个国家重大课题。这个记录在院里依然被文学所保持着。说来也是"无心插柳柳成荫",当时我的目标是文学所能有零的突破,结果没想到一拿就是 3 个。

第三项,《文学蓝皮书》。最早的《文化蓝皮书》是文学所的一个科研产品(1999 年),但是一直没有一本《文学蓝皮书》,我们搞了《文学蓝皮书》。之后社科院有两本新的蓝皮书出来,是新闻所、法学所的。除文学所以外,没有一个研究所是有两本蓝本书的,想想也是比较值得"炫耀"的事情。

第四项,拿下《上海文化》杂志的主编权。在我调任文学所伊始,时任上海市委宣传部副部长的潘世伟找我谈话时提出,文学所有一桩心病,一直没有解决,就是文学所原来有一本名为《上海文化》的杂志,原来是和上海市作家协会合办的,后来就被作家协会拿走了。如此一来,文学所就没有一个发表成果的阵地,所有的编辑部都是在作家协会。前任所长叶辛花了6年依然没有解决,希望我到任后能解决这个问题。不知是偶然还是缘分所使,我恰好与时任上海市作家协会的党组书记孙颙是老相识。1977年,我们曾在同一个团作为上海青年作家代表到大庆采访。2013年,经过协商,文学所终于和上海市作家协会达成一致意见,每年12期中有6期由文学所负责编辑。

至于我自己的研究,在完成角色转换之后,我中标了一个国家重大课题,任首席专家;上海市系列课题,首席专家;文化部一个重点课题,我也是首席专家。在院外发表了8篇甲类论文。我每年的科研考核都是100多分,去年(2015年)有200多分。

时光如梭,我来上海社科院已有5年,2014年8月从领导岗位上退下来,应该说对院里也算比较熟悉了。谈到对我院未来发展的一些建议,我认为上海社科院还存在着人才结构及其成长模式与社会主义新智库发展目标不太协调的问题。现有的研究人员很多都是"三门人员",从"家门"到"校门"再到"研究所门",对于政府机构的实践需求缺乏更为深刻的体验和感悟,因此他们所提出的方案对策,解决问题的眼光和思路,往往不能得到实践部门的认可。很多问题的解决之道不是可以凭空想象,拍个脑袋想出来的。

只是看书，是不能培养出这些能力的。针对此问题，上海社科院能否像美国一样，营造一个"旋转门"，让科研人员在政府机构有挂职四五年的机会，增强他们真正的实践工作经验。只有人才队伍壮大了，我院智库建设的发展目标才能实现；另外，上海社科院很多外地来的科研人员，甚至至今不能听懂上海话，和这座城市还存在一定程度的疏离感。在未来人才引进方面，当然要求他们有学者的追求和素养，同时也应该更多地重视实践工作经验的背景。

此外，上海社科院在课题团队的磨合上也有着很大的提升空间。现在许多课题，不是一个人能够完成的，而是需要一个团队来完成。团队力量的发挥并不是很多能力强的个体组合在一起就可以了。一个团队需要实践经验和时间的磨合。院里虽然前几年推行了"创新团队"等措施，但实际上团队磨合的问题没有得到真正的解决。我院现在实行的不坐班的机制，很容易流于散漫，不利于团队磨合的实现。科研人员，尤其是年轻的科研人员，我认为还需要坐班的时间。

上海社科院和高校、政府内部的智库相比，有其独特的体制优势，相信在制度决策不断完善后，我院会越办越好。

采访对象：王荣华　上海社会科学院原党委书记兼院长
采访地点：上海社会科学院老干部活动室
采访时间：2016 年 12 月 15 日
采访整理：徐涛　上海社会科学院历史研究所副研究员；吴芳洲　上海社会科学院历史研究所硕士研究生

疾风知劲草：
王荣华院长访谈录

被采访者简介：

王荣华　1946 年 2 月出生，历任复旦大学党委副书记、上海市教育卫生工作党委副书记、市委副秘书长、市教育卫生工作党委书记、市教卫党校校长、市政府副秘书长、市政协副主席、上海社科院党委书记、院长等，现任上海视觉艺术学院校长，2017 年 7 月任国家教材委员会专家委员。主编《邓小平理论概论》《"三个代表"重要思想概论》《构建和谐发展的世界城市（上海"十一五"发展规划思路研究）》等著作，发表《研究马克思主义的最新发展，推进马克思主义理论研究与建设工程》《重视人才、培养人才、用好人才》《构建社会主义新智库的思考》《调查研究是谋事之基成事之道》《教育公平：和谐社会的奠基石》《开放·法治·多元》《从人文角度看创新意识培养》等论文。

我编过很多书，但自传只在20世纪80年代写过，没有出版。全国人大5年任期结束时我被选中作履职交流，现在，《新智库的探索与实践》就收录了一些我在人大、政协的发言。2016年2月份我就过70岁了，回顾一生，简单讲，我可以说自己是一个"流浪汉"。我在政界的很多岗位都有任职，在市委、市政府当副秘书长，分管联系宣传文化教育；在人大负责提案，在政协的工作内容也类似，所以尽管是"流浪汉"，但我没离开过教育工作，没离开过宣传文化系统。

一

我在上海中学读书，在只剩一个礼拜高考的时候"文化大革命"爆发了，所以我作为1966级的老三届，在学校三年高中两年"文化大革命"，待了5年。1968年我被分配到工厂工业系统5年，在学校轻工装备公司工作了两年多，后又调到出版印刷公司。我在1979年去到复旦大学团委做青年工作，不到一年接任金炳华做团委书记，接着也任过学生工作部长、党委副书记。1981年中央党校开始第一批全国招生，蒋南翔任第一副校长，提出要把国民教育的正规化体系引入党校。我记得当时考了13门课，录取比例50%，我就在那里学习了两年。1985年上海市委想让我去区里任职,复旦也要我去做教委党委书记,最后因为复旦很缺人就把我争取了回去,先担任常委,后来当副书记;90年代调我任市教委党委副书记,也是接金炳华的班;10个月后调任市委副秘书长,分管联系宣传、教育、文化、卫生、科技,科教文卫体这一大区域,主要是协助文教书记陈至立的工作。

不到三年,因为郑林德老书记到了退休年龄,又派我回到教育党委做书记。黄菊找我谈话,说李岚清同志分管教育以后,对上海的教育非常重视,我之前是副书记、副秘书长,就让我去体验一下当正职与副职的不同。给我交代的任务是做调查研究,要清楚明确市委的决定、落实情况,包括今后上海的教育改革,都要通过调查研究提出意见,一个月向他汇报一次;具体的落实方式,提出一要投入,二要改革,要判断上海教育质量的提升,就是人们要从有书读到读好书,读书就要有质量。我在教委工作了六七年,后两年兼市政府副秘书长,总的来说就是一仆五主,在市政府为三个市长服务,在教委党委又有两位市委书记做我上司。那段时间每个领导给的分工都不同,晚上总加班到11点,回家基本上小区都关门了,好在中学时打过排球,身体比较灵活,要翻墙才能回到家。曾经有一次陈至立要我去找复旦大学校长杨福家,我开完会处理好一天的事情去找他时,小区门也关了。因为陈至立马上要离开上海去北京任教育部长,为了不耽搁就爬上了铁门,结果门太高上面又有防盗的尖头,就下不去了,喊人把工作证拿给他们看才解决。当时我已经40多岁了,说起这件事陈至立还当是讲笑话。

我在教委工作参与和经历的重大的事情有三件。第一是上海教育改革。黄菊看到方案后批准签字,告诫我要一步一步地走。

我们当时提出要解决千军万马过独木桥的问题,因为大学的招生计划,很多人都想争着进学校,造成中学、小学乃至幼儿园都是应试教育,童年应该是快乐健康的,不应成为应试教育的牺牲品;到了大学却一马平川,可以无后果地旷课不读书补回失去的童年。我们想改变这样的现象,所以提出宽进严出,打破考大学很难的现象,可以宽进但要毕业很难,促进中小学实施素质教育,到大学养成竞争与刻苦学知识的品质。在招生考试的改革方面,不能一考定终身;考试的题目不能全是偏题难题,而是要有利于中学素质教育的开展。黄菊大部分都同意了,只说恐怕还不能一概而论,让我印象非常深刻。

第二是高校合并。当然这是中央提出来的,但随之而来在上海建大学城是我提的。今天有人觉得上海大学之间的合并是错的,觉得我们是为了利益在搭积木,其实那个时候各方面与现在都完全不同。学校数量很多,但是在质量上其实真正名列前茅的凤毛麟角,与上海这座城市的定位不符。大学的建设一方面投入不够,另一方面又在浪费,很小的学校也要"五脏俱全",包括后勤都要全套人马。资金有限只能用在刀刃上,投入到更好的大学上,合并后就可以避免重复建设。比如大礼堂对一个学校必需但使用频率很低,如果集中在一处地方大家共用一个高规格大礼堂,可以节省大量资源,包括后勤社会化也会耗费大量人力物力,亟需提高质量、提高效率,把力量用到最需要的地方去,所以才合并。合并是结构上合理,进行强强联合,比如复旦大学和一医合并、交通大学和二医合并,复旦大学生命科学很强,一医医学很强;交大以理工科为主的,而二医是临床医学,按照当时国际的经验,一流学校在结构上是必须有医科,不进行学科结合很难实现。当时因为合并,医科大学校长姚泰在学校里受到不少非议,说第一任校长种树,第二任校长剪枝,第三任校长浇水,他是挖根的李鸿章,把学校卖掉了。其实我记得这个姚校长是很有想法的。医科大学是卫生部所属学校,资金紧缺。有天下午我们去调研,他就端出漏着水的碗碗盆盆,这虽然是为需要想出的办法,可真实情况的确是连下雨都要用盆去接水,否则地上会湿成一摊了。所以那时是充分考虑到高校的现状,朝着一个目标,有理念指导去合并的。至于扩招,现在人们也议论得比较多。那时从条件准备上来说是仓促了些,但从意义上说,全国扩招几十万人,对于国家多一些人读书,就会多一些希望,所以评判一个事件多数时候要从趋势上看,从大局看。我在当时是经历者,这些政策不是个人也不是地区而是中央定的,再有就是为上海的学校争取教育资源。立信会计学院当时5 000人挤在20几亩空间上,大家转身都很困难。现在到松江有近千亩土地,教学环境明显改善了。松江大学城是我提出来的,但不是我发明创造的,是我到英国考察剑桥和牛津大学所在的镇后才有的想法,因为经费不够必须提高效率,大学城用一个体育馆、一个大礼堂、后勤社会化。后来有些人以教育为名圈地做房地产。我们完全是投资教育培养人才,松江区政府也很有远见,把近一万亩的土地给了市教委,教委再根据土地紧张与否、招生与前景搬过去七八所学校,至今广受好评。

第三是在思想理论教育方面。中央现在提倡的"三进"是上海首次提出来的。当时复旦大学的一个报告提出"进教材、进课堂、进头脑",我们教委就把材料报给了中央,在中宣部和中组部、教育部党组联合召开的高校会议上介绍思想,被中央领导认可,"三进"就被写进了中央文件,所以上海在这方面很重视,不断地探索、改革、提高效率和有效性。再有就是维持正常的教学秩序、生活秩序、学习秩序,那时各种思潮激荡,很多人去到校园里演讲,学生很容易受到影响。譬如说,美国炸南斯拉夫大使馆时上街的大学生很多,我们几天几夜关注他们,一方面同学的爱国热情要保护,同时一定要有序,有的同学还扔矿泉水瓶,有的砸到了安保警察身上,就被很严厉地批评。我常常需要处理类似的事情,包括后来我在社科院接待日本包括川口顺子在内的高级官员,当时中日关系比较紧张,别人都不肯接待,青年学生因日本参拜靖国神社的事情也气不过。我在接待时和他们讨论了好几个小时,一是任何事情都有因果,只有把原因找到了,才能够用措施来解决,举出一些日本做过的对中国不厚道的例子,也告诉他们淮海路的大门里曾经关过盟国抗日志士,对于他们所做的事情,如今造成的后果,我们要共同努力解决。二是我告诉他们,对于学生抵制日本的行为,并不是像他们以为的那样是政府在后面纵容支持的,而是自发的,我们并不赞成,社科院 600 个研究生,没有一个人上街。

二

社科院是一个比较特殊的单位,1958 年由中国科学院上海经济研究所、上海历史研究所、上海财经学院、华东政法学院、复旦大学法律系五个单位合并而成,起点相较其他社科院高,是哲学社会科学重镇。要我去社科院时我已经是政协副主席,社科院有 15 个研究所、800个研究员、600个研究生,其中有8个所是正局级,研究员都是各领域有分量的人,而社科院一直没有书记,急需找到一个能让工作人员认同的、能稳定整个单位的人,但我在政协是要驻会的,整个政协只有我和宋丽桥两个是驻会,我一人分管五个方面,工作量已经很大,要我去就得先减负,否则忙不过来。

本来我认为自己来到社科院是当书记,是负责统领和干部的一些事情,日常的工作由院长负责,后来我才知道自己是书记兼院长,为了效率高、有利于工作。领导班子也已经配好,童世骏是华师大调来的,谢京辉是从团市委过来的,沈国明当时已经去到社联不怎么顾及社科院的工作,熊月之、左学金、黄仁伟都是刚提到这位置,只有左学金原来就是副院长,我们合作了5年。我书记兼院长是经过中央批准同意的,因为部级干部任职要报中央。中组部认为中国社会科学院陈奎元是院长,同时也是全国政协副主席,所以不持异议。市委市政府是很重视我在社科院工作的,韩正就来了3次,杨雄也来过。

俞正声接任上海市委书记后也来到过社科院,那时我们面临着社科院何去何从的问题,社科院到底发挥什么作用,它的价值何在?学术研究可以找高校,复旦大学、华东师范大学的人文社会科学都很强;如果要讲方案,那可以找市政府的研究室,所以对于社科院的定位一直有争议,两边靠但又不明确。交大是很想要整合社科院的,它一直想办成文理综合性研究型大学;华师大也想要,因为上海四大金刚,三大金刚都变成副部了,就华师大不是,如果社科院到华师大去,无疑是一个极强的优质资源;还有政府研究室,一直苦于短平快,正缺乏理论支撑,社科院可以充实他们的研究中心、研究所；复旦大学是想挑选，有的专业想要，有的不要。当时已经有一些方案，如果社科院还找不到自己的定位，那被分解的命运是必然的，于是调查了一年，讨论了一年，一定要把高校的优势和研究室的优势综合起来，他们不能做的我们做，要回避掉我们的短处，突出我们的优势，我们要将理论与实践结合。高校是论文导向，擅长学术建设，但不认为对社会的研究是科学，具体的研究单位又缺少综合背景，而社科院恰恰是学科比较齐全的，文史哲、经济所、部门所、社会学所都比较强，我们要做高校和研究所室不能做的事情，后来的定位就是思想库、智囊团，以学科作为背景依托，同时以决策咨询作为主攻目标，决策就是公共政策，而它的客户、服务对象是政府、决策部门。那时同志们也有担心，说不做学术变成智库，如果导向实际应用做错了，会贻误几代青年，对社科院的将来是灾难性的后果，还有说是不是要把社科院变成第二政协。如今我觉得，这些担心对我的帮助很大，他们迫使我考虑问题要周到，讨论准备了一年才确定这个目标。一年以后党委推出关于加强新智库建设的若干决定意见的文件，这是全国第一家。

三

我在任职期间还坚持举办了世界中国学论坛。世界中国学论坛迄今举办了7届了，因被国家认定为全国六大高端学术平台且是对外的，现在的主办单位已经变成国务院新闻办公室和上海市人民政府，原来是我们主办的，现在社科院和上海市新闻办公室变成承办单位，办得风生水起。王晨，现在是人大副委员长，他对世界中国学论坛的作用和影响专门写了报告,对于论坛的评价甚至高于我们自己。如今论坛已经成为国家高端平台,也频频作为品牌出现在国家领导人关于高校智库建设的讲话中。

我在任期间一共组织了5届,主题多"和"字当头:和而不同、和平和谐、和舟共济、和合共生,第5届是关于中国道路的问题,但这并不是事先设计好的,而是根据当时的国际情况拟定的巧合。我们做论坛就是要让大家都有话说,但中国自己也要有话语权。很长一段时间我们的研究都跟在其他国家身后,别人有了理论我们再去解释说明,现在中国在世界上的影响力越来越大,中国元素无处不在,世界离不开中国,中国才渐渐争回了话语权。而"中国奇迹"发生的原因究竟是什么,世界也想了解。研究中国,要解开中国发展的谜题就要知道钥匙在哪里。第一届主题"和而不同",背景是美国伊拉克战争取得了胜利,很多人认为打完伊拉克,下一个目标就是中国,美要向全世界推广自己的价值观模式,实际上中国先贤2 000年之前的智慧便讲明了这个道理,于是我们提出和而不同,同之不及,世界是丰富多彩的,单一的模式是不可持续的。那时全国对美国的下一步动作有所顾虑,吴建民很肯定地说大家放心,美国面临的还有阿拉伯世界,没有精力再把矛头对准中国。当时他的看法与众不同,但事实证明他的判断是正确的。所以智库的影响力在于思想力,而思想力在于预判、预测,所谓有前瞻性、前沿性的研究。

后来论坛两年一届,中国发展愈走向正轨,在世界经济竞赛中被担心是否会对世界形成威胁,于是应运提出"和平和谐"的理念。我们走和平发展的道路,追求和谐世界,从哲学上讲,和谐比和平还要更高一个层次,以上海世博会为例回答中国发展对世界意味着什么,中国威胁论只是多虑。到了第三届举办时,世界兴起了名词"中国责任",多指责中国在很多方面所负的责任与本国国力不相称。世界拥有同一个地球,南北贫富差距、非传统的安全问题、中东问题等仅依靠一个国家是不可能解决的,需要大家一起来承担责任,"和舟共济"就要求各国有区别地承担共同的责任,不能把重担全都强加给任一国家。两年之后中国威胁论又渐渐衍生出教育威胁论,美国学者代表到大学、中学、小学、书城看到学生都在埋头苦干,连小学生功课都做到深夜,他觉得很可怕,认为美国将来在这方面会赶不上中国,但我们提出"和合共生",世界各国和平合作共赢,按照现在的说法就是建立人类命运共同体。今天我们要共筑人类命运,那时我们是以"和"字当头来回答国际对于中国的质疑,但这不仅仅是政治话语,而是中国东方智慧。每一届论坛的题目都是从几十个方案中经过热烈讨论得出来的。有人想去谈,中国政治制度的优越,但真正到了论坛上,西方会认为它的制度最优越,批判中国为专制体制。论坛不是为了提供吵架的场所,所以提和舟共济,在圆桌会上思想辩论,理性解决,遭遇挑衅的情况也会有其他的国家来帮中国讲话。诸如此类有许多当今的理论中国古往有之,我们提倡以文化传播的方式,讲中国的故事,让世界了解中国的智慧。

  国家很重视世界中国学论坛,欧美的大牌学者也都给予认可。著有《大趋势》的奈斯比特,请他来赴会时他的经纪人(或助理)提出要 25 000 欧元的出场费,我们整个会场所有费用加起来两三百万元,还会请来若干与他地位相当的大牌学者,如果都给这么高的出场费我们根本负担不起。于是我们绕开经纪人想办法直接与他本人对话，联系到之后，他说你们这么重要的会议，请他赴会是一种荣誉，他研究中国，这样一场有着海内外包括中国大量学者聚集一堂的论坛，机会难得，竟愿意一分钱都不要自己来。德国的劳工部长克莱蒙特，也是社会党副主席，他作为发言人反而对我们表示了感谢，还把讲课费退还了。俄罗斯的科学院院长捷达林克，听了我们的主旨报告后问他是否可以将报告刊登在科学院院报上。后来有一次他同我讲，欧洲也曾举办过一次中国学论坛，但与会的都是欧美学者，没有中国学者，研究中国问题没有中国学者参加，会议没有意义。

论坛的讨论内容把当代中国的政治、经济、文化、外交、婚姻、民族、风俗等都包括在内。若干个峰会论谈，大家都可以找到自己所擅长与感兴趣的地方，这样就能有话可说。在这个过程当中，大家可以深入交谈。每次我们都会通过一个主旨报告来表达我们作为主办方的想法，定下基调。这涉及话语权的问题。以前做学术我们常常跟在别人身后，而中国学就是研究中国的，发言权与话语权。尤其是话题设置权便都在我们这里。如今论坛也有所发展，开到了美国峰会、韩国峰会，这是智库的重要平台。一个智库没有拳头产品是站不稳的，所以王伟光在中国社科院的全院大会说整个院里所有的外事活动加起来，都比不上上海世博会。汤一介、乐黛云夫妇之前来到论坛，曾说这种世界级的会议北京不进行组织就落后上海了，就像联合国里如果巴基斯坦发言，那印度一定要发言。在论坛里看似只是学术讨论，其实有大量的工作要做，要权衡不同国家的学者的地位等。另一个没有做成功的论坛叫世界重要城市文化论坛。这两个论坛都是郝铁川(上海文史馆馆长)他们设计的,我是接棒者。但各种压力之下,资金、选人、领导等各方面都出现了问题,所以世界重要城市文化论坛便夭折了。我们做学术研究的人,并不擅长组织论坛,其中的甘苦比如交通、组数、一些政治敏感问题,做得好是应该,但如果有一届做得不对,之后就很难继续做下去了,所以基本是在举全院之力去组织世界中国学论坛。

四

我在社科院的其他工作也有许多,虽然不如论坛有影响力,但也算做了些实事。在全国第一家成立智库研究中心(2009年)。自2004年提出"智库"、次年党委作出决议,年复一年研究下来我们发现力不从心,智库的水平要提高,仅靠自己忙忙碌碌地应付行不通,要有人做发布、有人主思考,还要有人研究我们自己,于是成立了智库研究中心。作为智库的研究人员库,智库是研究整个社会或是政府决策层的脑袋,研究国际国内智库的动态、智库建设当中的问题,还做了全国第一个中国智库排名报告。报告也是在很大的争议声中出炉的。中国社会科学院《社会报》专门发表评论文章反对我们。那篇文章我看了不下5遍,觉得别的专业研究人员提出不同意见是好事,如果我们不能回答别人的质疑,那么智库就是徒有虚表。当时我去北京开会,清华发展研究院的院长说,王院长我不是跟你抬杠,也不是故意跟你过不去,就是对这件事提点不同意见。我只笑笑说,薛院长没有关系,这本身就是在探索它的不完善,你的话是客气的,别的意见不管表达如何我都看得到,这是帮助我们提高；又同他讲中国没有这个报告，国内所有的资料都用宾夕法尼亚州大学麦盖教授的言论，我们很想建立中国自己的评估学，因为之前没有经验，便同他合作，就像工厂企业中外合资，慢慢去发展，但并不是完全依靠国外，我们是有自己立场的，就比如他在地区和国家栏把台湾列为国家，我就坚决不同意，全部取消了。至于国际影响力、媒体影响力、学术影响力等，就学习他们做报告的全部成功经验。现在南京、四川、北京等地的社科院也做同样的事情，有人抱怨他们有的是直接照抄了我们的报告，我就说不要计较这些，他抄了之后至少也用了，正说明了我们作为第一家的影响力。中央交给中国社会科学院世界智库排名的任务，我们就继续做国内智库排名的工作。

其他行政方面的工作，首先将考核指标向智库倾斜。一些职工不接受这个政策，但既然职工的定位是促进制度发展，也就决定推行下去，但不是简单地一刀切，我们允许张结海做后悔学研究，也赞成虞万里做古典研究。我也很感动，他曾在楼上做研究两个月不下楼，这样优秀刻苦的人才是社科院的宝藏，所以考核指标只是总体上是向智库方面靠拢。另外，为职工增加了一些收入，不能大富大贵，但至少不能太低。一些老同志提出把"御花园"以卖掉的方式换钱，但被我拒绝了，我不能对不起后人，只好用其他办法千方百计去筹钱，在第一年为每个人平均增加了1 000元，在当时也算可以解决一些问题。在队伍建设上实施民主决策，要善于容忍包容不同意见。我在不同的单位工作这么多年，觉得最好的班子就是我在社科院的那届，所有人齐心协力将智库建设成为后来的高端智库，不断地进步。

一个人在领导岗位上，不能只听到夸奖、拥护和赞扬，有一个人一直唱反调监视着你，所以每出台一项政策，我就会考虑可能会有怎样的反对声音，总觉得有一双眼睛在看着我，万般谨慎一点不得马虎。5年多的时间里，除了要感谢那些支持我们的同事，还要感谢这些同志对我们进行的监督，民主决策就是讲听不同意见，虽然当真正有一些有不同意见出现的时候心里会不痛快，但作为一个领导，接纳与反思是必备的修养。直到现在面对智库，我会把所有的意见汇总到一起来看，尽管发出不同声音的人不多，但也是代表着一些同志的想法，一定要善于听、善于包容，要看到他们对我们的帮助，使我们少走弯路，决策更加科学全面。我现在在政协，许多同志都有着很多的想法，但没有人听也没有渠道可以讲，但这些同志才是满满的责任心，他们希望我们国家好，希望我们民众好，希望创造一个好的环境。老同志很少有歌功颂德的，我们总会在回想工作的时候想到很多的问题。我在政府、市委、教委党委时，基本上都是别人按照我们的节拍指挥来做，只有在社科院有人跟我叫板，所以到了政协就做一个转变，叫有事多商量、讲话供参考。

采访对象：尹继佐　上海社会科学院原院长
采访地点：上海社会科学院老干部活动室
采访时间：2016年12月29日
采访整理：徐涛　上海社会科学院历史研究所副研究员；吴芳洲　上海社会科学院历史研究所硕士研究生

风轻云淡话当年：
尹继佐院长访谈录

被采访者简介：

尹继佐　1939年10月30日出生。毕业于北京大学哲学系。曾任上海市教卫工作党委副书记、中共上海市委宣传部副部长、上海市社科院院长兼党委副书记。曾当选第十届全国人民代表大会代表、上海市政协第九届委员会常委。著有《综合竞争力和文化贡献力》《党的意识形态与时俱进》《与时俱进　永不停顿》《始终保持与时俱进的精神状态》《提升小康社会的文化品质》《任重道远能力的时代》《世界进入重视能力的时代》《用文化铸城市的个性风范》《承认文化评估系统的差异性与文化的几点札记》《领导干部学哲学》《观念创新》《以国际标准看城市综合竞争力提升》《与时俱进的理论品质》《与时俱进 推动社会科学发展》《一个政党的纲领就是一面旗帜》《思想再解放一点》《与时俱进不断推进马克思主义中国化》《上海发展新路是如何形成的》等作品。代表作有《综合竞争力和文化贡献力》《党的意识形态与时俱进》等。

我这个人呢,不太记事情,做过了就做过了,做对做错,历史自会有评说的。实事求是地讲,对于社科院以后,我没有评说,我只讲社科院五六年的事情,就像宣传部部长找我提意见一样。我离开那么多年了,现在就是看看报、看看电视、吹吹牛、发发牢骚,在家就完了。

一

我出生于上海南市。父母是浙江湖州人,父亲住市上,老祖宗留下的东西,被日本人一炸,什么都没有了,所以我就来上海了。实际上我是1939年生的,不记得哪一年定居的,刚来的时候就租住在城隍庙旁边的文庙,这个文庙现在还在,但是旁边的东西改造了。我小学在闸北区,中学按现在来说在黄浦区了,学校已经没了,被并到62中学、大通中学,我们那时候锻炼是在刚刚造好的延安路人民广场,常常比赛跑3 000米,一群同学们在后面敲锣打鼓加油鼓劲。在中学印象最深的一个是大炼钢铁,大跃进时在操场盖高楼炼铁;还有一个就是大字报,这1958年事情太多,就不去一一回忆了。

1959年我参加了高考,当时考分很高,是按比例录取的,所以我能考入北大哲学系是件很不容易的事情,爸妈光荣的不得了。那时候进学校就劳动锻炼,当时北京很冷,地上浇杯水立刻就变成冰了,那时候不懂事,以为十八九岁正青春,不怎么注意保护身体,然后腰就落下了毛病。1964年毕业,也就是说我大学五年正正好赶上了三年自然灾害,最苦的时候没有饭吃,印象最深的是榆树的叶子,经过化学系和生物系的改造,特别香。我们当时都生着病,但还是得去劳动,去大兴县去修铁路,好多同学都浮肿了,然后就得肝炎。不过历史事实不能夸大,我们真正是苦了3个月多一点,半年都不到,同学没有饿死的,而且城市基本没有饿死的。周总理知道我们的事情之后,就说"大学生不能这么苦,将来都是我们的宝,我们再苦也不能让大学生苦",所以开始调粮食过来。当时反右倾也影响到了学生,大学生算知识分子,生活批评是很厉害的,我们说话真的小心谨慎,怕批斗,怕批判。只要你一回家,回来讲见闻,立马就上报团组织批评。北大是可以自由听课的,我进校后听中文系的课,回来组织就批评我专业思想不稳定,说你哲学专业怎么跑去听中文系的课。现在回想这些事情,真是又好笑又无奈。

二

前两年,毕业50周年的时候,我回了北大一次。真是唏嘘,1964年毕业的60个同学只到了23个,前前后后死了11个,2个人失联;来的几个人是老态龙钟,要家属陪的;还有一个当时北京的小姑娘,老公死了,婆媳关系不好,去了深圳出家当尼姑了。我总觉得哲学系的同学,应该想得开啊,想我哲学系的老先生们多长寿呀,比如张岱年、冯友兰、宗白华、汤一介、任继愈,都给我们上过课,汤一介是从头讲到底的,任继愈是做报告的,冯友兰给我们讲课,告诉我们60岁以后多穿红,自己老了不要紧,但是心态要放年轻,自己要红红彤彤。他一生那么坎坷,"文化大革命"时解放了,又关起来,最后一次解放眼睛都不好使了,照样能编中国哲学史,所以说人的一生怎么样,跟心态是有紧密关系的。2007年我从全国人大代表离职,宣布退休,立马把办公室汽车交掉归公。人要活得明白,这个就是做人明白。

　　如果要讲大学生活,现在大学做得最不好的就是信息量不够,只管自己的专业,没有做到各专业间的交互,而老师也只是纯粹地教学,师生之间交流也不够。我们那时候北大学生比人家稍微高一筹在哪里,我们有无数个海报,各个系的活动,通通贴海报,贴在我们大饭店的门口,这个信息量太大了。此外还有很多讲座,比如著名的历史地理学家侯润之来讲北京城的结构,就8个字,四四方方,方方正正,就是4个城角、4个铜板。李德龙交响乐团,带个小提琴出来一拉,告诉你这代表什么;中提琴一拉代表什么,然后讲完了,还要奏一段。问听明白吗,看见你发呆,会再来一次,不计报酬的。现在再也没有这样的了,当时的音乐家讲座,在大学很普及。侯宝林来,说一段相声,不好笑,那就再来一段。这种可以活起来的知识,这些艺术家的思想,要去什么地方学,书本上永远学不到。所以我到上海管高校的时候,就说要提倡星期天讲座,不要回家,上午2个小时完全用来听讲座,微信是死的,交流比看微信要好多了。这才应该是上大学最值得的地方。

三

我毕业后下乡,在奉贤和南汇,又去平安公社,然后到泥城,一直待到"文化大革命"。我算最新的老师,没上过课,又进行了串联,我当时年纪轻,还打了几个人。后来组织要我去井冈山做毛泽东的调查,我印象很深刻,先是在大车上坐一段,到了上饶,然后走一段,就开始看见汽车拦汽车。这些都是1966年的事情,我实在是教师的身份,学生的心态。差不多10年的时间,我的生活就是下乡与劳动的重复,我什么都做过,泥水匠、机电工、厨卫长等,劳动、运动结束了开始慢慢研究学问,研究马克思的手稿、研究异化、研究人道主义,当时在全国还小有名气。大概是1977年左右,我开始上课,拼命开夜车,就只靠研究一本美学讲稿,到交大开美学课,还跑到上师大去开课,就这样努力了大概七八年,当时是为了搞学术,纯粹象征意义的,没想过赚钱。我当时教的有工农兵大学生,也有第一批大学生,年龄参差不齐。

1984年,交通大学开始酝酿社会科学界工程系,第二年正式成立,我是筹建人之一。经历过"文化大革命",实践标准给了我关于建设社会科学的启发,绝对不能像原来的文科院校一样关起来搞社会科学,要走向社会。我到社科院能提出这个口号,是跟我当时筹建社会科学界工程系连在一起的。成立时我是系副主任,后来是交大的宣传部长,在职时还经历了1986年的学潮,1989年贴大字报的风波,又是一番风云。1990年上半年我去中央党校学习了一段时间。我印象里很深刻的一件事是从党校回来后,有人推荐我做交大的党委副书记,有人不同意,理由是我讲话有一点自由化倾向。事实上,是我的性格加上工作需要,才让人有这样的误解。我这个人是心里有什么事就讲出来,做领导也是这样,发言比较随便。你今天有什么问题,我当场指出来,解决掉。所以我一发脾气,我的部下老早走掉了,过半小时知道我气消了,再回来。我做了那么多年干部,从来都是堂堂正正光明磊落,不在背后做小动作,也从来没整过一个人。这个时候我一个领导,市教委党委书记刘克跟我说:"交大不要你,你到我这里来,我这里缺人。"所以我在1990年下半年就离开了交大,去到教委分管高校思想教育工作。做了两年多,金炳华、陈至立叫我到市委宣传部,因为我当时在帮金炳华在编思想理论教育杂志,杂志放在交大。实际上我管,为了工作起来方便点,我就去了。一直到2004年7月我还在宣传部做副部长(分管理论、宣传、精神文明办、干部教育,甚至办公室,还管过新闻),就是金炳华不做的事情,通通交我做。我1998年11月已经兼社科院院长,是张院长年纪大了,让我来兼任,所以我讲话表态说自己是过渡型的。我来了以后,还当选了全国人大代表,所以龚学平开玩笑说我是开天辟地的,社科院院长当全国人大代表,还可以兼职宣传部副部长。当时宣传部和社科院两头跑,但是我自己的工作重点是在社科院,我非常清楚,宣传部工作量不减少,但是社科院的责任我来负。

　　2007年组织上给我办了退休,当时68岁。市领导问我,你退了什么感觉,我说最大的感觉是我回不了队伍了,意思是我回不了专业队伍了。搞哲学是要跟前沿的,当代国际上发生了什么都没跟上,看的书也不是该看的,你怎么回去啊,不好意思回去。没办法回去,也不好意思参加学术探讨会;发言不够中肯的时候,当领导也已经不是领导了。所以我退休以后不写东西、不上讲台、不占年轻人的机会。自己已跟不上形势,而年轻人跟得上的有的是,我做人很有自知之明。人家怎么活是人家的事情,我管好自己。

四

到社科院,值得我勾画的有几件事情。一件是我提出社会科学研究社会化,要做到全国第一。社科院原来是没有地位的,而我知道社会科学研究的现状,决定了社会科学研究的地位。当你总是关起门来研究自己的课题,不接触现实社会,你就会被边缘化,社会会把你忘记。要有地位和作为,就一定要有声音,没有声音就没有地位,社科院要有声音,但不能乱发声音。所以我提出来,要面向社会,研究重大课题,回答社会迫切需要解决的问题,以应用性研究为主,也要以学术性研究为基础。现在也还是这样,即便在智库建设,但是学术两字不能丢。驾驭平衡好学术与应用,是件很有学问的事情。我在大会上就讲,你关起门来研究洪秀全的胡子多长,《红楼梦》里面宴请哪个菜先上,我不提倡,我提倡的是应用性研究。而我在的时候文史并没有削弱,历史反而是重奖,修撰《上海通史》就是那个时候决定的。当时全院大讨论要不要社会化,大调查,大动员,大改组。我做了两件事情来推动,即改革科研评估体系;花力气进行行政机构改革。以前没有评估体系,随便你怎么做,但历史问题已经历史了,没什么好纠缠的,我们要向前看。

当时的社科院机关有18个处室,在我手里变成了7个处室,社科院的研究机构是为科研服务的,要那么多处室实在没必要。

再是重点学科建设。当时什么都没有,后来重点学科就一批一批出来了。历史所就好几个,难得的是重点学科的文科一个也没少,比如经济所的经济史。重点学科有后盾的,人财物都能保证。那个时候立项制度开始了,重大项目立项、国家立项、社科院立项,就是设立立项制度,我又把奖励制度另外定成重奖,这是一件大事情。

说起去行政化、去机关化的行政机构改革,还有领导叫我过去,批评我民主作风不够,独断专行。大概是以前工作单位性质太不一样,我并没有适应,我明白他的意思,我就在办公会议上进行了检讨。我说虽然工作方法不一样,但我一定会发扬民主风格,以后会多听大家的意见,加以改进。但是我坚持,社科院绝对不能有一而不做,觉而不醒拖拉的作风。于是从我开始,所谓民主作风就是开务虚会,一年两次。主要要听所长、学术骨干、处长等人物的意见,我相信一个单位就是骨干起作用,一个国家就是精英领导,虽然说群众创造历史,可我认为这个历史前面一定要加上,群众是在英雄领袖的带领下创造历史,毕竟农民起义还需要领袖。

我主张花力气培养年轻人,花力气培养中青年干部。我从教委开始就办中青年学习班,青年骨干、教师骨干队伍培养是我做教委副书记时开始的,现在一直延续下来,扩大变成暑期讲学班了。反正现在在社科院能想起来的人,都是当时我们青年学习班的。对于我要用的人,我就给时间、给经费,安排一个项目到国外去3个月,不做完不要回来,不要做其他事。只要不影响大局,对该用的人有利,我就会尽量地帮。对特殊人,我有特殊政策。比如文学所的花建,社会上影响力、工作能力很强,但是最大的弱点就是不合群。我就成立了一个花建工作室,你带几个人,自己去搞去。再比如,世经所的李小刚,活动能力和外力交际能力很强,搞课题能力也很强,但是跟花建一样,就是不合群,我又专门给他成立了工作室。

还有一件事是门面的,叫改造硬件。当时整个办公楼都是蜘蛛网,拉的各种各样的电线,一塌糊涂。当时社科院正面全部都挂着标记,很是难看,我就让他们通通搬到后面去。中山西路的动迁,也就是现在的学术会议中心,如果不是我当年动迁,现在房子都建不起来。研究生部重新改造,从顺昌路换下来,搞个研究生楼,要弄得漂漂亮亮。一号楼是邵敏华盖的,我是维修。动拆迁是我做的。

再说几件我能想起的,值得回忆的有一些影响力的事,比如《社会科学报》扩版,从一个没影响的报纸变成在全国社科界有影响的报纸;出了一本面向大众的社会思潮研究,专门面向搞社会科学普及的,搞应用研究的;我看准有分量的、愿意做事情的人,改造出版社,定指标;还组织了中国学论坛大讨论,现在开到国外去了,但是我不要名利的;蓝皮书,这个现在有影响的,第一年我还出了本书,龚学平跟我说:"老尹你怎么还出书了,你们现在写一点长一点的文章好了,书哪有人看啊?"结果他一看就拍手叫好。后来全国社科院都开始模仿,做蓝皮书;成立跨学科研究中心。之前没有研究中心的,我觉得光靠一个研究所是不行的,就把所并起来。单单一个世经所、一个国际研究所,没法和上海国际问题研究所抗衡，宗教所、青少年所和社会学所也没法和复旦、上海大学抗衡。改造后，当时市里面的一个纵向比较，上海社科院那时候的排名已经到了第三第四位。

总之，这六七年，我的工作节奏高度紧张，又要当人大代表，又要搞议案。不过有项工作我一直觉得很遗憾，我走了之后这工作也停了下来，就是终身研究员，现在没有了。像周山、杨国强，你没有办法给人家这个荣誉，人家到华师大去了。我认为政策社科院可以制定，也并不会影响什么，就退休以后增加点待遇，在退休金以外再多给些补贴。你不把人家当座上宾，他当然走人了。这个社会是有个人利益问题的，你既然身处这个位置，就是要干活，就是要做成一件事情。成败如何，自有公说，但你总要做点事情的。对于学科人物的奖励，我走了之后就取消了。就发一个平均奖，好几个研究人员找我反映这个问题，不合理云云，我只能说大概一个时代有一个时代的环境吧。可社科院的奖励一旦平均，这研究人员10几个、20几个就没有积极性了。所以计划经济的平均主义要打破，差距拉大了肯定有问题，可是不能再吃大锅饭，首先要打破，然后再来解决差距问题。

我北大毕业的时候，朱光潜先生说："我一介布衣没有东西能送给你们，我送给你们一句话：做人要有出世的精神，做事要有落实的态度。"今天一生铭记。他还加了一句："千万不要倒过来，倒过来你会一事无成。"所以基本上就是，人要么不做事，要做就认认真真地做。我从来不跟领导要过什么东西，你要给我就给我，你要不给也没关系，我不管别人如何，我一定做好我自己。所以回忆一生，一直就是这么过来的。

采访对象：张泓铭　上海社会科学院部门研究所研究员
采访地点：上海社会科学院老干部活动室
采访时间：2016年11月29日
采访整理：徐涛　上海社会科学院历史研究所副研究员；吴芳洲　上海社会科学院历史研究所硕士研究生

平淡是真：
张泓铭研究员访谈录

被采访者简介：

张泓铭　1945年5月生于上海，全国政协委员，任上海社会科学院部门经济研究所城市与房地产研究中心主任、研究员、博士生导师，兼任上海市房产经济学会副会长、上海市房地产行业协会顾问、上海市10届政协常委、上海市房产经济学会副会长、上海市房地产行业协会副会长等。1966年毕业于上海财经学院。1981年起，先后从事商品流通和价格管理、城市发展、住房和房地产经济研究。迄今发表研究性文字160万字，主撰主编的专著有"中国房地产研究"丛书、《工业企业价格管理》《住宅经济学》《中国城市房地产管理——原理、方法和实践》等,主持、主笔房地产类研究课题10多项,如《海外资金进入上海房地产市场研究》《上海国际贸易中心问题研究》。因其客观严谨的学术风格和独到敏锐的研究视角,备受业界的关注与推崇,与印堃华、张永岳并称为上海房地产三教授。

我自从1981年来到了社科院,就再也没有离开过。我常自嘲自己是没出息的那种人,经历简单,平平淡淡。稍稍回首来到部门所的这30多年,竟也可以回忆起诸多重要的事情,伴随着一些细碎的人生感悟,也便一并都说了罢。

一

我生于1945年5月,家乡是浦东,我在那里读完了大学前的所有课程。现在回想起来,当时一直安安心心读书,除了自己天生对中国与世界发生的大事很感兴趣外,没有很多其他想法,所以我的学生时代可讲的不是很多。我初高中都是在唐镇中学,经历了这个学校从江苏省变到上海市的过程。我初中快毕业的时候川沙县就划到了上海,1962年高中毕业学校已经改名叫合庆初级中学。这是一个教会学校,整个学校都在大教堂底下,用今天的眼光去回想学校教师的负责与教学秩序的严谨,依然觉得比较先进。我在中学过了6年的寄宿生活,一直在学校,平常除了中午休息时间外都在读书,由此养成了自主学习的好习惯,成绩基本在上等水平,这是学校对我最大的一个影响。当时学校对学生的要求是"遵守纪律,认真学习",为培养社会主义的普通劳动者,所谓"教育要为政治服务,教育,要与生产劳动相结合"。我自己本不是农民的儿子,家中只有外婆是农民,父亲是工程师,美国教会大学机械专业毕业,母亲是在中德医院毕业的。而当时在乡下有很多很艰苦的劳动,比如下地、犁地、生翻、插秧、割稻、割麦,我在那时候得到了相当的锻炼,除了赶牛以外的所有农活我都能做,甚至还总结出割麦跟割稻的技巧区别,割麦子是要用腰,割稻子完全要用手,一弯打开就是一个扇形。这些是现在的市区学生无法想象的,当然那时候过度地把教育和劳动捆绑起来,也并不可取。当年高中数理化的程度可能没有现在这么深,例如现在高中的函数是我们那时候大学才学的,可我认为自己是"正经"的高中毕业。在高中学校被划到上海后,就陆陆续续有上海市的老师来了,基本都是江苏背景,多半是华师大、上师院刚毕业的学生,他们跟其他老师不一样,毫无疑问更有活力,带来了一股清新之风、现代之风。

1962年是解放以后考大学竞争最激烈的一年,4个人录取一个。那时候国家还很困难,考试的卷子是印刷质量很差的油印纸,看不太清。我误打误撞去了上海财经学院(今财大)读了贸易经济学,第一志愿本想去北外学外语的,不过口试没及格,那时候觉得很遗憾。当时去上海外国语学院考试,要急急忙忙从郊区赶去,口试训练上没准备充分,心里慌慌张张,刚上场第一个词念错了,卷子是 oh,我读成 hello,直接就被 pass 了。入学读了经济之后渐渐有了兴趣,从学业上来说,照搬当年苏联和中国人民大学的一些教学体系,就教材的体系基本上是计划经济的,现在看来学了很多没用的知识,所以后来到社科院我也重新开始学习,弥补自己在其他实用知识上的欠缺。但是有一门学科让我一生受益——辩证唯物主义和历史唯物主义理论。当时文科是主科,学时很多,一周有6课,我所在的系是当年上海财经学院的"第一"系,学生和配的老师都是最好的,所以教学质量非常优秀,虽然马列主义哲学只读了一年,可对于观察问题、分析问题、处理问题以及对待一切事物的认知都很受益,会自觉不自觉地用辩证全面的观点去看待一些问题。我不知道现在马列主义哲学的市场地位怎么样,但我一直认为课程所教授的有关方法论、世界观的问题,比我学习的任何一门功课都有用。在以后的年代里,我又重读通读精读了几次相关书目。

二

我考取上海社科院的研究生后,因为阶级斗争运动太多,差不多有一个学期全脱产,去参加社会主义教育运动,就是"四清"运动,我去南汇的农村参加了两次社会实践。不过当时学的课程都是苏联教学体系,以现在的眼光看并不觉得遗憾。但总体上看,政治运动太多,冲击了教育秩序。

1968年因"文化大革命"分配,我到了湖南,在一个省级的贸易公司工作。整整一年,"工作"只凤毛麟角的在一些机关里,处于一种被排挤、被封锁的状态,全部是政治运动,其次就是劳动锻炼,几乎没有工作。我在计划科主管科研,并没有任何业务,只协助其他老同志做一些工作,比如说统计。我用算盘很流利,又很会运用自己在学校学到的知识,我利用这个贸易公司的历史资料统计,主动整理类目,制成图标,找出它们的规律,比如研究某个商品10年内运动的规律,这是我学财经的优势。我在每天都在进行的斗批改政治活动中被判定为可以依靠的对象,这样一年后又重新分配了工作,去到株洲市一个现代化程度很高的中大型化肥(氮肥)厂。我在那里的一线工作了10年多,在科室做原材料、物料的工艺。离开学校以后,对人生对社会,都了解得更多。其实哪里的人都是一样的,哪里都有好人和坏人,哪里都有聪明的人,哪里都有愚蠢的人,哪里都有矛盾冲突斗争。接受过相对正规的教育的人,不仅文化水平,对问题的理解、观察问题的角度、表述、写作等都较普通人优秀,即使在知识分子被讽刺、打击的特殊年代,是金子仍会发光。

我在1971年结的婚,妻子亲友都在上海,所以在湖南生活了13年之后,1980年当我看到报纸上中国社科院和全国各地的社科院同时招研究人员,我就立刻报名打算回家。当年社科院录取了21人,各个所都有。现在还在社科院的我们那批人只有我和罗汉国,其他的退休的退休,去外地的去外地了,故世的故世了。这21个出了4个全国政协委员,3个上海市人民政府参事,总体上实力比较强。

进入社科院后,遇到了一位非常严格的审稿老师,我交上去的文章,被他到处标上"是吗""对吗",我一直对这个愿意不厌其烦给我改文章的老师怀揣感激,这并不是完全否定,而是鼓励我反向思考问题。一篇好文章必须经过反复的修改和思考,写文章时要求自己认真负责,这对我30几年的专研有很大的好处。反观现在的年轻人,真的是不敢恭维,倘若以当时我的领导的要求去看他们的文章,绝对会被改得面目全非,这些年轻人也大多会不高兴。印象里合作的学生，只有一个北大的姑娘是让我满意的。我一直认为有人能这么帮你改文章是福气，而不是跟你过不去，这是我一直想说的话。

从小学到中学到大学，是一个系统学习的过程，我们这一届受到的是比较正规系统的教育。当时教育很严格，不允许浑水摸鱼，写作的能力一般在高中就会有质的提升，到大学专业写作能力会得到很好的训练，这是系统教育逐步积累起来的。我到社科院之后，零零星星也写了不少文字，没有一个编辑说我基本功不好，得到了很多编辑的认可。社联的编辑说张老师的文章除了个别标点符号外，基本不用改。《上海房地产市场报告》《中国房地产研究》都是我主编，中文系毕业的一位老先生也说张老师编辑的文章不用改，实在是很让人骄傲。做工程和人文学科学习是不完全一样的，他们要通过大量的实验和习题，我们是不断地看书讨论，写文章。当时财大有一门课教学就很好，不是简单的闭卷考试，根据题目写报告写小论文，或是大家就专业的话题小组讨论，主题多和政治有关，极大地锻炼了我们的思维能力和演讲能力。反观现在教育培养下的学生，就连一些博士的文章都是有问题的，写作能力、语言表达能力和虚心请教的态度，都是现在的青年人缺乏但必要的。

三

在社科院工作生活了小半辈子，有几件很有感触的事情。第一，我认为社科院研究学术的氛围和鼓励做学问的方式很好。虽然上级的要求比较严格,但基本上都很尊重老师学生们独立研究、观点自主、学术独立,这种良好的学术气氛在社科院很普遍,而这是非常难得的事情。如果不是因为这个优点,我想自己应该不会这么久一直留在社科院。你的观点、你的思想,可以讨论,但是没有人会强迫你,即便是与政治上擦边的观点,也几乎没有行政人员横加干涉。2005年春节前后,我写了一篇文章上了国务院的专报,观点是抑制上海房价过快上涨毋有迟疑。当时审核这篇文章的是左学金,他很认同我的观点,但上海地方没有调动房价的权力,调控工具和手段都在中央,所以我们要争取把文章送到上海市委,送到国务院,最后建设部也确实进行了批改。可当时有人说文章观点是在跟市委闹对立。可是我当时专门研究房地产问题,文章的观点、所用材料都是真实、正确的,表达也是通过正规渠道,至于观点是在和市委闹对立更是无稽之谈。文章后半部分提了很多有用的建议,努力为上海争取到中央的支持。后来这篇文章得到了中央领导人的批示,成为上海市内部参考执行。后来我找到王荣华,当时他任院党委书记兼院长,问起这件事情,他只说我们支持学者的独立研究。这句话在当时的我听来实在很温暖,顿感未来有望。所以说我在社科院最大的体会就是这里鼓励学者自主研究,鼓励拥有独立的观点。我有很多机会离开社科院去同样有发展前景的其他单位,当年市委要我去调研处当处长之类的,我都不愿意离开,因为这里的研究环境、气氛、人和人之间的关系,相对社会上并没有那么复杂,谦谦君子很多,勾心斗角甚少。我觉得社科院的这种研究气氛必须要鼓励,这是很利于出成果、出人才的。

社科院给我这样一方土地、一个平台,我不敢说要给社科院争光,也定要努力自觉地为我们社科院争分。这 20 年来房地产成为一个热门学科,常年如一日地霸占着市场榜单,一直以来是群众和政府共同重视的话题,所以我有很多的机会去给社科院争分,我要回馈社科院对我的保护和鼓励。这个想法总是非常明确、非常强烈,指导着这些年的工作。不仅仅是我个人,也不单单是社科院,我们在不同的工作单位,做着不同的事,可我认为年轻的朋友也应该树立这样的思想,这不是小摊子主义,我们在哪里工作,就要为这个单位争分加分。外面的人们对我们很尊重,称呼我们为老专家、老学者,那么我们的一言一行,我们的每一个举动,都应该要像是做科研出来的人,要当得起"学者"的名号。社科院有些做学问不够认真的研究人员,就"不像"研究人员,令人叹惜。我常常在部门所提"天下文章一大抄",也在院里某些场合讲过几次,这句话影响了很多人。我一直借用这样一个比方来鼓励年轻人,就是去看京剧《锁麟囊》(程派京剧)。上海市有一个程派研究会,每次程砚秋大师周年时都会主办纪念活动,活动流程一般一开始是让程派爱好者和票友上台表演。对我这种外行来说,觉得他们已经唱得非常好了;等活动进行到一半,就会有上海京剧院的演员出来演出,瞬间就让人区分出这两者一个是爱好者、业余级,一个是专业级,实力甚至无法放在一起比较。既是专家,你就要让别人评价出自己的水平不一样,是专业的。所谓"天下文章一大抄",人人可抄,那研究者和非研究者的区别,就在于研究者必须要有研究人员的功底,要拿出新的名堂,就算"抄",专业工作者也会拿出专业的名堂去"抄"。年岁与生活经验让我有了这种感悟,有时我去所里给大家上党课时就会讲起这个道理。把日子浑浑噩噩混过去很容易，社科院环境那么宽松，不会强迫你必须怎样，可无论之于工作本身或之于自身素养，混日子都是太不应该的事情，我们要拿出名堂来。既然国家培养你做专业研究者，那就要有一个国家专业研究者的标准来要求自己，"天下文章一大抄"绝对不是随便抄一抄，绝不能随随便便，要做出有专业名堂的成果，这样既对得起国家，对得起社科院，又对得起自己。

此外，我们一定要自觉地去规避与学术不相称的问题。我是做房地产研究的，不可避免地跟企业有大量交往的联系，有太多"好机会"大赚一笔，我们可以拿一个地块就炒一炒，身价立刻倍数增加。可不单单是我个人，研究室的同志们集体开会专门研究，全都不同意做这些违背良心的事情，大家都一致认为我们要保持公信力，绝不参与市场的炒作，个人不参与，集体也不会参与，这让社科院房地产研究所的公信力极高。所以在一个阶段当中，社科院的房地产研究在社会上的影响力很大，地位高、发展好。如今社科院的条件相比我们那时候已经是天翻地覆了，不可同日而语。办公的环境、工资的收入、工作的条件都大为改善了，我知道现在大家的花销尤其是房价的因素都很高，但还是比我们当时好了太多倍。可让人很痛心的是，现在很多人的思想都不够专注科研，想钱想太多，太过在意物质上的东西。我们部门所容易拿到社会课题，相比其他所更方便拿到资助，这种不良风气就更甚。

或许很朴素，没有什么大道理，我一直以来坚持的就是研究要讲出一些实情、一些实理，我不敢将之称为理论，但必须发现一些人家没发现的道理。2011年我就把诸多社科院的职务卸任，让另外一名同志负责了。但对于社科院我依然抱有着十分的感情，所以以上就是我在这里的两个最主要的体会，一是环境，一是给正在工作的研究人员的建议。我没有做到系统的理论创造，可我相信文章读完，会有一些可以采撷的地方，这样就足够。

采访对象： 左学金　上海社会科学院常务副院长、研究员
采访地点： 上海社会科学院老干部活动室
采访时间： 2016年12月22日
采访整理： 徐涛　上海社会科学院历史研究所副研究员；吴芳洲　上海社会科学院历史研究所硕士研究生

社科院那些人那些事：
左学金副院长访谈录

被采访者简介：

左学金　1949年10月生于江苏省连云港市，曾任上海社会科学院经济研究所所长，上海社会科学院常务副院长，1989年获美国匹兹堡大学经济学博士学位。兼任上海市政府决策咨询专家、中国人口学会副会长、上海市计量经济学会会长、上海市老年学会会长、国家计生委专家委员会成员、亚洲学者基金会理事会理事、美国匹兹堡大学亚洲中心理事会理事、国家哲学社会科学重大课题"我国21世纪人口老龄化和经济社会对策研究"首席专家、政协十一届上海市人口资源环境建设委员会副主任，享受政府特殊津贴。主要学术专长为

人口经济学、人口迁移与城市化及劳动就业与社会保障。2000年以来主要成果有：《世博会与上海新一轮发展B方案研究》《上海医疗保险付费模式研究》《城镇医疗保险制度改革：政府与市场的作用》等，获2004年上海市决策咨询一等奖。主持承担国家或上海市课题"城镇福利制度与就业意愿研究""长三角合作与发展研究""流动人口管理研究"（国家统计局第五次人口普查招标课题）、"上海市十一五规划思路研究"（重大课题）等。主编或参与编写的著作有：《90年代上海流动人口》《改革开放20年的理论与实践（上海卷）》《民营经济与中西部发展》《城镇医疗保险制度改革：政府与市场的作用》《面临人口老龄化的中国养老保障：挑战与政策选择》《中国的人口与就业》《上海老年医疗保障体制改革研究》《上海医疗保险制度改革研究》《中国的城市医疗保险改革：成本制约与组织创新》《养老保险引入个人账户后的社会负债问题：上海实例》《城市特权与城市失业》《人口迁移与经济发展：理论模型与政策含义》等。

2000年左右，英国《卫报》到上海来采访了5个1949年出生的上海人，其中就包括我，后来发表了一篇标题叫做'Mao's children'（《"毛"的孩子》）的报道，那是我第一次接触"口述"自己的相关内容。后来上海社科院成立50周年、经济所建立60周年，《金色年代》杂志的采访，也零零碎碎有一些我谈论的内容。

我在社科院待了30多年了，除了做研究，大部分时间是在任行政方面的副职，历经好几个院长，想借着庆祝社科院成立60周年的大好时日的机会，仔细认真地回忆我的经历、对我对社科院有影响的人们以及一些想法，为周年盛典出一份薄力。

一

1949年我出生在江苏省连云港市，那个时候还没有改名，连云港叫做新海连市。据说我们左家是个很大的家族，明末的时候从安徽迁到了江苏阜宁，家谱隐去了主名，所以也不易考证真假了。我父亲本是做药材买卖的，有一次进货从香港回连云港的途中，船着了火，上面的药材全都废了，父亲说这是个很大的打击。1949年后生意难做，他就找朋友帮忙，在1953年就到上海国营羊毛衫厂做了普通职工，四年后母亲带着我和姐姐来到上海与父亲团聚。真是岁月如梭，我虽然不是在上海出生，却地地道道在这里生活了60年之久了。

我读书比较早，4岁进私塾读书，5岁就读了小学。那个时候在上海7周岁才能入学，所以当我到上海读书时，已经小学3年级了，高出同龄人两届。那时候，国家鼓励民办学校，我的小学就是在闸北区的一个民办小学读的，虽然学校很一般，但教学质量意外的不错，一个班有三四个人考到了当时闸北区唯一的市重点市北中学，我就是其中之一，初中与高中都在这里。市北中学的师资力量非常强，比如美术老师是著名的连环画画家杜冰如，英语老师在国外做过英文报纸的编辑，我在那里受到的知识与德育的教育，奠定了人生的基础。

  1966年开始直到毕业，我就在学校参加"文化大革命"，写写大字报。1968年10月我被分配在吴淞的上海铁合金厂，这是一个为炼钢提供原材料的工厂，大概4 000人的规模，后来因为污染太重被关掉了。我从做起重工的学徒工起步，在这个工厂一待就是9年多，当时教我的师傅已经去世了。我很亲密地接触了那个年代的工人们，他们可能知识懂得不多，却有着很多可贵的品质，对我也非常好。有一个情景就让我至今难忘。我们那时候搞大会战，要一连几天不休息爬上很高的地方做调查，非常疲困。我坐在高处正准备打盹，一位姓杨的师傅（他也已经去世）注意到了我，赶紧过来让我清醒头脑，告诉我这20多米高的地方，不扣安全带在这里打盹是很容易摔下去的，太危险。今天回想起那些工人们真诚的关心，还是那么感动。1970年大会战以后，我去参加体检，一方面因为疲劳，另一方面是当时甲肝比较流行，验血后发现自己也中了招，就请了一段时间的病假。养病期间总肝疼，体力也很差，所以把我调去了通讯组，过了段时间又把我调到办公室，配合主要的施工负责人，给他做助手，包括工艺、材料估算等。在此期间派我到冶金专科学校基建处，工作一段日子后，提拔我做机动科的副科长，那时候是革委会副主任，管施工。当时下属有4个年长我许多的工段长，他们从没觉得年轻人指挥长辈有什么不妥，一直很支持我的工作，关系很好。我们一起负责和参与安装了当时厂里最大的一个16 500千瓦的大电容。我一直很重视亲力亲为第一线的工作，那时铁合金电炉要把几个电极插下去，用电把矿物熔化，熔化以后提炼，再把铁水倒出来。有的炉子要做热检，得在上面浇一层焦炭,然后盖上铁板,人就直接进去了,里边的温度很高,得在里面待上20分钟到半个小时,人出来后身上没有一点汗,在里面全都蒸发了。我就和工人一样进进出出了好几次,那时候没有任何激励制度,没有一分钱奖金的。有一次我穿着底很厚很厚的防护大皮鞋进出了几次,脱下一看脚底全是泡,皮肤与干石灰粘在一起。还是蛮辛苦的,但对我来说也是一个历练,毕竟一般的读书人很少有机会在一个基层待很长时间。可要做学问就要真正去了解这个社会,这段日子让我比较深入了解了企业的一些情况。

如今我都已经奔70岁了,当时我的同事们都要比我年长20岁左右,离开工厂后我还和很多同事都保持着联系。但岁月无情,当年和我一起的许多师傅都已经去世,我常常回想起那时候的生活,艰苦的日子,只觉恍然隔世。

二

我在厂里的时候开始有工农兵大学生的推荐名额,我曾向机动科提出能不能去读书,但我是属于在厂里做得比较好的,所以书记不愿意放我走,劝我在工厂能学到比上大学更多有用的东西。不过1977年国家恢复高考,我就直接报名参考。本想去读上海机械学院的冶金工程系专业,打算读完后继续回到厂里工作,结果考完以后学校通知我,今年冶金工程系不招人了,只给我两种选择,一是今年进来去读物理班,这是专门培训大学物理教师的,二是明年再考冶金工程专业。我想我那时已经快30岁了,耽误不起,虽然我中学时候非常喜欢物理,但这个专业不适合我这个年龄读完再到社会上实践了,决定有机会去读一门和自己的经历相关的专业,比如企业管理或工业方面。所以1979年当我看到上海社会科学院招收硕士研究生,就报考了工业经济研究生。当时工业经济和企业管理是同一个专业。那时候允许有同等学力,就是说即使你是高中毕业,已经工作若干年,但你有同等学力就可以报考。我在上海机械学院(上海机械学院实际上就是现在上海大学的前身)读了三个学期,拥有了同等学力的条件。那时到处都是高校贴的招生信息,我之所以报考社科院,也是因为当时父亲已经去世,母亲身体不太好,就放弃了去北京读书的打算,决定留在上海。我还专程到社科院,发现这里企业管理、经济专业,有着很强的师资队伍。

1979年夏天我顺利被录取,进入社科院读书。这是"文化大革命"后社科院的第一次硕士招生,我就很荣幸成为社科院的79级第一届研究生。当时我们班有37个同学,涵盖了许多专业。当时条件很简陋,37个同学的住宿和教室都集中在现在社科院办公楼西侧的3层和4层。我们的寝室在4层423房间,住了14个同学,其中有7个是经济研究所的研究生,另一半是部门经济所的研究生。我读的是部门所也就是现在的应用经济所。我们所算上我有4个人是学习工业经济的,包括厉无畏、严诚忠。严后来去到东华大学,是全国人大代表。厉无畏就一直在社科院,曾任第十二届全国政协副主席。还有一个叫董俊涛,广东人,是第三或第四航务工程局的副总裁,记不太清了,因为去年去世了。另外三个,学农业经济的叫徐元明,后来在江苏省社科院任农村发展研究所所长;旅游经济专业的王大悟,是社科院旅游研究中心的主任;还有一个商业经济专业的叫刘建成,他后来去浙江省委党校做老师了。我们入学以后又在办公楼加了两层楼,本来是三层,后来加成五层,是黄逸峰老院长为我们争取来的。

学生时代给我我印象最深的,就是在社科院研究生生活中的师生关系。我们虽然只是学生,但老师对我们都非常关心,一方面很费心地指导我们学习、尽量帮助我们的生活;另外又给了我们有比较多自由思考的空间。那时不像现在,没有课题这个说法,就是老师给你安排任务。比如给你一本书叫你去读,有的时候让我们自己翻译文章,再交给老师检查。我和厉无畏的导师都是钱志坚老师,他在芝加哥大学拿了经济学硕士,专长是做计量经济学,后来是上海市计量经济学会的会长。钱老常常请我们同学到他家里吃饭,他当时虽然是教授,但也不富裕,都是等到师母在休息日,或者下班后赶回来给我们做饭,这在现在是难以想象的。其他比如说分管研究生工作的徐之河老师,他对我们也非常关心,我们7个人每年春节都会去他家拜年,道声问候。他是很早的那批提出中国国有企业股份制改革的人。后来我出国,也是徐老师帮忙安排的。

三

1982年我毕业以后,被分配在部门经济研究所工业经济研究室做研究人员,没有职称。市政府让我们做一个课题——"上海工业企业技术改造"。当时的情况是,计划经济下上海工业的利润全部要交给中央,能给上海留下的很少,所以上海企业的技术改造普遍是很落后的,设备与技术都很陈旧。中央就决定给我们 5 个亿做工艺技术改造,我们部门就需要研究这个问题。于是姚锡棠老师、我和朱金海三个人走访了很多企业,对上海企业家进行调研,最后由姚老师执笔写了一篇报告,还得了上海市一等奖,对上海工厂的技术改造起了很大的作用。因为这个研究,我还被派到国家经委做工作人员。姚老师是留苏的,回国后在华东电管局做了 10 年的办公室主任,既有一定的理论修养,又很务实,有处理事务的丰富经验,对于他做的政策研究很有优势。后来社科院提出智库建设,姚是智库里比较核心的人物,包括王战、王新奎都有很多工作是在他的带领下完成的,他后来又是浦东开发研究院的院长,担任部门所所长和常务副院长,应该说从政策研究角度,他在上海是一个有很大影响的人物,为上海经济做了很大贡献。部门所还有一位值得尊敬的陈敏之老师,2009 年去世了。80 年代初,陈先生牵头做了上海经济发展战略,提出上海有东进或者南下两种战略选择。东进就是开发浦东,南下就是开发杭州湾北岸,以当时的眼光看,是非常具有战略价值的。后来上海就采用了这个东进的战略开发浦东。这才是真正发挥了智库的作用。

1984 年部门经济研究所的人口研究室,得到一个联合国人口基金资助去美国进修的一个奖学金,只有一个名额,要求是出国之前,必须通过北京密歇根 test 的英语考试。这个测试很特别,有笔试,也有面试,是指定中国的一个老师做面试考官。当时研究室主任是张开敏老师,他和所里领导商量后,从专业或是从外语的要求来说,整个所除了我没有更合适的人选了,所以就把我从部门经济研究室调到人口研究室,派我去北京参加这个英语考试。我在中学时候,不像别的同学学俄语,我是学了英语的,所以我有一定的基础,英语成绩也一直比较好。但因为我们整个80年代与国际对话的机会不多,很少有说口语的机会,所以英语考试时,口语成绩只是刚刚合格。1984年10月份,联合国安排我到美国匹兹堡大学经济系读书。那时候一起去的有4人,两个中国社会科学院的,一个陕西省社科院的,名字叫李忠民。

之前还有一个小插曲。在我调到人口研究室之后,社科院决定成立人口学与社会学研究所,由张开敏老师担任所长。这样一来,我就变成了人口学与社会学研究所的成员,事实上在人口所没几天我就出国了。张老师也是一位我非常尊重的老师,他是社科院人口学研究的奠基者。他当时对人口迁移和人口老龄化问题做了许多研究,是全国最早提出生育率下降会造成人口老龄化观点的学者之一,也长期担任着上海市老年学学会的会长。我出国以后,张老师就长期和我保持着联系,经常向我介绍人口所的情况,我也常跟他汇报我读书的情况。并且在我还在美国读书的时候,就让我担任了人口所的副所长,在我回国后他就直接退下来,让我任所长,对我的培养可谓用心良苦。其实,在我回国的时候有很多选择,比如直接留在美国的大学任教,我可以利用联合国的政策延期两年,在学校做助教,既不用交学费,又可以拿到奖学金补助。

受到张老师启发,我毕业论文最后选择做一个人口经济化、宏观经济模型。一是人口作为生产者消费者,二是人口经济,做一个宏观的人口经济模型。因为人口有双重作用,它既是劳动力、生产者,但是它又是一个消费者,人口增长快慢有着很复杂的关系,我所做的一般均衡模型,就是模拟中国人口的变动对经济的影响。

我是 1979 年结婚的,我的孩子 1980 年 10 月出生,所以我出国的时候小孩才 4 岁,我是一个人去的。1986 年我的妻子从上海到美国,1987 年孩子也来了美国。我去普林斯顿读博后,又做人口迁移问题,就是农村向城市的迁移,讨论的依然还是中国本土的问题。当时华人经济学家邹至庄教授在普林斯顿找到我,问我要不要回国去做暨南大学的院长。我就答复他自己对上海社科院的承诺在先。那时很多人出了国就不回来了,我是回国的那类,对于那些留在国外的人我不做评价。只是我个人认为,我所学到的东西,只有回来中国才能有更多发挥的机会,在国外一个异国人与那个国家的发展又能有多大的联系呢。但回不回国是个人的选择,我不用唱赞歌说自己怎么怎么爱国,对我而言很难再去认同另一个国家的国籍。

我在美国读书 5 年,同样有几件值得回忆的事。第一就是张仲礼院长,他非常关心留学生。我在社科院读研究生时,我们寝室有几个人也是做经济史的,他就常到我们寝室来找学生,了解他们学习的近况和研究进度。在我出国之前,他还是副院长,黄逸峰老院长去世以后,他就正式担任社科院院长。实际上他从未真正意义上当过我的老师,没有亲自指导过我,也没有给我上过课,可每年他都给留学生寄贺年卡,每一个人都有。他到美国来访问也会事先通知我们,专门让我过去聊情况,表达了希望我能回社科院工作的想法。当然我回国以后担任副院长时,就是张院长在任期间,他对我仍旧非常关心,让人怀念。张院长不仅仅是学问做得好,而且在我们院的国际交往中,起到了很大的开拓性作用,包括经济学、上海史、城市研究等方面都做了很多工作,在国外有很高的知名度。

第二是我在美国的导师，叫马克帕尔曼，现在已经过世了。Perlman这个姓氏和职业有关，他是犹太人。他父亲是俄罗斯犹太人移民到美国，在美国康奈大学教劳动经济学，他本人是做经济思想史和人口经济的。他还创办主编了一个美国的经济学刊物，叫《经济文献》杂志，这个杂志至今还在经营。他对我非常非常好，很多时候，他都是找到我个人与我约谈，等于是他花时间一点一点地教我，我常去到他家里跟他学习人口经济学和经济思想史的内容。为了让我去到普林斯顿，还有平时的奖学金，他为我写了很多封推荐信。当然，学术要求上导师很严厉，做论文时每个星期都必须要向他报告，但是这种严厉中仍带有很关心的意味。回国以后，他也多次来上海访问，我深深地觉得师生的感情是超越国界与种族的。2006年他去世之前我曾去看望他，但那时他已经昏迷了。护士告诉我，病人告诉她自己一直在等一个中国学生。

总结来说，我觉得美国对于科研和基础设施的支持环境非常好，这是值得学习的。比如你在普查局，需要做研究用的数据，你只要打一个电话，他们就会把所有的数据用盘片，或者用一个内部的原件给你。普查局是政府部门，美国普查局就等于是国家统计局。这个部门的工作不仅是普查，还有商业部所有的统计。我当时需要普林斯顿人口学研究的资料时，去那里查非常方便，发表的没发表的全都有。难得的是那个年代的信息化根本没有今天这样的发展，这种研究的支持极大地促进了各类学术交流与访问。我认为直到今天，我们的高校在这方面与美国比，还是有一定差距的。

我在1991年回国还有一个考虑，如果我还不回来，我的小孩就根本没办法再接受中国的教育了，他已经在美国读完了小学，再读初高中就很难回国上大学了，可毕竟他是中国人呀，必须让他学习中国的文化。回国后他上的也是市北中学，后来在复旦读了一年后就去美国读计算机了。现在在美国做电脑软件的工作已经很多年了，我不经常见到他，因为他很忙，在公司里做软件加班加点太正常了。他一直是中国公民，拿的是中国护照，我希望他最终能回来。

四

我在回国以后接了张开敏老师的两个班。一个是做人口所的所长。做人口研究主要是人口统计学，我便与他商量拓宽社科院人口所的专业，改名叫人口与发展研究所，院里也就同意了。另一个他是上海市老年学学会的会长，后来我也接了他的班。张老师的老年学研究和人口迁移做得很好，我就首次开通了对社会保障的研究，包括养老保险、医疗保险等。现在习近平总书记讲话常常强调让老百姓有获得感，老百姓的生活要改善。我认为基本保障是很重要的，市场经济有很大的不确定性，企业有不确定性，实际上劳动力也有很大不确定性，但是基本保障是现代国家都应当具备的，我们一直在呼吁要给老百姓一个最基本的保障，养老也好、医疗也罢，但这个标准不能太高，否则国家可能负担不了，企业的成本也会相应抬高，所以这个最基本水平在全国应该是均等化的，不能有地域贫富差距和歧视。所里对医疗保险的研究也做得比较早。我们发了一篇关于上海养老保险财务的预测,在《中国社会保险》分两期连载。据当时劳动社会保障部的人说,部长对这篇文章非常满意。

1994年我与院里领导达成双向意愿,去到院里做副院长,又自2000年兼任经济研究所所长,一直到2013年。这些年陪伴了很多任院长。1994—1998年,是张老院长;1998—2004年,是尹继佐做院长;再后来就是王荣华接任;等到2012年王战来院里的时候,我已经从院里退回到经济所做所长。虽然这些年做的工作总是零零碎碎,分管过科研、财务甚至外事,但有幸还是做了一些让人很有成就感的事情。比如,院里的年轻人没钱买商品房,过去事业单位会有福利分房,这个政策早就不实行了,所以好多职工都买不起房。我就向王荣华院长建议尽可能地帮助职工,给予一定的住房补贴,有些人就拿这笔补贴做了买房的首付;另外就是培训考核,以前只有字数要求,后来渐渐又向数量质量两方面靠拢。本来每年的培训考核评等级都要专程开会,我认为这个工作量太大,所以就决定以发表刊物的甲乙类来评级,著作就看占甲类的比例,还有承担课题、结项课题的数量、重要的政策研究等。但我始终认为科研考核只是一个手段,不能把它过度地夸大。我在离任的会上也说科研考核可以考,但对于两种人来说没什么用:一是那种非常优秀的、优秀的连科研考对他都没意义了,因为他能完成的量远远超过科研考核的标准了;二是那些平时已经很努力,从早到晚都在看资料的研究员,但确实限于天赋,做不出太有价值的东西,就算再逼他也没有什么用。因此这个考核的要求,最起码就是经过努力,可以完成这些指标,但不努力是一定完成不了的。这对研究员们尤其是年轻人是有很大促进作用的,在学术研究的道路上,一般有一段摸索期。如果在这个期间松懈,十年寒窗苦很可能就会白费。假设在摸索期能在一定的督促下加紧努力,寻找到自己的研究方向,应该就会有一个好的发展。

在财务上,我鼓励去发挥院所两者积极性的联动,让各个所能更多组织科研的资源,大量的钱分发到所里,理所应当就要有更好的民主监督。当时我们要求成立所的预算,开会向院里的预算管理委员会报告,数字完全公开。另外在我离任之前,提出希望改善我们院的数据库,包括人事与科研成果的数据库以及科研数据库。我们做过网上申报系统,把所有科研人员的科研成果填入,这样今后有需要提交信息的时候就不用一次一次去填,但实际效果不是很理想。我也提出来将科研信息和人事信息合并,把这种两个不同系统的信息综合在一个平台上,我希望最终能够尽量减少科研人员填报表格的负担。科研数据库有两个方面,一是文献数据库。社科院的图书馆不在总部,查起资料很麻烦,我就建议能不能和华师大合作,一起购买一些数据库。协商的结果是他们先购买数据库,覆盖上海社会科学院,下一次再由我们出钱,但是金额上不能和华师大一样多,因为华师大加上学生老师有上万人,我们只有几百人。又比如像麦肯锡做城市研究,就在全球建了600个城市数据库,他可以提供我们没有的资源。我们有各种专业,也做出了很多成果,但是我们没有自己的数据库,我非常希望社科院在自己建立数据库上有新的进展。因为社科院作为政策研究,不能空口说白话,思想理论和观点的创新,才可以吸引到领导。以前爱因斯坦提出相对论时那种完全创新的发生率很低,我们要做的是真正有价值的创新。此外要有好的数据去做完整准确的定量分析,从定量分析中提出一些我们平常看不到的东西,作为给领导做决策的依据。这就需要我们有强大的数据,今后还会有大数据,社科院对人员情况、手机信息的数据要尽快完善,在做经济社会研究时可以和有关的单位合作。科研数据库的另一方面是第一手数据。我们有一些双聘教授,与不同院校的图书馆也有合作,可在数据上具体的落实不是太多。那领导就应当去考虑这件事情,即使与他的个人研究方向没有什么关系。这属于院内基础设施的建设。

我们怎样去成为一个新智库,这个是很重要的问题。在王荣华院长来了以后,给社科院的定位社会主义新智库,定位的明确与否甚至关系到在全国的地位。社科院与大学究竟有什么区别?与市委市政府的研究机构又有什么区别?这大家始终在争论的问题。在我看来,大学比我们有更深的基础理论的研究和修养,而我们则有更多的对社会实践的了解和对政策研究的导向,更多的为政府决策服务;另一方面与市委、市政府的研究机构相比,我们有着更雄厚的研究力量和专业的分工。因市委市政府研究机构的研究方向比较单薄,社科院的潘光做犹太史研究做了很多年,历史所的研究员们做了很多年的上海史研究,市政府市委的研究室就不可能有人很多年来做犹太史方向。此外,他们做的一般是领导在一定时段里关心的问题,而社科院要关心的除了短期与热点问题外,还要关注中长期的政策问题,比如人口。人口对经济社会的影响,常常是中长期的,如今人口的格局实际上是历史上的变动造成的,这些问题市委市政府很少研究,那就应当是我们的工作。做智库如果没有专业的领域上的优势,不论是了解政府的现状或是政府的动态,都不可能比得过政府的研究机构,唯有经过多年沉淀形成的专业研究,以及对学术前沿的追踪,才是优势所在。在两者关系的阐述上,几位老院长的思想就非常有道理。比如,黄逸峰老院长说社科院和政府若即若离,"若即"是说政府关心的,我们也关心,我们要关心;"若离"是很多中长期研究的问题,政府目前顾不上,我们就有义务去研究,这是我们的态度。张院长在阐述与大学的关系时也有一个很精妙的说法:人无我有,人有我强,人有我特。就是从专业分布来说,我们自身的特色更突出,也要做现在大学政府都没有的学问。在王院长来了以后提出做新智库,这种明确的地位在全国是领先的,各地社科院都在陆续地跟进。

五

最后我想谈一谈对社科院发展的建议。第一,事业单位的薪酬制度要改革。社科院作为一个研究单位,科研人员应当有体面的收入。发达国家、港澳台地区的大学教授、科研机构的研究员收入都比较可观,且这是基本收入,与他担任的工作或在做什么课题都没有关系。我认为社科院的薪酬制度当中,至少应有70%—80%作为基本收入。对此我们可以借鉴美国的合同制,博士工作称为助理教授,它是一个3年合同,如果这3年表现比较好,就再签第二个合同,这个合同是6年。6年以后,大学也要考虑是否要把他留下做副教授。如果留下,虽然美国的高校没有明令下的考核,但他必须要在学术界做出比较出色的成就,这时就有加薪与跳槽两种选择。2012年获得诺贝尔经济学奖的埃尔文·罗斯教授,我在匹兹堡大学读过他博弈论的课程,他就是后来去的哈佛。这种既有激励,又有稳定体面收入的薪酬制度,对于个人的研究会有良好的推动作用。当然考虑到中国的情况,可以有一些奖励类奖金类的收入,但不宜占有太高的比重。美国许多教授晚上和周六都在办公室办公,他们的精力热情被激发出来,那么我相信同样的薪酬制度,中国人的表现不会比他们差。这并非是我个人的空想。如果对发达国家的教授和研究员的工资状况做调研,仅用经济系举例,绝大部分年薪都是固定的。成果突出、能力优秀的人就会在6年后面临加薪升职或是跳槽的选择。这样的机制流转率是比较高的,以6年为周期。但是国内高校以及包括社科院在内的研究单位的问题是流动率非常低,薪酬收入中又有非常多是与所谓的考核相关。中国的习惯是不管什么都要复杂一些,可我认为薪酬制度就应该直接一点,应该给研究人员一个体面的收入,大多数其他的钱不能报销,自己去负担。可现在的情况是体面的收入很低,就靠做课题拿课题费,这本该是作为收入的补充,却成了一个考核方式,做完课题要报销大量的发票,实际上监管查验的成本非常高,若是再把劳务费去掉,好多课题就没有什么课题费可以报了,这就成了很矛盾的事情。我们要正视矛盾,积极改革,借鉴国际上完善的薪酬制度。

第二,社科院应当兼顾集体项目与个人项目。社科院团队的项目多是政策研究,如果一个年轻人花费过多时间在这个方向,就几乎没有个人的空间,很难再在某一个很有前景的专业领域发展。既然社科院的目标是最终成为一个有影响的智库,那归根结底是要培养出一批有影响的学者。比如 1978 年社科院刚恢复建院的时候，各个研究所的主要领导、骨干研究员，都是非常有影响的学者，社科院也是因此才拥有了社会影响力。社科院要在如今极为激烈的学术竞争中突出重围，就必须依靠有影响力的学者们。如何有效地利用政策扶持、如何培养更多的中青年科研人员，要有一个系统的考虑。

第三就是信息化。正如我之前所说，我们要减少科研人员一次又一次填重复表格的负担。首先，院内对信息的管理非常重要，如果不能把研究人员的信息进行分类或者综合，对领导掌握科研信息很不利；其次，确实有必要减少科研人员用于这种事务性工作的时间。所以人事与科研这两个数据库一定要做好，再通过一个平台把所有的信息汇总并生成我们需要的信息，减少科研人员的填报。更进一步说，实际上我们对于信息化的宣传很不到位，许多科研人员自己都不愿意花时间去把信息填一遍，如果我们自己都不能信息化，那又怎么向政府、党委建议采用信息化手段进行管理。图书馆的文献信息研究信息、科研人员的成果信息，应该更好地开发利用，还要尽量无纸化管理，不要一次次填表，不仅浪费时间，效率也很低。淘宝有千万家网店，即使每家店每天做一笔交易，生成的信息量也要比社科院这 800 人的数据复杂得多了，社科院对于信息化理应再做些投资了。

最后，要更好地利用老年科研人员这一资源。现在社科院原则上还是 60 岁退休。当然，我已经 67 岁了，是一个受到特别关照的人，大多数研究人员都是 60 岁左右就退了。我的建议是，社科院需要认真思考如何更好地利用有影响、有实力的老年科研人员。

有太多科研人员在快退休的时候就被外校挖走了,比如杨国强。可以延长退休年龄,但要处理好高级研究员的职称新老交接的矛盾,不能因为年长的研究员不退休,就让年轻人永远坐在替补席上。我们可不可以出台一个政策,对符合条件(如已承担国家课题、有其他重要科研项目、有重要贡献等)的老年科研人员可以延聘(不是回聘)。延聘就是拿工资,在延聘期间所占有的职称,由院里承担,不去影响所里提拔中青年研究人员。

采访对象：张忠民　上海社会科学院经济
　　　　　研究所研究员
采访地点：张忠民研究员寓所
采访时间：2016年3月30日
采访整理：葛涛　上海社会科学院历史研
　　　　　究所研究员

在经济与历史间徜徉：
张忠民研究员访谈录

被采访者简介：

张忠民　1952年12月生，上海市人，祖籍浙江宁波。1985年上海复旦大学经济系研究生毕业，获经济学硕士学位。同年进入上海社会科学院经济研究所。历任上海社会科学院研究生部主任、经济研究所经济史研究室主任等。研究员、博士生导师。主要学术著作有：《上海：从开发走向开放》(1368—1842)、《前近代中国社会的商人资本与社会再生产》《经济历史成长》。另有《"小生产、大流通"——前近代中国社会再生产的基本模式》《近代中国公司制度的逻辑演进及其历史启示》《清代上海会馆公所及其在地方事务中的作用》《近代上海产业证券的变迁及其历史启示》等学术论文 50 余篇。

一、祖父与父亲的影响

我出生于 1952 年 12 月,属第二代上海移民,我父亲 13 岁到上海学做生意。在我早期的成长经历中,有两个人对我的影响很大,一位是我的祖父。在旧社会的环境中,我祖父大概可以称得上是一个"秀才"了。我四五岁时,祖父即教我识字。上小学前,我至少已认识了 800 个汉字。在那个年代,社会上没有"早教"一说,因此我在同学中就显得比较与众不同,同时也养成了一生的阅读兴趣。另一位是我的父亲。父亲是一个一辈子努力、一辈子自学不懈的人。他 13 岁到上海学做生意,一开始在商店,公私合营后进了工厂,先后从事过会计、工程技术方面的工作,后来读了夜校,成了夜校教师,最后担任了工程师。他最大的特点,就是喜欢买书。在当时,一个非知识分子家庭拥有如此数量的藏书,是不多见的。我记得十来岁时,已经读了当时的中共九评苏共的小册子,这些小册子都是我父亲买的。小学两年级时,我在课堂上偷偷看《隋唐演义》,被老师抓住。她问我为什么不好好读课本,我回答说课本中的内容自己都会读了。

二、从知青到研究生

1966 年"文化大革命"开始时,我小学毕业。1967 年下半年,我进了上海市东昌中学,是住读。进中学的头两年,无所事事。1970年4月,我被分配到江西农村插队落户。此前,一位姐姐已经下乡当了知青。到了农村后,干的是体力活。每天最感到享受的时刻,是晚上下工后,在煤油灯下读书。当时读的书有两种:一种是《毛泽东选集》1—4卷,我在读毛主席指挥三大战役的电文时,觉得特别有意思;另一种是《鲁迅杂文选》。那时能够读到的书也就那么几种,于是反反复复地看。甚至用于包裹商品的报纸,我也问人要来看,打发时间嘛。1975年当地煤矿招工,我成了一名井下矿工,一直干到1978年。

1977年恢复高考时,我觉得自己只有小学文化,不敢报考。但是当年招生结束后,在报纸上刊登了全部考题。我看了后,觉得报考文科应该没有问题。我们当时住在煤矿,下班后就复习,准备第二年参加高考。1978年高考,我的成绩是366分。上海人嘛,第一志愿当然向往上海的高校,但是复旦、华师大的录取分数线都在400分以上,我最后被江西大学政教系录取了。

20世纪80年代以后,以经济建设为中心,文科中以经济学最为热门,而我从小就对经济学有兴趣。当时政教系的课程主要包括三部分:马克思主义哲学、政治经济学、中共党史。学习政治经济学最为有效的方法就是"啃"《资本论》。我认真地"啃下"了三卷本《资本论》,读书笔记就写了上百万字。之所以如此努力,一是因为喜爱经济学,二是因为当时已下决心报考经济类研究生。我们这一届政教系同学100多人,有30多人报考了研究生,最终3人被录取。我是3人中唯一一个考到上海的。1978年年底放寒假回上海时,我特地去了一次复旦大学,看经济系研究生的招生布告。这一届只招 5 人,其中西方经济学 2 人、经济史 3 人。而上一届共招收了 17 人,运气显然要好得多。西方经济学是一个热门专业,犹如"皇冠上的明珠"一般,考生趋之若鹜;而经济史就相对冷门一些。我权衡了一下,决定不去冒险,还是报考自己有把握也有兴趣的经济史专业,结果我被录取了。

我如愿以偿地进入了复旦大学经济系经济史专业攻读研究生,方向是中国经济史。导师朱伯康先生,是一位著名的经济学家。早年师从陶希圣,曾在十九路军中战斗过。他给我们的座右铭就是六个字:道德学问皆高。这句话我终生铭记。另外两位导师伍丹戈、李民立也使我受到很大的教益。蒋学模等教授讲授政治经济学时高屋建瓴,倒背如流。大师们的学问真是令人钦佩。我硕士论文的题目是《明清上海地区市场扩大和城镇发展的研究》,对我以后的研究影响很大。

三、经济史研究的甘苦与心得

1985 年研究生毕业后,我被分配到上海社会科学院经济研究所工作。当时,学校推荐我去上海财经大学,财大的吸引力在于一去就能分到房子,但我还是选择了社会科学院。社科院经济史的主持人是丁日初,他还兼任院出版社社长。他和我谈了一次话,主要是个人与集体、个人与专业的关系问题。当时经济所搞中国古代经济史的只有一人,丁日初知道我是做明清上海社会经济的,但他不太主张搞古代经济史。丁日初先生的父亲是老同盟会员,据说曾任过福建省副省长,与我的导师朱伯康先生是挚友。我辈称丁日初先生为"丁公",他则呼之为"小丁"。可能由于存在这层关系的缘故,丁先生对我比较客气,他告诉我:除了集体任务必须完成,不干涉我的研究方向。我的第一本著作《上海:从开发走向开放1368—1842》得以完成,大大得益于丁先生提供的宽松环境。

父亲后来告诉我:当时他曾经很为我担忧,书写好了能出版吗?说实话,我当时根本没有考虑这一点。但是不幸被父亲言中,书稿于1988年年底写完后,果然遇到了出版难题。正在四处碰壁之际,遇到了"贵人"——经济思想史室的马伯煌先生。有一天,马老很偶然地和我聊了起来。得知我遇到了出版难题,他就提出看看我的书稿。我将稿子给了马老,一个星期后,他问我:推荐给云南人民出版社如何?我同意了。云南人民出版社看了稿子后,二话没说就同意出版。后来得知:他们为此亏了2.5万块钱。书出版后,发行又存在问题。《上海:从开发走向开放1368—1842》出版后,在上海的书店里难觅影踪。我自己向出版社订了几十本,放在三联书店代售。这本书奠定了我研究明清经济史、上海经济史的学术基础。这本书也引起了美国学者的关注,一次他们托熊月之先生告诉我,有意邀请我去美国参加一个关于"晚清危机管理"的研讨会。1998年,我去田纳西州参加了这个研讨会,第一次碰到了梁元生教授。会议的最后半天,主办方要我谈谈想法。我说:龙、虎、狗这三种动物,分别代表了晚清行政系统的三个层级。龙代表皇帝,虎代表官,狗代表吏。外国人对官与吏的区别可能不甚了了,这样进行说明就比较容易理解了。会议论文集后来在美国出版,书名的中文译名就是《龙・虎・狗》。参加海外学术会议,提交论文的篇幅必须厚实,我的论文多在两三万字,敷衍是不行的。

1999年，我个人撰写的《上海发展丛书：经济历史成长》由上海社会科学院出版社出版。此书对开埠至1978年改革开放期间的城市经济史做了梳理、分析与总结。2005年，上海社会科学院出版社出版了我主编的《近代上海发展与城市综合竞争力》，该书获得了上海哲学社会科学著作二等奖。我的上海经济史研究，可以从明清延续到当代，这是一个显著的特色。

除了上海经济史之外，我对明清经济史也情有独钟。我的研究切入点是：如何将生产与流通结合起来？从20世纪90年代起，我就思考这个问题。在《前近代中国社会的商人资本与社会再生产》这本书中，我比较系统地诠释了这个问题，以马克思的再生产理论作为基本的分析框架。据此，我提出了"小生产、大流通"的观点，以解释明清经济史的一些基本问题。

20世纪90年代中期以后，研究室的情况发生了变化，我研究的主要领域从明清经济史转入近代经济史。在选择具体研究领域时，我有三个基本的考虑：一是必须与以往的传承相联系；二是必须与自己的志趣相结合；三是必须与社会现实、学科发展方向相符合。1994年党的十四大召开，提出要建立现代企业制度。此外，从90年代起，制度经济学、新经济史成为西方主流经济学非常重要的部分。在这种情况下，如果从原来传统的企业史研究出发，拓展中国近代企业制度史的研究，无疑是很好的选择，而其切入点正是近代中国公司制度研究。2002年，上海社会科学院出版社出版了我的《艰难的变迁：近代中国公司制度研究》，在国内学术界引起了很大的反响，在国内相关研究中属于较早、较系统、较深入的成果。2007年，我与朱婷合作撰写的《南京国民政府时期的国有企业》由上海财经大学出版社出版。这本书原是国家社科基金项目,结项等级为"优秀";出版后又获得了上海市哲学社会科学著作一等奖。我之所以寻找合作者,很重要的一个原因在于当时行政事务缠身,这一时期,我先后担任了经济所党总支副书记、院科研处处长、研究生部主任等职。但是我对科研仍未放松,2000—2010年,先后5次获得上海哲学社会科学奖项,分别为1个一等奖、3个二等奖、1个三等奖。我与朱婷的合作非常成功,她按照我说的一丝不苟地查找资料,我则承担全部写作任务。2011年,我又成功申请了一个国家社科基金一般项目——"20世纪50年代公私合营研究"。许多人认为我的研究时间跨度太大,从古代到近代,再到现当代。但是他们可能没有理解:中国近代企业制度的终结并不是发生在1949年,而是1956公私合营之后。公私合营既是近代私营企业制度的终结,也是当代国有企业制度的起源。改革国有企业制度,就必须寻找国有企业制度的逻辑起点,这是与公私合营分不开的。这项课题已于2015年完成,书稿约50万字,它所要诠释的正是中国近代企业制度的终结问题。2014年,我成功申请了国家社科基金重大项目——"中国近代企业制度生成演变研究",这是对20年来近代企业制度的研究所进行的总结性工作。重大项目由数个子课题构成,需要一定人数的团队成员。幸运的是,我找了自己的学生和一些同道的年轻学者共同开展这项研究。当时我还有一个可能较难实现的设想,2019年是中华人民共和国成立70周年,也是上海解放70周年。如果在这个时候推出一套重新编写的《上海经济史》,也许会具有较大的学术与社会意义。

自1985年从复旦毕业到上海社会科学院工作以来,我主要从事了上海经济史、明清经济史、企业制度史的研究。目前还有一些未完成的工作，主要是未完成结项的课题，包括我主持及参与的。我感到进院 30 年，最初的 5 年与最后的 5 年是最舒心的，可以集中精力做一些自己想做的事情。现在除了将手里的工作完成之外，或许还可以言传身教，向年轻人传承一些东西，以益于经济史学科之延续。

在社科院工 30 余年，我以为要做好学问，首先要做好人，这也就是朱伯康先生所说的：道德学问皆高。其次，须持之以恒。既要对专业持之以恒，也要对研究持之以恒。再次，对于自己研究领域的学科史要有透彻的了解，对于学科的发展前沿要有准确的把握。我之所以申报国家课题屡次成功，很重要的就是得益于以上两点。最后，每个研究者必须要有自己的研究领域，并且要形成自己的研究方法与特色，同时勿忘认真掌握史料。肯下苦功，肯动脑筋。至于毁誉如何，留待世人评说即可。

采访对象：陈家海　上海社会科学院部门
　　　　　经济研究所研究员
采访地点：上海社会科学院老干部活动室
采访时间：2016年3月23日
采访整理：葛涛　上海社会科学院历史研
　　　　　究所研究员

区域与城市经济发展路径的探寻者：
陈家海研究员访谈录

被采访者简介：

陈家海　1951年11月生，上海人，祖籍江苏盱眙。经济学博士，研究员。主要研究领域包括贸易经济学、区域经济学和过渡经济学等。历任上海社会科学院部门经济研究所发展政策研究中心主任等。主要学术成果有：《消费心理学入门》《区域推进：中国经济体制改革的战略选择》《中国省际贸易研究》、《消除进入障碍　培育企业集团　促进有效竞争》《面临重组选择的国有企业债务》《实现三个转变，进一步发展上海商业》《浦东开发政策环境研究》《改革进程中的中国省际贸易》《外贸专业公司改组方案研究》《中国的政府间财政转移支付：1952—997》《中国区域经济政策的转变》，《服务经济学》（合著）、《中国：国民收入的分配格局》（合著）、《迈向21世纪的浦东新区：发展战略研究》（合著）、《发展的难题：亚洲与拉丁美洲的比较》（合译）等。

一、父母与我

　　回顾成长经历时，我感到自己能够走到今天，得益于父母很多。我父亲是一个非常严格的人，有时说话甚至有些简单、粗暴，但是观点很明确。而我母亲呢，则善于将我父亲的要求用柔和的方式表达出来，比较适应小孩子的心理特征。所谓"严父慈母"嘛。我现在60多岁了，从父母身上继承了很多优良的品格。即使我大学毕业到社科院工作后，父母还经常叮嘱我一些为人处世的原则，这是令我一生受用的。父亲在我很小的时候对我要求就很严，使我养成了比较好的学习习惯，对我一生的事业很有帮助。我经常"开夜车"，从来没有觉得累，只是感到忙。因为我喜欢自己的研究，乐在其中。我一生中有三四十年是在从事与自己志趣相关的工作。父亲是中学语文教师，从小对我在遣词造句方面督促甚严。记得小学考初中时，他亲自指导如何写作文，结果我考试时，作文写得很顺手。父亲曾买了一些作文本，训练我描写各种生活体验、心情等。他还挑选一些优秀的古典散文，让我诵读。有的书没有标点符号，一开始根本读不顺，慢慢地就学会如何断句了。尽管我以后从事的并非文史哲方面的研究，但是这样的训练却使我受益终生。

除了学习，父母还教育我怎样做人，保持为人处世的底线。我深切感受到：自己能够在社科院工作那么长时间，并且有所建树，是与父母的培养密不可分的。我就读的小学是虹口区第一中心学校，入学考试那天，是父亲带我去的。小学高年级时，我在书法比赛中获奖，作品在上海市少年宫展出。父亲闻讯非常高兴，难得地陪我去市少年宫观看展出，还一起去福州路购买了笔墨。他有时候会带我去他学校，将我留在阅览室，自己去上课。我在那里第一次看到了《三国演义》连环画，印象非常深，勾起了我对美术的强烈兴趣。有时空闲了，就会拿着铅笔、尺子照着临摹。想想有趣，我从来没有带我儿子来过社科院。这一点，我不如父亲。

1966年"文化大革命"开始后，学校停课，直至1968年11月分配工作。在这两年多里，父亲让我读了很多古典文学书籍。首先是散文，我读了《古代散文选》的上卷和中卷，父亲经常逐字讲解，唯恐我不得要领。我们家是个大家庭，当时就靠父亲一个人挣钱，经济不宽裕。他舍不得买书，经常借书来读。有一次借来王力的《汉语诗律学》，厚厚的一本。父亲叫我买来软面抄，抄写书中关于诗词韵律的部分。我刚开始觉得枯燥，但慢慢地对古诗词产生了兴趣。父亲一度想让我从事与中国古典文学相关的工作，但最终没有如愿。

二、从青工到大学生

我进入社科院之前的经历，是我事业的起步。我从1968年初中毕业进厂工作,直到1982年大学毕业进入社科院,这段路走得非常辛苦。首先是没有时间读书。1968—1978年我在上海纸品七厂,有七八年时间是当工人,三班倒。上海纸品七厂先是由市轻工业局管辖,后归手工业局。轻工业局、手工业局下属工厂的规模都比较小,尤其是手工业局。我们厂后来归在了手工业局文教用品工业公司之下。我在公司工作过一段时间,公司下属有100多家厂,生产领域非常广泛,凡是和文教沾边的几乎都有。比如乐器,就有钢琴、手风琴、小提琴、管乐器、民族乐器等。再如文具厂家,有英雄金笔厂、新华金笔厂、中国铅笔一厂、丰华圆珠笔厂等。还有生产乒乓球、乒乓球台等体育器材的厂家。这100多家厂分布在当时上海的10个区,还有几个郊县。这些厂我都去过,当时连自行车也没有,就是公交车加上步行。

我刚到纸品七厂时担任司炉工,也就是"烧大炉的",做了三四年。锅炉是为工厂提供热气的,一般24小时运转。如果两班的话,半夜炉子要停转,并不划算。所以采取的办法犹如当时上海人生煤炉一般,半夜封掉,第二天早上再生起来。我们有时三班,有时两班。上两班的话,夜里11:30下班离厂,第二天早上5:30必须进厂,赶在工厂7点钟上班前烧起锅炉。纸品七厂生产一种扑克牌用卡纸,扑克牌用于外贸出口。后来上面说扑克牌是"封资修",停产了。卡纸也就没了用处,于是纸品七厂被关闭了一段时间,我转到了标准皮尺厂。这家厂生产什么呢?就是学校体育老师在操场上划线用的皮尺。一年后,上面说扑克牌还是要出口,于是纸品七厂复工,我又回到了厂里。当时上海供电紧张,所以工厂号召大家多上夜班,避开用电高峰。我经常连做7个夜班,再连着做6个中班,然后是5个早班。晨昏颠倒,作息混乱,很多工人得了病。如果业余时间全用于休息,情况会好一些。我喜欢利用业余时间看书。除了星期天,平时每天最多看书两三个小时,不然困得眼睛都睁不开。我养成了坚持每天读书的习惯,当然付出的代价也不小。1972年第一次胃出血时,自己还不知道,一个星期后人倒了下来,被送往医院。两年后第二次胃出血,再住院。接着是第三次、第四次。第四次是1977年,那年恢复高考,我认真复习迎考。"文化大革命"开始时,我只有初二,不可能没有压力。1977年的高考时间定在12月上旬。考前的五六天,我再次发病,被送往医院时,我要求住急诊室,而不是正式住院。因为在急诊室的话,我可以随时出来参加考试,而住院就不行了。临考前一天,我坚决从医院回了家。第二天,伙伴来叫我一起去考场时,我发现自己连坐起来的力气都没有,只得放弃了高考。这一次教训,使我开始意识到身体的重要性。第二年我进入考场,考取了复旦大学经济系,成了78级大学生。高考科目共6门,要考3天。我不确定身体是否会出状况,因此每天去考场时,都在包里带了止血粉。进考场之前,先干吞一把止血粉,一天吞两次。进入大学后,我非常重视身体,开始学习打太极拳,身体果然变得好起来。从1982年进入社科院,到2012年退休,再没出过什么状况。

养成持之以恒的习惯,是我在工厂时期最大的收获。其次,我以后研究的是经济学,而工厂的经历使我积累了丰富的感性知识。从生产技术到企业管理,都多少有了亲身了解,对今后的研究很有帮助。此外,还积累了一些社会科学知识。"文化大革命"时期,很多工厂组织工人学习马列著作。我虽然只有初二的文化程度,但在当时也算是一个"小秀才",所以也参加了厂里的马列著作学习活动。当时书价便宜,我如果一个月节省一两块钱,就能买不少书。我当时主要兴趣在于文史哲,但是也买了一套苏联科学院编写的《政治经济学教材》。我最初的经济学知识就是从那套书里获得的。我后期在工厂担任管理职务,逐渐对经济学萌发了兴趣。纸品七厂位于闸北区,我们每个工人都有一张闸北区图书馆的借书证,我就从区图书馆借来《资本论》学习。进入大学以前,我也积累了一些知识,这对于我以后的事业是很有帮助的。我这个人兴趣很杂,"博览群书",尤其爱看文学类书籍。中国古典文学、欧洲的小说,等等。在工厂的时候,青工们曾组织了一个文学社团,大家聚在一起交流阅读文学作品的心得,主要是欧美、俄罗斯的经典作品。有一次,在同学家的书架上看到了黑格尔的《美学》第一卷,如获珍宝,立即借来。虽然不太读的懂,却也能体会到意味无穷。很多学科的思想体系是相通的,具有内在的联系。

三、耕耘在经济学领域

我于1982年夏从复旦大学经济学系政治经济学专业毕业后,来到社科院工作。我们专业偏重理论,主干课程的设置都与理论有关。比如《政治经济学》《资本论》《经济思想史》《当代资产阶级经济学说》等,课程量很重。如果4年没有虚度光阴的话,应该对马克思主义经济学、西方经济学两大体系都会有一个基本的了解。大学期间所受的学术训练对我今后的工作影响重大。30年来,我一直在使用大学期间学到的知识。但是我们必须不断接受新的知识,比如研究区域经济学,就要学习地理。还不是一般的自然地理,而是城市地理、工业地理、商业地理、农业地理等。到哪里学?一边工作,一边买书自学。前几年,我还做过上海航运业研究。为此,我购买了交通经济学、港口管理、水运经济方面的教材,认真学习、钻研。记得大学期间考试,要背很多概念。这看似死读书,实则不然。如果对基本概念不了然于胸,那么在进行经济分析时就会犯许多逻辑错误。马克思主义经济学、西方经济学这两大范畴体系虽然不同,但是彼此间存在着沟通乃至转换的桥梁。没有过硬的基本功,是很难准确把握、运用自如的。我常常回忆起大学时代的老师们,他们授业的场景,真是恍如昨日,记忆犹新。

到社科院报到之前,我先去黄山、西湖等地旅游了一圈。报到后先进学习班,之后分配到经济二所。这有些出乎意料,原以为自己会被分到一所。到二所之后,我在财贸研究室的内贸组,搞市场学。当时市场学刚刚引进,就是今天的市场营销管理,与商业经济学有相通部分。我学的知识偏重理论,现在一下子去搞市场研究,感到很不适应。但是也没有其他选择。我从事市场学研究长达5年,主要包括消费经济学和一般商业研究。1987年年底1988年年初,我调到了综合研究室。当时中国经济改革加速,需要研究许多综合性问题。以前部门所按照工业、农业、商业、财政、金融、统计、会计的模式构建,那么改革战略、改革目标等综合性问题放在哪里研究呢?在这种背景下,综合室设立了"改革与发展"课题组,我担任负责人,从事一些综合性问题研究。我在综合室工作到1996年。1996年之后,综合室与所内其他部门合并为发展政策研究中心。2006年,又建立了区域发展研究中心。我先后担任综合室副主任、主任，发展政策研究中心主任。到区域发展研究中心后，直至退休。

在综合室时，我主要从事与改革战略有关的研究，比较宏观。我主持的一个比较大的项目是"中国省际贸易"，得到了加拿大国际发展研究中心的资助。当时国内对改革战略的讨论非常热烈，我们也提出了一些看法，供决策参考。最后形成的报告由我执笔，题为《区域推进——中国经济体制改革的战略选择》。这份报告完成于1988年，对国家经济体制改革时期的空间战略提出了一些建议，后获得上海哲学社会科学奖二等奖。"中国省际贸易"的研究设想则由来已久。一个偶然的机会，获得了加拿大政府资金的资助，第一期即为4万美元，这在当时堪称"巨款"。后来又追加了8000美元。当然，这个项目的难度也很大。据我了解，这是国内首例运用统计实证手法展开的贸易政策研究。我在这个课题研究基础上写的论文，是我所有论文中被引用率最高的一篇。"中国省际贸易"项目的谈判始于1988年，其间停顿了一段时间，于1990年正式签约。从1990年年初到1992年年底，我全力以赴投入该项目。这个项目给了我很大的锻炼，使我从以往的局部性小课题研究，一下子跨越到大课题研究，除了极大地提高了科研能力，也使我初步学会了如何与国际学术界进行交往。

从综合室出来后，我进入了发展政策研究中心，从事的仍然是综合性研究。我以前从事的课题，多为院、所领导交办，刚开始自己并无兴趣。但是开始综合性研究后，我越来越感到这个过程其实很有帮助。正是在完成各种交办课题的基础上，我才具备了从事综合性研究的能力与视野。1996年之前，我已开始大量接触上海经济政策发展类课题。大约从1993、1994年起，此类课题的发布采用招标方式。于是，包括我在内的社科院青年科研人员纷纷组织团队，踊跃竞标。一般为市级课题，也有局委办的横向课题。对于市级课题的招投标，院里极为重视。我投标的课题主要包括三类：上海市经济发展政策，长三角地区产业政策，区域经济。

2006年以后，我担任区域发展研究中心主任，主要的研究领域仍是以上三类，只是更为深入了。令我印象深刻、认为比较重要的课题有以下这些：一是《上海流通体制改革与突破口》。这个课题是1993年中的。当时市政府发展研究中心首次采用招标方式发布课题。除了我领衔的团队之外，还有两家参与竞标。我标书的核心部分，是指出将运用产业组织理论的方法进行课题研究。这在当时是一种新的方法。我想，这可能是我最终胜出的原因吧。根据这个课题写成的主报告，后来获得了上海哲学社会科学论文三等奖。二是《上海商业发展思路研究》。这个课题是1985年做的，上海市"八五"规划重点课题。最初由本所老所长承接，他退休前指示我完成。根据课题写成的主报告获得了上海市邓小平理论论文三等奖。三是《外贸专业公司改组方案研究》。这个课题是1998年进行的，属于决策咨询类课题。当时上海外贸的大环境发生了很大变化，外贸专业公司改组迫在眉睫。2009年前后，我继续承担了《上海外贸中心功能与空间布局》，不久前，完成了课题《浦东开发开放的政策环境》。这些都是重要的市级课题。

除了个人主持的以外，我还参与了大量课题。如20世纪90年代，姚锡棠副院长为浦东开发开放做了大量工作。当时他率领一个团队，配合市政府，做了题为《迈向21世纪的浦东新区》的课题。我在其中与同事合作承担了"财政、金融、贸易改革"部分。大家对于承接课题的热情都很高,这既提高了一个科研单位的学术声誉,也发挥了其社会效用。

1997年,我通过了福特基金会的面试,得到了前往美国访学的机会。但是由于一些原因,直到1999年11月方才成行,前往哈佛大学费正清研究中心半年。回国后不久,院里即任命我担任《社会科学》杂志社社长、总编。此后直至2004年年底卸任,我无暇进行课题工作。1994年起,我师从袁恩桢老师攻读在职博士,在此期间完成了学业,获得了经济学博士学位,博士论文的题目为《中国区域经济政策的转变》。

回到部门所以后,我的主要研究在于长三角地区。姚锡棠副院长虽然已退休,但是许多长三角地区的课题仍会请他担纲,我就跟着他。此外,我与王贻志、马学新合作,仿照世界银行年度报告的方式,从2005年起推出了《长三角发展年度报告》。对于港口经济,我也认真研究过,为此购买了上海海事大学的教材加以学习,相当于读了一个本科。

我从事经济学研究几十年,有不少成果,做出了一些成绩。我们与艺术创作不同,需要慢慢积累,不断深化认识。我在检视自己以前的作品时,总会发现不足之处。回顾进院以来各个阶段的工作,比较重要、有价值的有以下四点:一是关于上海居民消费结构的研究。这是我进院不久即进行的,是陈敏之副所长主持的《上海经济发展战略研究》课题中的一部分。当时大家都在探讨2000年人均国民收入实现"翻两番"时居民消费结构的变化问题。我将自己研究的核心内容写了一篇题为《居住滞后型消费结构亟待改变》

的文章,发表在《文汇报》上,引起了市房地局负责人的关注。当时上海居住情况的窘迫与经济发展问题搅在一起,矛盾非常突出。我对发达国家人均国民收入达到 1 000 美元时的居民消费结构,尤其是居住消费结构的情况进行整理、分析,与上海进行比较,发现居住消费的差距太大,而其他方面的差距还算符合常规。我提出:居住消费的滞后导致了上海居民消费结构的扭曲,抑制了许多产业的发展。应该采取措施迅速改变这种局面,包括建设商品房。二是改革策略研究。这是我到综合室以后进行的。20 世纪 80 年代中期,改革进展迅速,这时面对形势的变化,需要及时提出应对策略。我们提出的是"区域推进"策略,其核心内容是:在条件成熟的区域,改革可以配套进行。中国改革从特区推进至沿海城市的路径就证实了这一点。三是中国省际贸易研究。1990—1992 年,整整花了两年时间进行。这项研究最突出的地方在于所采用的实证研方法。四是关于区域发展政策的著作。它综合了我前期相关研究的成果,提出了运用财政、投资、贸易、金融、对外开放等政策系统推进区域发展的思路。这项工作进行得非常艰苦,得到的评价也很高。

在我临近退休时,院领导给了我两个非常重要的学术任务:担任院上海市"十一五"规划学者版总报告组负责人,以及院上海市"十二五"规划学者版总报告组 A 版负责人。在院领导的主持及科研处的全力配合下,这两项任务都圆满地完成了。"十二五"规划学者版荣获上海市决策咨询一等奖。我退休前参加的最后一个课题是潘世伟书记主持的,我负责的部分是对 2030 年的上海进行展望。这不是描述,而是根据实证进行推断,进而提出政策性建议。

退休之后,我希望在自己的兴趣爱好方面多花些时间。我喜爱艺术,但是工作时无暇顾及,只得忍痛割爱。退休时,我报名参加了上海老年大学的声乐表演大专班,乐在其中。现在我已毕业,有了一张国家认可的大专文凭。当然,我继续从事自己热爱的经济理论研究,每天总要花 6—8 个小时来阅读、写作。

采访对象：钱鸿瑛　上海社会科学院文学
　　　　　　研究所研究员
采访地点：上海社会科学院老干部活动室
采访时间：2014年11月27日
采访整理：赵婧　上海社会科学院历史研
　　　　　　究所助理研究员

北大才女的词学研究：
钱鸿瑛研究员访谈录

被采访者简介：

钱鸿瑛　1930年生,浙江宁波人。诗人、词人,中国作家协会会员。主要从事古典文学研究,主攻词学研究。1951年考入清华大学中文系,1955年毕业于北京大学中文系,同年分配至上海外国语学院任教,先后开设中国文学史、现代汉语、语法与修辞等课程及鲁迅专题讲座、美学讲座。1982年调入上海社会科学院文学研究所古典文学研究室。1991年被聘为研究员。1992年退休。专著有《周邦彦词赏析》《周邦彦研究》《词的艺术世界》《唐宋名家词精解》《柳周词传》《梦窗词研究》《唐宋词——本体意识的高扬与深化》(合著,第一作者)等,此外,发表论文数十篇。曾获上海社会科学院"巾帼建功——社科妇女专著之最者"奖。

一

我是浙江慈溪人,我的家族在地方上德高望重。我从小就喜欢外国文学和外语,但是命运让我考入了清华大学中文系。经过高校院系调整,我是从北京大学中文系毕业的。[①] 那时候完全是分配就业。我被分配到上海外国语大学教书,教了 27 年。语文是公共课,我教过中国文学史和汉语。我读大学时成绩很好,在上外教了多年书,但始终觉得个人无法获得提高。当时,从物质利益来讲,出国教汉语可以赚很多钱,但是我不想要这种物质利益。1982年正赶上社科院招人。当时,文学所所长是姜彬同志,他本来是上海文艺出版社的,他下面有一个他非常器重的、搞理论的同志叫王一刚。王一刚非常看中我的理论水平,于是介绍我进社科院。那是 1982 年 3 月。

进所后,我到了古典文学研究室,搞词学研究,以宋词为主。这主要受到了北大王瑶老师的影响。王先生对我讲:"你做学问一定做很专的,因为你的基础已经有了。古今中外都搞是不行的,必须要专一个,才有发言权。"

我进入社科院后,可谓"如鱼得水"。社科院就是一个自由的

[①] 1952 年全国高校实行院系调整,清华大学国文系、燕京大学国文系和新闻系与北大国文系合并为北京大学中国语言文学系。

天地。我有了社科院的身份,就可以参加各种学术会议,比如澳门的词学国际研讨会、华东师大词学国际研讨会。副所长王道乾理论功底很强,他对我很赞赏,认为我的路子很对,因为我主要搞论文。

我第一本书是《周邦彦研究》。[1] 四川大学词学专家缪钺为我这本书写了序言,给了很高的评价。本来我们是不认识的,他就是看了我的文章和书,于是给我写了序。这本书海内外各方面评价都很高(比如《大公报》),很有影响。写《周邦彦研究》的时候,我有个副产品——《周邦彦词赏析》,比《周邦彦研究》出版还要早。[2] 我是怎么写的呢?首先是第一手资料,我把他的200多首词都看了,写了词赏析。1993年,有大陆学者去台湾,看到我这本书的盗版。

写书的同时,我也利用空余时间写论文,在《文学遗产》《北京大学学报》上都发表过。一些文章收入了我的《断烟离绪——钱鸿瑛词学论集》中。我现在还在不断地写论文。

我1992年退休。但我还在不断地出书,对我们来讲,退不退休是无所谓的。我退休后写了6本书。第一本是《词的艺术世界》。[3] 我觉得这是我写得最好,也是最难写的一本。为什么呢?因为一般搞中文的,是没办法写的。我是上海美学学会的会员,外国文学我也很喜欢。所以我把外国的现象学与中国古典词学融会贯通,写了这本书。这本书的评价也是很高的。澳门大学有位教授在《文化杂志》上把它评价为"乃王国维之后,中国当代词

---

[1] 广东人民出版社1990年出版,获上海社会科学院著作奖。
[2] 中州古籍出版社1988年出版。
[3] 上海文艺出版社1992年出版。

学史上难得的一部有自己思考与建树的理论专著"。① 他说:"如果别人不懂美学和外国文学,那么也看不懂你这本书。"《社会科学》上也有一篇文章专门评价这本书,是上海戏剧学院的教授写的。②

后来我又写了一本《唐宋名家词精解》,③还写了一本《柳周词传》。④ 柳是柳永,周是周邦彦。北大 100 周年校庆时,让我们中文系出了一系列作品。其中的词学部分,他们约我写。《唐宋词——本体意识的高扬与深化》这本书也是约稿的,是山东社科院、北京大学的两个人与我合写的。⑤ 我写了最难写的部分,因此是第一作者。词学研究里大家公认吴梦窗的词是最难研究的,我就写了《梦窗词研究》。这本书我申请了国家社科基金,我们的所长陈伯海也很支持我。这本书 2005 年在上海古籍出版社出版后,一下子就卖完了。日本的一位词学家当时说:"北宋,周邦彦是集大成者。南宋,梦窗词是最难的。这两个都让你写了。"

最后一本书是《断烟离绪——钱鸿瑛词学论集》,把我的论文都收到了里面。⑥ 我写东西有个原则:一是小文章不写,因为没办法表达我的思想;二是我登的刊物都是一流的。这从我的这本论文集中可以看出来。

---

① 《以批评模式看中国当代词学》,载《文化杂志》(澳门)中文版 1995 年第 25 期。
② 朱国庆:《以全新眼光探索词的美学价值——读钱鸿瑛著〈词的艺术世界〉》,《社会科学》1995 年 12 期。
③ 山西教育出版社 1994 年出版。
④ 吉林人民出版社 1999 年出版。
⑤ 钱鸿瑛、乔力、程郁缀合著,广西师范大学 2000 年出版。
⑥ 上海社会科学院出版社 2008 年出版。

二

我平时的生活可谓深居简出,门可罗雀,与外界交往很少。但是所里领导都很支持我,所长、室主任都对我很好。刚进所时,我们室有一个集体项目,但我不想参加,只想专心搞词学研究。室主任龚炳孙就同意我搞个人项目。还有一点,我觉得我们这里评职称也是非常好的。我这个人根本不会搞人际关系,而且我们文学所的人各忙自己的,也没有时间搞人际关系,评职称用上海话来说就是"硬碰硬"——看你的成绩如何。

还有一件事。我当年在加入上海作家协会时遇到了问题。所长姜彬同志认为我有能力,理应成为作协一员。于是,他与王元化先生两个人联名推荐我进中国作家协会,我就越过上海作协,直接成了中国作协的一员。所以说,我们所里的领导对我都很好,很爱护,处理事情也很公正。

我想对青年学者提些建议。我认为,一个人从小养成好的学习习惯非常重要。我从小就养成了好的学习习惯,考试经常考第一名。这是第一点。第二,文理都要好。我对偏才不看好。理科好的人,逻辑思维才强。此外,文艺、体育也要好,应该全面成才。我小时候拍过电影,与大明星合作,扮演主角的小时候。从小学、中学一直到北大,我也一直演话剧。我考取清华大学的同时,也考取了上海戏专——现在叫上海戏剧学院,但我选择了清华。体育方面,我曾是国家二级运动员,是上外乒乓球队的。当时规定:你打败两个二级运动员,你就是二级运动员了。1978年,全上海高校女子教职工比赛,乒乓球单打我获得第三名。但是,别人替我抱不平,因为第一名是上海体育学院的乒乓球教练,这是老师与学生打比赛,我输了也一点不惭愧。我短跑很快,也打篮球。我在学校可谓天之骄子。刚解放时,我在学校是女生部部长、文化部长,同学们都选我当。因此说,年轻人不能死读书。要保持健康,才能坚持做研究。

后记 | Postscript

2018年9月7日,是上海社会科学院建院60周年。

从1958年建院到现在,上海社会科学院汇聚了数以千计的优秀人才,有不少在上海乃至全国具有较高知名度和影响力,为上海社会科学院的创立和发展作出了巨大贡献。

2014年初,院老干部办公室提出开展社科院老专家口述历史的采访整理工作,抓紧抢救优秀人物的学术史料。经院党委研究决定,同意成立《上海社会科学院老专家口述历史》编撰委员会,由院老干部办公室联合历史研究所设立专项课题组,采取口述采访、记录整理和摄影摄像等手段,历时近4年,终于在庆祝建院60周年之际,《岁月无痕 学者无疆——上海社会科学院老专家口述历史》一书与广大读者见面了。

口述历史在国内是一个方兴未艾的史学新分支,于我们来说也是一个全新的领域。但是我们却愿意将其作为一项值得去耕耘、去付出心血和汗水的事业来看待。

本书的编撰出版,始终得到院党委的关心与帮助,得到被采访专家、采访者和摄像师以及老干部办公室同志的大力支持,在此表示衷心的感谢……在本书出版之际,我们诚恳地期待读者的批评和指正。

编者

2018 年 8 月

图书在版编目(CIP)数据

岁月无痕 学者无疆:上海社会科学院老专家口述历史 / 上海社会科学院老干部办公室,上海社会科学院历史研究所"老专家口述历史"课题组编.—上海:上海社会科学院出版社,2018

ISBN 978-7-5520-2377-0

Ⅰ.①岁… Ⅱ.①上…②上… Ⅲ.①社会科学院—史料—上海 Ⅳ.①G322.235.1

中国版本图书馆 CIP 数据核字(2018)第 153961 号

岁月无痕 学者无疆
——上海社会科学院老专家口述历史

编　　者：	上海社会科学院老干部办公室 上海社会科学院历史研究所"老专家口述历史"课题组
责任编辑：	董汉玲
封面设计：	周清华
出版发行：	上海社会科学院出版社 　　上海顺昌路 622 号　邮编 200025 　　电话总机 021-63315900　销售热线 021-53063735 　　http://www.sassp.org.cn　E-mail:sassp@sass.org.cn
排　　版：	南京展望文化发展有限公司
印　　刷：	上海天地海设计印刷有限公司
开　　本：	710×1010 毫米　1/16 开
印　　张：	34.5
插　　页：	2
字　　数：	368 千字
版　　次：	2018 年 8 月第 1 版　2018 年 8 月第 1 次印刷

ISBN 978-7-5520-2377-0/G·762　　　　定价:150.00 元

版权所有　翻印必究